U0479583

谨以此书敬献给陈毓川院士九十华诞！

其为祖国寻找富饶矿藏的精神永远激励着我们前进！

国家科学技术学术著作出版基金资助出版
中央引导地方项目（XZ202202YD0006C）资助出版

西藏朱诺超大型斑岩铜矿床地质与找矿

郑有业　次　琼　蒋光武　高顺宝　吴　松　著

科学出版社
北　京

内 容 简 介

朱诺超大型矿床是西藏西部目前规模最大的斑岩型铜矿床，产于陆内造山带，有别于产于岛弧和陆缘弧等环境的斑岩矿床。本书通过对朱诺铜矿床地质、矿床地球化学、岩浆氧逸度和含水性以及深部动力学机制等方面的系统研究，详细阐述了“朱诺式”斑岩铜矿成因模型、成矿机制和控矿条件、隆升剥蚀历史，创新了区域化探数据处理思路与方法，并详细介绍了朱诺矿床的找矿突破过程及其重要结论和启示。

本书内容丰富、资料系统、条理清晰、观点新颖，是从事矿床及矿产资源勘查相关工作的生产、科研人员及地质院校师生的重要参考书。

审图号：藏 S（2024）043 号

图书在版编目（CIP）数据

西藏朱诺超大型斑岩铜矿床地质与找矿 / 郑有业等著. --北京：科学出版社，2024. 9. -- ISBN 978-7-03-079050-7

Ⅰ. P618.5

中国国家版本馆 CIP 数据核字第 2024NS9998 号

责任编辑：王　运/ 责任校对：何艳萍

责任印制：肖　兴 / 封面设计：无极书装

科学出版社出版

北京东黄城根北街 16 号

邮政编码：100717

http://www.sciencep.com

北京建宏印刷有限公司印刷

科学出版社发行　各地新华书店经销

*

2024 年 9 月第　一　版　开本：787×1092　1/16

2025 年 4 月第二次印刷　印张：14 3/4

字数：350 000

定价：199.00 元

（如有印装质量问题，我社负责调换）

序

斑岩铜矿床是世界上最重要的铜矿类型，以其规模大、品位低、易采易选等特点长期受到关注。西藏冈底斯斑岩铜多金属成矿带，其东段的找矿已取得历史性重大突破；而西段由于复杂的构造背景、不便的交通条件，矿产工作程度极低，相对于东段具有不同的地壳结构和性质，不均一的地幔属性及壳幔作用方式，以及大面积的火山岩覆盖，导致对于西段是否具备斑岩成矿潜力，存在很大争议。

朱诺矿床是基于上述背景，在前人未发现任何异常的情况下，作者通过成矿理论创新及系统总结找矿方法组合，圈定找矿靶区发现的，通过系统勘查，目前已成为西藏西部规模最大的斑岩型铜矿床。《西藏朱诺超大型斑岩铜矿床地质与找矿》是作者根据亲历的勘查评价实践，以解决关键性的成矿、找矿科技难题为出发点，以理论服务勘查为宗旨，通过精细解剖斑岩的成矿流体、热液蚀变、矿化空间结构等，建立了“朱诺式”斑岩铜矿成因模型，丰富了后碰撞造山斑岩铜成矿理论认识；提出了早期弧岩浆交代、成矿期复式岩浆多期次侵入-补充、超钾质岩注水以及独特的构造体制，是形成朱诺超大型斑岩铜矿床的关键控制“四要素”；精细反演了朱诺矿床隆升剥蚀历史；创新了区域化探数据处理思路与方法，有效地减少了矿产勘查风险，开创了以 Au（异常）找 Cu（超大型斑岩铜矿）的成功范例，为朱诺铜矿的找矿突破提供了决定性依据。

朱诺矿床的找矿实践回答了在冈底斯西段能否形成斑岩铜矿，尤其是形成超大型斑岩铜矿的科学难题，带动了朱诺矿集区北姆朗、次玛班硕斑岩铜矿等一系列矿床的新发现，推动了该矿集区新的千万吨级铜多金属资源勘查基地的形成，并使冈底斯斑岩成矿带的勘查区域向西部延伸了 250km，已经使其成为我国规模最大的斑岩铜矿带，自此揭开了冈底斯西段斑岩铜矿找矿突破的序幕。

该专著既有先进的理论认识，又系统地介绍了基于地质内涵的化探数据处理与评价新方法及其在勘查评价中的应用；其特色在于将理论方法创新与找矿实践有机结合，是作者在极其艰苦的条件下于冈底斯西段多年辛勤找矿的结晶。相信该书的出版将对冈底斯西段及相邻（似）地区，乃至相同地质背景下科技创新引领找矿突破具有重要的借鉴意义，对矿床学及矿产普查与勘探学科的发展具有重要的促进作用。并愿借此机会向长期奋战在青藏高原上的广大地质同仁表示由衷的敬意！

2024 年 8 月 18 日

前　言

随着我国经济高质量发展，资源瓶颈约束趋紧，资源国内供应保障能力不足的问题愈加凸显，目前我国 2/3 的战略性矿产需要进口，其中铜等矿产对外依存度超过了70%；随着我国战略性矿产的对外需求逐年攀升，国家的资源安全和经济利益将受到严重威胁。

在此背景下，围绕解决经济发展所需的战略性矿产资源安全问题，国家开展了“新一轮找矿突破战略行动”。本书的出版是助力科技创新、支撑引领新一轮找矿突破战略行动的重要举措，它将为广大地质及找矿工作者提供斑岩成矿理论、认识、模型及评价新方法上的支撑、借鉴与参考，并对矿床学及矿产普查与勘探学科的发展具有重要的促进作用。

青藏高原经历了增生造山、碰撞造山等有关的多幕式岩浆作用及成矿事件，其矿产资源禀赋优势突出，找矿潜力巨大。作为铜钼等重要来源的斑岩型矿床，长期以来吸引着工业界及科学界的广泛关注。但已有的成矿认识、找矿模型、勘查标识体系等是否适用于西藏西部特殊构造背景的斑岩成矿系统，还有待于更多的典型矿床实例的精细化深入研究，也是本书出版的重要意义所在。

本专著是在中国地质调查局、西藏巨龙铜业及西藏自治区地质矿产勘查开发局（简称西藏地勘局）的大力支持下，作者历时 14 年大量艰苦的调查研究及不断总结创新的基础上撰写而成，是集体劳动的成果。具体分工如下：第一章郑有业，第二章高顺宝、吴松，第三章郑有业、次琼、高顺宝，第四章郑有业、蒋光武、吴松，第五章吴松、高顺宝，第六章吴松、次琼，第七章蒋光武、吴松，第八章吴松、次琼，第九章郑有业、蒋光武、次琼。最后由郑有业统一修改、完善、定稿。

这里特别要感谢多吉院士、周家寰总工、王瑞江副院长、陈仁义主任、薛迎喜主任、苑举斌局长等领导对作者的关怀和大力支持；感谢西藏自治区自然资源厅、西藏地勘局及第二地质大队王保生、陈富琦、易建洲、曾庆高、魏保军等相关领导及同仁，他们的支持是本研究得以顺利完成的根本保证；非常感谢西藏翔龙矿业的林毅斌总经理、陈树源副总经理、钟如标副总经理等领导及石苏东、洛桑尖措等同仁的大力支持与帮助；特别要感谢在朱诺矿床做过大量研究工作的孙祥教授以及历届在该矿床做过研究工作的硕士、博士研究生张刚阳、李淼、刘鹏、庞迎春、游智敏、郭峰、历建东、宋青杰等同学们；还要感谢在朱诺矿区做过工作的刘晓峰、王成松、龚福志、阿旺丹增、华康、赵亚云、王刚、李泳龙等同仁在野外期间给予的无私帮助，在此向大家表示衷心的感谢。

陈毓川院士、翟裕生院士、赵鹏大院士、莫宣学院士、毛景文院士、侯增谦院士、唐菊兴院士等多位科学家的成果及学术思想给我们很多的启迪与指导，陈衍景、杨志明、秦克章、李光明、赵志丹、朱弟成、李亚林、董国臣等专家的研究成果对本专著有重要的借鉴与参考价值，在此向他们表示由衷的感谢。

西藏自治区实物地质资料库和西藏地勘局第二地质大队资料室的同志们为作者查阅资料等提供了极大的方便与支持，中国地质大学（北京）、中国科学院地质与地球物理研究所、中国地质调查局国家地质实验测试中心、湖北省地质实验测试中心、沈阳地质矿产研究所实验测试中心等相关测试单位的同志们在测试分析等方面付出了辛勤的劳动，在此一并向他们表示深深的谢意。

由于本书所研究问题的复杂性和创新的艰巨性，同时限于作者的知识和学术水平，书中难免存在不完善甚至错误之处，敬请同仁批评指正与谅解。

作　者

2024 年 5 月 3 日

目　　录

第一章　绪　　论

第一节　研究背景及意义

斑岩型矿床作为全球矿产资源铜、钼、金的重要来源，一直受到人们的普遍关注，其主要分布在三条大的成矿带上：特提斯-喜马拉雅成矿带、环太平洋成矿带、古亚洲成矿带。据统计，大多数的大型-巨型斑岩铜矿床形成于洋壳俯冲消减所形成的陆缘弧和岛弧环境，但在古老的造山带及碰撞背景也可形成斑岩型矿床（Sillitoe，2002，2010；Cooke et al.，2005；Richards，2009，2015；Mao et al.，2014），如阿尔卑斯-喜马拉雅造山带，包括伊朗东南部克尔曼中新世斑岩铜成矿带（Shafiei et al.，2009；Richards et al.，2012），藏东玉龙始新世—渐新世斑岩铜钼成矿带（Hou et al.，2003），冈底斯中新世斑岩铜钼成矿带（郑有业等，2004a，2007a，b；芮宗瑶等，2006；Hou et al.，2009；Zheng Y Y et al.，2015）。

冈底斯碰撞环境斑岩成矿作用、岩浆源区特征及成矿动力学背景，一度成为国际研究热点，国内外学者分别从不同的角度进行了大量的研究，取得了一系列原创性成果（侯增谦等，2004；李光明和芮宗瑶，2004；曲晓明等，2004；郑有业等，2004a，2006，2007a；芮宗瑶等，2006；秦克章等，2008；Wang et al.，2014a，2014b，2014c，2015；Wu S et al.，2014，2016；Zheng Y Y et al.，2014a，2014b，2015；Hou et al.，2015a，2015b；Lu et al.，2015；Yang Z M et al.，2015；Li et al.，2017）。

尽管如此，关于西藏后碰撞环境斑岩铜矿床的岩浆源区、动力学机制、成矿过程还有待进一步研究。朱诺为冈底斯成矿带上一典型的形成于后碰撞环境的斑岩型矿床，位于昂仁县亚木乡境内，是该成矿带西段目前发现的唯一超大型斑岩铜矿床。通过对该矿床的典型解剖，并加强东、西段区域对比，可以很好地研究冈底斯中新世地幔包体或超钾质岩与斑岩铜成矿的关系，分析形成斑岩铜矿成矿岩浆的关键因素，进一步丰富碰撞环境斑岩铜矿成矿理论，对于冈底斯成矿带西段斑岩铜矿的找矿突破具有重要的指导与借鉴意义。

第二节　相关领域国内外研究现状

一、斑岩矿床研究现状

1. 构造背景与时空耦合

斑岩型矿床系指与斑状侵入体有关的，规模巨大、低品位、细脉浸染状，以 Cu、Mo、Au 为主的多金属矿床，其成因与大规模流体活动和钙碱性岩浆活动有关（芮宗瑶等，1984，2006；Sillitoe，1972；Cline and Bodnar，1991；Richards，2003），越来越多斑岩矿床的发现证实斑岩体并不是定义斑岩铜矿床的必要条件，只是含矿岩体多为浅成成因，常具斑状结构。斑岩型矿床依据其内赋含的主要有经济价值的金属元素，可以将其矿化类型大体划分为斑岩型 Cu 矿、Mo 矿、Au 矿、Cu-Mo 矿、Cu-Au 矿和 Cu-Au-Mo 矿，以及斑岩 Sn 矿和斑岩 W 矿几种类型（Kesler，1973；Seedorff et al.，2005）。根据与成矿有关岩浆岩的组成，斑岩矿床可划分为钙碱性岩有关的斑岩矿床（细分为低钾、中钾、高钾三个亚类）、碱性岩有关的斑岩矿床（细分为硅饱和、硅不饱和两个亚类），碱性岩主要形成斑岩型 Cu-Au 矿床，而钙碱性岩可形成与斑岩有关的所有矿化类型（如 Cu、Mo、Au 等）（Cooke et al.，2014）。

Richards（2009，2011a）总结提出了斑岩型矿床形成的四种动力学模型（图 1-1）：①俯冲的大洋板片从蓝片岩相向榴辉岩相过渡时（约 100km），发生大规模脱水作用，释放的富含溶解物的流体交代上覆楔形地幔，并诱发其部分熔融而形成玄武质钙碱性岩浆，这种岩浆通常在下地壳根部经历 MASH（melting-熔融、assimilation-混染、storage-存储、homogenisation-均一）过程，并在中上地壳内发育长期稳定的长英质岩浆房，使金属元素得以富集，成矿流体得以分凝排泄（图 1-1a）；②陆陆碰撞诱发下地壳加厚，等温线回弹促使 MASH 带及岩石圈地幔发生部分熔融，并在上地壳内发育长英质岩浆房（图 1-1b）；③由于岩石圈地幔拆沉（图 1-1c），热的软流圈上侵促使早期形成的 MASH 带及地幔发生部分熔融，并在上地壳内发育长英质岩浆房；④在后俯冲拉张环境，软流圈上涌诱发早期形成的 MASH 带及地幔减压部分熔融，形成镁铁质碱性岩浆，并沿着区域拉张形成的岩石圈断裂快速上升至浅地表，主要形成与碱性岩有关的热液金矿（图 1-1d）。

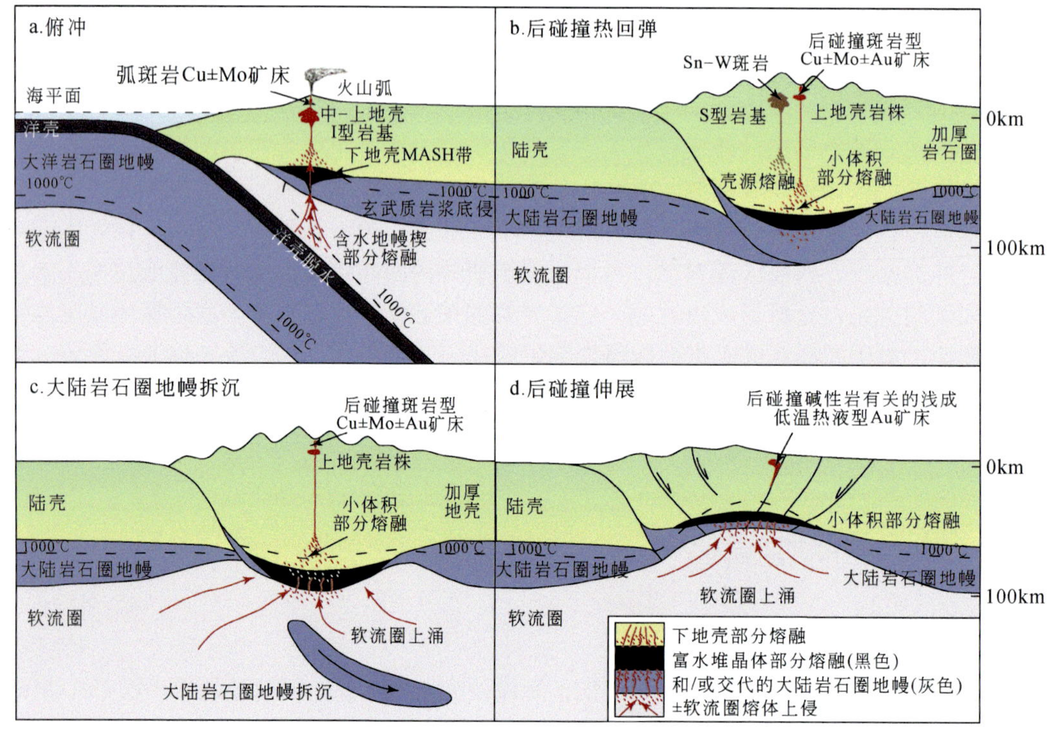

图 1-1 斑岩型矿床不同动力学背景下成矿模式图（Richards，2011a）

陆缘弧环境的斑岩型铜矿床主要分布在太平洋东岸，如：美国阿拉斯加州西南部的Pebble（90Ma）斑岩型Cu-Au-Mo矿床，含矿斑岩为角闪花岗闪长斑岩（Lang et al.，2013）；智利中部的El Teniente（4～6Ma）斑岩型Cu-Mo矿床，铜钼矿化与中酸性斑岩侵入体及角砾岩密切相关（Vry et al.，2010）。陆缘弧环境的斑岩铜矿形成于中-新生代，含矿岩浆为与俯冲有关的钙碱性或高钾钙碱性岩浆系列，显示正常弧火山岩的地球化学特征，也有部分样品具“埃达克质”岩石亲和性（Reich et al.，2003；Cooke et al.，2005；陈建林等，2011）。矿化主要形成于俯冲交代的软流圈地幔楔，活动金属元素Cu、Au等及S、Cl、H、O元素通过俯冲板片脱水注入地幔楔，含水地幔在上升至浅地表的过程中与壳源物质发生同化混染及结晶分异作用（Seedorff et al.，2005；Sillitoe，2010；Richards，2013），仅少量的含矿岩浆直接源于热的、年轻的洋壳或深海沉积物的部分熔融（Richards and Kerrich，2007）。

岛弧环境的斑岩型铜矿床较少发育，主要分布在太平洋西岸，如印度尼西亚松巴哇岛西南部的Batu Hijau（3.7Ma）斑岩型Cu-Au矿床（Clode，1999；Garwin，2002）；菲律宾棉兰老岛南部的Tampakan（4.25～3.2Ma）斑岩及浅成低温热液型Cu-Au矿床（Middleton et al.，2004）。岛弧环境的斑岩型铜矿形成时代多集中在新近纪，规模小、品位低，但在浅地表多叠加高硫或中硫型热液矿床，品位高、规模大，岩浆-热液活动持续时间较长，斑岩矿化与发育绢英岩化或硬石膏化的安山岩、角闪闪长岩、石英闪长岩、石英二长岩等中酸性岩石密切相关，高级泥化蚀变可能与斑岩系统无关，而是叠加于斑岩矿化系统之上的浅成低温热液矿化的产物，岩石成因为年轻洋壳或洋脊俯冲形成的高钾钙碱性弧岩浆的部分熔融（Kesler et al.，1975；Imai，2002；Garwin et al.，2005；Fiorentini and Garwin，2010；Cooke et al.，2011；Hollings et al.，2011）。

尽管斑岩型矿床与俯冲带或碰撞造山带密切相关，但是构造转变（tectonic change）对斑岩型矿床的形成也至关重要（Solomon，1990；Sillitoe，1997；Kerrich et al.，2000；Hollings et al.，2005，2011）。Cooke等（2005）认为大型斑岩Cu-Au矿床都在无震海岭、海山链、海洋高原低角度俯冲时形成，特别是俯冲大洋板片的平坦俯冲。在局部地区小规模的碰撞事件不会导致俯冲过程的终止，但会引起地壳增厚、快速隆升和剥蚀。Loucks（2012）提出古近纪和新近纪阿拉伯板块与欧亚板块的斜向碰撞与特提斯成矿带斑岩矿床的形成相关，比如伊朗的Sungun和Sar Chesmeh矿床。平坦俯冲的板片与斑岩型矿床在时间和空间尺度上的耦合使人们将大规模Cu、Au成矿作用的深部动力学机制归因为板片的平坦俯冲。例如，Skewes和Stern（1994，1995，1996）认为智利中新世—上新世巨型斑岩Cu-Mo矿床的形成与中新世板片连续的平坦俯冲有关，并引起上覆的大陆地壳逐渐增厚，伴随深熔地壳的解压作用。相似地，Fiorentini和Garwin（2010）提出印度尼西亚松巴哇岛南部Roo Rise海洋高原的平坦俯冲诱发板片撕裂，使得幔源岩浆沿着断裂进入板片上覆的弧并形成Batu Hijau矿床。板片窗模型也被用于解释阿根廷Bajo de la Alumbrera（Harris et al.，2004，2006）斑岩矿床及菲律宾Baguio（Waters et al.，2011）地区富矿岩浆及斑岩矿床的形成。孙卫东等（2010）系统对比总结了环太平洋斑岩Cu、Au矿床的空间分布规律，提出东太平洋许多超大型斑岩矿床都与洋脊俯冲密切相关，例如智利中部El Teniente、Rio Blanco-Los Bronces等超大型矿床在空间上都与Juan Fernández洋脊俯冲十分吻合，与东太平洋相比，现在西太平洋的洋脊俯冲要少很多，可能是斑岩铜矿远远少于东太平洋的一个主要原因。

进一步提出俯冲洋壳部分熔融形成的埃达克质岩是形成斑岩矿床的关键，因为 Cu 是中度不相容元素，在大洋玄武岩和岛弧岩浆岩演化过程中，其不相容性与重稀土相似，在洋壳中的含量为 60×10^{-6}～125×10^{-6}，平均丰度 74×10^{-6}，远比地幔（30×10^{-6}）和陆壳的平均丰度（27×10^{-6}）高，因此，洋壳部分熔融形成的岩浆应该具有系统偏高的铜含量，更有利于成矿。

事实上，斑岩矿床，特别是大型-超大型斑岩铜矿床的形成是多种特别的环境或过程共同贡献的结果，是一个非常复杂的地质、构造、岩浆、热液过程（图 1-2）。除受独特的构造岩浆、动力学背景，如洋脊俯冲、板片断离、陆陆碰撞、板内变形伸展等控制外，在深部岩浆上升至浅地表（约 1～6km）并出溶沉淀，最终成矿，整个过程还受多种因素的控制和耦合，如：Cu 异常富集的岩浆源区、围岩中特别的化学反应障或者高度集中、持久的或多期的流体流动事件、浅部断裂发育这些因素直接或间接控制了矿床形成的类型、规模、品位等（Richards，2013）。

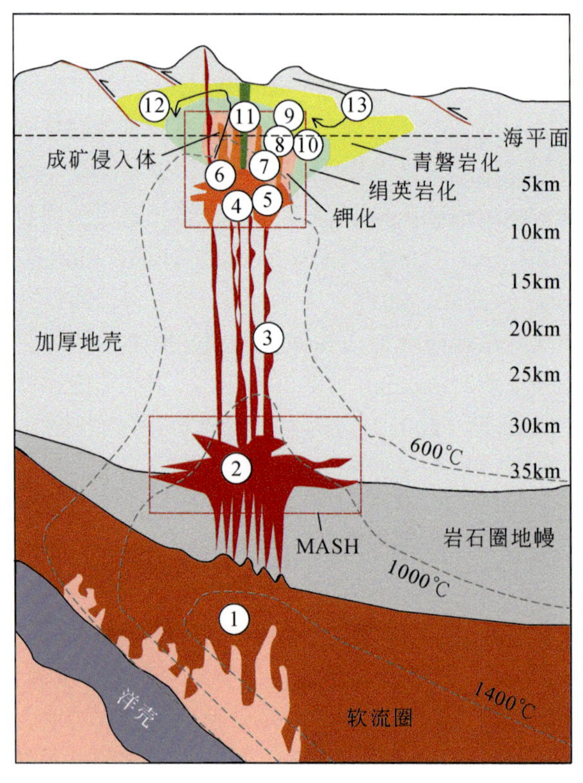

图 1-2　斑岩矿床成矿过程示意图（Spencer et al.，2015）

岩浆演化：1. 岩浆产生；2. MASH（熔融、混染、存储、均一）；3. 岩浆上升；4. 浅部岩浆房就位；5. 岩浆补给及侵入体就位；6. 结晶分异。热液演化：7. 岩浆挥发分出溶；8. 金属在热液流体中迁移；9. 相分离过程中金属元素在气相和卤水相间的分配；10. 金属沉淀；11. 网脉状和角砾状矿化。成矿后演化：12. 金属再活化；13. 次生富集

赵文津（2007）通过对比安第斯带、冈底斯带及三江西矿带成矿条件，总结提出大型斑岩铜矿形成的六大关键因素：①长期的热液供应；②大量的铜金属来源；③上地壳的岩浆房或部分熔融层，起着壳/幔间的“MASH”带与地壳浅部矿体就位之间的缓冲储集区的

作用，可提供含铜热液的循环沉淀；④地壳上层构造体系中张性断裂发育，为岩浆热液就位提供通道，大型斑岩矿床形成于挤压构造作用下的地壳扩张地段和构造弱化带，地壳内在应力作用下会同时出现挤压区和拉张区，而不是挤压与松弛交替出现；⑤围岩独特的化学性质使矿质沉淀；⑥稳定的成矿环境，使含矿热液有时间对岩浆中的铜元素进行大规模的萃取和沉淀。

Wilkinson（2013）提出形成大型斑岩矿床的四个关键因素：①挤压环境下镁铁质岩浆底侵在下地壳，其同化混染壳源物质并发生结晶分异作用，富含金属及挥发分的岩浆周期性不断地富集，最终形成富矿岩浆；②在中地壳长英质岩浆房中硫化物的饱和将导致富亲铁、亲铜的金属元素的硫化物熔体的形成，而长英质岩浆则更加亏损金属元素。如果这些硫化物被晚期侵入的镁铁质岩浆重熔或溶解在从岩浆中出溶的挥发分中，那么高度富集的熔体或挥发分就会形成；③磁铁矿的结晶分异及还原性质围岩的同化混染作用都将萃取熔体中的金属元素，如 Cu、Au 等硫化物进入从熔体出溶的挥发分中，形成含矿流体；④在浅地表地温梯度显著降低及单向流体柱上升膨胀，最终导致成矿物质沉淀。

2. 成矿岩浆特征

岩浆中富集金属元素（如 Cu、Mo）及 S 是形成斑岩型铜矿床的重要条件，S 在长英质岩浆中的溶解度受控于温度、压力、氧化还原状态、熔体成分、S 的扩散及 S 的源区等（Yang，2012）。在氧逸度不变的情况下，S 的溶解度随着温度的降低、压力的增高而逐渐降低（Yang et al.，2006）。斑岩型矿床的形成涉及一系列的关键地质过程，远比想象中的复杂，包括在深部含金属的原始岩浆的形成、岩浆中的金属元素迁移到热液中、在浅地表流体中金属物质的沉淀以及成矿后的再活化和再富集过程（图 1-2）。许多模型中提出的产生金属富集的岩浆只是形成斑岩 Cu 矿床的条件之一，交代的软流圈或岩石圈地幔或加厚下地壳的部分熔融产生高挥发分、高氧逸度的岩浆也是形成斑岩型矿床的必备条件。例如，氧化的镁铁质弧岩浆，硫化物还未达到饱和，随着岩浆的结晶分异，其中的 Cu 和 Au 含量最高可分别达到 200×10^{-6}、8×10^{-9}；但是长英质中的 Cu 和 Au 的含量随着岩浆的结晶分异会显著下降，因为硫化物达到饱和。另外，镁铁质弧岩浆演化至长英质岩浆，其中的 S 含量从 $n\times1000\times10^{-6}$ 降低至 $n\times10\times10^{-6}$（Wallace and Edmonds，2011）。因此，考虑到 Cu、Au、S 的含量，硫化物未达到饱和的镁铁质岩浆（玄武质-玄武-安山质）可能为斑岩矿床中金属的理想源区。镁铁质氧化的岩浆多期次侵入或其释放的流体周期性地补给浅部的小岩浆房，可以提供形成超大型矿床所需要的金属和 S（Li，2014）。

除此以外，富水的初始熔体对于形成斑岩型矿床富矿的岩浆也至关重要，因为水作为挥发分的重要组成部分，是 Cu、Au 等成矿物质重要的矿化剂，有利于从源岩中萃取成矿物质，同时降低硅酸盐矿物的固相线，形成富集金属的岩浆热液流体，随着温度和压力的降低沉淀最终成矿（Richards，2011a，2011b，2015；Sun W D et al.，2013，2015）。Loucks（2014）系统统计了全球 135 个斑岩和高硫型铜矿床成矿有关侵入体的岩石地球化学特征，并与智利和日本不成矿的 2460 件弧火山岩样品进行了对比，发现富矿的岩浆高 Sr/Y 值（大于 30）、高 V/Sc 值（大于 10）、高 Al_2O_3/TiO_2 值，并与不成矿的岩浆相区别，该元素比值差异可以用于评价区域火山岩成矿潜力，发现未知铜矿床（体）。并从实验岩石学和矿物结晶的物理化学条件角度进行了深度解析，讨论了其所反映的含水性差异。他认为在富 H_2O 的岩浆体系（大于 6% H_2O），首先结晶的是角闪石，然后是斜长石，最后是磁铁矿，由于早期斜长石和磁铁矿结晶受到抑制，导致残余熔体中 Sr 和 V 元素增加，而角闪石的晶出导致 Sc 元素的降低，最终导致岩浆具有高 Sr/Y、V/Sc 值的特点；相反，在一个干的岩浆体系（小于 4% H_2O），斜长石将先于角闪石从熔体中结晶，导致低 Sr/Y、V/Sc 值的特点（图 1-3）。该研究成果对于斑岩矿床中含水性的理解和认识及成矿岩浆的鉴别具有重要意义。Jamali 和 Mehrabi（2015）对比分析了伊朗 Arasbaran 地区弧岩浆的时空和岩浆演化过程，提出晚始新世—早中新世碱性岩浆不成矿，晚渐新世—晚中新世钙碱性埃达克质岩浆成矿，以高 Sr/Y、La/Yb 值为特点，大量角闪石的结晶早于斜长石，反映了后碰撞加厚和拆沉过程中弧下地壳逐渐成熟的过程。

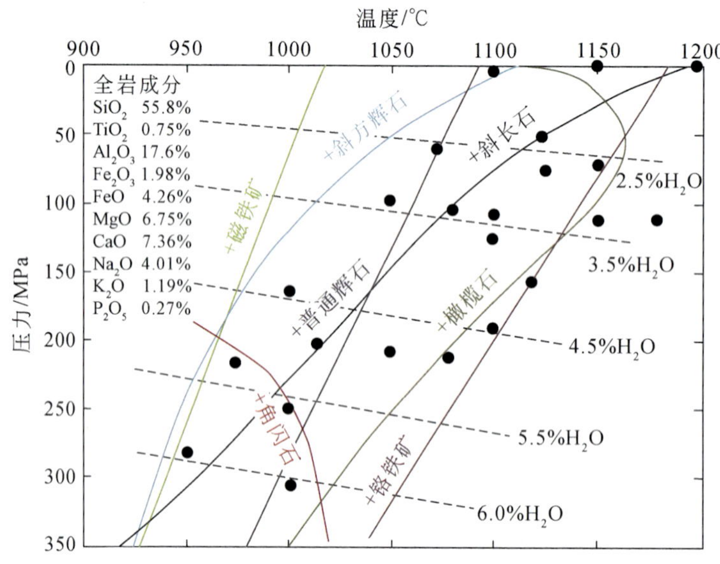

图 1-3 硅酸盐熔体中 H_2O 含量影响矿物结晶顺序相图（Loucks，2014）

岩浆的氧逸度控制着熔体中硫的状态和种类：在低氧逸度情况下，岩浆中的硫主要以负二价（S^{2-}）的形式存在；而在高氧逸度情况下，它主要以 SO_4^{2-} 和 SO_2 的形式存在，从而能从正在分馏的熔体中提取 Cu、Mo、Au 进入岩浆热液体系中（Sun W D et al.，2013），因此成矿岩浆中高的氧逸度有利于 Cu、Mo 的富集。锆石中的 Ce 和 Eu 元素对岩浆氧逸度敏感，主要是因为 Ce 和 Eu 存在两种价态，氧化还原条件的改变易造成不同价态元素间的分馏。岩浆中的锆石通常具有正的 Ce 异常，它的强弱取决于氧逸度的大小。在锆石中 Ce^{4+} 比 Ce^{3+} 相容性更高，因为它与 Zr^{4+} 的半径更为接近。Ballard 等（2002）以北智利的超大型斑岩铜矿床作为研究对象，用锆石中的 Ce^{4+}/Ce^{3+} 值反映相关岩体的氧化还原状态，提出与矿化有关的侵入体都具有较高的 Ce^{4+}/Ce^{3+} 值（大于 300）。Liang 等（2006）对金沙江-红河成矿带北段的玉龙铜钼矿带和中段的马厂箐铜钼矿床开展了氧逸度研究，发现该带含矿岩体的锆石 Ce^{4+}/Ce^{3+} 值大于 200。

“Adakite”一词最早由 Defant 和 Drummond（1990）提出，特指源于俯冲年轻洋壳玄武岩（≤25Ma）部分熔融形成的新生代中酸性（SiO_2≥56%）弧火山岩，因其与阿留申群岛（Aleutians）中的埃达克岛（Adak Island）出露的镁质安山岩具相似的微量元素特征，故命名为“Adakite”，以高 Sr/Y 值为特点。紧随其后，埃达克岩或埃达克质岩石陆续被报道（Kay et al.，1993；Stern and Kilian，1996；Chung et al.，2003；Martin et al.，2005；Castillo，2006，2012），并认为与斑岩型 Cu-Au 矿床成矿作用关系密切，因为其源区熔体更加氧化、富硫、富水，更有利于金属元素的富集（Sajona and Maury，1998；Mungall，2002；Sun et al.，2012）。但是越来越多的研究表明，除年轻洋壳或洋脊低角度俯冲发生部分熔融外（Richards and Kerrich，2007；Richards，2011b），其他岩浆作用过程也可形成类似埃达克岩的地球化学特征（高 Sr/Y、La/Yb 值；低 Y、Yb 值），如被板片熔体交代的地幔橄榄岩部分熔融、加厚下地壳的部分熔融、（富水）玄武质岩浆结晶分异、岩浆混合作用等（Gao et al.，2003；RodrÍguez et al.，2007；Rooney et al.，2011；Wang et al.，2005；Ma et al.，2013）。

3. 金属富集、分离、迁移

一般而言，斑岩矿床中 Mo 主要来自陆壳，而 Cu、Au 主要来自地幔。对 Bingham 矿床中单个流体包裹体的原位 Pb 同位素研究表明，其 Pb 同位素组成位于地幔 Pb 同位素演化线之上，金属来源于古老的交代岩石圈地幔（Pettke et al.，2010）。岩浆弧环境，位于俯冲带上的幔源岩浆富水、挥发分、S 和金属元素 Cu，软流圈地幔在穿过岩石圈地幔上升过程中可萃取地幔中的 S 和亲铜元素（如 Cu），底侵在壳幔边界形成富水、氧化，富金属元素和 S 的镁铁质下地壳（MASH）（Sillitoe，1972；Burnham，1979；Richards，2003）。“MASH”一词最早由 Hildreth 和 Moorbath（1988）提出，特指发生在壳幔过渡带的熔融（melting）、混染（assimilation）、存储（storage）、均一化（homogenization）一系列过程。如果下地壳处于还原状态，在 MASH 过程中弧岩浆会发生大量硫化物（金属元素）的亏损，形成硫化物堆晶体；而当弧岩浆与正常下地壳发生反应时，从 MASH 带上升形成的岩浆不会显著亏损 Cu 元素，相应的下地壳堆晶岩也不会显著富集 Cu 元素，周期性补给、注入、分异使形成的弧岩浆逐渐富集亲铜元素、挥发分等，利于成矿（Richards，2003，2015；Wilkinson，2013）。Lee C T A 等（2012）对弧岩浆从深部地幔上升至浅地表过程中氧逸度变化情况进行了系统研究，认为原始的弧岩浆和洋中脊玄武岩氧逸度相近，在岩浆分异过程中，早期岩浆氧逸度小于 FMQ+1.3，由于 S 的饱和，伴随硫化物的分离，弧岩浆在岩浆分异过程中存在显著的 Cu 的亏损，与传统的观点弧地幔高氧逸度、富含大量的金属 Cu 相反。而在壳幔分异过程中，全球陆壳也存在显著的 Cu 亏损（约 30×10^{-6}），那么关键科学问题是，在分异过程中，Cu 跑到哪里去了？一些学者相继提出，磁铁矿的结晶、硫化物的饱和在弧下地壳的根部或岩石圈地幔形成大量的富含 Cu 的辉石堆晶体，其再熔作用可形成斑岩型铜矿床所需的岩浆，强调岩浆作用过程相关的陆缘弧的加厚和成熟最终控制了岩浆中 Cu 的含量，而与地幔或洋壳中的 Cu 无关（Chiaradia，2014；Lee，2014）。到目前为止，关于下地壳岩浆弧系统大量硫化物的堆积尚无实例报道，但是一些岩石圈地幔包体或者弧堆晶体中少量硫化物矿物的存在也说明弧岩浆演化过程中硫化物接近或达到饱和状态（Szabó et al.，2004；Li et al.，2013；Zhang et al.，2013）。因此，早期俯冲过程交代的岩石圈或富水的下地壳堆晶残余体含亲铁、亲铜富硫化物元素，被认为与后俯冲斑岩铜矿的形成密切相关，源区再活化为后期成矿提供了金属元素，以及富水的环境（Richards，2009，2011a）。相反，Hou 等（2015c）对华北克拉通木吉村大型斑岩铜矿床成矿有关的陆内岩浆角闪岩进行了研究，结果表明这些堆晶岩中的 Cu 元素含量较低，与原始的弧岩浆相当，变化于 17×10^{-6}～60×10^{-6}，初始岩浆端元 Cu 相对亏损，随着岩浆演化（辉长苏长岩大于等于 60×10^{-6}）逐渐富集，演化至石英闪长斑岩又强烈亏损 Cu 元素（小于 10×10^{-6}），提出富 Cu 硫化物熔体的出溶及随后在流体中的溶解控制了木吉村斑岩铜矿的形成，而不需要通常认为的 Cu 异常富集的地幔源区或壳内堆晶岩的再熔。

除了 Cu 元素，关于金属元素 Au 和铂族元素（PGE）在弧岩浆（或堆晶岩）中的含量还很少报道，考虑到这些元素在硫化物相和硅酸盐熔体相之间较高的分配系数，弧岩浆在演化过程中会逐渐亏损 Au 和 PGE 元素，与大多数斑岩铜矿床中相对低 Au 特别是 PGE 元素基本一致（Batanova et al.，2005）。而富 Au 的斑岩矿床多与非典型弧、弧后、后俯冲环境形成的碱性岩浆有关（Solomon，1990；Jenner et al.，2010；Richards，1995，2009）。Au 主要形成于高温（大于 500℃），并且与斑铜矿、磁铁矿密切共生，主要围绕斑铜矿边缘生长，以固溶体的形式存在，部分以微细粒浸染状的自然 Au 的形式存在。实验岩石学表明，斑铜矿的载 Au 能力高于黄铜矿，且随着温度的降低载 Au 能力也降低（图 1-4a；Simon et al.，2000）。因此，Au 如果在成矿流体中存在，主要在高温阶段与斑铜矿一起沉淀，在低温阶段（黄铜矿、黄铁矿）Au 沉淀很少（Simon et al.，2000），高温过程中气相包裹体的蒸发或低温过程中热液流体的叠加都可能使斑岩矿床中的 Au 散失，一方面零星散布在围岩中（不达品位），另一方面可在周围形成其他类型的矿床（Kesler et al.，2002）。西藏斑岩型 Cu-Mo 矿床，与岛弧环境的斑岩 Cu-Au 矿床不同，成矿密切的岩石为高钾钙碱性二长花岗斑岩或花岗闪长斑岩，钻孔深部斑铜及磁铁矿少见，流体包裹体温度一般都小于 600℃，岩浆性质决定了不可能形成 Au 矿。但是 Au 可以迁移到周围的热液系统中，形成低 S 型受断层控制的 Pb-Zn-Au-Ag 矿脉。同时，也有研究表明残留或结晶的硫化物相会大量地移除熔体中的 Au，而对熔体中的 Cu 影响很小，除非大量的硫化物晶出（Richards et al.，2005；图 1-4b）。很可能含 Cu 和 Au 的原始熔体在穿过巨厚的地壳缓慢侵位至浅地表过程中，已发生 Au 的丢失，可保存在地层中，也可能还原到地幔；但是如果初始熔体沿着深大断裂快速就位，未发生硫化物分离，那么也可能形成与 Au 有关的矿床，例如土耳其斑岩矿床很少，但是热液脉型的高 S 或低 S 型 Au 矿床比较多，矿床规模都比较小。

斑岩矿床中的 Cu/Au 值主要受以下过程控制（Seo et al.，2012 及其引文）：①岩浆的组成，比如岩浆的碱性特点、氧化还原态、硫化物注入等。②矿物学控制 Au 从 Cu-Fe 硫化物固溶体中选择性抽取，比如斑铜矿。③侵位深度影响流体的相分离及金属的分配，如在相对较浅的深度（小于 3km），上升的气相柱密度逐渐降低，金属的溶解度也逐渐降低，导致 Cu 和 Au 同时沉淀；相反，富气相的流体在较深的位置、较大的压力条件下冷凝时，只有 Cu 和 Mo 沉淀，Au 则以 S 的络合物的形式继续保留在高密度的气相流体中，随着继续上升降温冷凝，最终演化成低盐度的热液流体，Au 则在深部斑岩 Cu-Mo 矿床之上几千米处形成热液 Au 矿床（Murakami et al.，2010）。地球化学模拟表明，初始流体的成分及就位深度对矿种的形成、元素分带、元素迁移也有很大的影响：若初始流体低 S，就位浅，Mo、Ag 高温沉淀，而 Au 处于活动态，形成 Mo-Ag 矿床；若初始流体低 S，就位深，Mo 先沉

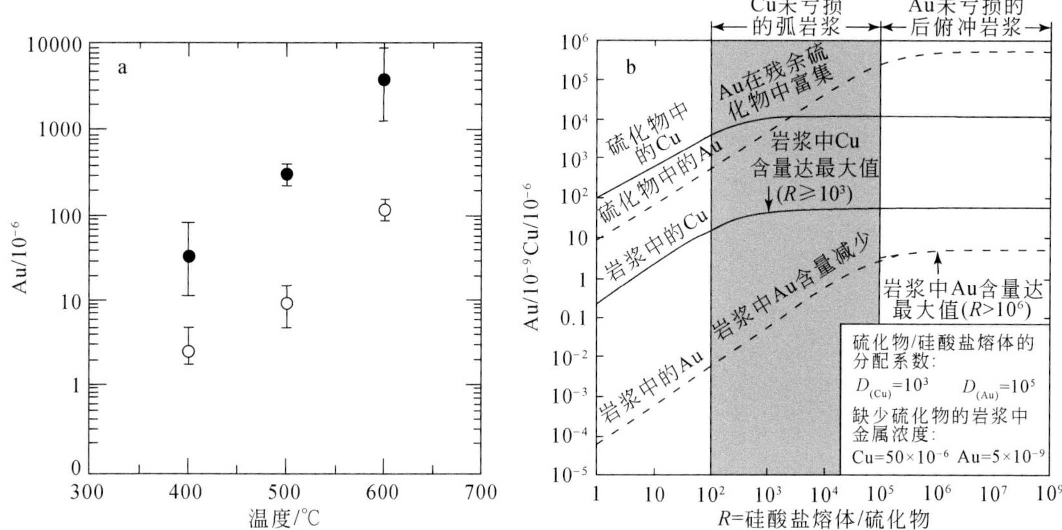

图 1-4 斑铜矿（实心圆圈）和黄铜矿（空心圆圈）中 Au 含量与温度正相关性（a）(Simon et al.，2000) 和 Cu、Au 元素在硅酸盐熔体相和共存的硫化物相中的含量与该两相体积比变化相关性（b）(Richards，2015）

淀，Ag 次之，Au 最后少量沉淀，很好地解释富 Mo 矿床形成，元素 Mo、Ag、Au 的分带特点；若初始流体高 S，就位深，高温少量 Mo 沉淀，随后低温 Ag 沉淀，最后 Au 在更低温沉淀，形成富 Au 矿床，Mo、Ag、Au 元素分带性明显（Hurtig and Williams-Jones，2015）。通过地层侵入关系、隆升剥蚀量估算、流体包裹体压力估算、蚀变序列等方法可估算斑岩系统中成矿侵入体的最终就位深度，大量统计结果表明，斑岩 Cu-Au 矿床的成矿深度要浅于斑岩 Cu-Mo 矿床，而斑岩型 Mo 矿床有关侵入体则就位更深（大于 3km），可能与斑岩 Mo 矿床成矿相关的长英质侵入岩强分异有关，或者更高的初始水含量导致岩浆在侵入到较深的位置时，其水就已达到饱和（Kesler，1973；Sillitoe，1997；Redmond et al.，2004；Rusk et al.，2008；Ulrich and Mavrogenes，2008；Seo et al.，2009；Murakami et al.，2010）。

斑岩矿床中控制 Mo/Cu 的值及 Mo 的品位则更加复杂：①Mo 的品位与深度相关，在一些矿床中一般深部贫 Au 富 Mo；②单 Mo 矿床的岩浆源区都经历了岩基尺度或下地壳尺度的强烈岩浆分异作用，Mo 作为不相容元素在残余的流体相中更加富集，更好地解释为什么单 Mo 矿床与分异的岩浆密切相关；③辉钼矿在岩浆-热液流体中选择性沉淀，辉钼矿主要在卤水包裹体（brine inclusion）中富集，而 Cu 可以选择性被上升的气相包裹体（vapor phase fluid）蒸馏掉；④H_2MoO_4 在高温热液流体中对于 Mo 的迁移至关重要；⑤岩浆-热液流体中含大量的 S，可以沉淀黄铜矿和辉钼矿，但是流体中的 S 及主要的亲铜元素含量都在一个数量级，不同金属与 S 的竞争可能导致金属的分离及不同类型矿床的形成(Seo et al.，2012 及其引文)。Bingham 早期 Cu-Au 矿化阶段和晚期 Mo 矿化阶段中的流体包裹体的 S、金属含量，包裹体的 *P-T* 演化差别都很小，因此 Mo 的沉淀与流体演化性质有关（redox-氧化还原性、pH-酸碱度），更加还原和酸性的流体更有利于 Mo 的沉淀（Seo et al.，2012）。

关于 Cu 在岩浆中的价态，通常认为是正一价 Cu^+($CuO_{0.5}$)(Holzheid and Lodders，2001；

Zajacz et al.，2012），在更加氧化的岩浆中 Cu 也可能以正二价的化合物（Cu^{2+}）形式存在（Johnston and Chelko，1966；Candela and Holland，1984）。Cu 在大多数矿物晶体结构中表现为不相容性，但是在矿物黑云母、磁铁矿、角闪石、长石、钛铁矿及硫化物结晶过程中表现为相容性（Ewart et al.，1973；Ewart and Griffin，1994；Candela，1997），如实验获得的 Cu 在高硅流纹岩和磁黄铁矿中的分配系数（$D_{Cu}^{矿物/熔体}$）为 311～1530，证明磁黄铁矿的晶出可带走大量溶解在熔体中的 Cu（Lynton et al.，1993）。富水的岩浆上升分异，伴随温度和压力的降低，在浅部就位，将逐渐达到饱和，富金属元素的挥发分开始出溶形成低密度的热液流体，在斑岩成矿对应的 *P-T* 条件下，Cu 在流体中主要以铜的氯化物和二硫化物（$CuCl_2^-$ 和 $Cu(HS)_2^-$）存在（Mountain and Seward，1999，2003；Pokrovski et al.，2008）。热液实验模拟表明，相分离（phase separation）过程中 Cu 优先分配在气相中（Simon et al.，2006；Pokrovski et al.，2008），与测得大量斑岩矿床中共存的气相包裹体（vapour-rich inclusions；4300×10^{-6}）Cu 元素平均含量较卤水相包裹体（brines；约 250×10^{-6}）更高一致（Heinrich et al.，1999；Williams-Jones and Heinrich，2005；Seo et al.，2009），证明 Cu 在斑岩热液系统中以气相迁移（vapor transport）为主。

4. *矿物学勘探*

近 10 年来，随着勘查地质工作的全面覆盖，矿产勘查程度逐渐提高，浅地表赋存的斑岩型矿床几乎勘探完毕，新的斑岩矿床的发现变得越来越困难，亟待开展深部隐伏矿体的预测和勘查。利用矿物地球化学指导斑岩型矿床的勘查，国内外学者进行了尝试性研究。例如，Wilkinson 等（2015）对印度尼西亚 Batu Hijau 斑岩 Cu-Au 矿床地表青磐岩化带约 5km 范围内的蚀变矿物绿泥石进行了系统的主微量元素分析，总结出微量元素空间分布规律，如 Ti/Sr、V/Ni 的值随着距离矿体越远，其值具逐渐降低的趋势，可以用来追溯热液运移方向及成矿热液中心，通过一些元素比值大小可计算与侵入体（斑岩矿体）之间的距离，这对于寻找斑岩体及深部隐伏矿体具有重要指示意义。此外，Williamson 等（2016）对全球与斑岩成矿相关的和不成矿的钙碱性岩浆岩中的斜长石主微量元素含量进行了对比，发现成矿的富矿岩浆中的斜长石以过铝质为特点，即斜长石的 $Al^*=[(Al/(Ca+Na+K)-1]/0.01An$ 大于 1，不成矿的岩浆斜长石 Al^*小于 1，可能与斑岩成矿岩浆富水，在富水的条件下 Al 原子替代斜长石中的 Si 原子有关，提出斜长石中过量铝（Al^*）与母岩浆熔体中水含量之间具有相关性，这种关系可视作潜在的地质湿度计。但是，来自苏黎世联邦理工学院地球科学系地球化学和岩石学研究所的 Alina M. Fiedrich 等人最近开展的研究发现无论硅酸盐熔体的水含量大小如何，在斜长石中均没有系统性的铝过量，说明斜长石中的过量铝无法作为地质湿度计。Fiedrich 等通过对 14 个天然样品的斜长石晶体的 299 个数据点的分析，得出结论：钙长石含量相近的条件下，无论岩浆中水含量多少，来自不同样品的斜长石组分的 Al^*均出现大量重叠且分布很窄，在化学计量线两侧均如此。冰岛（HEID）的玄武岩样品中的斜长石有所不同，其大部分低于化学计量线，这与 Williamson 等（2016）的研究结果一致，可能与其相对高的 Fe 含量（大于 0.02 Fe(apfu)）有关。此外，来自 Batu Hijau 和 Bajo de la Alumbrera 的含矿斑岩样本均无法观察到 Al^*的明显变化。Fiedrich 等（2018）认为斜长石中的钠扩散是解释过量铝的主要机制，在富含钠长石或正长石的长石中，电子探针（EPMA）电子束下的碱金属元素迁移造成实际成分出现偏差。在 EPMA 的高束电流和小束直径的重复测量期间，诸如 Ca 和 Fe 的元素保持相对不受影响（分别为 8.8%±0.2% CaO 和 0.2%±0.02% FeO），然而 Na 的累积计数和表观 Na_2O 浓度显著降低（从 6.1%降到 0.9%），而表观 SiO_2 和 Al_2O_3 浓度增加（分别从 56.5%至 62.5%，27.3%至 29.4%），而斜长石组合物即使在无照射后几分钟也没有恢复。这说明用小光束直径和高光束电流重复分析和过长时间的分析均可导致与化学计量线的微小偏差，可能被误解为 Al^*。Fiedrich 等怀疑 Williamson 等（2016）报道的明显高 Al^*的样品可能已经发生了元素扩散。

二、冈底斯斑岩矿床研究现状

西藏冈底斯后碰撞环境斑岩铜矿带位于南部拉萨地体，东起工布江达县，西至昂仁县，东西长约 600km，形成了我国目前规模最大的斑岩铜矿带，已开展了大量的研究。

1. 含矿岩浆源区特征

早些年，侯增谦等（2003）、孟祥金等（2003）、郑有业等（2004b）、王保弟等（2010）对冈底斯斑岩型矿床进行了成矿年代学研究，辉钼矿 Re-Os 年龄集中在 20.9～13.7Ma，与成矿斑岩的年龄 19.7～13.3Ma 基本一致（Zheng Y Y et al.，2015；郑有业等，2007b），初步确定成矿作用与新特提斯洋关闭之后的板块碰撞陆内造山作用过程相关，其成矿集中在中新世后碰撞环境，与环太平洋俯冲环境的斑岩型矿床相区别。曲晓明等（2004）对冈底斯斑岩成矿带上的甲玛、拉抗俄、达布（南木）、厅宫、冲江、洞嘎矿床含矿斑岩进行了系统的 Sr-Nd-Pb-O 同位素源区示踪，斑岩主要为 I 型花岗岩，以高钾为特征，属于高钾钙碱性或钾玄质岩浆系列，少数为钙碱性系列，具有“Adakites”岩石相似的地球化学特征，如高 Sr/Y、La/Yb 值等，表现较亏损的同位素组成，提出含矿斑岩主要源于俯冲到深部的特提斯洋壳在榴辉岩相条件下的部分熔融。由于冈底斯中新世高 Sr/Y 侵入岩相对富钾（K_2O 3.02%～8.56%），有别于大洋板片熔融形成的典型的富 Na 的埃达克岩。同时，特提斯洋板片在始新世的时候就已发生断离并拆沉到深部地幔（DeCelles et al.，2002；Kohn and Parkinson，2002；Wen et al.，2008），但也不排除俯冲洋壳残片在陆内碰撞造山过程中卷入到中下地壳。因此俯冲洋壳解释西藏中新世成矿密切相关的高 Sr/Y 岩浆仍需进一步研究。

Hou 等（2009，2011）对冈底斯中新世斑岩铜矿进行了系统研究，总结了其成矿时代、成矿流体、岩浆源区特征，认为这套成矿岩浆源区为增厚的新生下地壳，其具有地幔属性的 Sr-Nd-Hf 同位素特征，提供了成矿所需的大量 Cu、Au、S，而榴辉岩相或石榴-角闪岩相下角闪石的分解导致这套岩浆富水和具有高氧逸度特征。

然而，加厚的下地壳主要为麻粒岩相或榴辉岩相的岩石组成，其含水量很少，为一干的中基性下地壳（Xia et al.，2006；Yang et al.，2008；黄方和何永胜，2010），无法形成斑岩型铜矿所需的富水岩浆（大于 4% H_2O；Richards，2011b；Loucks，2014）。Lu 等（2015）利用锆饱和温度计指出冈底斯东段主要斑岩铜矿床成矿斑岩的锆饱和温度为 680～780℃，结合角闪石和斜长石矿物结晶实验中测得的 H_2O 含量，估算了成矿斑岩水含量约为 10%～12%，而传统观点认为的下地壳玄武质角闪岩脱水熔融形成的岩浆最高含水性只有 6.7%±1.4%，因而提出西藏中新世成矿斑岩是富水地幔高压结晶分异的产物，而非下地壳部分熔融产物。

2. 富水、高氧逸度岩浆与斑岩铜矿

Yang Z M 等（2015）对西藏驱龙矿床中发育的高 Mg 闪长岩进行了详细的岩相学、岩石地球化学对比，认为成矿斑岩的形成至少经历两个阶段：①被交代的富集大陆岩石圈地幔部分熔融形成超钾质岩浆；②超钾质岩浆底侵到下地壳，释放 H_2O 并诱发下地壳部分熔融形成富水、高钾的埃达克质的成矿岩浆。该模型提出高 Mg 闪长岩是富集的岩石圈地幔熔体与下地壳高 Sr/Y 熔体混合的产物，提出超钾质岩浆为形成斑岩型 Cu 矿岩浆提供了大量的水。

Wang 等（2014a，2014b）对西藏古新世、渐新世、中新世岩浆岩进行了岩浆含水性和氧逸度对比，古新世—始新世岩浆源于俯冲大洋板片晚阶段回卷，脱水交代地幔发生部分熔融，并经历“MASH”过程，斑岩铜矿化少见；渐新世—中新世富水的岩浆源于早期俯冲交代岩石圈或下地壳堆晶体的部分熔融，富水、高氧逸度、富硫化物；从古新世至中新世，岩浆氧逸度和含水性逐渐升高，有利于斑岩铜矿的形成。冈底斯始新世不成矿斑岩的锆石 Ce^{4+}/Ce^{3+}主体小于 50，而中新世岩体的锆石 Ce^{4+}/Ce^{3+}主体大于 50，并认为这是导致冈底斯斑岩成矿以中新世为主的主要原因之一（Wang et al.，2014a）。

Hou 等（2015a）对比分析了冈底斯东西段成矿和贫矿的侏罗纪和中新世岩浆作用及成矿作用，提出冈底斯西段侏罗纪弧火山岩高氧逸度、亏损 Sr-Nd-Hf 同位素，硫化物主要以硫酸盐的形式保存在演化的熔体中，最终形成冈底斯西段侏罗纪雄村斑岩型 Cu-Au 矿床，该过程弧堆晶岩不发育；而冈底斯东段成矿斑岩表现相对较低的 Sr-Nd-Hf 同位素特点，侏罗纪弧岩浆在上升过程中与壳源物质发生反应，氧逸度降低，岩浆主要处于还原状态，大量的 Cu 以硫化物的形式保存在弧堆晶体中，中新世后碰撞环境保存在下地壳边界的堆晶体（富集 S 和金属元素）再熔形成斑岩型矿床，而在没有早期侏罗纪弧发育的地方则很少见斑岩型铜矿的发育。

但是，一些模拟计算表明，富硫化物的堆晶体部分熔融形成的岩浆中 Cu、Au 的含量与正常的弧岩浆相似（Cu 小于 200×10^{-6}；Au 小于 8×10^{-9}），很难形成斑岩型矿床所需的富 Cu 岩浆（Li，2014）。

3. 西藏始新世贫矿岩浆与中新世成矿岩浆对比

冈底斯除形成大量后碰撞环境的斑岩型铜矿外，还发育始新世斑岩成矿作用，但规模都比较小，目前仅发现吉如斑岩型 Cu 始新世成矿作用和沙让始新世斑岩型 Mo 成矿作用。Zheng 等（2014a）研究了吉如两期成矿作用，辉钼矿定年表明其分别形成于 45Ma 和 15Ma，其中始新世含矿岩体为二长花岗岩，具有弧岩浆特征，为含水的地幔楔部分熔融的产物，形成与印度-欧亚陆陆碰撞过程中俯冲的新特提斯大洋板片断离有关；吉如中新世含矿斑岩与区域广泛发育的中新世斑岩型矿床的含矿斑岩特征相同，具有高 Sr/Y 特征，为受早期俯冲流体交代的岩石圈（地幔+下地壳）部分熔融的产物，其形成与后碰撞过程中的软流圈地幔上涌有关；吉如铜矿始新世和中新世含矿岩石中均发育暗色微粒包体，前者具有埃达克岩特征，形成与大洋板片的熔融有关，而后者则与富集岩石圈地幔部分熔融有关。Yang 等

（2016）也对吉如两期岩体进行了研究，始新世岩体源于大洋板片流体交代的亏损地幔部分熔融，伴随角闪石和斜长石的结晶分异作用，提出始新世早期花岗岩中 H_2O 小于 4%，随着岩浆的演化，始新世晚期的花岗岩中含水量逐渐增加（H_2O 大于 4%），上地壳分异过程增加了残余岩浆中的含水量，该过程对于形成碰撞环境吉如斑岩型铜矿十分关键，同时指出早期弧岩浆分异过程硫化物沉淀在造山型弧下地壳的根部不是形成后碰撞环境斑岩型矿床的必要条件。

Wu 等（2016）对比研究了西藏始新世不成矿冈底斯岩基和中新世成矿高 Sr/Y 侵入体岩浆氧逸度和含水性，全岩 Sr-Nd 和锆石 Hf 同位素表明两者岩浆源区均为早期俯冲过程交代的富集地幔楔，地幔楔部分熔融底侵到壳幔边界，该过程主要提供高氧化的弧岩浆，提供金属 Cu 及一些挥发分 F、Cl、S 等，但是中新世岩浆氧逸度和含水性（ΔFMQ=5；H_2O 大于 5.5%）都较始新世高（ΔFMQ=−0.3；H_2O 小于 4.0%），归因为：①古新世—始新世大规模的林子宗群火山活动，在一个开放的岩浆体系，大量的火山活动，伴随脱气作用（大量 SO_2 逃逸），使已有的弧岩浆氧逸度降低，不利于成矿，可以很好地解释为什么冈底斯很少有同碰撞斑岩型矿床。而西藏中新世斑岩矿床总体上是形成于挤压背景，封闭的体系利于成矿。②下地壳逐渐成熟加厚，伴随进变质脱水过程，一系列脱水反应，释放的水会不断补给早期底侵在壳幔边界的玄武质弧岩浆，形成富水的岩浆，最终成矿，例如白云母脱水：白云母+斜长石+石英=钾长石+蓝晶石+水；黑云母脱水：黑云母+夕线石+石英=钾长石+石榴子石/堇青石+水；角闪石脱水：角闪石+斜长石=斜辉石/石榴子石+水。

三、存在的关键科学问题

众多学者对冈底斯斑岩铜矿开展了研究，取得了系列重要成果，但仍存在一些亟须解决的关键科学问题，例如：

（1）冈底斯中新世斑岩型矿床紧邻雅鲁藏布江成矿带等间距分布，含矿斑岩以高 Sr/Y、La/Yb 值为特点，被广泛认为源于增厚的新生下地壳的部分熔融（Hou et al.，2009，2011）。关于岩浆源区是否与早期俯冲过程相关，是否继承了早期俯冲交代的特点，新生的下地壳是什么时候新生的（中新世、古新世—始新世或者更早），目前还存在较大争议。

（2）冈底斯成矿带矿区岩体中广泛发育镁铁质-闪长质微细粒包体（杨志明，2008；Sun X et al.，2013；Wu S et al.，2014），成矿过程与中新世地幔过程有何关系？地幔熔融、岩浆混合过程中仅仅提供了热源？还是也参与了成矿作用，提供了部分金属元素？

（3）西藏拉萨地体还发育中新世地幔起源的超钾质岩，特别是在拉萨地体西段。Yang Z M 等（2015）提出超钾质岩浆在下地壳和中上地壳上升侵位、减压熔融并与下地壳熔体混合过程中，提供了大量形成西藏后碰撞环境斑岩型铜矿岩浆所需的水。研究表明，水在超钾质岩浆中溶解度很高，随着压力的降低逐渐降低，如 500MPa 压力下约为 10.7%，该实验结果仅代表在一定的压力条件下，水在超钾质岩浆中的最大溶解度（Behrens et al.，2009），并不能代表岩浆熔体的实际含水情况，而西藏中新世超钾质岩是否富水、含水性为多少目前还无证据，其对中新世斑岩成矿作用是否存在贡献尚不清楚。

（4）冈底斯东西段岩浆作用存在明显差异，表现出不同的 Sr-Nd-Hf 同位素组成，Wang 等（2014c，2015）归因为俯冲印度板片的改造作用，其在中新世俯冲的位置控制了冈底斯斑岩铜矿床的分布，西段印度板片释放流体和熔体交代岩石圈地幔楔，低氧逸度和含水性不利于成矿。Hou 等（2015a）认为冈底斯中新世斑岩铜矿床的形成与侏罗纪弧岩浆作用关系密切，斑岩矿床发育的地区一般在矿区或附近都发育侏罗纪弧岩浆岩。以上结论可以很好地解释冈底斯东段斑岩型矿床的分布规律，但是很难解释西段朱诺超大型斑岩铜矿床的形成。因为该矿床源区既遭受了印度板片的改造作用，同时在其附近不发育侏罗纪弧岩浆作用。

第三节　自然地理概况及勘查历史

一、自然地理概况

朱诺铜矿位于青藏高原冈底斯成矿带西段，行政区划隶属于西藏自治区日喀则市昂仁县，区内交通条件一般，大部分乡镇有公路（或简易公路）相通，但是雨季道路易发生塌方和泥石流，常使交通中断。

朱诺矿区为西部高寒艰险地区，地势险峻，地形切割剧烈。山脉以近东西向分布为主，主体为冈底斯山脉，地势总体呈西高东低，北高南低，相对高差达 1340m，最低海拔 4550m，最高海拔 5900m，一般海拔 4600～5300m。

区内水系发育，美曲藏布南北向纵贯于研究区中部，多雄藏布近东西向横贯于研究区南部，一、二级水系较发育，但旱季多干涸，三级以上水系水量充沛。平面上水系多呈树枝状分布，主要水源为大气降水和冰雾融水。

朱诺矿区属高原温带半干旱季风气候区，日照强，干湿季节分明，6 月至 9 月为雨季，年降水量 220mm 左右，雨季多暴雨和冰雹，常造成山洪和泥石流暴发，引发地质灾害。9 月至次年 5 月为旱季，干冷多风，时有降雪，年无霜期约 60 天，常见的自然灾害为风沙、旱、雪、霜。工作区属半农半牧区，居民为藏族，农作物主要有青稞、冬小麦、春小麦、马铃薯、豌豆、油菜籽。野生动物主要有岩羊、羚羊、狼、狐狸、野兔、旱獭、斑头雁、野鸭、秃鹫及野牦牛、野驴、黑颈鹤等珍稀动物。昂仁县、谢通门县现已初步形成矿产业、建筑建材、农畜产品及民族手工业、旅游业四大经济支柱产业，形成了具有地方特色的工业布局。

二、研究勘查历史

朱诺矿区在 1950 年以前，基本属空白区，自 20 世纪 70 年代以来，地矿系统及科研单位先后在矿区一带及邻区开展了一系列基础地质、矿产调查和科研工作，主要有：西藏自治区地质矿产勘查开发局（简称西藏地勘局）先后开展了 1∶100 万日喀则幅区域地质调查，湖北省地质调查院开展了 1∶25 万拉孜幅区域地质调查工作，江西省地质矿产勘查开发局物化探大队（简称江西物化探大队）开展了日喀则幅（8-45-J）1∶50 万区域化探扫面工作，西藏地勘局第二地质大队（简称西藏地质二队）在朱诺地区开展了 1∶5 万矿产远景调查，西藏地质二队和中国地质大学（北京）共同承担“西藏朱诺整装勘查区关键基础地质研究”（2015 年更名为“西藏朱诺整装勘查区专项填图与技术应用示范”）等。主要工作如下：

2000～2003 年，湖北省地质调查院开展了 1∶25 万拉孜县幅区域地质调查，重新厘定了地层单位，分析了板块演化与沉积物、沉积作用与沉积环境的关系，探讨了花岗岩的成因、就位机制、形成环境；查明了区域构造变形期次和变形特征，较全面系统地建立了区域构造格架，再塑了区域构造时空演化历史，为今后进一步研究区域构造提供了重要资料。

2001～2005 年，郑有业教授组织开展了国土资源大调查项目“雅鲁藏布江成矿区东段铜多金属矿勘查”工作，认为朱诺一带具有良好的铜多金属成矿前景；通过对朱诺一带 1∶5 万水系沉积物测量，圈出面积达 80km^2 的 Cu、Mo 异常；2004～2005 年对异常进行查证，初步工程控制了矿体规模。2006 年提交了《西藏自治区雅鲁藏布江成矿区东段铜多金属矿勘查》报告，总结了冈底斯斑岩铜矿成矿规律，完善了找矿标志，建立了成矿、找矿模式，同时对朱诺斑岩型铜矿进行了初步评价，圈定矿体 3 个，估算资源量（333＋334_1）铜 107 万 t，平均品位 0.83%，伴生元素银 340.86t，平均品位 2.65g/t。

2005～2007 年，西藏地质二队开展了“西藏朱诺地区 1∶5 万矿产远景调查”，初步建立了区内地层系统、岩浆演化序列及构造格架，较全面地总结了区域地球化学、区域地球物理特征及遥感地质特征，圈定了各类地、物、化、遥异常，划分了 2 个成矿预测区，19 个找矿靶区，并初步探讨了测区的控矿控岩构造、找矿标志、找矿模式及资源评价。在朱诺矿床外围新发现 6 个矿点，5 个矿化点，11 个矿化线索，其中铜多金属矿 14 处，银铅锌多金属矿 4 处，铁矿 4 处。

2012～2014 年，中国地质大学（北京）承担中国地质调查局科研项目“大型-超大型矿床成矿动力学背景、成矿过程及定量预测研究”。项目厘定了朱诺斑岩铜矿岩浆演化序列；查明朱诺主矿区与外围的东、西、南部在中新世时期属于一个完整的斑岩铜成矿系统；朱诺矿区南西约 24km 的落布岗木-懂师布地区中新世岩体与朱诺含矿斑岩具有相似的元素地球化学及同位素特征，且具有较高的岩浆氧逸度，显示一定的斑岩型矿化潜力。

第二章　区域地质背景

第一节　大地构造背景

青藏高原作为全球举世瞩目的碰撞造山带，自北向南可依次划分为松潘-甘孜地体、羌塘地体、拉萨地体、喜马拉雅地体，分别被金沙江缝合带、班公湖-怒江缝合带和雅鲁藏布江缝合带分开（Yin and Harrison，2000）。位于青藏高原南部班公湖-怒江缝合带以南、雅鲁藏布江缝合带以北的拉萨地体，是青藏高原中生代以来岩浆活动期次最多、规模最大、岩浆类型最复杂的一个巨型构造岩浆岩带（李廷栋，2002），该地体不但经历了新生代早期印度-欧亚大陆之间的陆陆碰撞，而且还经历了中生代时期班公湖-怒江特提斯洋壳向南、雅鲁藏布特提斯洋壳向北俯冲和侏罗纪晚期—白垩纪早期的拉萨-羌塘碰撞等复杂的地质过程（潘桂棠等，2012；Zhu et al.，2013）。拉萨地体可进一步划分为北部拉萨地体（NL）、中部拉萨地体（CL）和南部拉萨地体（SL），分别以狮泉河-纳木错蛇绿混杂岩带（SNMZ）和洛巴堆-米拉山断裂（LMF）为界（朱弟成等，2012）。朱诺矿床位于西藏冈底斯斑岩铜成矿带的西段，处于南部拉萨地体内，三级构造单元属于冈底斯-下察隅火山岩浆弧（图2-1），朱诺矿床及外围地质背景与冈底斯-下察隅火山岩浆弧的特征基本相一致，主要为大面积的火山岩和侵入岩分布区，侏罗系—白垩系沉积地层在局部呈零星片状分布（图2-2）。

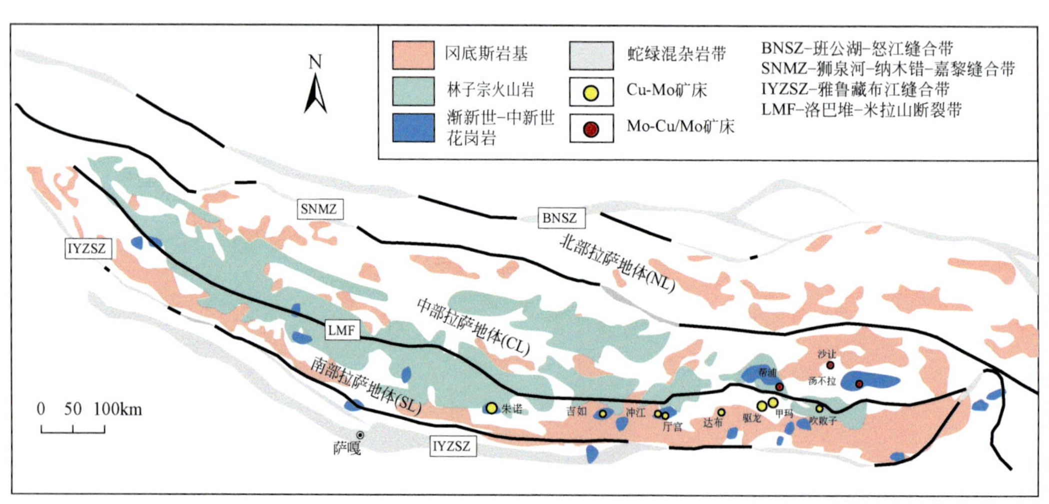

图 2-1　研究区大地构造位置图

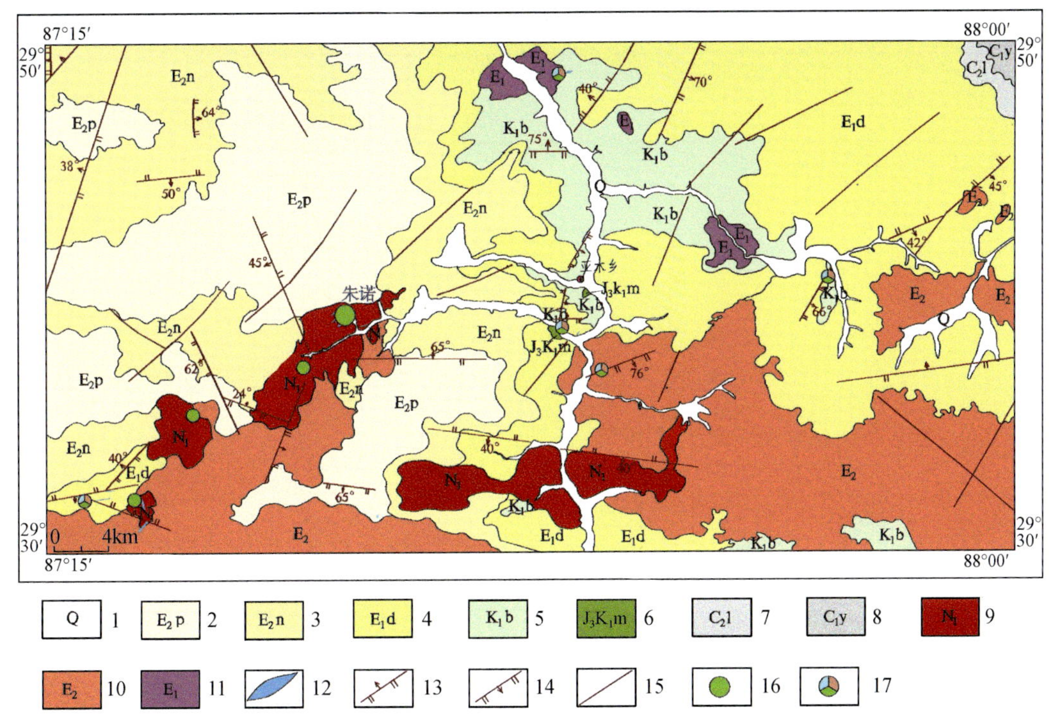

图 2-2 西藏朱诺地区矿产分布图

1. 第四系；2. 帕那组；3. 年波组；4. 典中组；5. 比马组；6. 麻木下组；7. 拉嘎组；8. 永珠组；9. 中新世花岗岩；10. 始新世花岗岩；11. 古新世花岗岩；12. 岩脉；13. 逆断层；14. 正断裂；15. 性质不明断层；16. 铜多金属矿床（点）；17. 多金属矿床（点）

第二节 区 域 地 层

朱诺矿集区地层区划属于冈底斯-腾冲区之隆格尔-南木林分区，区域上该地层分区的基底由前震旦系念青唐古拉岩群组成，在前震旦系结晶基底之上，寒武系、中下三叠统地层普遍缺失，奥陶系以来的地层发育较全。而在朱诺矿区及其外围出露的地层主要为下石炭统永珠组，上石炭统拉嘎组，上侏罗统—下白垩统桑日群麻木下组和比马组，下白垩统塔克那组，古近系林子宗群典中组、年波组和帕那组，第四系。各地层区岩石地层单位划分见表 2-1。

一、下石炭统永珠组

下白垩统永珠组地层在朱诺矿集区范围内仅在东北角极少量分布，厚度较小，未见底，但在北侧的隆格尔-工布江达弧背断隆带内分布面积较大。该区永珠组出露岩性为灰白色中-薄层变长石石英砂岩、灰白色薄层变细砂岩、深灰色千枚岩或板岩及变粉砂岩，单层以薄-中层的水平层理和平行层理为主（图 2-3）。岩层纵向总体结构由千枚岩或页岩-细砂岩-石英砂岩组成向上变粗的沉积韵律，显示进积型沉积结构。

表 2-1 朱诺矿集区岩石地层单位简表

地层时代		冈底斯-腾冲地层区		
		隆格尔-南木林地层分区		
第四系	全新统	冲积物、冲洪积物、沼泽沉积物		
	更新统	冰积物、残坡积物		
古近系		林子宗群	帕那组 E_2p	二段 E_2p^2 一段 E_2p^1
			年波组 E_2n	二段 E_2n^2 一段 E_2n^1
			典中组 E_1d	三段 E_1d^3 二段 E_1d^2 一段 E_1d^1
白垩系	下统	桑日群	比马组 K_1b	三段 K_1b^3 二段 K_1b^2 一段 K_1b^1
侏罗系	上统		麻木下组 J_3K_1m	
石炭系	上统	拉嘎组 C_2l		
	下统	永珠组 C_1y		

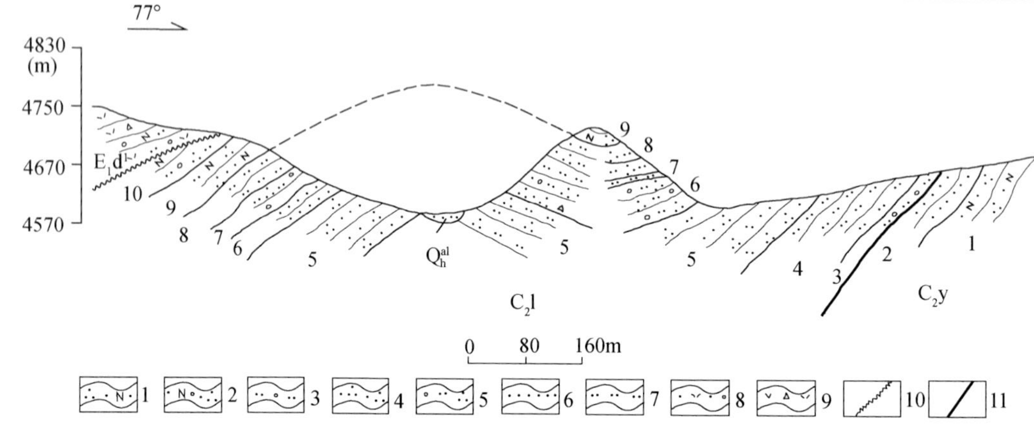

图 2-3 朱诺矿集区石炭系永珠组（C_1y）-拉嘎组（C_2l）实测地层剖面

1. 变长石石英岩；2. 变含砾长石石英砂岩；3. 变含砾粉砂岩；4. 变石英砂岩；5. 变含砾石英砂岩；6. 变细砂岩；7. 变粉砂岩；8. 凝灰质砂砾岩；9. 流纹质火山角砾岩；10. 角度不整合；11. 整合接触

二、上石炭统拉嘎组

拉嘎组的分布范围与永珠组相同，呈带状分布于研究区东北部，主要岩性为褐红色中层状变含砾长石石英砂岩、灰白色中-薄层状变含砾石英砂岩、灰白色薄层状变含砾粉砂岩、灰白色中-薄层状长石石英砂岩、灰白色中-薄层状细粒石英砂岩及灰色薄层状变粉砂岩（图 2-3），与下伏永珠组呈整合接触。拉嘎组以含砾为基本特征，以石英砂岩和粉砂岩为主，在剖面上垂向沉积结构由下至上至少存在三个沉积韵律，单个韵律由粉砂岩-石英砂岩-含砾长石石英砂岩组成进积型层序。

三、上侏罗统—下白垩统桑日群

桑日群在朱诺矿集区局部呈片状分布于研究区中部和南部，总体为一套含火山-沉积岩系，以及陆源碎屑-碳酸盐岩地层（图 2-4），桑日群自下而上可划分为麻木下组（J_3K_1m）和比马组（K_1b），其中比马组分布相对较广泛，而麻木下组出露非常有限，仅在研究区中部的美康萨及萨拉达一带零星可见。区域上，大面积的桑日群地层主要分布在本研究区以南。

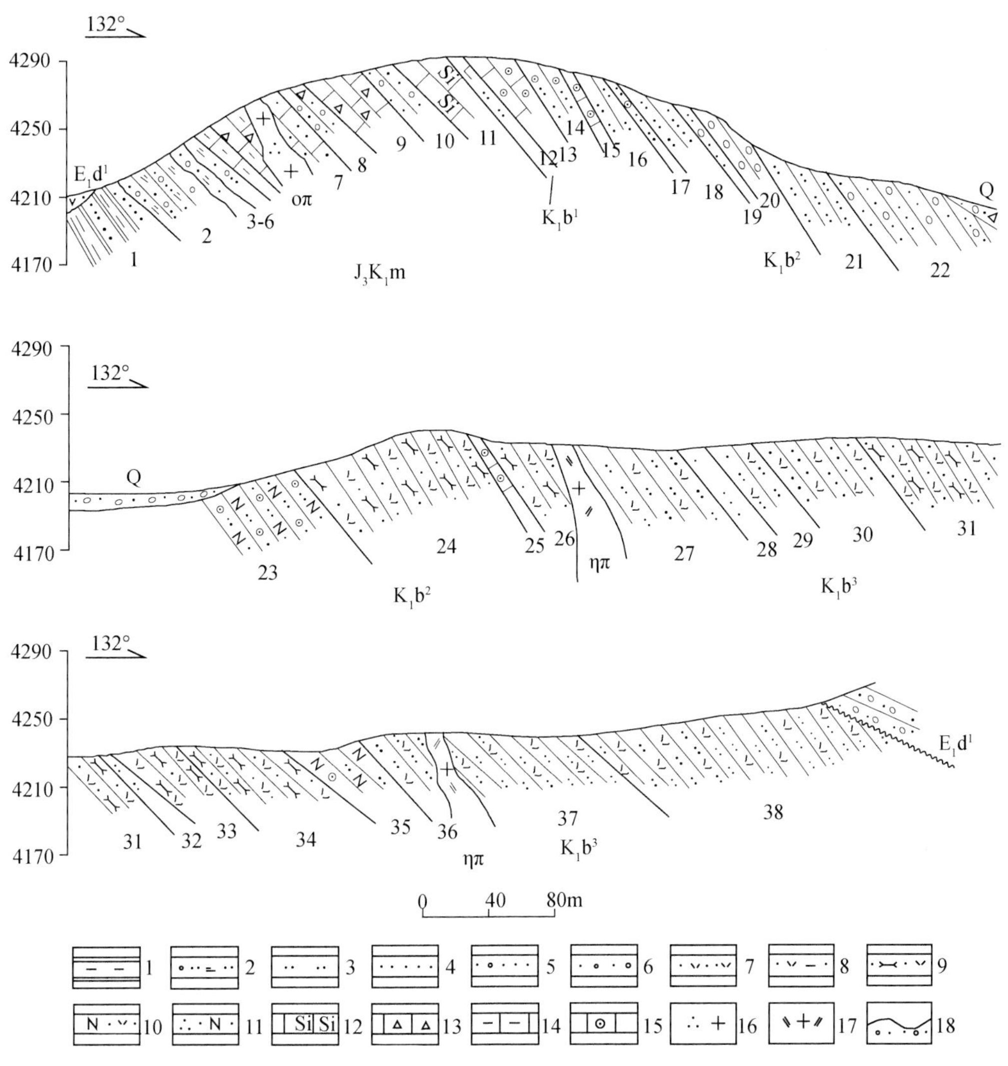

图 2-4　西藏昂仁县亚木乡桑日群麻木下组和比马组实测地层剖面

1. 泥质板岩；2. 含团粒绢云母粉砂岩；3. 粉砂岩；4. 砂岩；5. 含砾砂岩；6. 砂砾岩；7. 凝灰质砂岩；8. 条带状凝灰质砂岩；9. 透辉石凝灰质砂岩；10. 凝灰质长石砂岩；11. 长石石英砂岩；12. 硅质灰岩；13. 内碎屑灰岩；14. 泥质灰岩；15. 夕卡岩；16. 石英斑岩；17. 二长斑岩；18. 第四系堆积物

麻木下组（J_3K_1m）：由于林子宗群典中组火山岩地层超覆的原因，研究区内麻木下组岩性出露不全。下部为灰色-浅灰绿色含团粒浅变质绢云母细粉砂岩夹浅灰色泥质板岩，上部为一套碳酸盐岩为主，夹灰-灰色硅质（钙质）胶结单成分砂砾岩，未见区域上发育的中基性火山岩夹层。

比马组（K_1b）：岩石类型较复杂，可分为三个岩性段。一段岩性主要为青灰色厚层状变质英安质火山角砾凝灰岩、灰白色中厚层绢云母化英安岩、青灰色中厚层碎裂状细砂岩、强绢云母化硅化长石石英砂岩和孔雀石化磁铁矿化碎斑岩，反映为一套中性火山喷发与沉积为主的地层体，上部与典中组呈角度不整合接触；二段岩性主要为夕卡岩、细砂岩、砾岩、泥灰岩、大理岩和长英质凝灰岩；三段岩性主要为凝灰质粉砂岩、变长石石英砂岩、变凝灰岩等，出现了多次喷发-沉积的旋回性沉积过程，每个旋回基本由火山碎屑岩向沉积碎屑岩过渡，层状凝灰岩的出现说明当时海水较浅，反映活动岛弧小型盆地沉积特征。研究区内比马组二段与成矿关系密切，在其与不同时期的侵入岩接触带，多形成接触交代型夕卡岩型矿床（点），例如奴庆铁矿点、者拉北铜矿点、唐格铜矿点和者拉南铜矿点等。

四、古近系林子宗群

古近系是朱诺矿集区分布范围最广、面积最大的地层，分布范围遍布整个矿集区，总体为一套火山-沉积岩系，从下至上可分为典中组（E_1d）、年波组（E_2n）和帕那组（E_2p）。该套火山岩地层往往被中新世斑岩体侵入，构成中新世斑岩铜矿的围岩地层。

典中组（E_1d）主要出露于东部和西南部的差药、陆里拉、巴弄、拉达、者拉、罗布真等地区，为一套以中性、中-酸性火山熔岩及火山碎屑岩为主火山沉积组合，根据岩石类型可划分为三个岩段：一段以酸性-中酸性火山碎屑岩（主要为凝灰岩）为主，夹凝灰质砂砾岩；二段以中性-中酸性火山碎屑岩和熔岩（主要为安山岩）为主，偶见火山角砾岩；三段以中酸性的火山碎屑岩为主（图 2-5）。

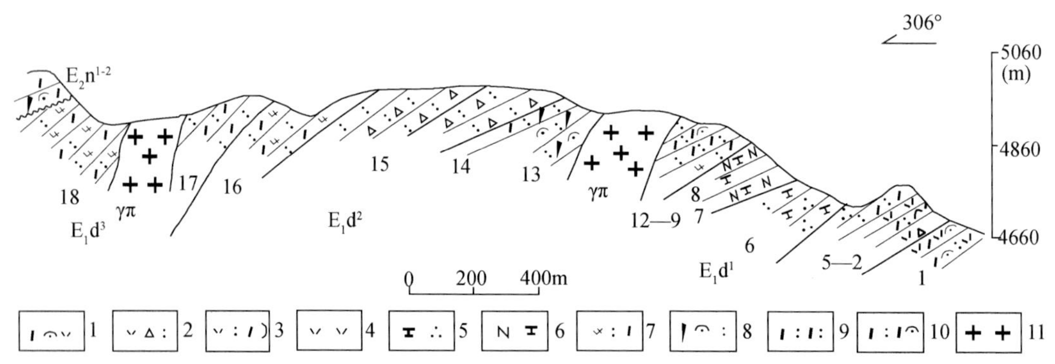

图 2-5 西藏昂仁县亚木乡古卓林子宗群典中组实测地层剖面

1. 流纹质晶屑熔结凝灰岩；2. 流纹质含火山角砾凝灰岩；3. 流纹质晶屑玻屑凝灰岩；4. 流纹岩；5. 石英粗面岩；6. 含斑粗面岩；7. 英安质晶屑凝灰岩；8. 岩屑凝灰质熔岩；9. 晶屑凝灰岩；10. 晶屑岩屑凝灰熔岩；11. 花岗斑岩

年波组（E_2n）主要出露于西北部和中部的金德、烈巴、许如、古卓、亚木等地区，为一套中酸性火山碎屑岩夹中酸性熔岩-沉积岩系，根据岩石类型可划分为两个岩段：一段以中性-中酸性火山碎屑岩为主，辅以凝灰质粉砂岩；二段以凝灰岩、火山角砾岩及流纹岩为主，夹凝灰质粉砂岩、复成分砾岩及粉砂岩（图 2-6）。

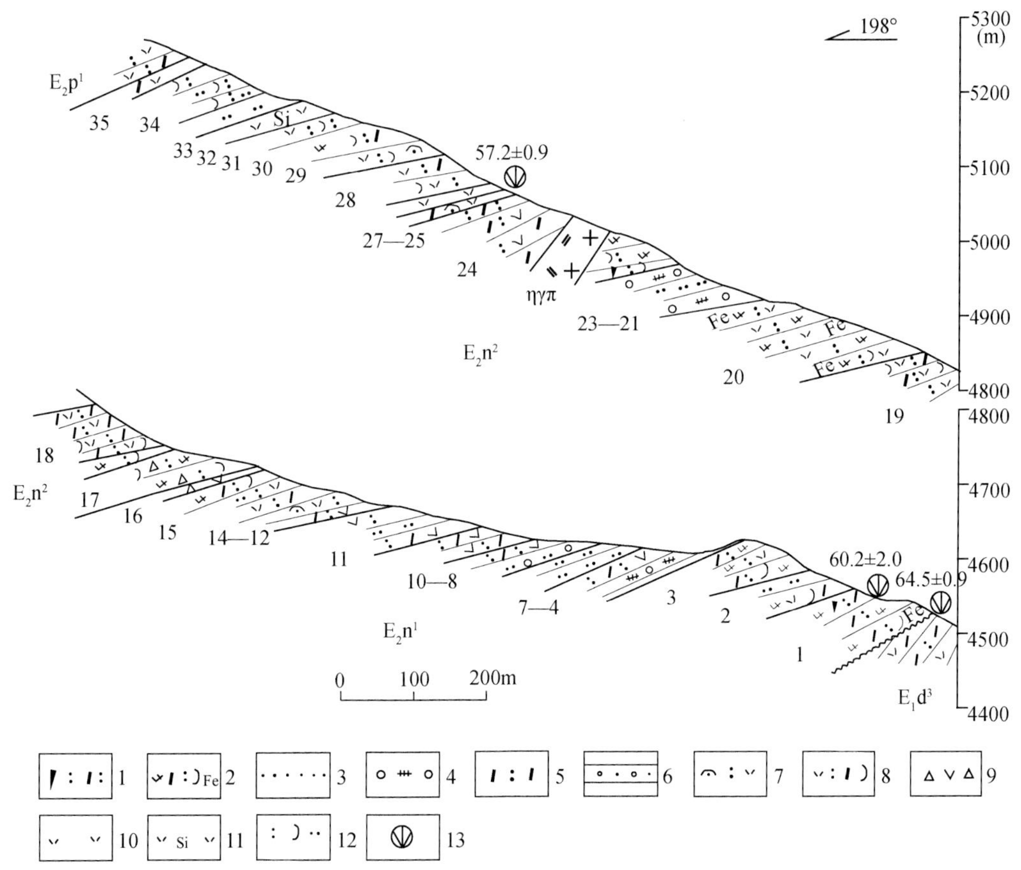

图 2-6　西藏昂仁县烈巴乡林子宗群年波组实测地层剖面

1. 岩屑晶屑凝灰岩；2. 褐铁矿化英安质晶屑玻璃屑凝灰岩；3. 粉砂岩；4. 细砂岩；5. 复成分砾岩；6. 晶屑凝灰岩；7. 砂砾岩；8. 凝灰质酸性熔岩；9. 流纹质玻屑晶屑凝灰岩；10. 火山角砾岩；11. 粗面-流纹质熔岩；12. 硅化球粒流纹岩；13. 流纹质玻屑凝灰岩

帕那组（E_2p）主要分布于中西部尼许、威章拉等地，主要为一套酸性火山碎屑岩，主要岩性为流纹质晶屑凝灰岩，流纹质火山角砾晶屑凝灰岩等。根据岩石组合特征分两段：一段为流纹质熔结凝灰岩、流纹岩夹火山角砾岩；二段有紫红色流纹岩、安山岩、英安岩、熔结凝灰岩和酸性火山凝灰岩。

五、第四系

第四系零星分布于河流两侧及低洼地带，主要沿美曲藏布、烈巴藏布流域及其两侧沟谷分布。其成因类型多样，主要为冲积、冲洪积，另有冰积、沼泽、风积与残坡积物等。研究区第四系与基岩大多表现为高角度张性正断层接触，而且这些断裂构造表现为多期活动特点，多数断层控制着更新世地层的展布情况及沟谷地貌。

第三节　区域岩浆岩

朱诺矿床所属的南部拉萨地体主要出露中生代—新生代冈底斯岩基（Wen，2007；Ji et al.，2009，2012a）、古新统—始新统林子宗群火山岩（Mo et al.，2007，2008；Lee H Y et al.，2012），在南部拉萨地体东部还出露有少量三叠系—白垩系火山沉积地层，锆石 Hf 同位素填图表明该地体以新生地壳为特征（Zhu et al.，2011a；张立雪等，2013；Hou et al.，2015b），但近年来在其东部地区发现可能保存有古老结晶基底（Ji et al.，2012b）和中生代—新生代角闪岩相、麻粒岩相变质岩（Dong et al.，2010；Zhang Z M et al.，2014）。此外，南部拉萨地体还发育渐新世—中新世高 Sr/Y 花岗质侵入体，多呈小岩株产出（Chung et al.，2003，2009；Zheng et al.，2012a，2012b；孙祥等，2013），而中新世钾质-超钾质岩主体分布在南部拉萨地体西段（Turner et al.，1996；Miller et al.，1999；Zhao et al.，2009；Liu et al.，2014；Huang et al.，2015）。朱诺矿床及其外围的岩浆岩也非常发育，包括了规模宏大的岩株状-岩基状中酸性侵入岩，和分布范围极广的陆相中基性-酸性火山岩，其中侵入岩主要分布于研究区南部，而火山岩则主要分布在朱诺矿集区中北部。

一、侵入岩

朱诺矿集区侵入岩的时代包括了古新世、始新世和中新世，主要岩性为斑状二长花岗岩、二长花岗（斑）岩、石英斑岩、石英二长闪长岩、钾长花岗岩、花岗闪长岩等。其中与斑岩铜矿同时期的中新世岩体零星出露，规模较小，多呈岩株或网脉状包裹或侵入到始新世岩体中。

1. 古新世侵入岩

主要分布于区内中北部的奴庆—龙玛一带，呈岩株或岩滴状，平面为不规则椭圆形或近圆形，岩石类型有黑云母（角闪石）石英二长闪长岩、黑云母二长花岗岩、二长花岗岩和少量石英二长岩，岩体边缘零星见有细粒的闪长岩包体。岩体侵入于比马组及典中组火山岩地层中，岩体与围岩发生强烈的热接触变质作用，形成了夕卡岩带和角岩带，在夕卡岩中发育磁铁矿和孔雀石铜矿化。

古新世侵入岩具有较高的 SiO_2 含量（平均 71.75%）、Al_2O_3 含量（平均 13.93%）、全碱 Na_2O+K_2O 含量（平均 7.77%），K_2O/Na_2O 值变化于 0.20～1.49（平均 0.85）。里特曼指数（σ）为 0.78～2.88（平均 2.13），属钙性-钙碱性岩；铝饱和指数 A/CNK 为 0.92～1.07（平均 1.00），具准铝质-过铝质特点。稀土元素总量 $\Sigma REE=135.01\times10^{-6}\sim207.09\times10^{-6}$，均表现为轻稀土富集和分馏明显，重稀土亏损和分馏不明显，具中等负 Eu 异常—弱正 Eu 异常，Eu/Eu^*为 0.30～1.13（平均 0.81）。与原始地幔相比，古新世侵入岩富集强不相容元素 Rb、Th、U，具有明显的高场强元素 Nb-Ta 槽和 Ti、Sr、Ba 谷特点；与世界花岗岩类平均值相比，大多数过渡元素 Ni、Co、V 等与平均值相当，贫化亲石元素 Sc、Ba、Nb 及亲铁、亲铜元素 Cu、Co 等，富集元素 Zr、Hf 等。$^{87}Sr/^{86}Sr$ 初始值介于 0.706028～0.706805 之间，$\varepsilon_{Nd}(t)$介于−1.38～−1.00 之间，指示岩浆来源于陆壳物质与地幔物质混合作用，同时岩浆中有俯冲洋壳熔融存在。

对不同岩体样品开展的锆石 LA-ICP-MS U-Pb 测试显示，加权平均年龄分别变化于59.7～65.0Ma（图 2-7）。

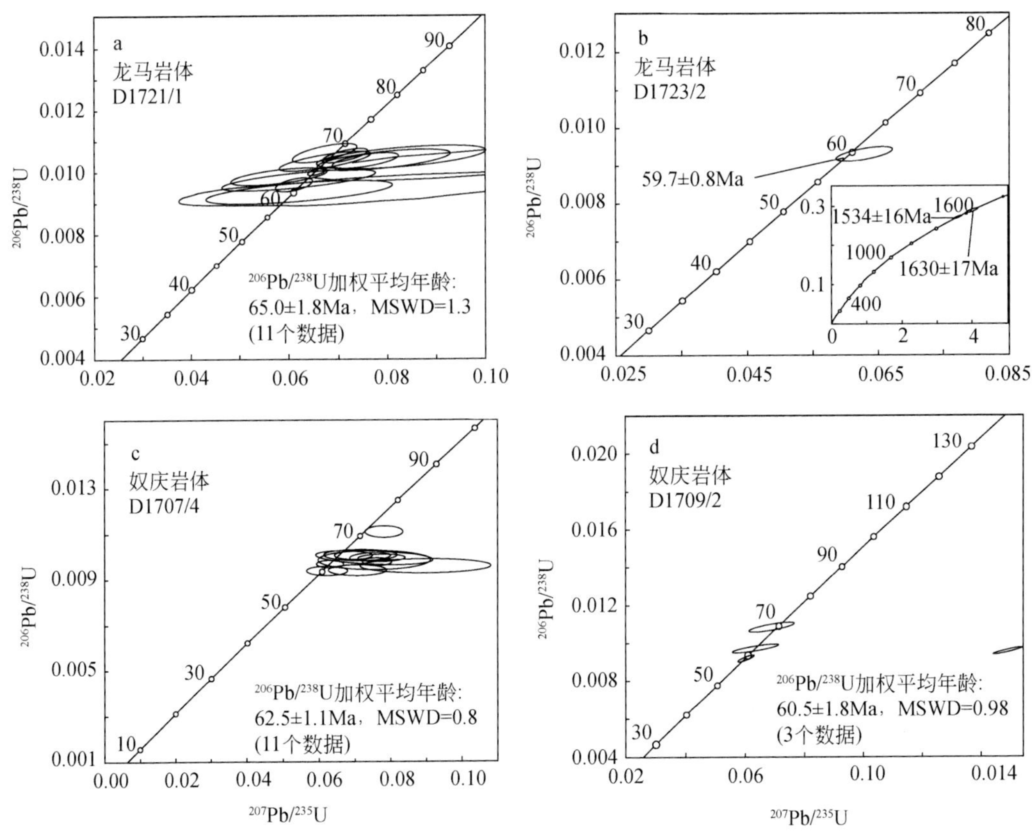

图 2-7　朱诺矿集区主要古新世侵入岩锆石 U-Pb 谐和图解

2. 始新世侵入岩

主要分布于南部的阿当拉—结村—普迟亚一带，花岗岩体规模大，长条状或带状，呈复式岩基产出，与主构造线方向一致，总体呈东西向展布。岩石类型有（黑云）二长花岗岩、含黑云角闪二长花岗岩、钾长花岗岩、黑云花岗闪长岩和花岗（二长）闪长岩，含暗色包体。岩体均主要侵位于比马组及典中组地层。

朱诺矿集区不同始新世侵入岩的 SiO_2 含量平均值变化于 64.60%～72.67%，Al_2O_3 平均值变化于 13.41%～15.38%，K_2O 平均值变化于 3.99%～5.05%，全碱 Na_2O+K_2O 平均值变化于 7.79%～9.04%。里特曼指数（σ）变化于 1.98～3.28，属钙碱性岩系列；铝饱和指数 A/CNK 平均值变化于 0.82～1.21，具有以准铝质-过铝质为主的特点。稀土元素总量 ΣREE 平均值变化于 143.45×10^{-6}–188.78×10^{-6}，轻稀土富集、分馏明显，重稀土亏损、分馏不明显，ΣCe/ΣY 平均值变化于 3.15～4.81，Ce_N/Yb_N 平均值变化于 5.76～11.68，Eu/Eu^*平均值变化于 0.43～0.69。与原始地幔相比，始新世侵入岩富集强不相容元素 Rb、Th、U，具有明显的高场强元素 Nb-Ta 槽和 Ba、Ti、Sr 谷特点；与世界花岗岩类平均值相比，大多数过渡元素 Ni、Co、V 等及亲铁、亲铜元素 Cu、Co 等与平均值相当，贫化亲石元素 Sc、Ba、Nb，富集元素 Zr、Hf 等。$^{87}Sr/^{86}Sr$ 初始值变化很大，介于 0.704893～0.714995 之间，$\varepsilon_{Nd}(t)$ 正负兼有，介于-2.53～0.38 之间，说明始新世侵入岩来源于陆壳物质与地幔物质混合作用。

对不同岩体样品开展的锆石 LA-ICP-MS U-Pb 测试显示，加权平均年龄分别变化于 46.6～52.9Ma（图 2-8）。

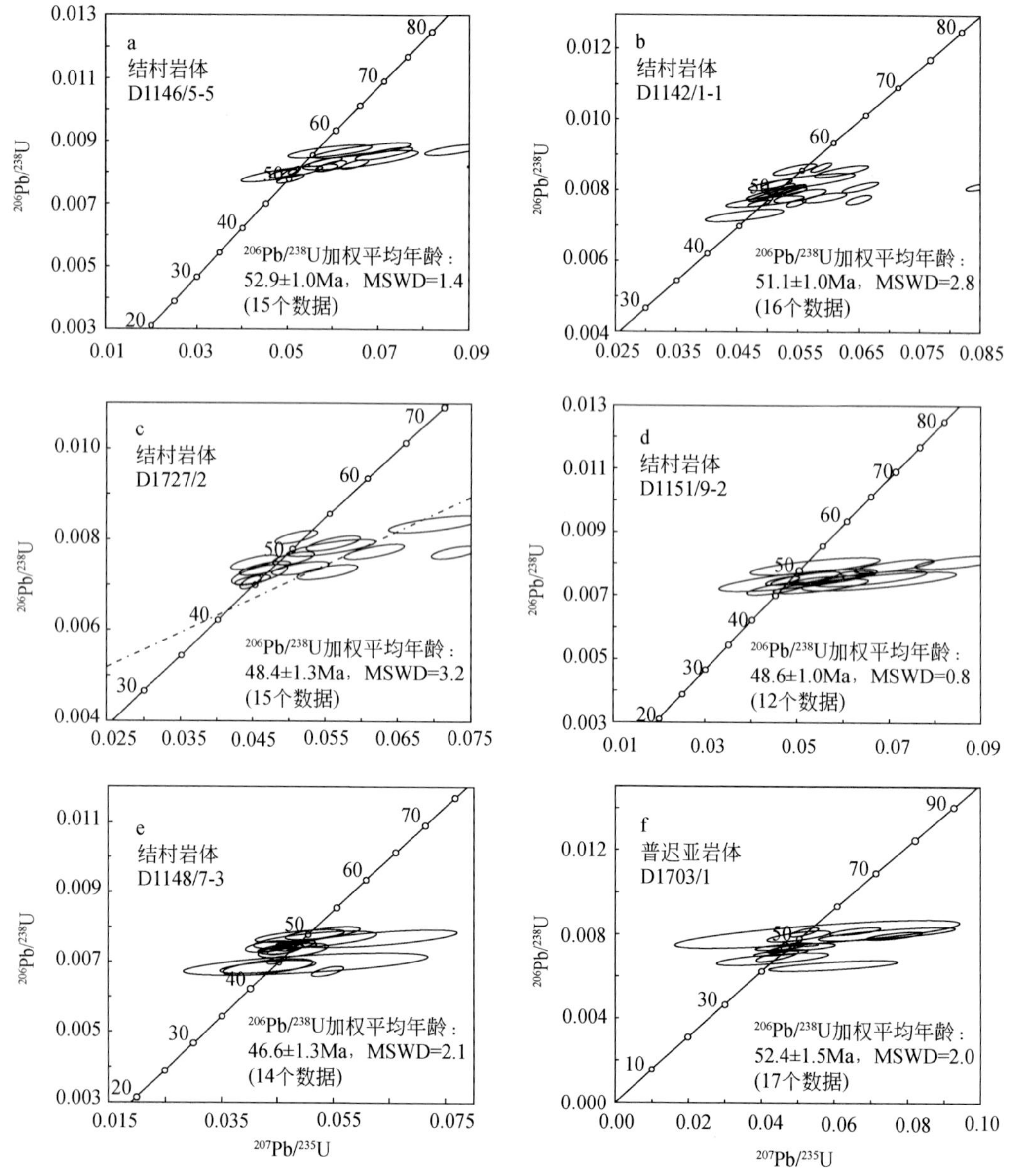

图 2-8　朱诺矿集区主要始新世岩体锆石 U-Pb 谐和图解

3. 中新世侵入岩

主要分布于图区西南部的朱诺、达局、桑弄和由秋米等地，各岩体均主要为岩株或岩滴（<$50km^2$），岩体以东西向或北东向展布。岩性有二长花岗斑岩、斑状二长花岗岩、花岗斑岩、黑云母二长花岗（斑）岩、黑云正长花岗岩、石英二长闪长岩等，在朱诺等地可见与中新世各期次不同岩性的侵入岩构成复式侵入体（图 2-9），显示了该区中新世多期次复式杂岩体与成矿的相关性。岩体围岩较复杂，包括早期形成的林子宗群火山岩、比马组沉积地层、古新世—始新世侵入岩等。

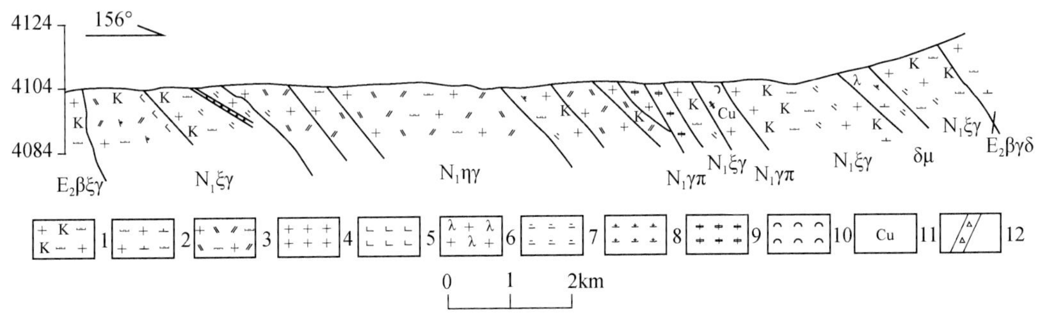

图 2-9 西藏昂仁县亚木乡查马实测地质剖面

1. 黑云钾长花岗岩；2. 黑云花岗闪长岩；3. 黑云母二长花岗岩；4. 花岗闪长岩；5. 煌斑岩脉；6. 闪长玢岩脉；7. 绢英岩化；8. 黏土岩化；9. 硅化；10. 青磐岩化；11. 孔雀石矿化；12. 断裂破碎带

朱诺矿集区不同始新世侵入岩的 SiO_2 含量平均值变化于 65.60%～74.51%，Al_2O_3 平均值变化于 13.83%～15.83%，K_2O 平均值变化于 3.39%～4.40%，全碱 Na_2O+K_2O 平均值变化于 8.47%～8.88%。里特曼指数（σ）变化于 2.50～3.43，属钙碱性岩系列；铝饱和指数 A/CNK 平均值变化于 0.83～1.07，具有以准铝质为主的特点。稀土元素总量 ΣREE 平均值变化于 139.76×10^{-6}～206.71×10^{-6}，轻稀土富集、分馏明显，重稀土亏损、分馏不明显，ΣCe/ΣY 平均值变化于 6.88～9.98，Ce_N/Yb_N 平均值变化于 3.21～32.15，Eu/Eu^* 平均值变化于 0.36～1.00。与原始地幔相比，研究区中新世侵入岩富集强不相容元素 Rb、Th、U 和 Sr，具有明显的高场强元素 Nb-Ta 槽和 Ba、Ti 谷特点；与世界花岗岩类平均值相比，富集强不相容元素 Rb、Th、U，大多数过渡元素 Ni、V 等与平均值相当，亲铁、亲铜元素 Cu、Co 等略高于平均值，贫化亲石元素 Sc、Ba、Nb，富集元素 Zr、Hf 等。$^{87}Sr/^{86}Sr$ 初始值在 0.706273～0.707878 之间，$^{143}Nd/^{144}Nd$ 初始值变化小，为 0.512195～0.512357，$\varepsilon_{Nd}(t)$ 介于 −4.89～−8.26 之间，表明岩浆物质主要来源于下地壳。

对不同岩体样品开展的锆石 LA-ICP-MS U-Pb 测试显示，加权平均年龄分别变化于 15.2～23.7Ma（图 2-10）。

二、火山岩

朱诺矿集区火山岩以火山碎屑岩为主，火山熔岩呈夹层出现。火山岩主要赋存于桑日群和林子宗群地层中，并以林子宗群火山岩为主体。桑日群火山岩的岩石类型以基性凝灰岩和凝灰质沉积岩为主，林子宗群火山岩的岩石类型为中基性-酸性火山碎屑岩及相应的火山熔岩。

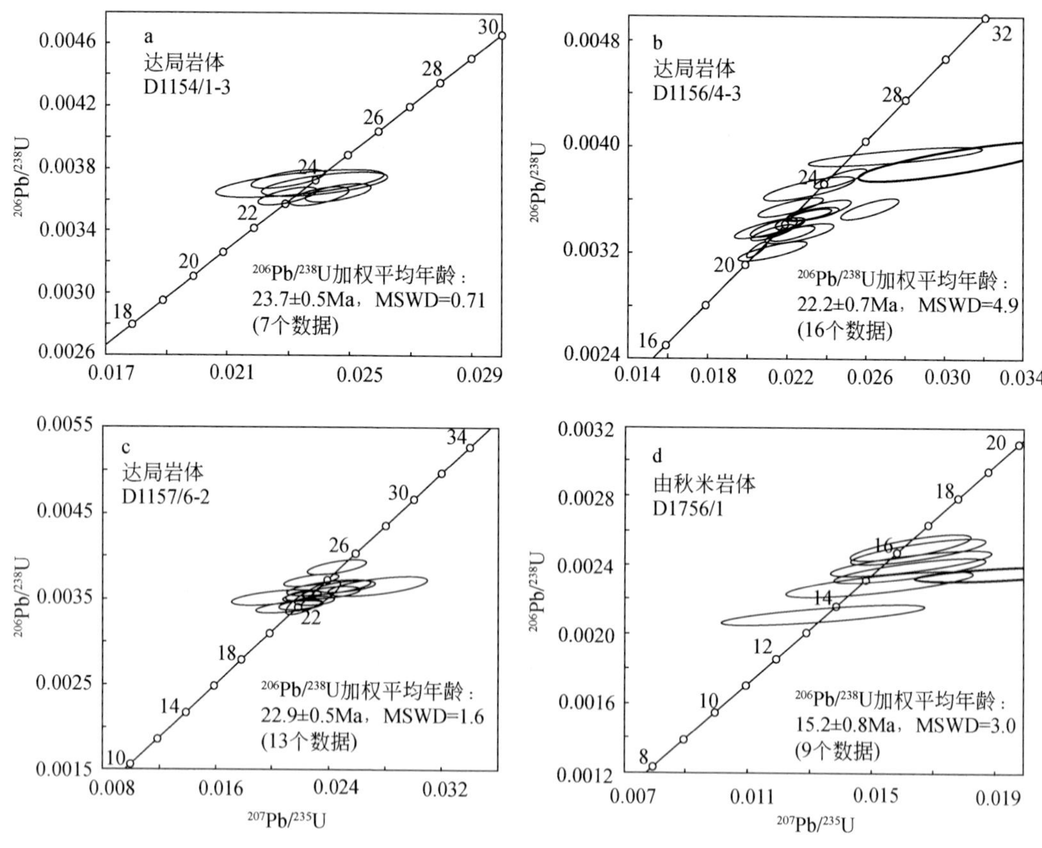

图 2-10　朱诺矿集区中新世侵入岩锆石 U-Pb 谐和图解

1. 桑日群火山岩（J_3-K_1）

桑日群火山岩为冈底斯晚侏罗世—早白垩世火山活动产物，其中麻木下组（J_3K_1m）中的火山岩仅见少量沉基性凝灰岩，比马组（K_1b）以沉凝灰岩为主，夹凝灰质（粉）砂岩等，为滨海相火山喷发-间歇沉积环境。

该期火山岩岩性在区内均为向沉积岩过渡的火山碎屑岩，包括沉凝灰岩和凝灰质沉积岩。从早期麻木下组至晚期比马组，具有火山活动逐渐增强的趋势。麻木下组火山活动极为微弱。比马组一段在萨拉达剖面上由下部灰绿色沉基性凝灰岩-上部强绿帘石化粉砂岩夹灰色凝灰质粉砂岩，构成 1 个火山喷发-沉积的韵律旋回；比马组二段在奴庆剖面上，主要由长英质火山凝灰岩-碳酸盐岩（生物碎屑灰岩、泥灰岩、大理岩和夕卡岩）构成 10 个火山-沉积韵律组合（火山亚旋回）；比马组三段在萨拉达剖面上，由中基性凝灰岩-正常碎屑岩出现四次喷发-沉积的旋回性沉积过程。

火山岩样品的 SiO_2 含量 60.69%～69.28%（平均 65.38%），Al_2O_3 含量 13.03%～16.41%（平均 15.19%），K_2O 含量 0.46%～3.58%（平均 2.19%），全碱 Na_2O+K_2O 平均含量 5.75%。

里特曼指数（σ）为 1.21～1.77，属钙性岩系；铝饱和指数 A/CNK 为 0.95～1.06，具准铝质特点。稀土元素总量 ΣREE 介于 140.87～277.84，平均 189.05；轻稀土富集，重稀土亏损，轻、重稀土比值 ΣCe/ΣY 介于 2.16～4.53 之间，平均 3.45；Ce_N/Yb_N=3.98～8.45，平均 6.28；具中等-弱负 Eu 异常，Eu/Eu^*为 0.47～0.95，平均 0.74。与原始地幔相比，总体富集强不相容元素 Rb、Th，具有明显的高场强元素 Nb-Ta 槽和 Ti 谷特点；与岩浆岩平均值相比，富集 Zr、Co、V、Hf 等元素，元素 Cu、Sr、U、Pb、Ni 等与平均值相当，贫化亲石元素 Sc、Ba、Nb。

2. 林子宗群火山岩（E_1-E_2）

林子宗群火山岩大面积分布于测区北部差药、陆里拉、巴弄、烈巴、许如、尼许、威章拉等地区，出露面积约 1638.5km^2，占朱诺矿集区总面积的近 1/2，为冈底斯火山岩浆弧的主要组成部分，以角度不整合覆盖于石炭系基底地层和桑日群之上，产状平缓。

1）地质特征

林子宗群可以分为典中组、年波组和帕那组 3 个组 7 个段，火山岩岩石类型多样，典中组有中酸性凝灰岩、凝灰质角砾岩和火山角砾岩、安山岩、英安岩及少量含晶屑玻屑凝灰熔岩，年波组为流纹岩、中酸性凝灰岩、火山角砾岩和向沉积岩过渡的沉凝灰岩、凝灰质沉积岩等，帕那组为流纹质熔结凝灰岩、凝灰岩、火山角砾岩和流纹岩、英安岩等，为古新世—始新世早中期火山活动产物，属陆相为主的火山喷发环境。

该时期火山岩相以爆发相为主，次为溢流相和火山沉积相，爆发相火山集块岩和角砾岩、火山颈相、次火山相多集中在火山口附近，而溢流相（特别是安山岩）、爆发相凝灰岩和火山沉积相则分布广大，常呈环状构造特点。其中爆发相出现在林子宗群各组，尤以典中组和帕那组爆发活动最为强烈，各火山韵律或旋回的早期均以爆发相为主，在火山口附近具大量粗碎屑的火山角砾岩和火山集块岩，典中组火山爆发的产物来自石炭系围岩和火山岩本身；溢流相一般产于火山韵律或旋回的晚期，岩性有安山岩、英安岩和流纹岩，中基性熔岩中可见气孔、杏仁构造，酸性熔岩中流纹构造发育；火山沉积相主要在年波组中出现，为火山活动低潮期间歇爆发的产物，形成沉凝灰岩和凝灰质（粉）砂岩，层状及层理构造发育，分布范围广，粒度相差不大。

岩相的分布与火山机构关系密切，朱诺矿集区火山以中心式喷发为主，各组中均可见火山机构。根据野外地质调查和遥感解译，结合 1∶25 万拉孜幅区域地质调查资料，在塘嘎拉（典中组三段）、致古隆（年波组二段）、烈巴乡和麦让拉（帕那组一段）、弄那（帕那组二段）发现 5 处火山活动中心，由一个或多个火山口组成。现以测区东北部典中组三段塘嘎拉火山机构为例加以说明，在平面具有西侧严重侵蚀的破火山口形态，由两个火山口组成，分别位于高程 5350m 和 5400m 的山顶，火山通道相下部的潜火山岩体出露地表，为含丰富黄铁矿化的花岗斑岩，具结构和成分分带性，内部结构较粗，矿化现象较弱，外侧出现细粒化，矿化增强，局部边缘出现片理化现象。四周为火山角砾岩及安山熔岩，外围以凝灰岩、火山角砾岩和集块岩、安山岩为主，组成混合堆积的火山锥。不同岩相的物质一般呈带状环绕火山口分布，其中火山角砾岩与集块岩仅在距火山口不远的环带上出现，向外侧逐渐过渡为含角砾凝灰岩和凝灰岩。

2）岩石学特征

主要岩石类型及岩石学特征如下：

安山岩：主要产于典中组中，为斑状结构，基质具交织结构，以块状构造为主，局部偶见杏仁状、气孔状构造。斑晶含量5%～35%不等，粒径0.2～3mm，其成分主要为斜长石，半自形板状，环带构造发育，多属中长石；次为角闪石，呈半自形柱状或他形粒状；以及少量的辉石、绿泥石、绿帘石和黑云母等斑晶。基质含量65%～95%，粒径0.01～0.3mm，主要为斜长石，钾长石和石英。其次有角闪石、黑云母、石英及少量副矿物如磷灰石、磁铁矿等，少量样品中基质有玻璃质。岩石中斜长石常具绢云母化，角闪石具绿泥石化。

英安岩：产于典中组、帕那组中，含量少，具斑状结构，基质具玻璃质结构，偶见杏仁状构造、流纹状构造等。斑晶含量5%～30%不等，粒径0.2～3mm，主要有：斜长石，呈半自形板状或不规则次棱角状，多属更长石；石英，次圆状或熔蚀状外形；钾长石，半自形柱状-他形粒状；以及少量暗色矿物斑晶如角闪石、黑云母、磁铁矿等。基质均以玻璃质为主，重结晶明显，呈微粒状，粒径小于0.01mm。

流纹岩：主要分布于帕那组中，典中组少量出现。岩石为斑状结构，基质具玻璃质结构、球粒结构、霏细结构等，普遍具流纹构造。斑晶含量的30%～50%，粒径0.2～2mm，成分主要有钾长石、斜长石和石英，时见少量角闪石、黑云母、磁铁矿等，其中钾长石呈半自形板状、他形粒状，多属正长石；斜长石呈半自形板柱状或不规则粒状，多聚片双晶，属更长石；石英呈他形不规则状，具熔蚀状外形，为高温石英。基质以玻璃质为主，部分脱璃化而形成微晶长石和石英球粒。

凝灰岩：为各组中主要的岩石类型。分布广，以流纹质岩屑晶屑凝灰岩为主，其次为英安质或安山质凝灰岩，少量熔结凝灰岩，具凝灰结构，柱状节理构造或块状构造。由火山碎屑物(20%～50%)和胶结物(50%～80%)两部分组成，碎屑物以晶屑为主，呈棱角状、次棱角状，多钾长石（正长石、条纹长石）、斜长石（更长石）、石英，少量黑云母、磁铁矿等，粒径为0.2～2.5mm不等；玻屑呈不规则或次棱角状，粒径0.1～0.5mm。胶结物成分为火山灰和玻璃质。岩石中玻屑或玻璃质胶结物常脱玻化形成微晶长石、石英矿物，并常见有次生变化而形成的绿泥石、绢云母、方解石、黏土矿物等。

火山角砾岩：多出现在典中组中，帕那组偶见。岩石具火山角砾结构，基质为岩屑凝灰结构，块状构造。角砾成分多样，包括中基性熔岩、凝灰岩、砂板岩等，含量50%～60%。呈不规则棱角状，砾径0.2～6cm，有时角砾大而形成集块岩。岩屑成分与角砾类似，粒径小于2mm，约占10%，胶结物成分以火山灰为主（20%～35%），次为玻璃质（5%～15%），重结晶而呈微粒状长英质矿物，其粒径约0.01mm。

火山沉积碎屑岩：主要产于年波组中，有沉凝灰岩、凝灰质（粉）细砂岩等。具沉凝灰结构或凝灰粉（细）砂质结构，层状构造显见，发育层理。碎屑成分有火山碎屑和沉积碎屑，火山碎屑多为各类岩屑，次浑圆状，屑径0.1～0.5mm，次为晶屑和玻屑组分，呈尖锐棱角状或次棱角状；沉积碎屑有细粒石英和长石，填隙物除火山灰外，另有少量沉积碎屑、钙质、硅质、黏土质等，具接触-基底胶结类型。

3）地球化学特征

①主量元素

典中组样品的SiO_2含量61.31%～76.92%，平均为72.40%；Al_2O_3含量11.67%～15.89%，平均13.7%；K_2O含量2.04%～7.20%，平均3.8%；全碱Na_2O+K_2O平均含量6.68%；里特曼指数（σ）为1.13～2.32，属钙碱性岩系。在TAS分类图解中，大部分样品落在流纹岩区，仅1件样品落入粗面安山岩区，并均在碱性系列与亚碱性系列界线以下（图2-11a）。在SiO_2-K_2O图中（图2-11b），4个成分投点分别落入钙碱性岩区，1件样品落入钾玄岩区内，可能为样品受到严重钾化影响。铝饱和指数A/CNK为0.92～1.33，具偏铝质-过铝质特点。标准矿物中石英（Q）、钾长石（Or）和钙长石（Ab）含量高，其次为钠长石（An），出现少量的紫苏辉石（Hy）和刚玉（C）分子。长英指数（FL）和分异指数（DI）分别为60.61～98.39（平均82.42）和68.92～92.69（平均85.27），固结指数（SI）和氧化系数分别为2.86～4.18（平均3.58）和0.38～0.79（平均0.62）。其特征总体类似大陆边缘弧火山岩特征。

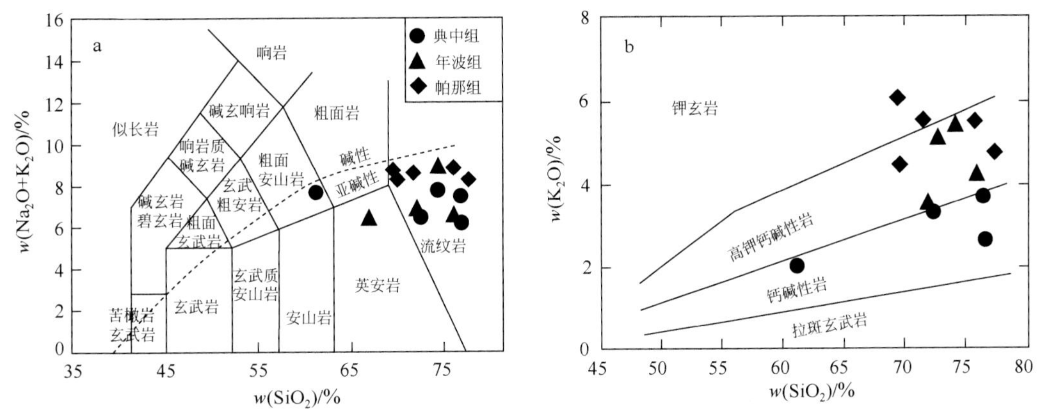

图2-11　朱诺矿集区林子宗群火山岩岩石分类图解

年波组4件样品的SiO_2含量72.45%～76.2%，平均为74.0%；Al_2O_3含量12.35%～14.1%，平均13.08%；K_2O含量3.6%～5.46%，平均4.72%；全碱Na_2O+K_2O平均含量8.10%；里特曼指数（σ）为1.13～2.32，属钙碱性岩系。在岩石分类图解中，属于流纹岩和英安岩类（图2-11a）和高钾钙碱性岩系列（图2-11b）。铝饱和指数A/CNK为1.02～1.21，具有偏铝质-过铝质岩石特点。标准矿物中主要为石英（Q）、钾长石（Or）和钙长石（Ab），以及少量的钠长石（An）、紫苏辉石（Hy）和刚玉（C）分子。长英指数（FL）和分异指数（DI）分别为85.1～96.95（平均83.44）和86.78～95.21（平均92.25），固结指数（SI）和氧化系数分别为0.37～6.78（平均3.05）和0.25～0.87（平均0.66）。具有过铝质-强过铝质岩石特点，说明地壳物质对岩浆作用影响强烈。

帕那组样品的SiO_2含量69.33%～77.63%，平均为72.80%；Al_2O_3含量11.81%～14.85%，平均13.48%；K_2O含量4.44%～6.11%，平均5.29%；全碱Na_2O+K_2O平均含量8.56%；里特曼指数（σ）为1.97～2.87，属钙碱性岩系。在岩石分类图解中，属于流纹岩类（图2-11a）和高钾钙碱性岩-钾玄岩系列（图2-11b）。铝饱和指数A/CNK为0.94～1.23，具偏铝质-

过铝质特点。标准矿物中石英（Q）、钾长石（Or）和钙长石（Ab）含量高，其次为钠长石（An），出现少量的紫苏辉石（Hy）和刚玉（C），以及少量的透辉石（Di）分子。长英指数（FL）和分异指数（DI）分别为77.82～97.64（平均89.71）和83.28～96.94（平均90.91），固结指数（SI）和氧化系数分别为1.39～7.84（平均3.81）和0.52～0.93（平均0.76）。钾玄岩出现是陆内岩浆作用的重要标志。

②稀土元素

典中组火山岩样品的稀土元素含量ΣREE介于133.65～198.55（平均164.8）；轻、重稀土比值ΣCe/ΣY在2.14～10.63之间，平均5.56，Ce_N/Yb_N为4.13～24.84，平均12.37，球粒陨石标准化稀土元素配分曲线向右倾斜（图2-12a），具中等负Eu异常，Eu/Eu^*为0.4～0.66，平均0.51。Ce/Ce^*=0.91～0.97，平均0.94，接近Ce正常。

年波组火山岩样品稀土元素总量变化较大，ΣREE介于145.44～308.41，平均199.8；轻稀土富集，重稀土亏损，轻、重稀土比值ΣCe/ΣY介于2.7～4.33之间，平均3.59，Ce_N/Yb_N=5.4～8.58，平均7.11，稀土元素配分曲线向右倾斜（图2-12b），具中强的负Eu异常，Eu/Eu^*为0.13～0.59，平均0.41。Ce/Ce^*介于0.88～0.94，平均0.95，接近Ce正常。

帕那组火山岩的稀土元素含量总体偏高，ΣREE=166.9～253.52，平均值为209.7，同样具轻稀土富集和重稀土亏损，轻、重稀土比值ΣCe/ΣY介于3.29～6.49，平均4.61，Ce_N/Yb_N=5.99～11.91，平均8.81，各样品稀土元素配分曲线十分相似（图2-12c），均向右倾斜，具强-中等的负Eu异常，Eu/Eu^*为0.22～0.75，平均0.50。无Ce异常。

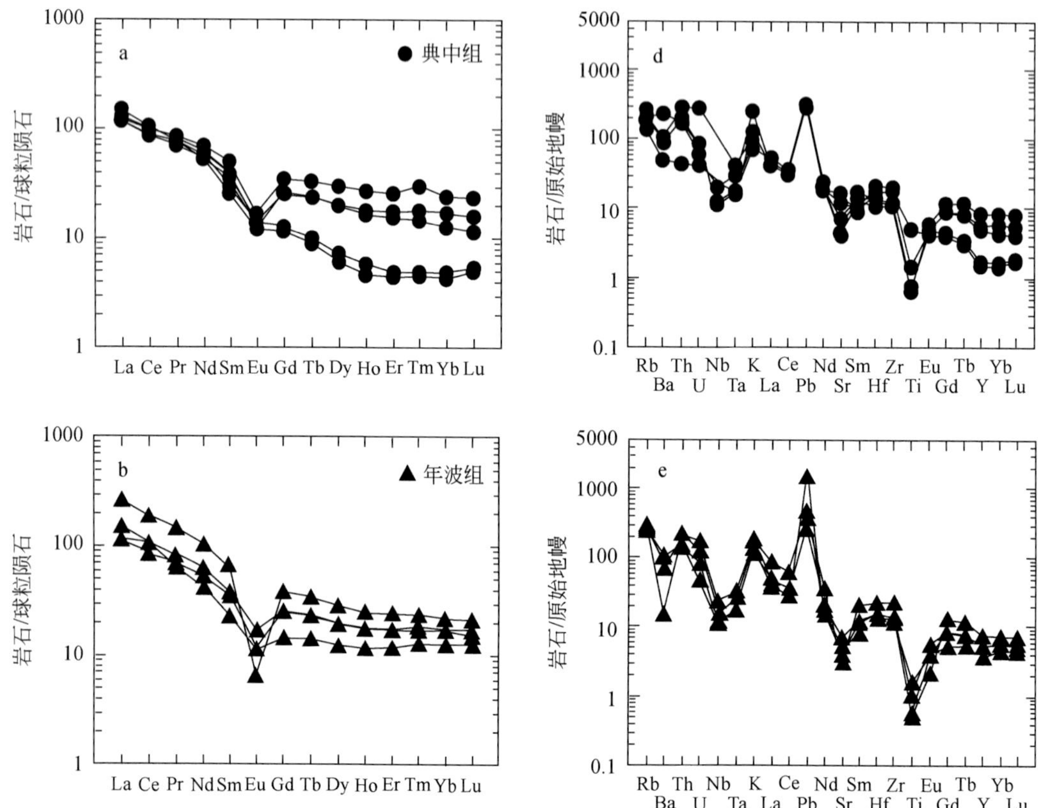

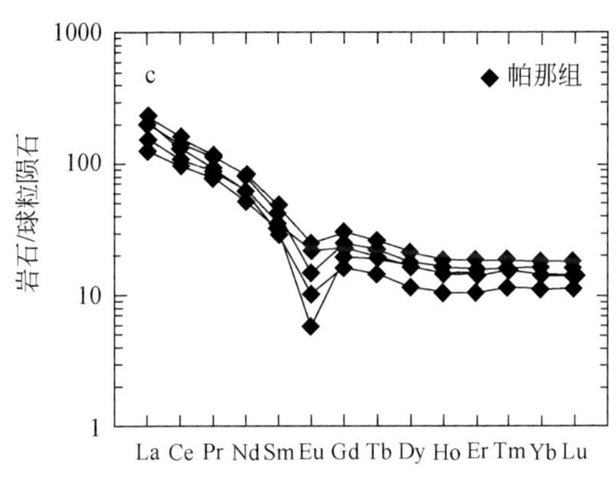

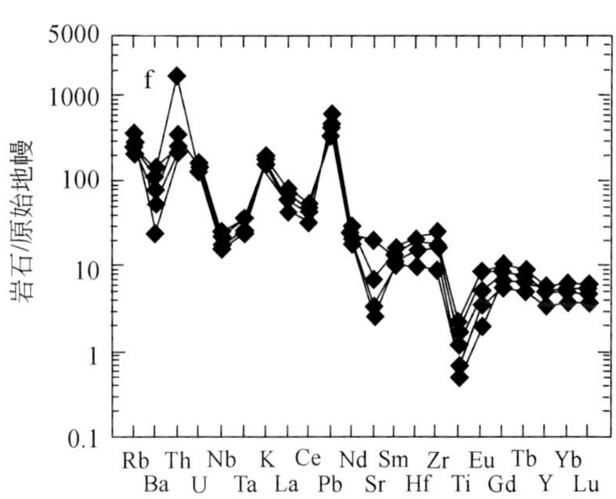

图 2-12 朱诺矿集区林子宗群火山岩稀土元素配分图（a，b，c）和微量元素蛛网图（d，e，f）

③微量元素

典中组、年波组和帕那组火山岩各样品微量元素原始地幔标准化（Sun and McDonough，1989）蛛网图总体特征较为相似，显示“多峰多谷（槽）”的形态（图 2-12），与原始地幔相比，富集强不相容元素 Rb、Th、U，具有明显的高场强元素 Nb-Ta 槽和 Ti、Sr、Ba 谷特点。晚期帕那组与早期典中组相比，高场强元素 Sr、Ba 谷不断加深，蛛网曲线的总体斜率和峰谷反差逐渐加大（图 2-12）。Rb/Sr 值，典中组（0.91～1.99，平均 1.45）、年波组（1.17～2.80，平均 1.99）和帕那组（0.93～3.32，平均 2.07）依次增大，表明以陆壳岩浆物源逐渐增多和陆壳重熔作用影响逐渐加强为特征。

第四节 区 域 构 造

一、构造形迹及变形特征

朱诺矿集区大地构造位置属于冈底斯-下察隅火山岩浆弧（III 级）内，构造复杂，并以断裂构造为主，褶皱构造仅在中生代桑日群中见斜歪褶皱，古近系林子宗群中见枢纽近东西向宽缓褶皱（图 2-13）。断裂构造主要包括东西向断裂、北北东向断裂、近南北向断裂、北东向断裂和北西向断裂等，在花岗岩中发育小规模韧性剪切带。

1. 断裂构造

朱诺矿集区的断裂构造按其形成构造层次分为脆性断裂和韧性剪切带，前者为地壳浅表层次变形构造，区内广泛发育；后者为中深层次变形构造，仅发育于古近纪中深成侵入岩体中，且规模较小。脆性断裂按方向和力学性质可归纳为四组，即近东西向压性及北西向压（扭-右行）性断裂、北东向压（扭-左行）断裂、北北东向-北东向张（扭-左行）断裂和近南北向张性断裂，以北东向断裂和北北东向断裂最为发育（图 2-13）。据其相互切割关系，其生成先后顺序为近东西向→北西向→北东向→北北东向和近南-北向。

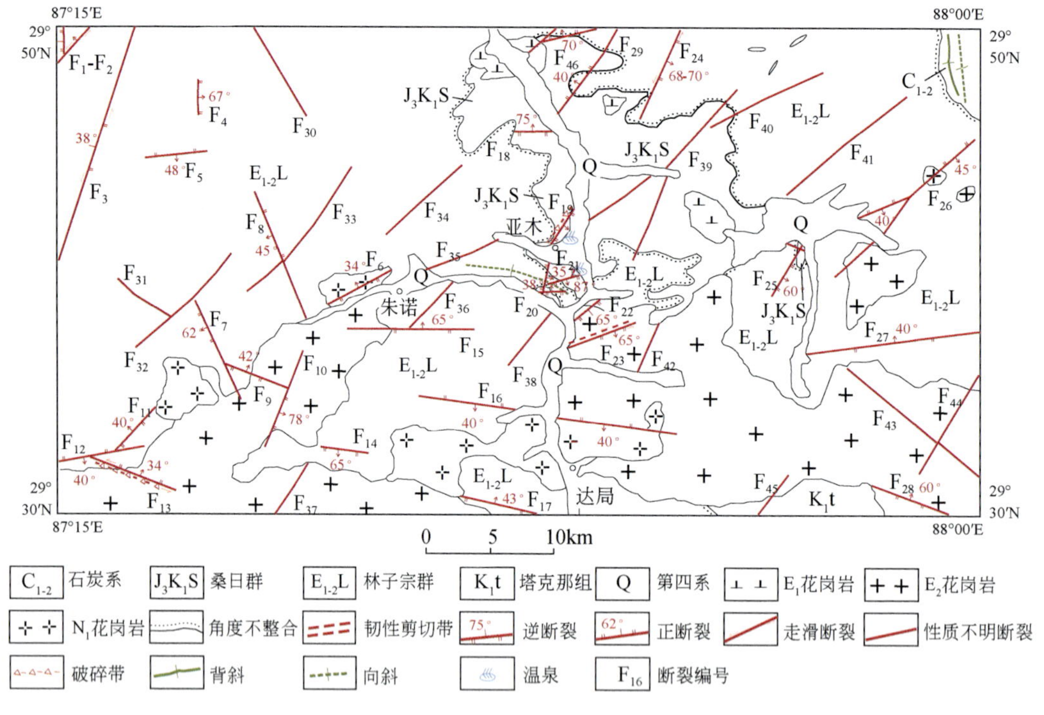

图 2-13 朱诺矿集区构造纲要图

（1）近东西向压性断裂。该方向断裂有来尺布局断裂（F_5）、罗布岗断裂（F_{12}）、习门多断裂（F_{15}）、结巴-帕日普断裂（F_{16}）、朗玛断裂（F_{17}）、波学断裂（F_{18}）和厅曲-查嘎勒断裂（F_{27}），断裂面向南、向北倾都有，中缓的倾角，以发育碎裂岩及构造透镜体为特征。近东西向断裂为南北向构造挤压作用形成，主要表现为逆断裂性质。

（2）北西向压（扭-右行）性断裂。该方向断层主要有知穷断裂（F_7）、威章拉断裂（F_8）、落日断裂（F_9）、落布岗木断裂（F_{13}）、巴拉断裂（F_{28}）、浪穷断裂（F_{30}）等，它们的断裂面的倾角大多为中-陡倾角度，一般倾向北东断裂为逆断裂性质，反之，倾向南西的多为正断裂，除落布岗木断裂（F_{13}）兼左行走滑运动外，其他断裂不同程度具右行走滑特征。北西向断裂常见被近东西断裂限制，而被北东向断裂切割。北西向断裂可能为南北向或者斜向挤压应力环境，单剪作用下形成，大多为逆断层，常见兼有右行走滑运动特征。其中落布岗木断裂（F_{13}）内有银、铅、锌多金属矿化现象（图 2-14）。

（3）北东向压（扭-左行）性断裂。主要断裂有拉巴贡断裂（F_2）、尼弄-板结断裂（F_3）、弄桑断裂（F_6）、罗布拉断裂（F_{11}）、雪如来间-查张断裂（F_{26}）等，其断裂面的倾角大多为中-缓倾角，常见切割东西断裂限制。北东向断裂可能为南北向持续压应力作用下形成，大多为逆断层，常见兼有左行走滑运动特征。

（4）北北东向-北东向张（扭-左行）性断裂。研究区最为发育，典型的有呀嘎马敦断裂（F_{10}）、落琼断裂（F_{14}）、者拉北断裂（F_{19}）、唐格断裂（F_{20}）、者拉南断裂（F_{21}）、钦达村庄断裂（F_{22}）、查玛断裂（F_{23}）、深笛断裂（F_{24}）、铁雅断裂（F_{25}）、杂木拉断裂（F_{29}）等，这类北北东向-北东向断裂，除分布密度大外，最大特点具张性结构特征，控制了区内大多数岩脉的形成，中新世小型斑岩体多产生于该类断裂与早期断裂交汇处，也与矿产关系密切。该断裂可能为南北向伸展有关，主要为逆断层，并常见兼有左行走滑运动特征。在者拉北断裂（F_{19}）、唐格断裂（F_{20}）、者拉南断裂（F_{21}）、铁雅断裂（F_{25}）等断裂带内及其与北西向、东西向断裂交汇处，可见明显的孔雀石化、蓝铜矿化、磁铁矿化、褐铁矿化、夕卡岩化、硅化及高岭土化等矿化蚀变现象（图 2-15），构成了该区重要的控矿构造。

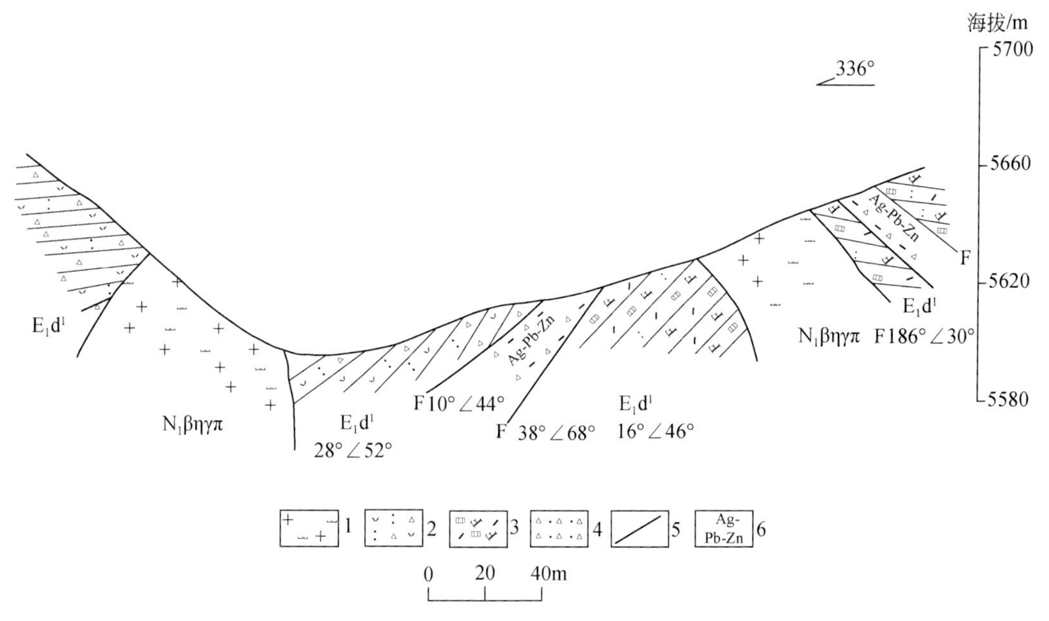

图 2-14　落布岗木断裂（F_{13}）剖面图及其对铅锌银矿化的控制

1. 黑云母二长花岗斑岩；2. 含火山角砾凝灰岩；3. 含黄铁矿英安质晶屑凝灰岩；4. 断裂破碎带；5. 断层；6. Ag-Pb-Zn 矿化带

（5）近南北向张性断裂。研究区近南北向断裂主要有拉巴贡断裂（F_1）和金德断裂（F_4），规模较小，走向延伸一般在 5km 以内，断裂面多呈锯齿状，常有较高的倾角，向东、向西倾均有。断裂破碎带杂乱，以发育断层角砾岩、断层角砾和断层泥为特征。前人研究表明，研究区近南向断裂可能为中新世晚期地壳东西向伸展作用形成，主要表现为正断裂性质。据遥感影像解译，区内南北向的美曲藏布可能是被第四系掩盖的大型南北向张性断裂。

（6）韧性剪切带。研究区韧性剪切带不发育，仅在古近纪侵入岩中可以见到，且规模小，走向为近东西向或北东向，中缓倾角，以低角度逆冲剪切作用为主，多被后期脆性断裂叠加改造。

2. 褶皱构造

朱诺矿集区古生代石炭纪地层出露少，仅分布在研究区东北部的塔那地区，根据地层分布及产状特征，该地区褶皱表现南北向的复式背斜的西翼部分，其核部为早石炭世永珠组，翼部由晚石炭世拉嘎组组成，而翼部拉嘎组同时发育背斜和向斜次级褶皱构造，该背斜和向斜属于等轴褶皱构造。晚中生代桑日群出露沿美曲藏布等河流低凹地带，未发现区域性褶皱，局部露头上见到以层理为形变面，枢纽近东西走向的斜歪褶皱。古近系林子宗群火山岩形成的褶皱，叠加在上述褶皱之上，形态更宽缓，枢纽以近东西向为主，兼有北西向，如测区中部唐格、者拉一带，发育一宽阔北西西-南东东走向向斜，核部为年波组，两翼由典中组和桑日群构成。

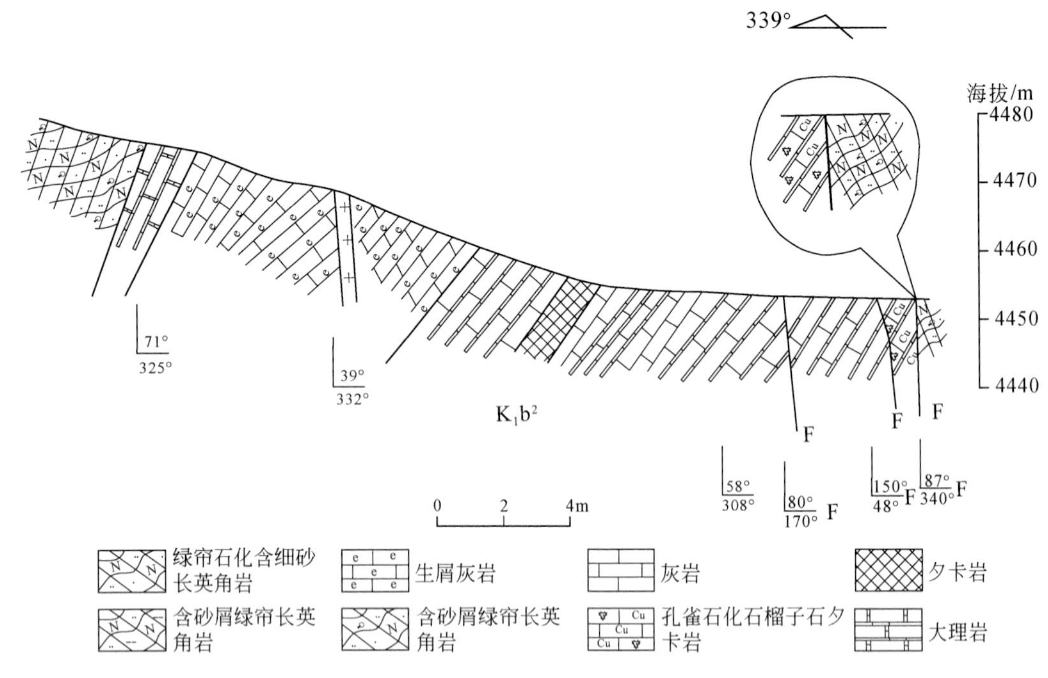

图 2-15 者拉南断裂（F_{21}）实测剖面及其对夕卡岩型铜多金属矿化的控制

二、构造演化

朱诺矿床所处的南部拉萨地体的构造演化受到新特提斯洋盆演化及印-亚大陆碰撞制约，总体经历了从洋盆俯冲、碰撞造山到陆内伸展等地质过程。

目前对于南部拉萨地体在侏罗纪—白垩纪的演化历史目前还存在诸多争议，主流观点认为形成于与新特提斯洋俯冲有关的弧环境（Harris et al.，1990；莫宣学等，2005；潘桂棠等，2006；Wen et al.，2008；Xia et al.，2011）。Zhang L L 等（2014）根据泽当地区出露的晚侏罗世花岗岩与冈底斯弧岩浆相似的地球化学特征，提出南部拉萨地体在晚侏罗世处于活动大陆边缘。而晚三叠世冈底斯岩基的报道证明新特提斯洋的北向俯冲更早（Chu et al.，2006；Ji et al.，2009）。然而，Zhu 等（2013）基于该区发育的拉丁尼阶—卡尼阶（237～217Ma）放射虫集合体（Matsuoka et al.，2002），认为南部拉萨地体晚三叠—早侏罗世岩浆岩形成于班公湖-怒江特提斯洋南向俯冲形成的弧后拉张背景。此外，一些学者通过对泽当地区发育的橄榄玄粗岩的研究，提出晚侏罗世时期为一洋内弧环境（Aitchison et al.，2000，2007a；McDermid et al.，2002）。关于雅鲁藏布江蛇绿岩的研究，也证实存在侏罗纪和早白垩世多个洋内弧俯冲系统（Malpas et al.，2003；Dubois-Côté et al.，2005；Bédard et al.，2009；

Dai et al.，2011；Pan et al.，2012）。

印度与亚洲大陆的碰撞是青藏高原自新生代以来最重要的地质事件，其碰撞时限对于研究喜马拉雅-青藏高原演化过程及其对全球气候变化的影响具重要的意义。通过岩浆-火山岩、古地磁、古生物学的研究，印度-亚洲大陆的碰撞时限常被限定在约 65～50Ma（Klootwijk et al.，1992；Patriat and Achache，1984；莫宣学等，2003；王成善等，2003；Ding et al.，2005；Chung et al.，2009；Meng et al.，2012；Wu F Y et al.，2014）。而关于其初始碰撞时间争议较大，有认为在 70Ma 印度-亚洲大陆已经开始碰撞（Yin and Harrison，2000），也有认为在约 34Ma（Aitchison et al.，2007b）或者更晚 25～20Ma（Van Hinsbergen et al.，2012）才开始碰撞。地幔层析成像结果表明在白垩纪的时候在印度大陆的北缘存在一个洋内俯冲带（Van der Voo et al.，1999），最新的研究提出两次碰撞模型（dual-collision），即第一次印度大陆和洋内弧的碰撞、第二次为印度大陆/洋内弧与亚洲大陆的碰撞（Bouilhol et al.，2013；Jagoutz et al.，2015）。然而，也有学者提出第一次碰撞为特提斯喜马拉雅与亚洲大陆的碰撞（约 55～50Ma）、第二次碰撞为印度大陆与特提斯喜马拉雅的碰撞（约 25～20Ma 或约 40Ma 或 37Ma）（Van Hinsbergen et al.，2012；Yang T S et al.，2015a，2015b；Ma et al.，2016）。

自印度-亚洲大陆碰撞以来，伴随地壳加厚、缩短变形，发育大规模走滑断裂和逆冲推覆系统，形成了东西长达数千千米高海拔的青藏高原和喜马拉雅。后碰撞伸展阶段，以岩石圈对流减薄、大规模拆离系统、大量南北向正断层及裂谷发育为特征（侯增谦等，2006）。东西向伸展作用诱发一系列跨越不同构造单元的南北向正断层系统，前者初始发育时限被区内南北向岩墙的形成年龄所限定，始于约 18Ma（Williams et al.，2001）或者更晚至 11～5Ma（Pan and Kidd，1992；Garzione et al.，2000），后者初始发育时间为 13.5Ma（Blisniuk et al.，2001）或者更早至 23Ma（Ding et al.，2003）。Hou 等（2009）认为俯冲印度板片断离诱发的东西向伸展和南北向正断裂系统为埃达克质熔体运移和浅层次就位提供了通道和场所。西藏冈底斯斑岩体及斑岩铜矿床“东西成带、北东成行、交汇成矿”规律性分布，郑有业等（2007a）提出北东向断裂构造是区内最发育、最主要的控岩控矿构造，并在东西方向上具有“等距性、雁行状分布”的特点，形成于挤压背景下由于南北两大板块之间作用力矩不在一条线上而产生的局部张扭性环境，为深部含矿岩浆沿左旋大型走滑断裂上侵提供构造前提。

第五节 区 域 矿 产

朱诺矿床处于著名的冈底斯斑岩铜成矿带西部，该成矿带位于雅鲁藏布江缝合带以北、沙莫勒-麦拉-洛巴堆-米拉山断裂以南，矿床类型以斑岩型、夕卡岩型为主，其中主要的斑岩型矿床自东向西分别为汤不拉、得明顶、吹败子、甲马、驱龙、拉抗俄、达布、冲江、吉如、朱诺（图 2-16），成岩成矿时代集中在 20～13Ma 之间（Hou et al.，2009；Zheng Y Y et al.，2015）。此外，冈底斯还发育与特提斯洋俯冲有关的雄村斑岩型 Cu-Au 矿床，与陆陆碰撞有关的吉如斑岩 Cu 矿床（该矿床显示始新世与中新世叠加成矿特征）和沙让斑岩 Mo 矿床，在区域上不连续（Lang et al.，2014；Zhao et al.，2014；Zheng et al.，2014a）。

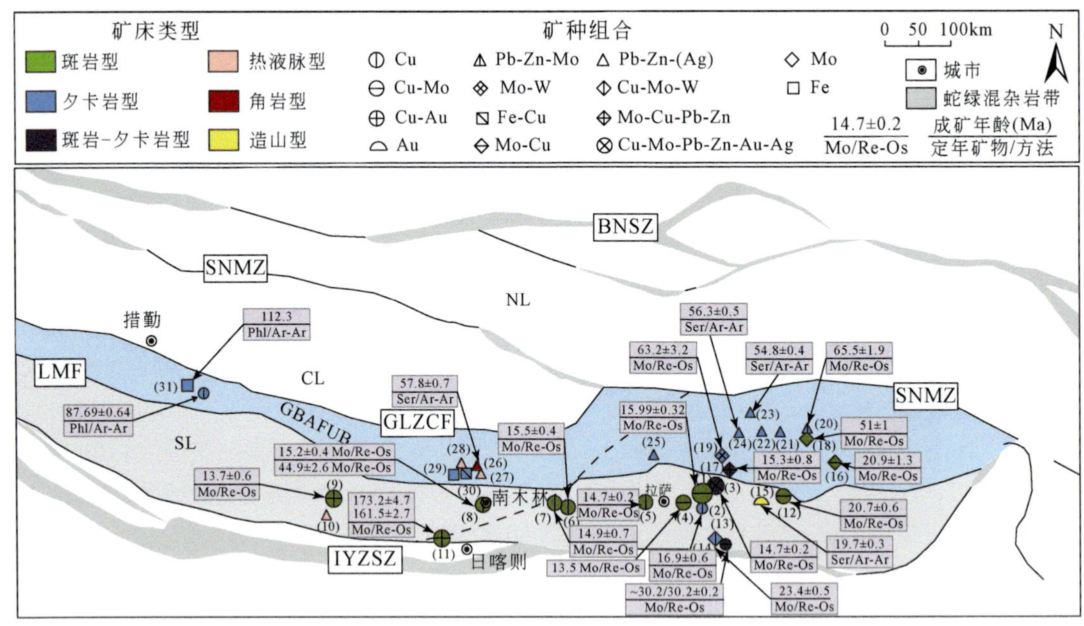

图 2-16 冈底斯带主要矿床分布图（Zheng Y Y et al.，2015）

矿床编号：（1）驱龙铜钼矿床；（2）知不拉铜矿床；（3）甲玛铜铅锌多金属矿床；（4）拉抗俄铜钼矿床；（5）达布铜矿床；（6）厅宫铜矿床；（7）冲江铜矿床；（8）吉如铜矿床；（9）朱诺铜矿床；（10）罗布真铅锌银矿床；（11）雄村铜金矿床；（12）吹败子铜钼矿床；（13）明泽-程巴铜钼矿床；（14）努日铜钼钨矿床；（15）冲木达铜金矿床；（16）汤不拉铜钼矿床；（17）邦铺钼铜铅锌矿床；（18）沙让钼矿床；（19）哈海岗钼钨矿床；（20）亚贵拉铅锌银矿床；（21）洞中松多铅锌银矿床；（22）洞中拉铅锌银矿床；（23）蒙亚啊铅锌银矿床；（24）龙马拉铅锌矿床；（25）勒青拉铅锌银矿床；（26）纳如松多铅锌矿床；（27）则学铅锌矿床；（28）斯弄多铅锌矿床；（29）恰功铁矿床；（30）加多普勒铁铜矿床；（31）尼雄铁矿床；缩写：Mo. 辉钼矿；Ser. 绢云母；Phl. 金云母；BNSZ. 班公湖-怒江缝合带；SNMZ. 狮泉河-永珠-嘉黎蛇绿混杂岩带；GLZCF. 噶尔-隆格尔-扎日南木错断裂带；GBAFUB. 冈底斯弧断裂隆起带；LMF. 洛巴堆-米拉山断裂；IYZSZ. 雅鲁藏布江缝合带；SL. 南部拉萨地体；CL. 中部拉萨地体；NL. 北部拉萨地体

通过近十年来的勘查工作，在朱诺矿区及其外围已发现矿床 3 处、矿（化）点 15 处、矿化线索 8 处（图 2-2），主要矿种为铜多金属、银铅锌多金属、铁矿，矿床类型主要为斑岩型，其次为夕卡岩型、浅成低温热液型，代表性矿床（点）有朱诺斑岩型铜钼矿床、北姆朗铜钼矿床、罗布真浅成低温热液型银金矿床等，通过对比分析发现，区内成矿作用类型包括：①斑岩型 Cu-Mo 成矿作用，关键成矿地质体为中新世（13～16Ma）斑岩体，岩性为斑状二长花岗岩、二长花岗斑岩或者花岗斑岩，岩体蚀变强烈（钾化、绢英岩化）；②构造-热液型 Ag-Au 成矿作用，该类矿床多产于火山岩中，与断层活动密切相关，成矿热液为次火山热液，找矿标志为细粒的黄铁矿化和硅化蚀变；③浅成低温热液脉型的 Pb-Zn 成矿作用，矿体多产于石英脉中，为斑岩成矿系统远端或者外围的低温成矿作用；④夕卡岩型铜铁成矿作用，矿化均产于比马组二段夕卡岩、夕卡岩化灰岩中，矿体呈层状或似层状产出，该类矿床岩体不发育，在研究区内勘查程度低，多为矿点、矿化线索。

第三章　地球物理、地球化学及遥感特征

第一节　区域地球物理、地球化学及遥感特征

一、区域地球物理特征

（一）重力场特征

青藏高原为相对平缓的巨大负异常区，最低值可达$-540\times10^{-5}m/s^2$，往外异常值急剧增加为$-340\times10^{-5}\sim-300\times10^{-5}m/s^2$，自北向南展布着三个东西向异常带，即羌塘复杂重力低异常带（$-540\times10^{-5}\sim-520\times10^{-5}m/s^2$）、改则－那曲重力高异常带（$-510\times10^{-5}\sim-490\times10^{-5}m/s^2$）和冈底斯-念青唐古拉重力低异常带（$-520\times10^{-5}\sim-500\times10^{-5}m/s^2$）；剩余重力异常在朱诺矿集区内主要表现为改则-色林错-那曲正异常带、冈底斯-念青唐古拉负异常带、雅鲁藏布江正异常带（殷秀华等，1998）。

在重力均衡异常方面，羌塘-可可西里地块的均衡异常值为$-40\times10^{-5}\sim-20\times10^{-5}m/s^2$，冈底斯山北部为$-10\times10^{-5}\sim0m/s^2$，冈底斯山南部为$-40\times10^{-5}\sim-10\times10^{-5}m/s^2$，喜马拉雅地块为 $20\times10^{-5}\sim60\times10^{-5}m/s^2$（张省举和董义国，2007）。袁果田和张勇军（1997）大致以东经 85°30′为界，依据均衡重力异常将冈底斯地区分成特征相异的东、西两部分，东部以重力低为主，多与地壳沉降一致，西部则反映重力高，常与隆起相随。

有重力异常计算的莫霍面深度在研究区北部改则—那曲一带为67～70km，为上地幔隆起带，在冈底斯—念青唐古拉一带深度为 70～73km，表现为上地幔拗陷带（殷秀华等，1998）。

朱诺矿床处于冈底斯带中西部，重力场特征具有剩余重力负异常、均衡重力异常高、莫霍面深度大的特点。

（二）磁场特征

该区完成的区域 1∶20 万航空磁测显示，朱诺矿床所处的冈底斯西段总体表现为大面积的负磁异常带，零星见孤岛状正磁异常，地质上基本对应于南冈底斯火山岩浆弧，以大面积发育的中酸性侵入岩和火山岩为特征。朱诺矿区及外围区开展的 1∶5 万地面高精度磁测面积性工作显示，区内各时代地层的磁性强度极不均匀，变化范围大，其中比马组磁性最高，拉嘎组次之，林子宗群火山岩地层磁性较均匀，平均值为$200\times10^{-6}4\pi SI$，麻木下组及塔克那组碳酸盐地层磁性最低，第四系基本无磁性。磁异常值介于−700nT 至 1100nT 之间，可分为北部强磁异常区、中部负磁异常区、南部强磁异常区（图 3-1、图 3-2）。

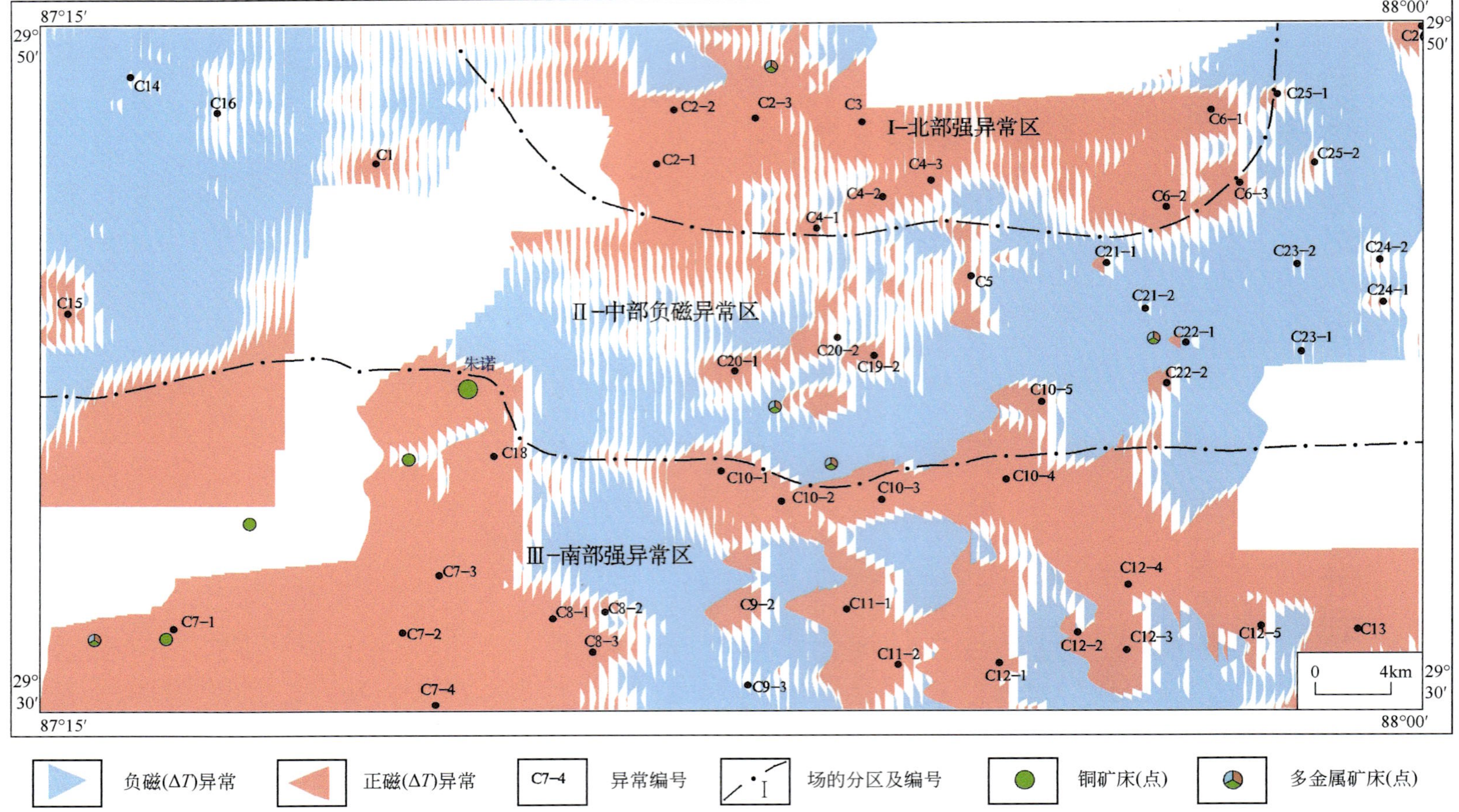

图 3-1 朱诺地区地面高精度磁异常（ΔT）剖面平面图与场的分区图

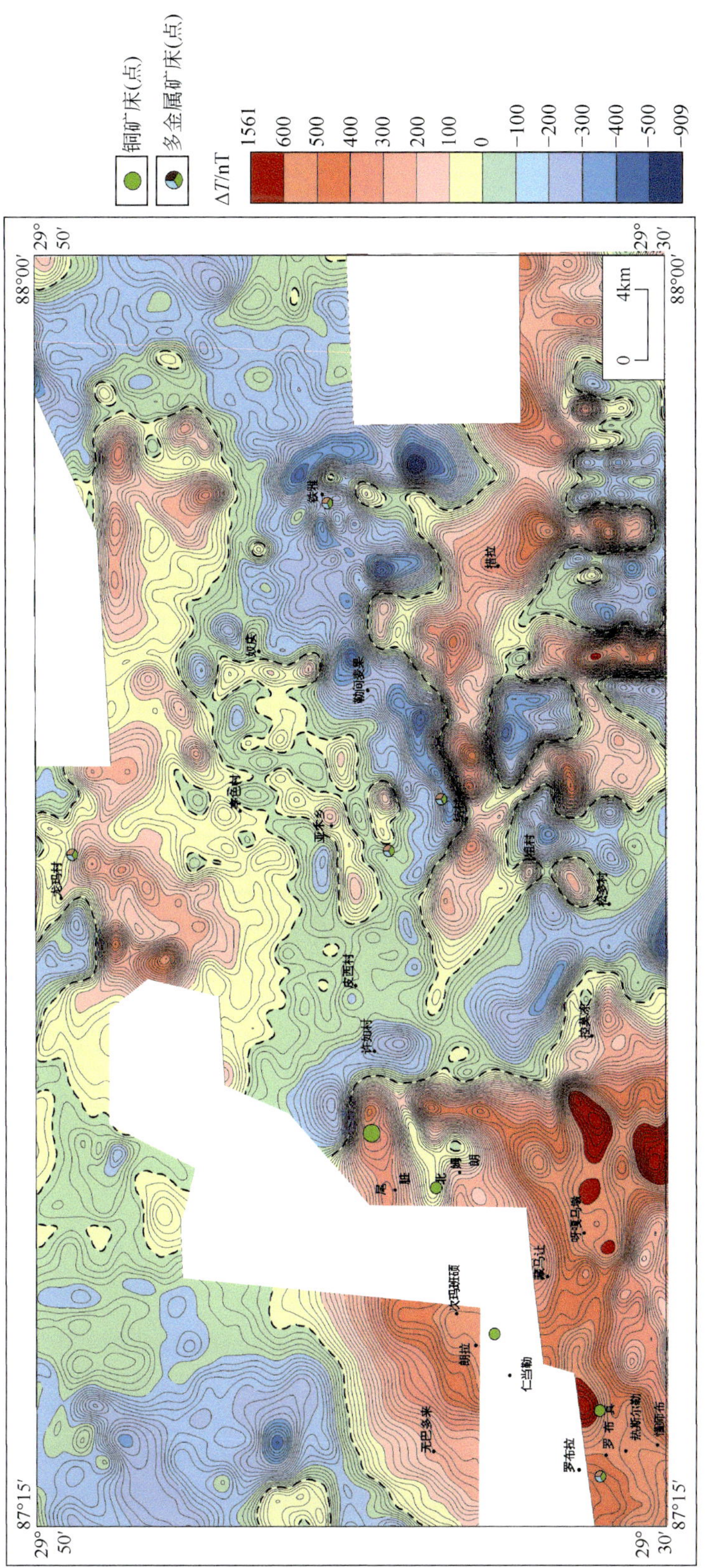

图 3-2 朱诺地区地面高精度磁测磁异常（ΔT）等值线平面图

1. 北部强磁异常区

该区位于朱诺矿集区北部，呈近东西向展布，区内长度约 43km，宽 13km，异常值变化为-200～520nT，峰值达 520nT。异常为正磁异常的背景上叠加了宽大的、局部正的强磁异常，异常极大值为+520nT，位于乌弄上日，极小值为-200nT，位于卡丁棍巴。区内局部异常走向多为东西向，其次为南北向、北东向。局部异常形态、幅值、面积不等。

该区出露的典中组（E_1d）磁化率平均值为 $200\times10^{-6}4\pi SI$，年波组（E_2n）磁化率平均值为 $200\times10^{-6}4\pi SI$，属中等磁性；比马组（K_1b）岩性为灰绿色凝灰岩偶夹灰色凝灰质粉砂岩，磁性变化较大，磁化率平均值为 $450\times10^{-6}4\pi SI$，但在区内与磁异常对应不明显。石英二长岩、花岗闪长岩与高磁异常有明显的对应关系，据实测物性资料，石英二长岩磁化率平均值为 $4000\times10^{-6}4\pi SI$，属强磁性岩石，花岗闪长岩磁化率平均值为 $8000\times10^{-6}4\pi SI$，属强磁性岩石，推断侵入岩体是该区磁异常形成的磁源体。在区内推断有一条北西向断裂，沿断裂带附近已发现了龙玛黄铁矿化点（管志宁，2005）。构造-岩浆活动不仅为成矿提供了丰富的成矿物质，而且为矿床的定位和富集等提供良好的运矿和容矿空间。

2. 中部负磁异常区

该区位于朱诺矿集区中部，呈近东西向展布，区内长度约 73km，宽 12km，磁异常整体表现为负磁异常背景下叠加条带状、团块状小幅跳跃的局部磁异常。局部异常走向有北西向、北东向、南北向和东西向。异常幅值在-500～+200nT 之间。

区内主要出露侏罗系、古近系和新近系，为一套岛弧火山-沉积型的碎屑岩、安山岩、凝灰岩及火山角砾岩。燕山晚期—喜马拉雅期岩浆活动强烈，岩石类型复杂多样，具有多期性、分带性，以中酸性为主。区内出露侵入岩包括弄桑岩体、奴庆岩体、卡朗拉岩体。岩性主要为花岗斑岩、二长花岗岩、花岗闪长岩。区内发育北西向、近东西向及北东向断裂。区内已发现朱诺铜钼矿床、奴庆铜多金属矿点等。朱诺铜钼矿床位于一个负的强磁异常环绕的正磁异常内。奴庆铜多金属矿位于正、负磁异常梯级带上。依据实测物性等统计结果分析认为，隐伏及半隐伏侵入岩（花岗斑岩、二长花岗岩、花岗闪长岩）是该区局部磁异常形成的磁源体。该带具有良好的找矿前景，地质、磁异常、化探异常吻合较好。

3. 南部强磁异常区

该区位于朱诺矿集区南部，呈近东西向展布，区内长度约 75km，宽 15km，磁场表现为正负交替的强烈跳跃变化高磁异常，异常面积大，强度大，走向明显等特征。磁场变化范围为-800～+1000nT。区域背景一般为+300nT 左右。局部磁异常以东西为主走向，其次为北东、北西、南北向。

地表出露约 2/3 为侵入岩，1/3 为地层。大多数侵入岩体均分布在该区带上。该区被多期活动的岩浆侵入充填，经历了一个长期演化的过程，形成规模巨大的花岗岩基，岩石类型主要为二长花岗岩，其次为花岗闪长岩，各侵入体内部有数量不等的暗色深源的细粒闪长质包体，具有含量较高的磁铁矿、磷灰岩、锆石等副矿物。在岩体出露边界的大部分区段都有呈串珠状排列的局部异常环绕，说明该区域的磁场特征与地质情况套合较好，二长花岗岩及花岗闪长岩是引起该区异常的主要原因。

从磁异常与地质出露对比分析，侵入岩与磁异常对应关系很好，在地层出露区异常强度变弱。说明区内岩基、岩床、岩株、岩脉，是引起磁异常的主要磁源体。区内断裂构造发育，以东西向为主。

二、区域地球化学特征

朱诺地区区域地球化学调查为1988～1990年，江西物化探大队开展了日喀则幅（8-45-J）1∶50万区域化探扫面工作，涵盖了整个朱诺矿区及外围，圈出2处综合异常，其中朱诺矿床的1∶50万化探异常以Au为主，并伴有微弱的Cu、Mo、W、Ag、Pb、Bi异常或高背景。通过对朱诺矿床的1∶50万Au-As-Sb异常进行累加处理，结果显示原本最强的Au元素异常反而变成了弱小异常，而Cu-Mo-Au-Ag累加异常却较为突出，说明该异常不是该类金矿床引起，而可能是斑岩型矿床引起，使得该矿床成为“以Au找Cu”的成功范例（郑有业等，2006）。在此基础上，西藏地勘局第二地质大队在研究区开展的1∶5万水系沉积物测量工作成果，为朱诺矿区的进一步勘查及外围找矿提供了翔实的地球化学资料。

（一）地球化学场特征

朱诺矿集区水系沉积物As、W、Pb元素是测区强富集元素，与地壳丰度相比，富集系数$K>3$；Ag、Sb、Bi元素是测区富集元素，富集系数K值在1.5～3；Mo、Sn、Zn、Ba元素与地壳丰度相比偏低，富集系数K值在0.5～1.5之间，考虑到测区中酸性岩浆岩为主体，因此，这些元素基本趋于正常；Au、Hg、Cu是贫化程度较高的元素，富集系数小于0.5。Cu、Pb、Mo、Ag、As、Sb、W、Bi的变异系数介于0.70～1.50之间，Au的变异系数＞1.50，这些分布不均匀或极不均匀的元素在地球化学图上富集趋势明显，起伏变化大或很大，出现强异常，是测区的主要成晕成矿元素；Sn、Zn、Hg的变异系数介于0.35～0.69之间，分布较均匀，地球化学图上富集趋势较差，一般多为弱小异常，其中Zn的变异系数接近0.60，相对分布不均匀，在个别地段出现强异常，表明在局部有利地段可富集成矿，是测区次要成晕成矿元素；仅有Ba元素变异系数小于0.35，分布均匀，局部显示为一些弱小异常，成矿的可能性较小，但不排除局部富集成矿的可能性。由此可见，测区富集元素为As、Pb、Ag、Sb、Bi等，变异系数和离散较大，具有较大的成矿优势；丰度偏低或贫化元素Cu、Au、Mo、Zn等的变异系数和离散较大，所以也具有较大的成矿优势，多有中-强异常出现。根据中低温热液作用富集元素As、Sb、Bi、Au、Hg、Ag、Pb、Zn、Cu等和岩浆热液作用富集元素Cu、Mo、W、Bi、Au、U等可知，测区地球化学总体反映以中酸性杂岩为主体的成矿作用，以Cu、Au、Mo、Ag为优势矿种。

根据R型聚类分析和因子分析（图3-3），朱诺矿集区化探异常元素可以分为2个组合：Ⅰ组合，由Pb、Zn、Ag和Au、As、Sb两个亚组组成，主要为中低温成矿元素组合；Ⅱ组合，由Cu、Mo、W、Bi和Hg、Ba、Sn两个亚组组成，前者主要为中高温热液成矿元素组合，与花岗岩类关系密切，后者为低温热液成矿元素，有时有As、Sb等伴随，但关系并不密切。

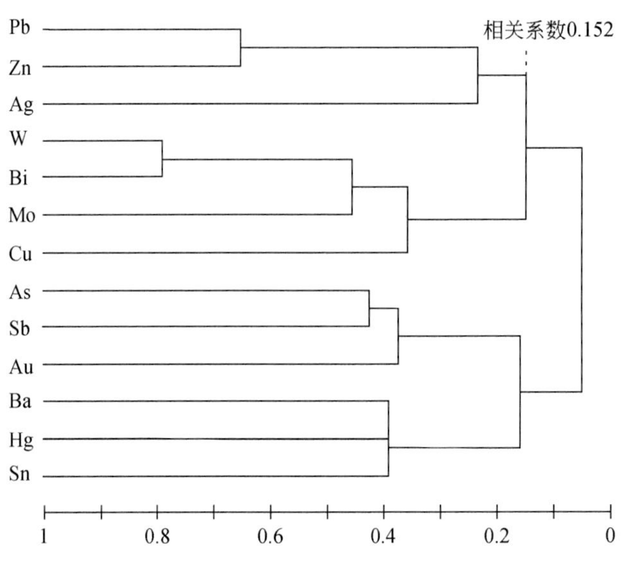

图 3-3　西藏朱诺地区 R 型聚类分析谱系图

对于不同地质体而言，中新世地质体分布区主要发育以 Cu-Mo 为主的异常，各元素异常套合较好，而在 Cu、Mo 元素的外围多分布 Au、Ag、Pb、Zn 元素异常，主要围绕林子宗群火山岩展布，具有由内到外元素由高温 Cu、Mo 过渡为中低温 Au、Ag、Pb、Zn 的分带特点。白垩系比马组地层区主要富集 Mo、Au、As、Bi 等元素，也是主要的找矿地质单元。

（二）地球化学异常特征

根据朱诺矿集区地球化学异常组合及时空分布特征可知（图 3-4、图 3-5、图 3-6、图 3-7、图 3-8），研究区北西部的大面积林子宗群火山岩分布区主要以 Pb、Zn、Ag 为主的多元素异常呈近东西向带状分布，西南部始新世阿当拉岩体及与古新统典中组的接触带内外以 Cu、Mo、Au、Ag、Pb、Zn、W、Bi 为主的多元素异常呈北东向串珠状分布，中部各侵入岩体及与桑日群、林子宗群的接触带内外以 Cu、Mo、Au、Ag、As、Pb、W、Bi 为主的多元素异常呈北西向条带状分布，北东部古新世奴庆岩体及与比马组、林子宗群火山岩的接触带内外以 Mo、Au、Sb、As、Pb 为主的多元素异常呈北东向条带状分布。

从朱诺向西南至罗布真一带还出现了一系列北东向展布的串珠状 Cu-Mo-Au-Ag 组合异常，显示其明显受到北东向线性或隐性构造的控制，显示了极好的找矿潜力。异常特征指示朱诺地区找矿勘查中应围绕中新世斑岩体找斑岩型 Cu-Mo 矿床，在岩体或者 Cu、Mo 异常或岩体的远端应围绕林子宗火山岩找脉状或者浸染状的 Au、Ag、Pb、Zn 矿床。

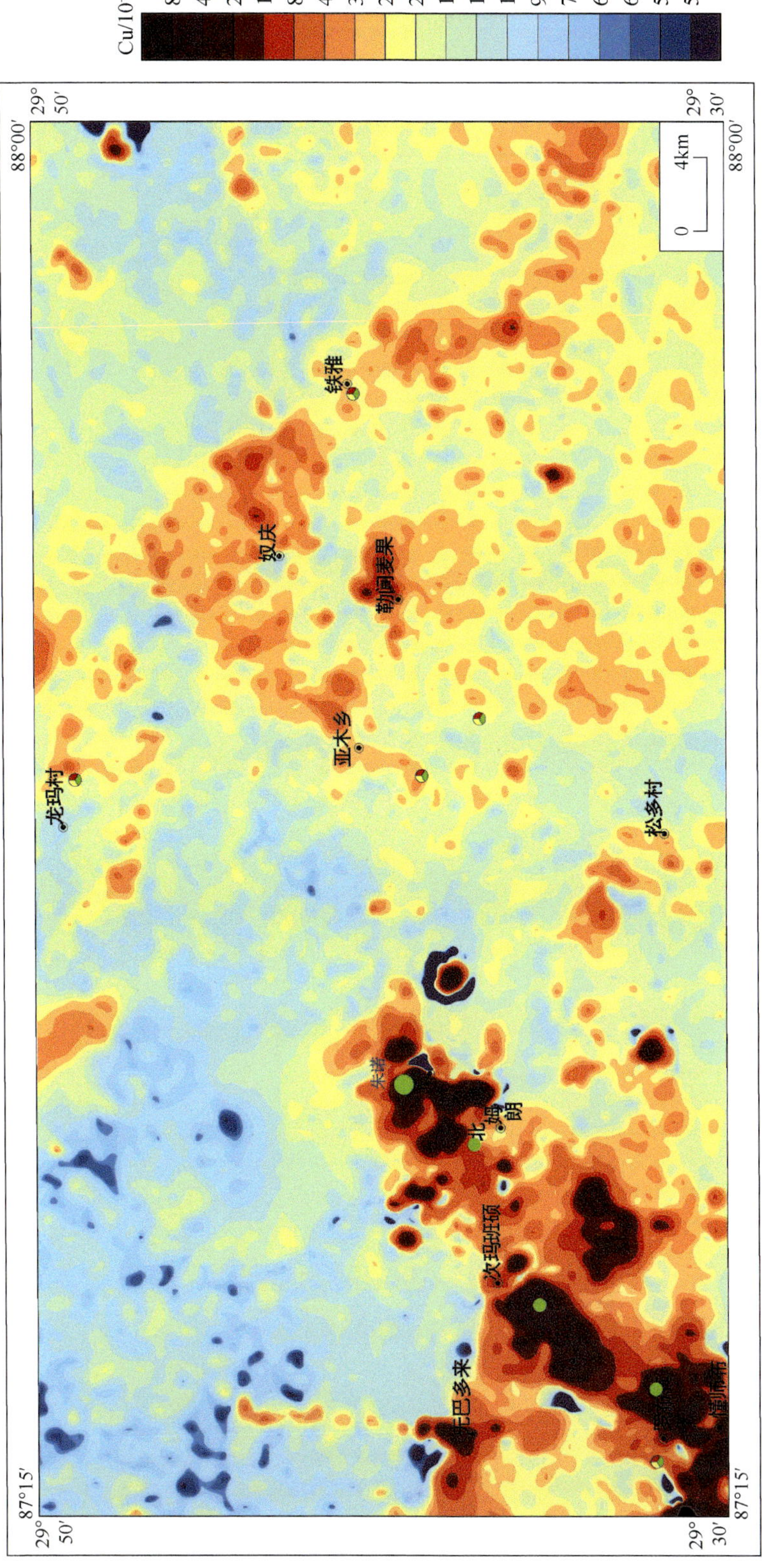

图 3-4　朱诺地区Cu元素地球化学图

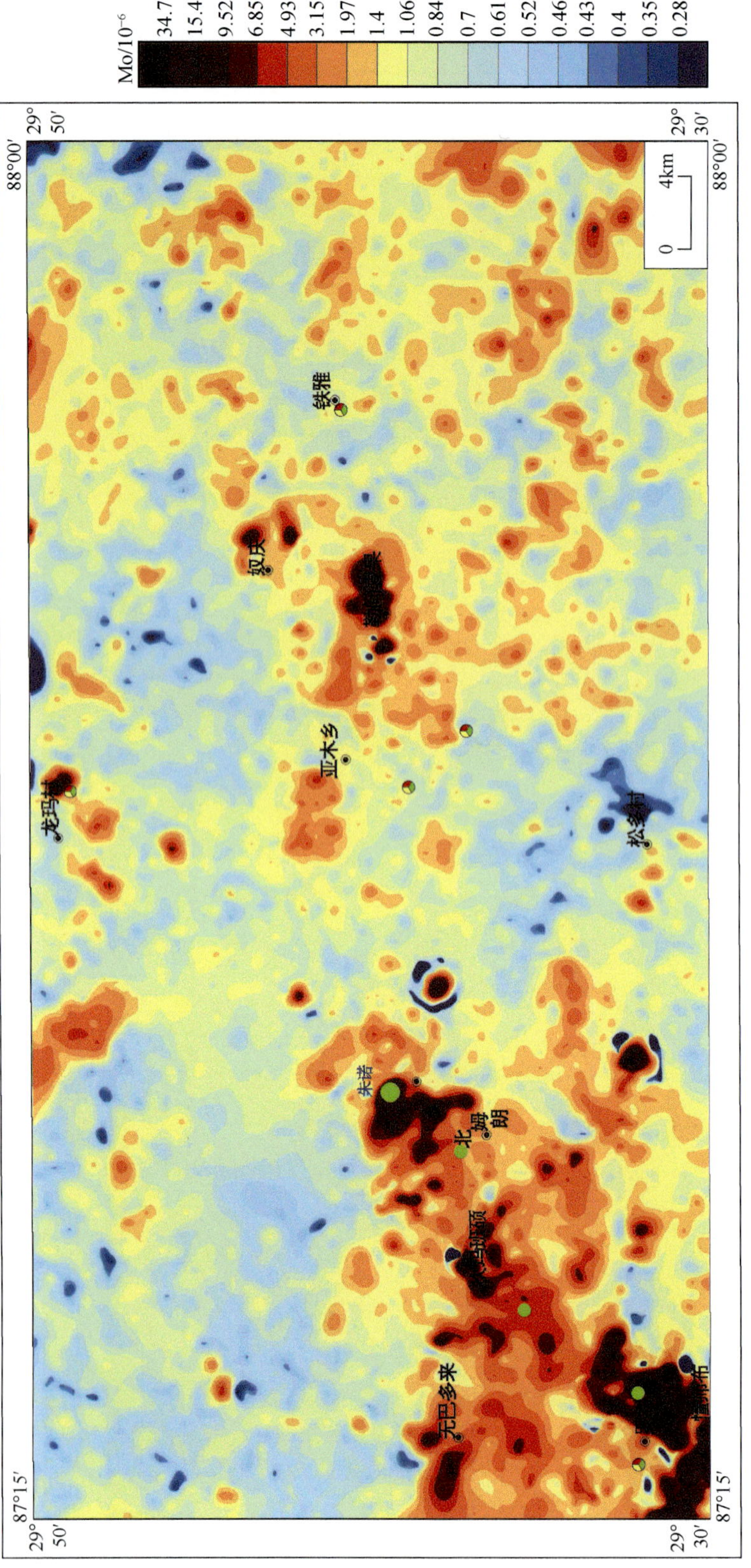

图 3-5 朱诺地区Mo元素地球化学图

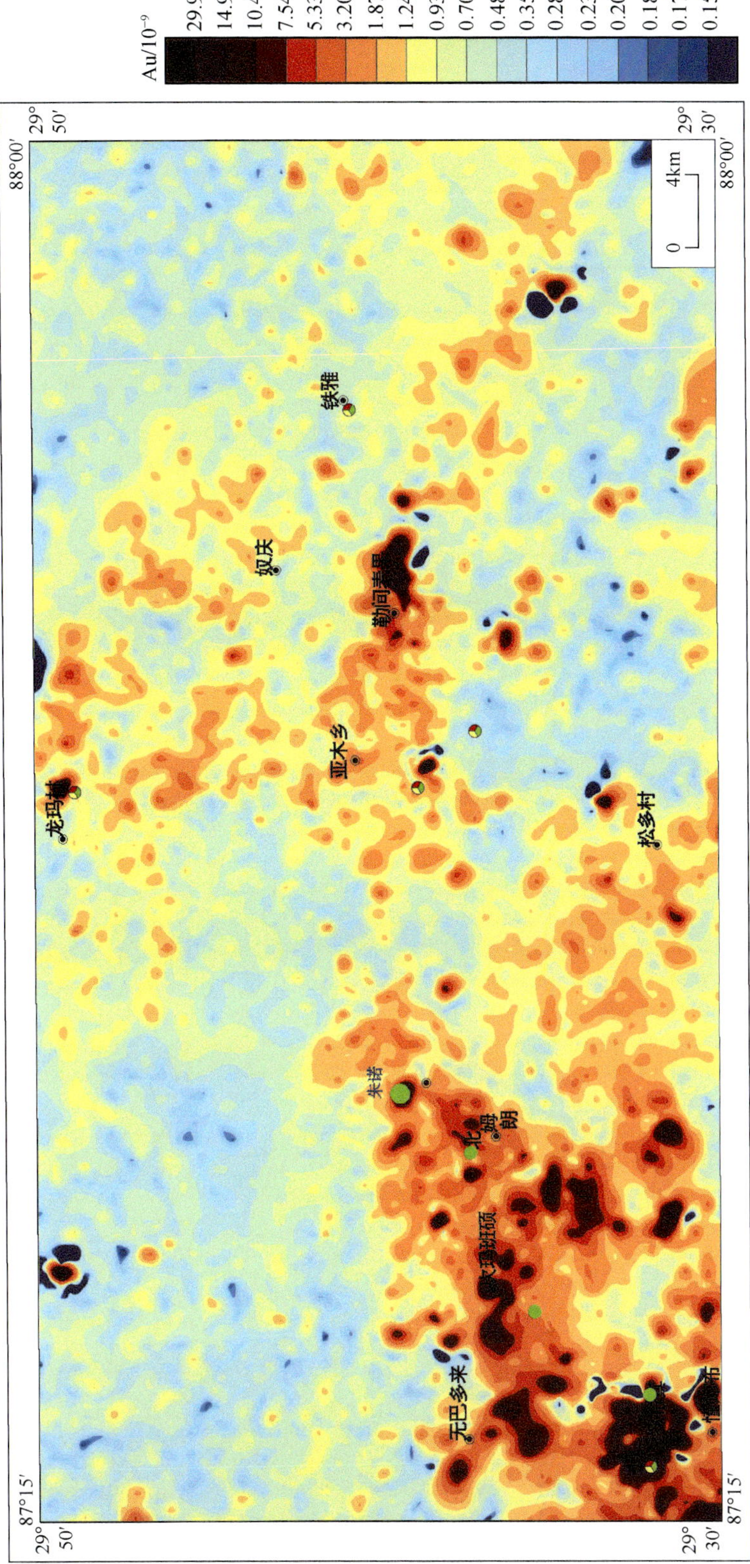

图 3-6　朱诺地区Au元素地球化学图

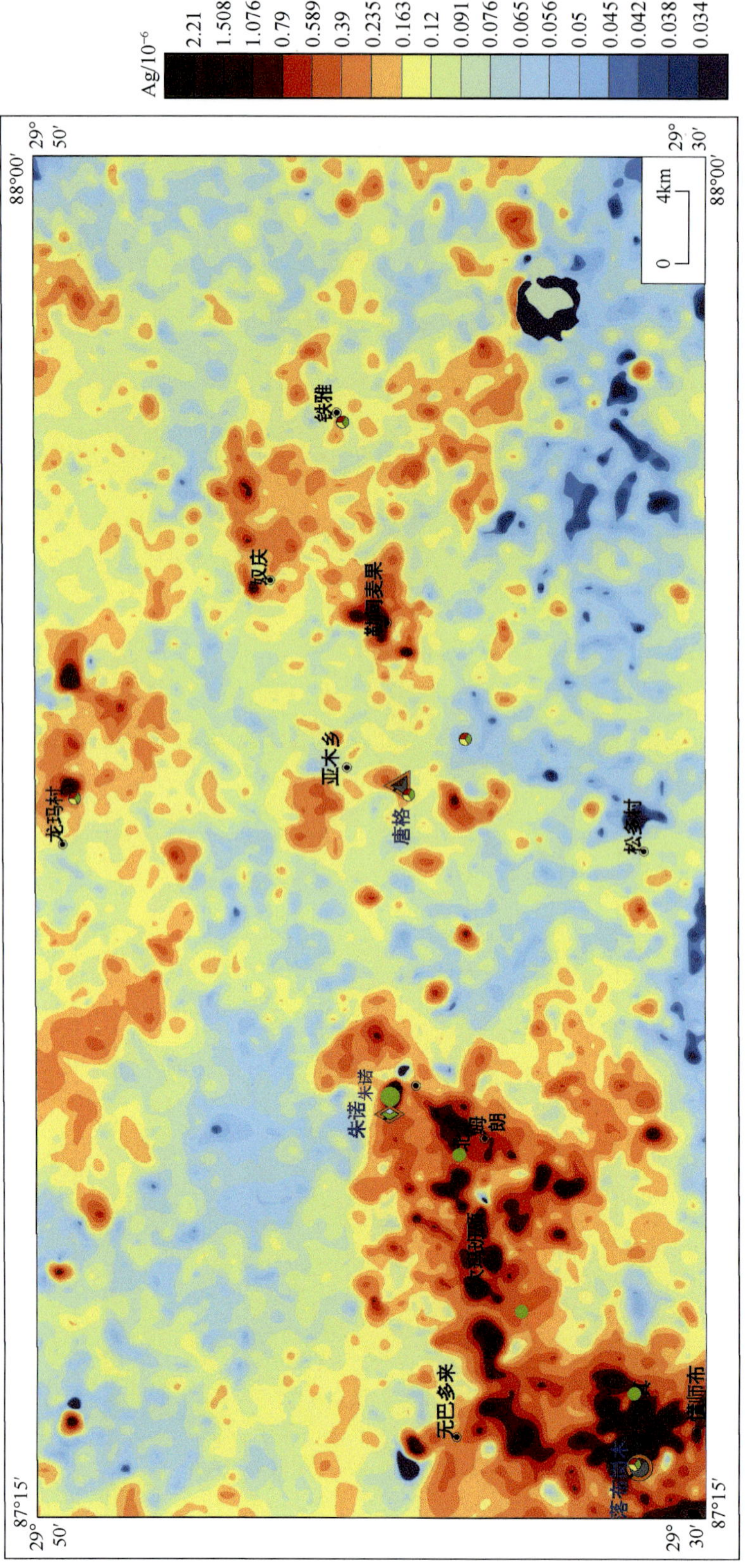

图 3-7　朱诺地区Ag元素地球化学图

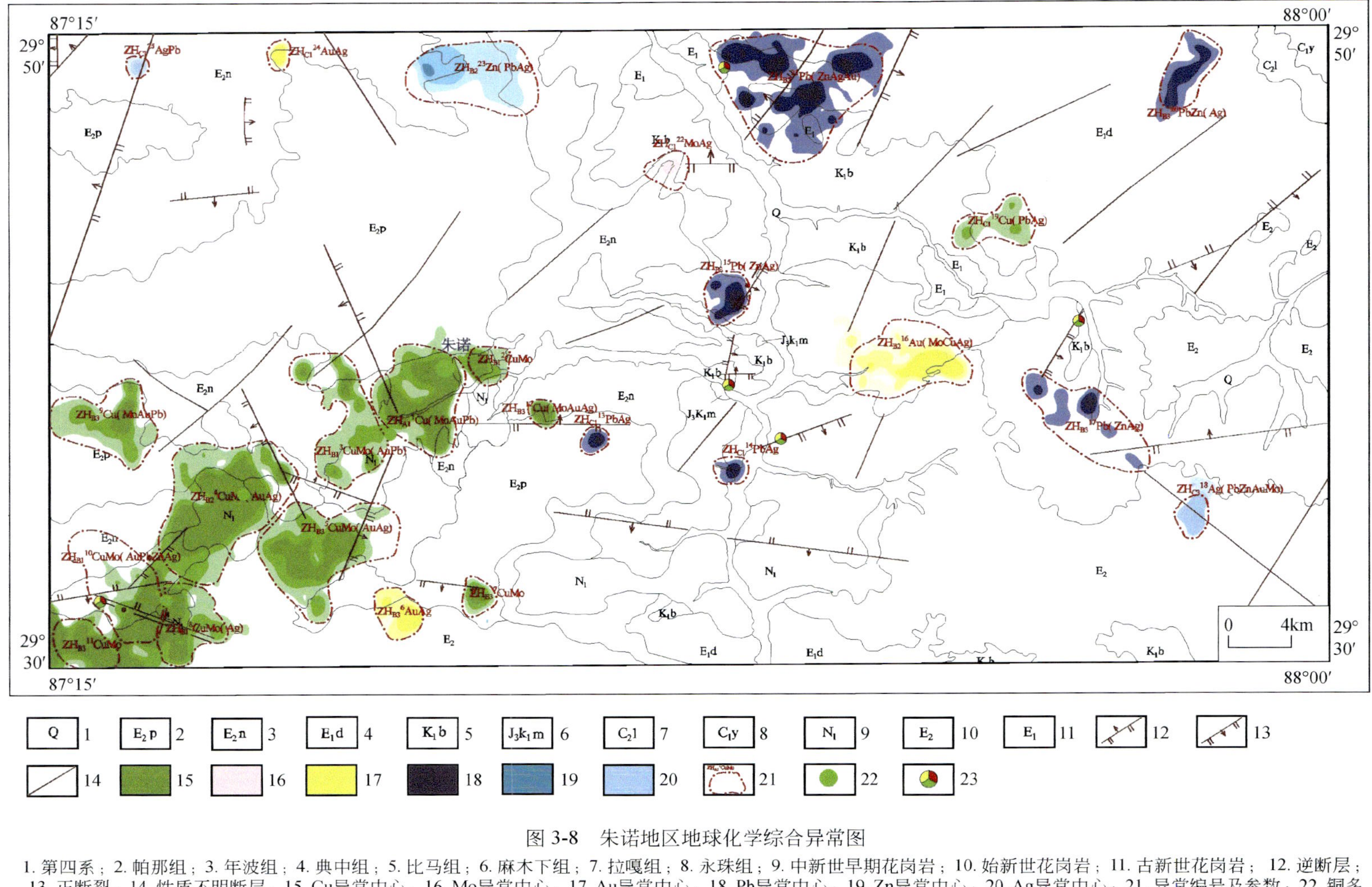

图 3-8 朱诺地区地球化学综合异常图

1. 第四系；2. 帕那组；3. 年波组；4. 典中组；5. 比马组；6. 麻木下组；7. 拉嘎组；8. 永珠组；9. 中新世早期花岗岩；10. 始新世花岗岩；11. 古新世花岗岩；12. 逆断层；13. 正断裂；14. 性质不明断层；15. Cu异常中心；16. Mo异常中心；17. Au异常中心；18. Pb异常中心；19. Zn异常中心；20. Ag异常中心；21. 异常编号及参数；22. 铜多金属矿床（点）；23. 多金属矿床（点）

三、区域遥感特征

采用 ETM+ 7、4、2 波段的 R、G、B 彩色合成遥感影像图，经 K-L（Karhunen-Loeve）变换后的主成分彩色合成图像，对线性构造、环形构造及不同岩性具有不同程度的识别意义，也能有效地检测蚀变岩（带）信息。遥感蚀变信息提取过程中采用 TM1＋TM2，TM4/TM3，TM5，TM7 组合进行主量分析，提取羟基为主的矿化蚀变信息异常。解译成果显示（图 3-9、图 3-10）：环形构造主要在朱诺矿集区北部的火山岩区发育，地质上与火山机构相对应；线性构造在整个研究区均较发育，以近东西向、北东向为主，其次为近南北向和北西向；矿化蚀变信息主要呈片状分布于研究区中部的无巴多来、朱诺、勒间麦果等地。根据地质背景、线环构造、矿化蚀变信息、矿床（点）的关系，可以在朱诺地区划分出六个成矿有利区（图 3-10）。

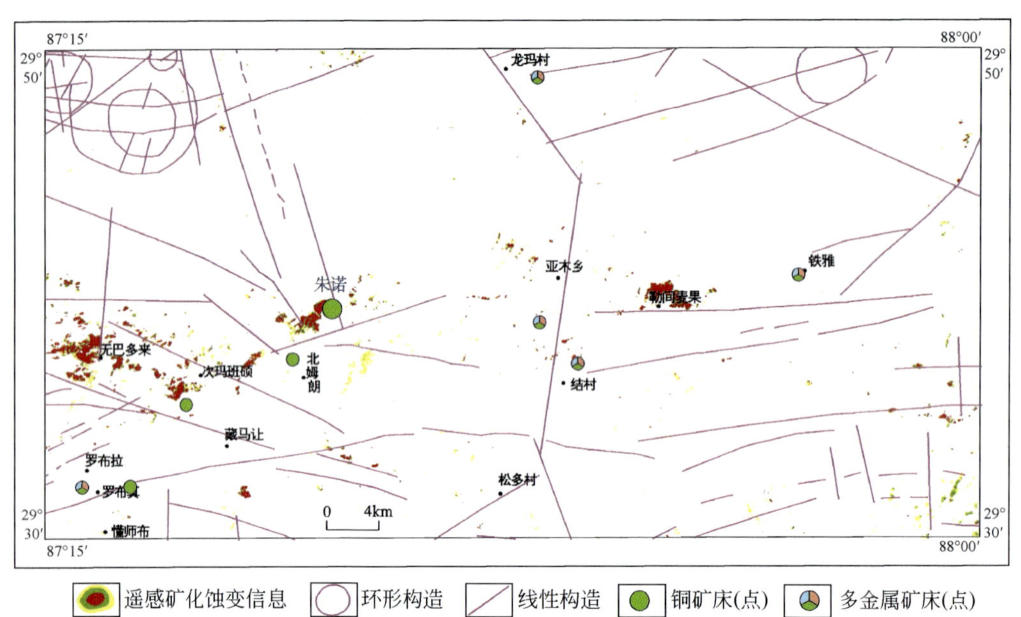

图 3-9 朱诺地区遥感解译线环构造及矿化蚀变信息图

准穷玛-朗拉 Ag、Pb、Zn 遥感异常成矿有利区：异常呈条带状、团块状，北西向线性分布，异常面积广且集中，成群成带分布，三级浓度套合极好，浓集中心明显。区内主要出露林子宗群及花岗闪长岩、巨斑状二长花岗岩。岩石以呈碎裂状、强蚀变为特征，蚀变类型有硅化、绿泥石化、绿帘石化、黏土化及褐铁矿化等；矿化类型有黄铁矿化、铅锌矿化、孔雀石化及蓝铜矿化。

尾脏-洛莫 Cu、Mo、Au 遥感异常成矿有利区：异常呈条带状，走向北东，遥感异常面积虽小，但是异常强度高，三级羟基异常套合好。区内出露规模较大的弄桑岩体，主要岩石类型有中细粒-中粒-粗粒黑云母角闪二长花岗斑岩及粗粒石英斑岩。目前该区已发现了朱诺斑岩型铜矿、弄窘棍巴铜矿化点及汤奶仇空铜矿化线索。

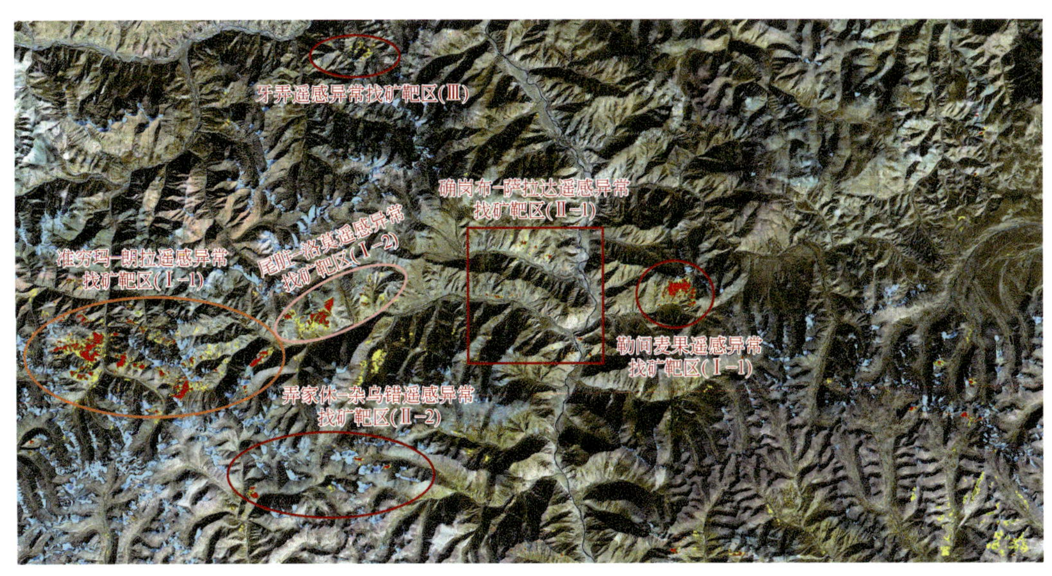

图 3-10　朱诺地区遥感影像、矿化蚀变信息及靶区圈定图

勒间麦果 Cu、Fe 遥感异常成矿有利区：异常呈团块状，走向近东西，异常强度高，三级羟基异常套合好。出露比马组火山喷发沉积产物，岩石类型有灰绿色凝灰岩偶夹灰色凝灰质粉砂岩。在异常区内发现有勒间麦果铜矿化点。

确岗布-萨拉达 Cu、Au、Mo 遥感异常成矿有利区：异常分布比较分散，南北向呈串珠状排列，三级羟基异常套合好，浓集中心明显。出露地层有麻木下组、比马组、典中组、年波组地层。地表所见蚀变类型主要有褐铁矿、钾化、黄铁绢英岩化、青磐岩化、硅化等，破碎带裂隙充填石英、硫化物、绢云母、绿泥石、方解石等细脉。该区已发现唐格、者拉、查玛及领布等铜矿（化）点。

弄家休-杂乌错 Pb、Zn、Cu 遥感异常成矿有利区：异常近北东向走向，羟基局部异常组成串珠状异常群，每个局部异常三级羟基异常套合较好。该区出露林子宗群帕那组火山碎屑岩局部夹火山熔岩，南北分别被阿当拉斑状二长花岗岩、花岗闪长岩及北姆朗钾长花岗岩侵入。

牙隆 Pb、Zn 遥感异常成矿有利区：异常走向为近东西向，羟基异常规模小且分布较分散，由二、三级羟基异常组成。该区出露林子宗群帕那组及年波组，在外围德来区一带的林子宗群火山岩地层中已发现铅锌矿化。

第二节　矿区地球物理、地球化学及遥感特征

一、矿区地球物理特征

（一）岩矿石物性参数特征

为更好地解释激电异常，在朱诺矿区开展了出露地层的各类岩（矿）石电参数测量（表

3-1）。通过标本的电参数分析，区内岩体显示较低的视极化率（平均值 0.63%～1.34%，极值 2.81%）和较高的视电阻率（平均值 2059～3319Ω · m，极小值为 1004Ω · m）。各电性标本的视极化率和视电阻率变化差异不大。

表 3-1 朱诺矿区及外围标本电参数

标本名称	块数	视极化率（η_s）		视电阻率（ρ_s）	
		变化范围/%	平均值/%	变化范围/(Ω · m)	平均值/(Ω · m)
斑状二长花岗岩	30	0.38～2.13	1.04	1532～3642	2368
石英斑岩	52	0.54～2.45	1.34	1004～3281	2059
花岗斑岩	30	0.23～1.84	0.91	1407～3815	2326
钾长花岗岩	30	0.27～2.51	1.12	1543～3822	2432
英安岩	30	0.48～2.81	1.34	1712～5004	3319
细晶岩	20	0.4～0.9	0.63	1947～2874	2294

（二）阵列电磁法测量

1. 阵列相位激电测深异常特征

2005 年，中国地质科学院地球物理地球化学勘查研究所（以下简称廊坊物化探所）林品荣等利用轻便的阵列电磁法技术在朱诺矿区 23 线、15 线、7 线、0 线、4 线、8 线、16 线、24 线开展了阵列相位激电测量及部分剖面的阵列天然场 AMT（音频大地电磁法）测量工作。阵列相位激电测深：采用偶极-偶极观测装置，*AB*=*MN*=80m，剖面间距 200～400m，供电电流十几至二百多毫安，点距 40m。AMT 测深工作技术参数为：接收极距 40m，观测频率范围为 6～8000Hz。

以 4 勘查线为界，在 4 线东北部、8 线、16 线、24 线的大号点处，有高的激电相位异常存在，异常幅值超过 30mrad。在 4 线的西南部，在 0 线、7 线、15 线的剖面中部附近，出现较高的激电相位异常，异常幅值在 35mrad 以内（图 3-11）。

8 线、16 线、24 线观测所得的视电阻率总体为低，并在 16 线的西北端、24 线的中部附近出现明显的低阻异常。4 线、0 线、7 线、15 线的视电阻率总体为高，并在 4 线、0 线、7 线、15 线的中部出现相对低阻异常（图 3-12）。

视金属因子参数在隔离系数 *n*=3（*OO*=320m）及 *n*=4（*OO*=400m）的平面等值线图中，所反映出的异常形态基本一致。经分析，在平面上可划分为三个异常，编号分别为 IP-1、IP-2、IP-3（图 3-13），其中 IP-1 异常已经地质工作及钻探工程验证，为铜多金属矿致异常，而 IP-2、IP-3 异常，还有待进一步工作查证。

2. AMT 数据反演模型特征

2018 年，西藏地质二队与中国地质大学（北京）合作在朱诺矿区新采集了覆盖主要成矿岩体及构造的 AMT 阵列数据，并进行带地形的二维反演，获得该矿床较为可靠的电阻率模型。二维反演模型剖面与朱诺矿区 7 号钻孔勘探线近似重合（图 3-14），因此可以将电性结构模型与已知的成矿构造进行对比（图 3-15）。经过对比，我们可以观察到如下现象：

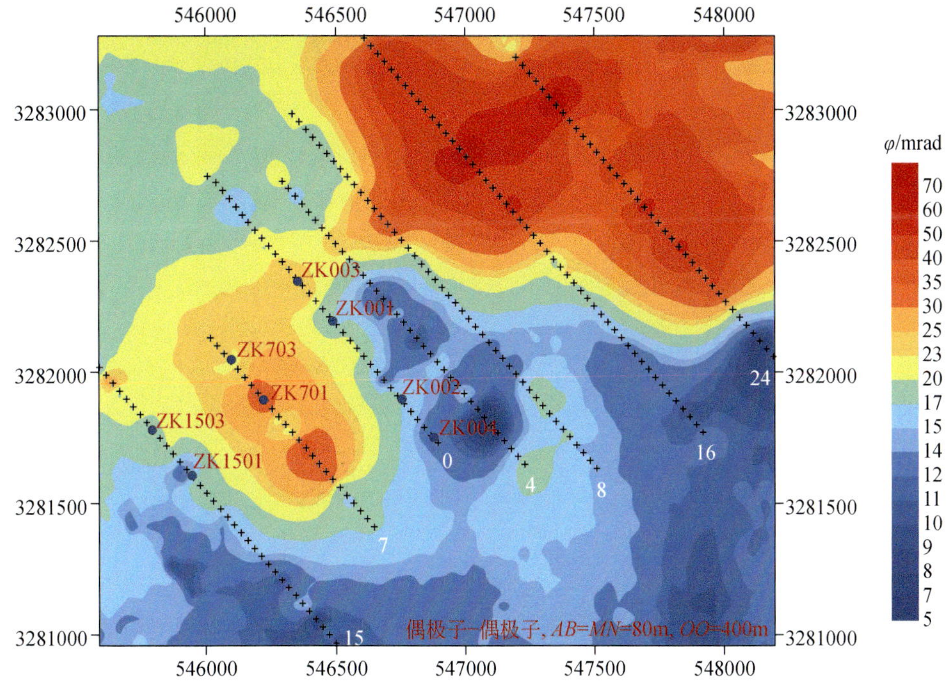

图 3-11 朱诺矿区阵列相位激电平面异常图（廊坊物化探所）

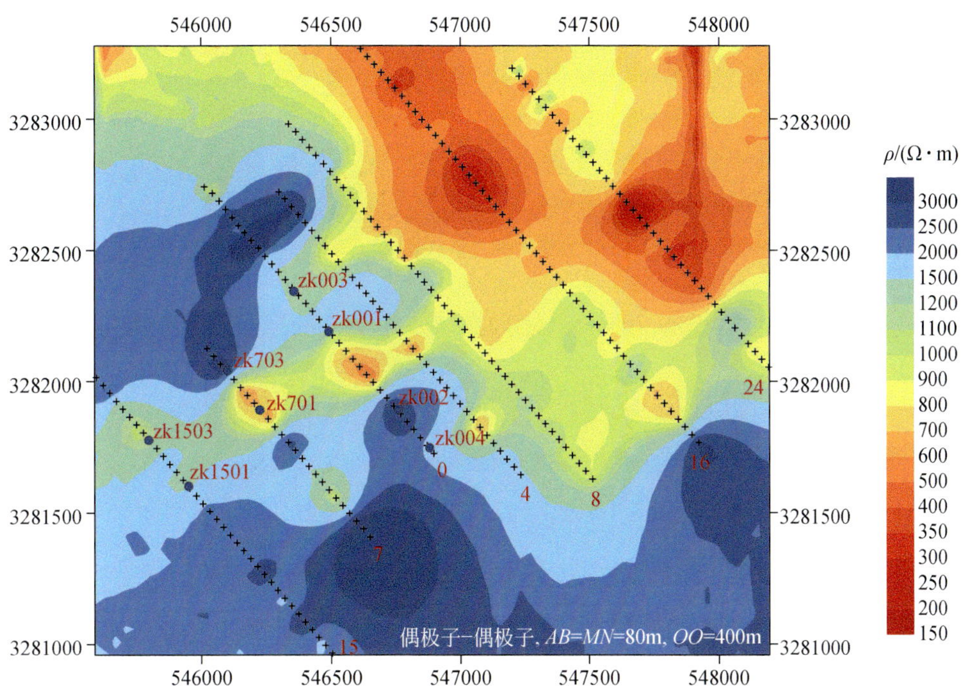

图 3-12 朱诺矿区阵列相位激电视电阻率平面图（廊坊物化探所）

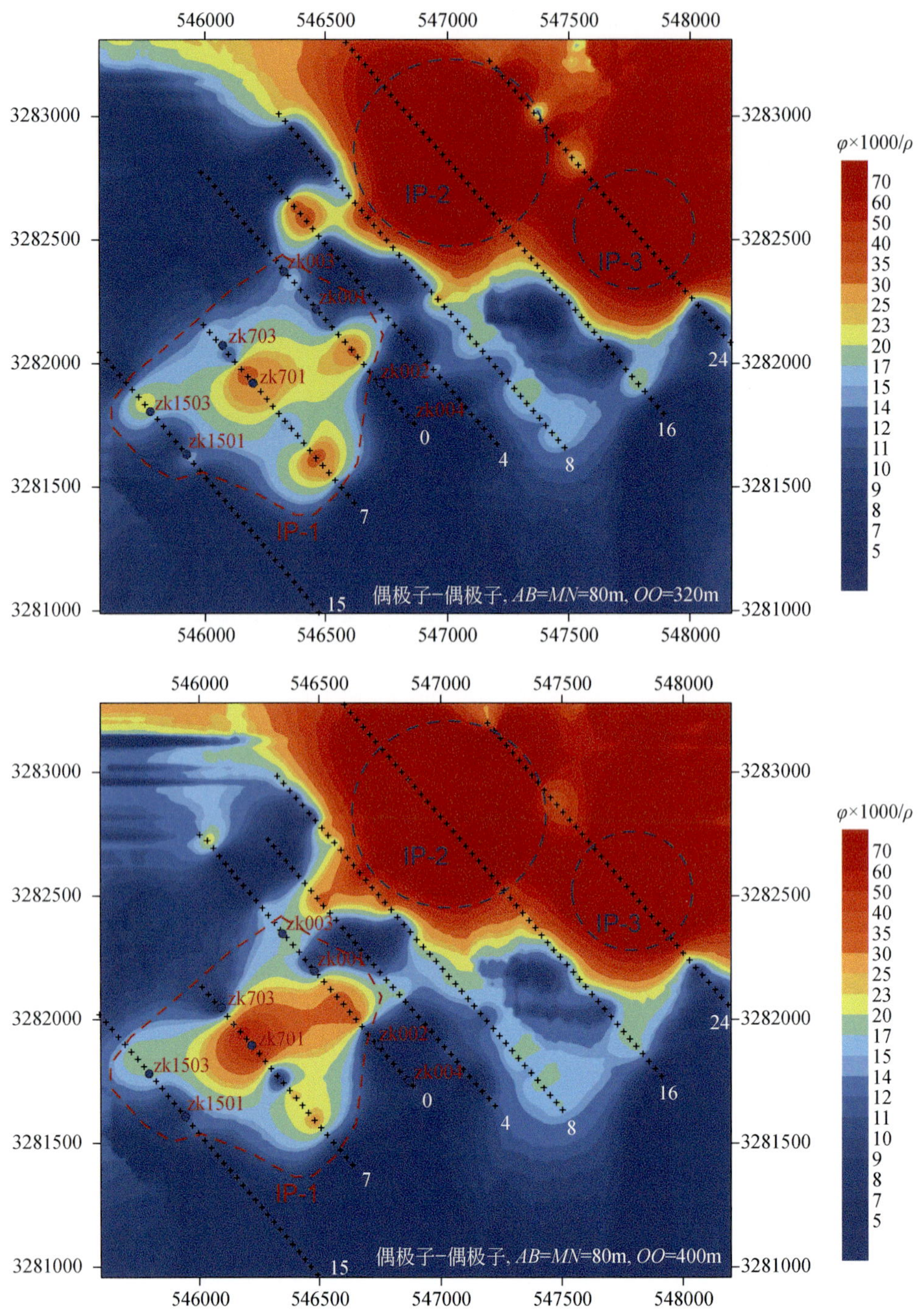

图 3-13　朱诺矿区视金属因子参数平面等值线图（廊坊物化探所）

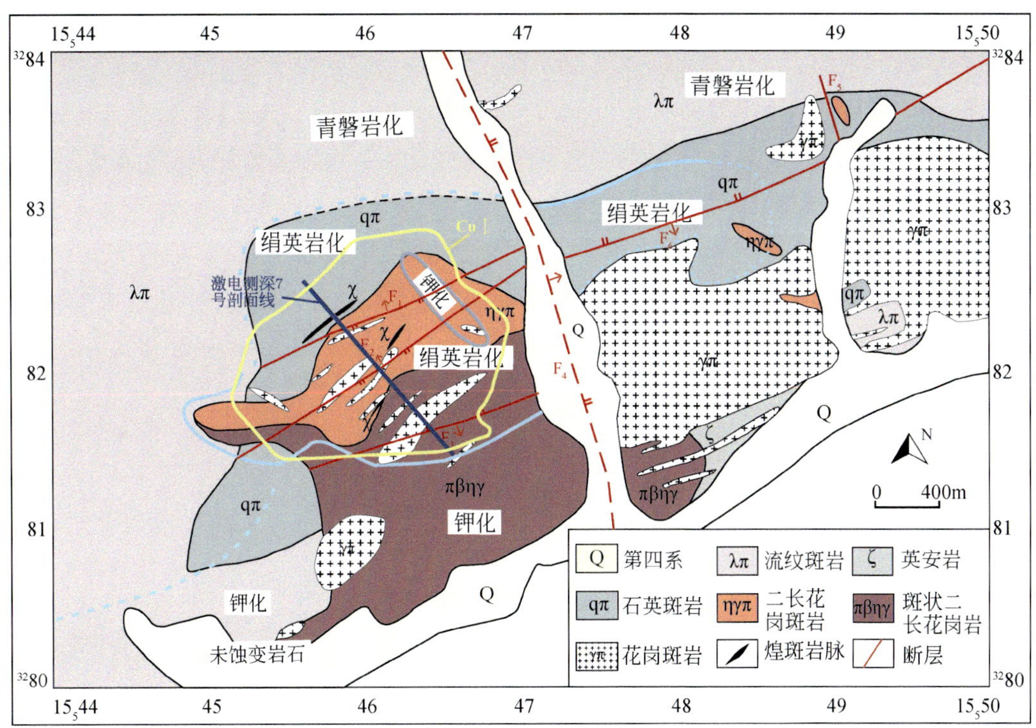

图 3-14　朱诺矿 AMT 数据点位图、勘探线及 AMT 数据二维反演剖面位置图（7 号勘探线为 ATM 及激电测深剖面线）

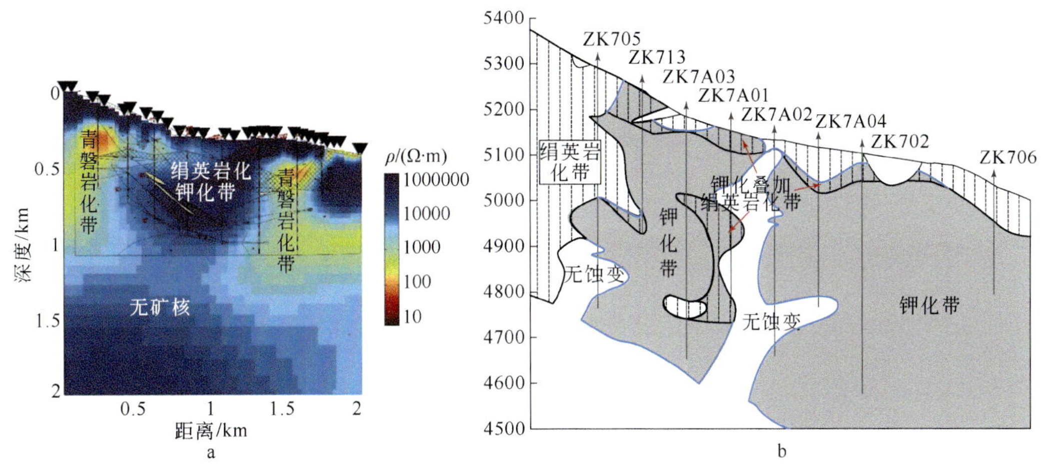

图 3-15　沿着朱诺矿 7 号勘探线的 AMT 剖面二维反演模型地质解释图

a. 沿着朱诺 7 号勘探线的 AMT 剖面二维反演模型地质解译图；b. 朱诺 7 号勘探线蚀变分带

（1）由钻孔样品约束的工业品位的铜矿体的位置与电阻率模型上横向距离约为 0.5～1.5km，深度为 0.2～1km、相对中高阻体（约为 500～1000Ω·m）位置基本重合，这就表明工业品位的铜矿体可能是相对中高阻体。

（2）高阻铜矿体的两端边界分别出现了一个显著的高导体（约<300Ω·m），其延伸深

度范围与高阻的斑岩铜矿体基本一致，整体上表现出对斑岩铜矿体的包夹形态。

Nelson 和 Van Voorhis（1983）针对斑岩矿床进行 109 块岩矿石样本电阻率测量，得到硫化物质量分数与电阻率之间的关系，实验结果表明（图 3-16）：①对于细粒浸染的或不连续的矿脉（<3%），电阻率趋于高且可变；②随着硫化物连通率的增加，硫化物质量分数的增加与电阻率的降低有着非常直接的关系。

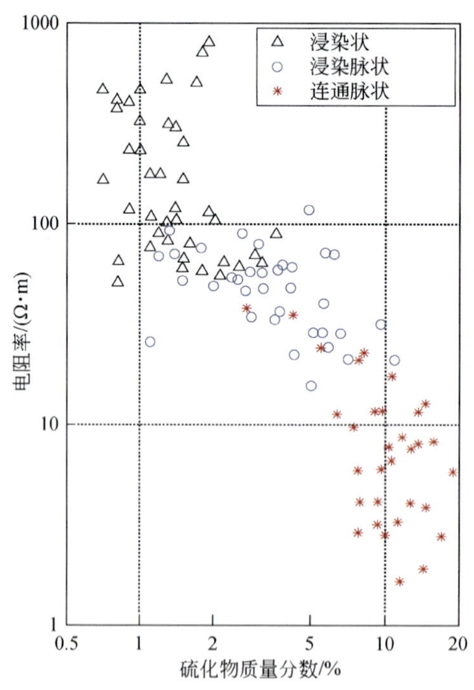

图 3-16　典型的斑岩矿床硫化物分布形态及质量分数与电阻率之间的关系

（改自 Nelson and Van Voorhis，1983）

据此，我们推断，工业品位的含矿斑岩铜矿体表现出中高阻性的原因可能是其虽然含较高黄铜矿硫化物，但主要呈现细粒浸染状分布（钾化或绢英岩化），连通性较差，因此表现出较差的导电性。而相比之下，根据斑岩铜矿理论模型（叶天竺，2017），高阻斑岩铜矿体两侧的高导体可能反映了青磐岩化带或者矿壳的位置，其高导特征可能与连续脉状的黄铁矿化有关。

为了能够更好地展示出斑岩铜矿体以及 AMT 数据反演模型空间分布关系，将两者叠置为图 3-15，可以观察到以下现象：①由钻孔样品约束的工业品位的铜矿体“成矿中心”的电阻率值为相对的中高阻，约为 500～1000Ω • m；②高阻的“成矿中心”被相对高导的区域所包围，推断为青磐岩化的蚀变带或者矿壳。

（三）激电电阻率和极化率特征

覆盖全矿区的 1∶1 万双频激电测量成果显示：①矿区视极化率值具中部、东部高，北西部、南部低，异常长轴里呈北东-南西展布的特点，Cu1 矿体一带视极化率 4%～6%，局部达 6%～8%。②圈定的 DJ-1～DJ-7 七个物探激电异常（图 3-17），除主矿体 DJ-1 异常外，其中的 DJ-2、DJ-3、DJ-4 异常相对较有意义，物探推断其含矿层及品位均较稳定，具一定的前景，DJ-5～DJ-7 异常相对次之，物探推断含矿层埋深较大或异常由磁铁矿等干扰体引起。③所圈定的矿异常中，其延深均大于 300m，根据物探异常深部较地表的品位高。④在圈定的矿异常中，异常的平面位置比已知（DJ-1）的矿露头位置往北有一定的位移。

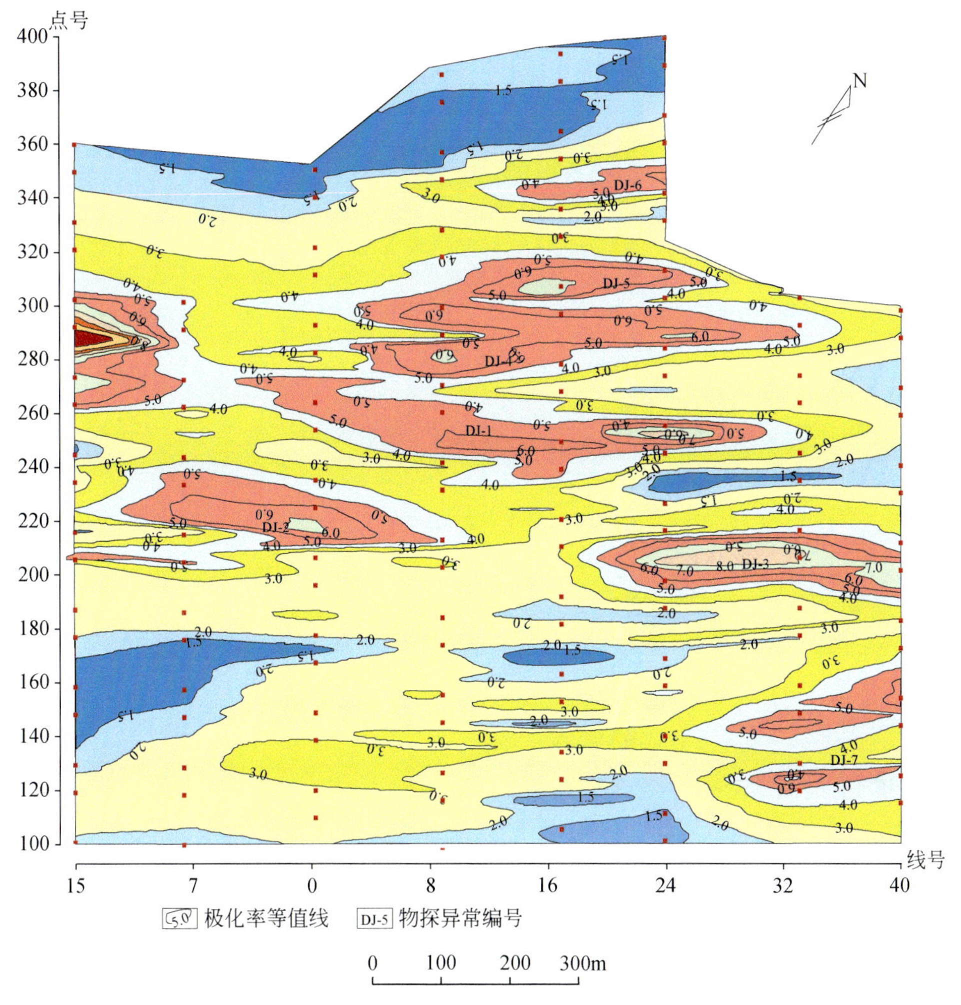

图 3-17　朱诺铜矿双频激电中梯 η_s 等值线平面图

此外，在朱诺矿区中部新完成了 ZNJP3 激电中梯剖面，线长 1.09km，剖面主要沿着 7 号勘探线。1∶1 万物探激电剖面数据结果显示（图 3-18），朱诺矿区具强的异常，对应高视极化率峰值、低视电阻率。视极化率最高可达到 6.85%、6.79%、6.35%，视电阻率集中在 1000Ω·m 左右，最低可达到 466Ω·m，异常峰值明显。物探数据所获得的找矿有利地段（高视极化率、中高视电阻率）与已有的钻孔探明的矿体位置基本相符，所对应的深部隐伏地质体为含钾长石大斑晶的斑状二长花岗岩、石英斑岩。因此激电剖面测量方法在朱诺矿区可以用来辅助找矿预测，中高阻（＜2000Ω·m）高极化（＞5%）地区具有较大找矿前景。

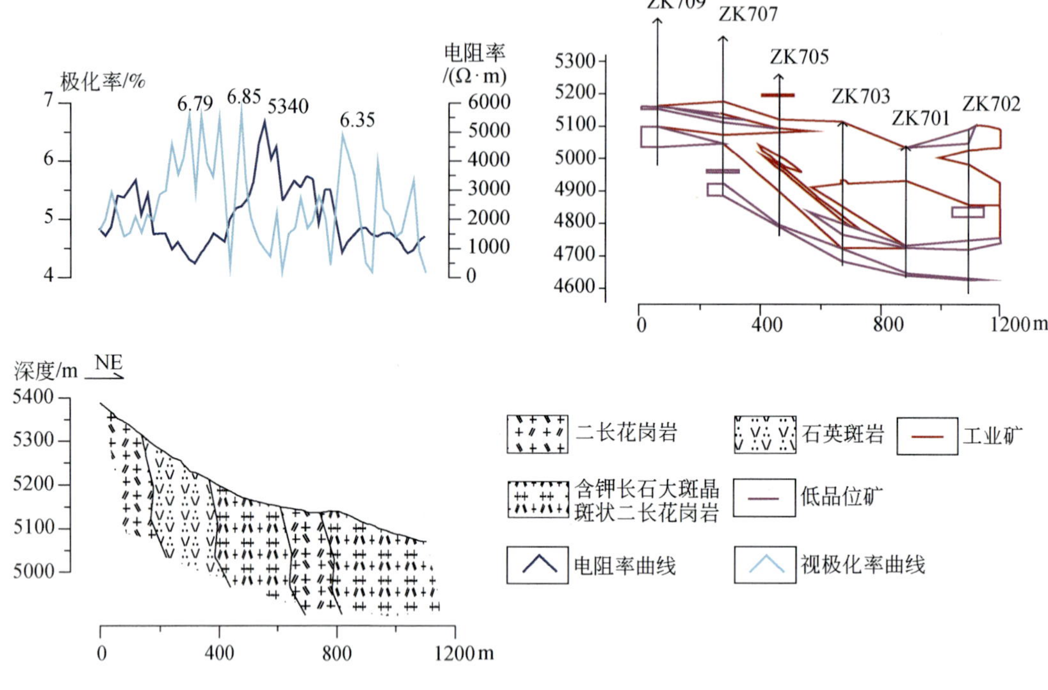

图 3-18　朱诺矿区 7 号勘探线矿体–地质–物探综合剖面图

二、矿区地球化学特征

为避免重复，具体内容见第八章第二节（化探元素分布特征约束）及第九章第二节（矿床发现过程）的相关部分。

三、矿区遥感特征

研究区遥感信息提取主要为多光谱 ASTER 数据，数据来源于 https://earthexplorer.usgs.gov，获取时间为2000年10月，数据产品等级均为L1T级。ASTER L1T数据是对ASTER L1A 数据进行精确地形校正及几何校正后生成的，数据预处理及蚀变信息提取在 ENVI5.1 软件中实现，后期在 MapGIS6.7 中进行美化，为了减少误差、提高蚀变信息提取的精度，对数据首先进行辐射定标消除传感器本身误差。接着对 SWIR 波段进行重采样到与 VNIR 波段 15m 相同分辨率，合成后的波段数据类型由 BSQ 转换成 BIL 格式，为了消除大气和日照等因素的影响进行大气校正，最后，通过波段的高端切割去掉对影响干扰最大的地物（云、地形阴影、植被水体等）。

遥感蚀变信息提取主要使用主成分分析（PCA）进行，主要是在对多波段图像特征统计的基础上做的多维正交线性变换，主成分分析的主要目的是降维，就是消除信息相关性，进行数据信息压缩和特征信息提取，从而将相关的多波段信息通过一系列转换形成不相关信息，一般取前四个分量，再根据不同矿物光谱特征将该类矿物相关的分量识别出来，最后进行蚀变信息提取。本次研究，我们主要提取了绢云母化蚀变、绿泥石绿帘石化蚀变、碳酸盐化蚀变、钾化蚀变、褐铁矿化蚀变。绢云母化蚀变主要采用波段 1、4、6、7，绿泥石绿帘石化蚀变采用波段 1、3、4、8，碳酸盐化蚀变采用波段 1、3、4、5，褐铁矿化蚀变采用波段 1、2、3、4，钾化蚀变采用波段 1、4（6+7）/2、8。蚀变分级采用去干扰异常主分量门限化技术（FCA）门限化，使用图像滤波（必要时取反）拉伸后的均值加 2 倍方差作为三级异常，均值加 2.5 方差为二级异常，均值加 3 倍方差作为一级异常。

通过对朱诺矿区岩性及蚀变总结发现，朱诺矿区蚀变呈北东向展布，由朱诺矿区向北西方向依次发育钾化蚀变、绢英岩化蚀变及青磐岩化蚀变。这种空间的蚀变分带规律主要与岩性密切相关，蚀变分带与矿体向北西方向依次发育中新世二长花岗斑岩、始新世石英斑岩、林子宗群帕那组流纹岩范围大致相当。而矿体南东向则少见后两者蚀变。观察 7 号勘探线（图 3-19a）蚀变分带发现，勘查线北侧深部存在绢英化蚀变带，而南部其上仅见少量绢英化分布，可能由南部剥蚀程度比北侧强烈造成。结合矿区岩性及蚀变特征我们进一步分析矿区遥感蚀变特征及找矿意义。

钾化遥感异常（图 3-19c），以一级异常为主，二、三级异常次之。从整体上看，钾化异常形态呈北东向不规则带状分布，且南西向更宽，其分布的空间位置与已知矿体位置套合性较好，与矿体、围岩蚀变走向相一致，均为北东向展布，能够很好地说明钾化遥感异常对斑岩铜矿潜力评价具有指导意义。同时发现，矿体中心位置钾化范围小而在其南西向出现大面积的钾化异常，推测可能是由二长花岗斑岩向南西向延伸所导致。

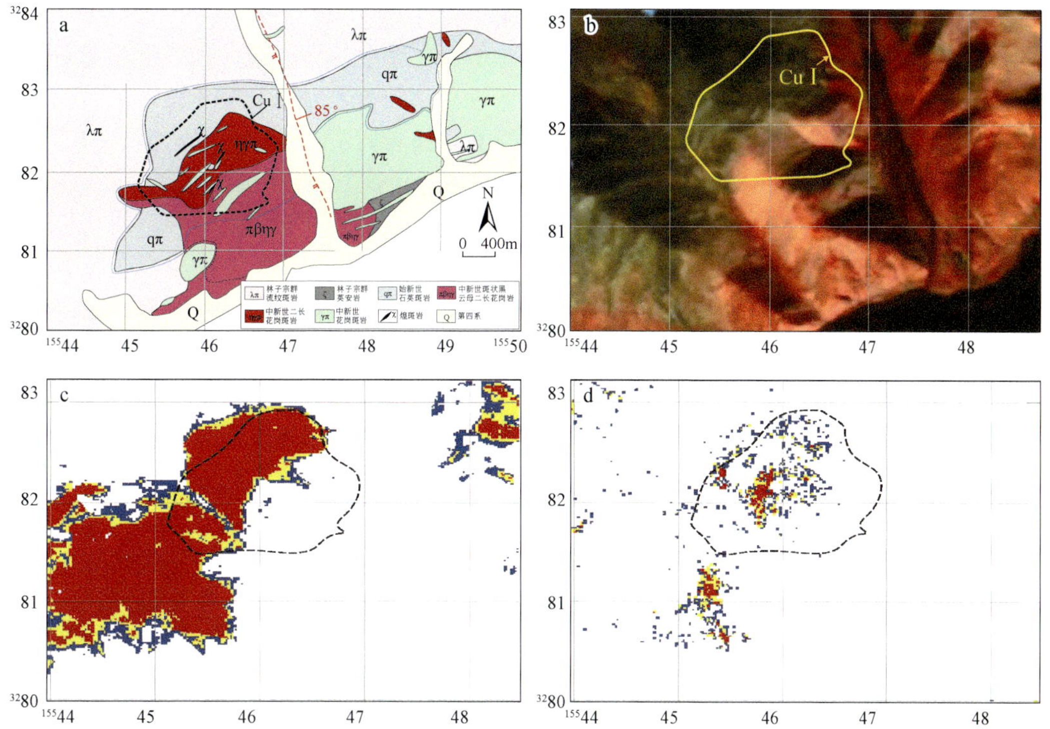

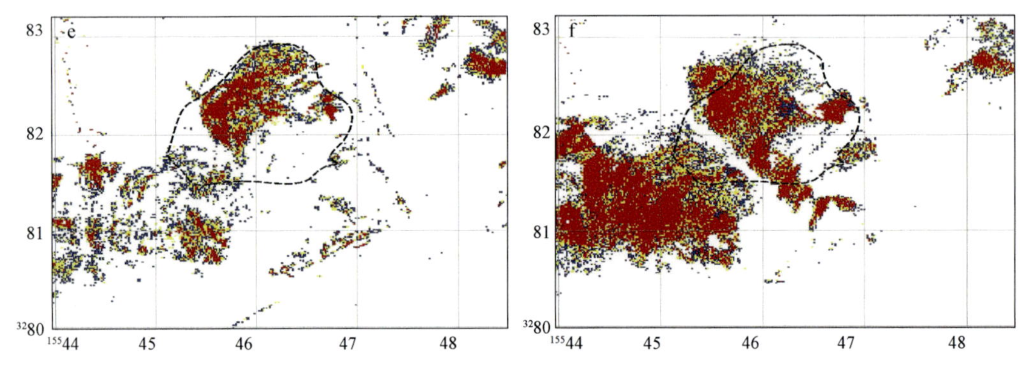

图 3-19　朱诺地质图、遥感影像及蚀变解译图

a. 朱诺矿区蚀变地质图；b. ASTER 波段 631 假彩色图；c. 钾化蚀变图；d. 绢云母化蚀变图；e. 绿泥石绿帘石化蚀变图；f. 褐铁矿化蚀变图。蓝色：三级异常；黄色：二级异常；红色：一级异常；线圈为朱诺矿体位置

绢云母化遥感异常（图 3-19d），在矿区形成异常较弱，以三级异常为主，一级、二级次之，从整体看，绢云母化遥感异常呈环状椭圆分布于矿区。在矿区蚀变填图发现绢英岩化范围主要位于始新世石英斑岩中，而石英斑岩在矿区出露面积较小，实际蚀变填图中绢英岩化蚀变范围较小呈较窄带状，与遥感影像提取绢云母化异常强度相似，这也能够说明在矿区即使形成较小面积的绢英岩化蚀变带，在遥感影像上也能够有所体现。所以可以认为绢云母异常也可以作为斑岩铜矿靶区圈定的依据之一。

青磐岩化遥感异常（图 3-19e），以一级异常为主，二、三级异常次之，从整体上看，青磐岩化异常形态呈与钾化形态相类似，仅是一级异常强度相对较弱。在矿区遥感异常强烈呈近似北东向椭圆状，三级分带较好，与矿区蚀变填图青磐岩化套合性较好。由于青磐岩化在矿区异常强度要比矿区更强烈，说明青磐岩化遥感异常对于斑岩矿化更强的指示意义，更有利于圈定矿体位置。遥感青磐岩化异常可以用于斑岩铜矿靶区的圈定。

褐铁矿化遥感异常（图 3-19f），以一级异常为主，次之为二级、三级异常。从整体看褐铁矿化异常分布的平面形态为北东向带状分布，在朱诺矿区位置异常中心直接指示矿体位置。在朱诺矿区野外地质观察可以看出矿区范围内发育大量黄铁矿化，在岩石表面经常发育薄膜状红褐色褐铁矿化，与遥感影像提取褐铁矿化蚀变异常范围大致相当。说明褐铁矿遥感异常与斑岩铜矿矿区套合性良好，可以辅助斑岩铜矿靶区前圈定。

综上所述，使用 ASTER 多光谱遥感影像提取的蚀变信息与矿区具有一定的空间套合性。矿区蚀变类型受控于岩石类型，形成了矿区向北西向依次发育钾化蚀变、绢英岩化蚀变及青磐岩化蚀变，野外地质观察发现矿区大面积发育黄铁矿化和褐铁矿化。从遥感影像蚀变信息提取的钾化、绢云母化、青磐岩化及褐铁矿化在矿区位置均有一定的异常显示，除绢云母化蚀变异常强度不大外，钾化、青磐岩化、褐铁矿化在矿区异常强烈，均出现较大面积的一级蚀变异常。因此，我们从朱诺斑岩型铜矿典型矿区可以总结出遥感钾化、青磐岩化、褐铁矿化蚀变叠加区域及附近为成矿有利地段，可作为靶区选定的依据。

第四章　矿床地质特征

第一节　矿区地质概况

一、地层

朱诺出露地层主要为始新统帕那组（E_2p）和第四系（Q）。

1. 帕那组（E_2p）

主要分布在矿区中部、北部，少量出露于矿区东南角，出露面积约 13.3km^2，占矿区面积的 57%左右。为含矿斑状黑云母二长花岗岩、石英斑岩、花岗斑岩北部的直接围岩，两者呈侵入接触关系，接触面呈舒缓波状，北东-南西向延伸，接触面倾向北西，倾角 45°～60°。由一套灰绿色、紫红色强绿帘石化安山玢岩、安山质角砾岩、灰绿色安山质晶屑凝灰岩组成。靠近岩体接触带附近，岩石具不同程度青磐岩化。综合区域地质资料，自下而上可大致分为五个岩性段：

第一岩性段［ss+（λ）tf］：灰白色砂岩夹流纹质凝灰岩，厚大于 120m。

第二岩性段［ss+（ξ）tf］：灰白色细砂岩夹英安质凝灰岩，厚大于 130m。

第三岩性段［aμ+（a）bl+λ+ξ］：灰绿色、紫红色强绿帘石化安山玢岩、凝灰岩、安山质角砾岩，厚大于 400m。

第四岩性段：灰白色细砂岩夹英安质凝灰岩，厚大于 210m。

第五岩性段［（a）+tf（a）bl］：灰绿色安山质晶屑凝灰岩、熔结角砾岩，厚大于 140m。

从岩性变化韵律及沉积喷发规模分析，矿区内存在两个沉积喷发旋回。第一个旋回岩性变化韵律自下而上为：灰白色细砂岩夹英安质流纹质凝灰岩→安山质晶屑凝灰岩、火山角砾岩。火山岩遵循由中酸性→中性的变化规律。第二个旋回分为 3 个亚旋回，第一个亚旋回岩性变化韵律自下而上为：砂砾岩→安山集块岩→安山质火山角砾岩、安山岩。第二个亚旋回岩性变化韵律自下而上为：紫灰色砂砾岩→安山质晶屑凝灰岩。第三个亚旋回岩性变化韵律自下而上为：紫红色砾岩、砂砾岩→安山质晶屑凝灰岩。3 个亚旋回构成了第二旋回，第二旋回火山岩遵循中性→中酸性→中性的变化规律，演化规律为：裂隙式爆发喷溢→裂隙式宁静喷溢，喷发总量由少量到大量。

2. 第四系（Q）

矿区一带第四系松散堆积物分布广泛，按成因类型可分为残坡积（Q^{edl}）、冲洪积堆积（Q^{apl}）、冰川堆积（Q^{gl}）。

残坡积堆积（Q^{edl}）：主要分布于山坡及山间平缓地带，由腐殖土、亚砂土、砂、砾石组成，一般厚 0.5～10m。

冲洪积堆积（Q^{apl}）：主要沿弄桑曲、西沟、康萨普曲分布，由砾石、砂及亚砂土组成，砾石成分复杂，磨圆度中等，稍具分选，厚度不详。

冰川堆积层（Q^{gl}）：主要由巨砾、角砾组成，夹粗砂、岩屑及泥质物等。条形石、冰川擦痕明显。分布于北部海拔 5300m 以上的地区，由现代冰碛之砂、砾混杂组成。山顶发育冰斗、角峰、刀脊及“U”形谷等。

二、构造

矿区一带构造以北西向断裂（F_4、F_5）为主，次为北东向（F_1、F_2、F_3、F_6）断裂，形成时间以北东向断裂较早，北西向断裂晚于北东向断裂（图 4-1）。其中，F_3、F_6 为成矿主期构造，逆断层、倾向南东，控制了矿体和岩体的展布，为岩浆的侵位提供了驱动力、空间和通道，并且促进了朱诺黄铜矿等硫化物的进一步富集。综合地表断层表现特征和钻孔断层破碎带中岩石碎块的岩性特征，认为 F_1 和 F_2 为成矿晚期构造，逆断层、倾向北西，和 F_3 断裂一起为表生作用下孔雀石、蓝铜矿等氧化矿的迁移和淋滤提供了运移通道和空间；F_4 为成矿后构造，断裂破碎带中见石英斑岩和花岗斑岩，依据断裂两侧节理的发育特征判断为正断层，东边属于下降盘、西边属于上升盘，东边矿体埋藏深、西边矿体埋藏浅；F_5 对成矿没有影响。总体上，朱诺矿区断层发育的早晚期次为：F_3、F_6→F_1、F_2→F_4、F_5。

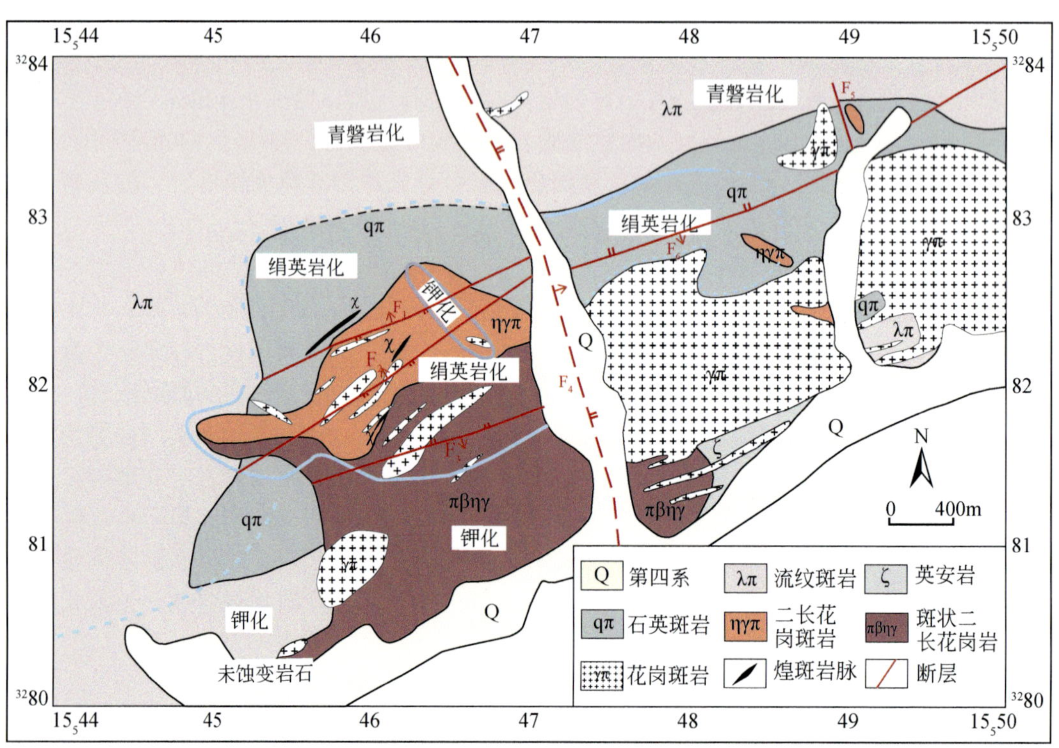

图 4-1　朱诺矿床地质图

1. 北西-南东向断层

F_4：位于弄桑沟北东侧，顺沟延伸，南东止于康萨普曲，北西延伸出矿区，矿区出露长度大于 4km，断层产状 74°∠85°。该断层北西段断层三角面、断层崖发育，南侧可见断陷洼地及泉眼。断层北西段东侧地层局部倒转，出现黄铁矿、角闪石、绿泥石、绿帘石等蚀变变质矿物。主断裂面上可见碎裂岩、初糜棱岩，具有明显的碎裂结构和糜棱结构，石英动态重结晶或极不规则的港湾状边界，总体呈拉长的他形，波状消光清晰，长石是碎裂斑状，边缘显示一定磨圆，较具斜方对称轮廓，见到长石双晶纹及变形纹。从野外现象观察，本断裂为脆韧性、高角度正断层，上下断距较大，根据古冰川遗迹断裂北西侧 Cu Ⅰ矿体附近 4900m 处与断裂东侧 4700m 附近相对应，可见在第四纪时间范围内断裂已垂直错动约 200m。据此也可推断弄桑沟东侧深部可能存在富矿体。

F_5：位于 F_4 断层北东 2km 洛莫沟中，顺沟延伸，出露长约 2.2km，北西-南东向展布，倾向南东，倾角陡，逆冲断层。断裂破碎带宽约 3～5m，主要由挤压透镜体、断层泥等组成，为岩体侵入后活动的断层。

2. 北东-南西向断层

F_1：位于矿区南部，Cu Ⅰ矿体中，延伸长约 900m，岩性均为花岗斑岩。断裂破碎带宽约 1.5～2m，主要由挤压透镜体、断层泥等组成，断层面起伏不平，该断层为逆断层，为岩体侵入后活动的断层，活动时代略早于 F_4，晚于 F_3。

F_2：位于矿区南部，F_1 断层南东 380m，Cu Ⅰ矿体中，延伸长约 2300m，逆冲性质，断层产状 320°∠65°，上下盘岩石均为花岗斑岩、石英斑岩。断裂破碎带宽约 1.5～2m，主要由挤压透镜体、断层泥等组成，断层面起伏不平，局部可见断层擦痕及阶步。该断裂性质为逆断层，为岩体侵入活动的断层，活动时代略早于 F_4，晚于 F_3。

F_3：位于矿区南东部，F_2 断层南东 460m，出露长约 620m，北东-南西向展布，产状 166°∠70°，断裂破碎带宽约 2～3m，由挤压透镜体、断层泥等组成，逆断层。为岩体侵入活动的断层，活动时代略早于 F_4。

F_6：位于矿区东部，F_4 断层东侧，出露长约 1.2km，向南西与 F_4 断层交汇，向北东延伸出图幅，北东-南西向展布，倾向南东，倾角陡，逆断层。为岩体侵入后活动的断层。

3. 裂隙

地层裂隙：裂隙构造在地层中表现较弱，往往密度较小、分布较均匀，由区域性构造活动和局部构造作用引起，主要有两组，产状 80°∠66°、38°∠43°。

岩体裂隙：岩体中的裂隙构造往往极为发育，以Ⅰ号斑岩体附近表现最为明显，有以斑岩体为中心向外逐渐减弱的趋势，中心部位如隐爆角砾岩附近裂隙产状变化较大，各方向皆可见到，陡倾角者（大于 75°）居多。斑岩体顶部发育近垂直的裂隙，很多情况下呈网脉状，宽度变化较大，多 0.01～15mm，充填物以石英为主，其次为硫化物、绿云母、白云母、绿泥石、方解石、绿帘石、角闪石等，有时充填物占岩石总量的 15%以上，裂隙宽度增大密度就减少，反之亦然。密度最高可达 800 条/m，也有 10 条/m 者。斑岩体的外接触带主要发育断裂构造派生的裂隙、羽状裂隙、共轭剪切裂隙以及后生冷缩裂隙等，许多裂隙是在爆破或隐爆作用下形成的，对矿液的运移和富集起积极作用。

三、岩浆岩

朱诺矿区地表出露的岩石类型多样，主要包括林子宗群帕那组流纹斑岩，始新世石英斑岩，中新世斑状二长花岗岩、二长花岗斑岩、煌斑岩、花岗斑岩等，其中斑状二长花岗岩和二长花岗斑岩中广泛发育暗色微粒包体。此外钻孔岩心观察显示矿区还发育林子宗群火山碎屑岩、始新世细晶岩以及中新世闪长玢岩等。斑状二长花岗岩侵入到林子宗群火山岩以及始新世石英斑岩中，斑状二长花岗岩和二长花岗斑岩界线不清楚，花岗斑岩通常侵入到斑状二长花岗岩中，煌斑岩、闪长玢岩、石英正长斑岩一般呈脉状分布在斑状二长花岗岩和二长花岗斑岩中（图 4-1）。各类岩体的锆石 U-Pb 年龄谐和图见图 4-2，原始数据见表 4-1 和表 4-2。

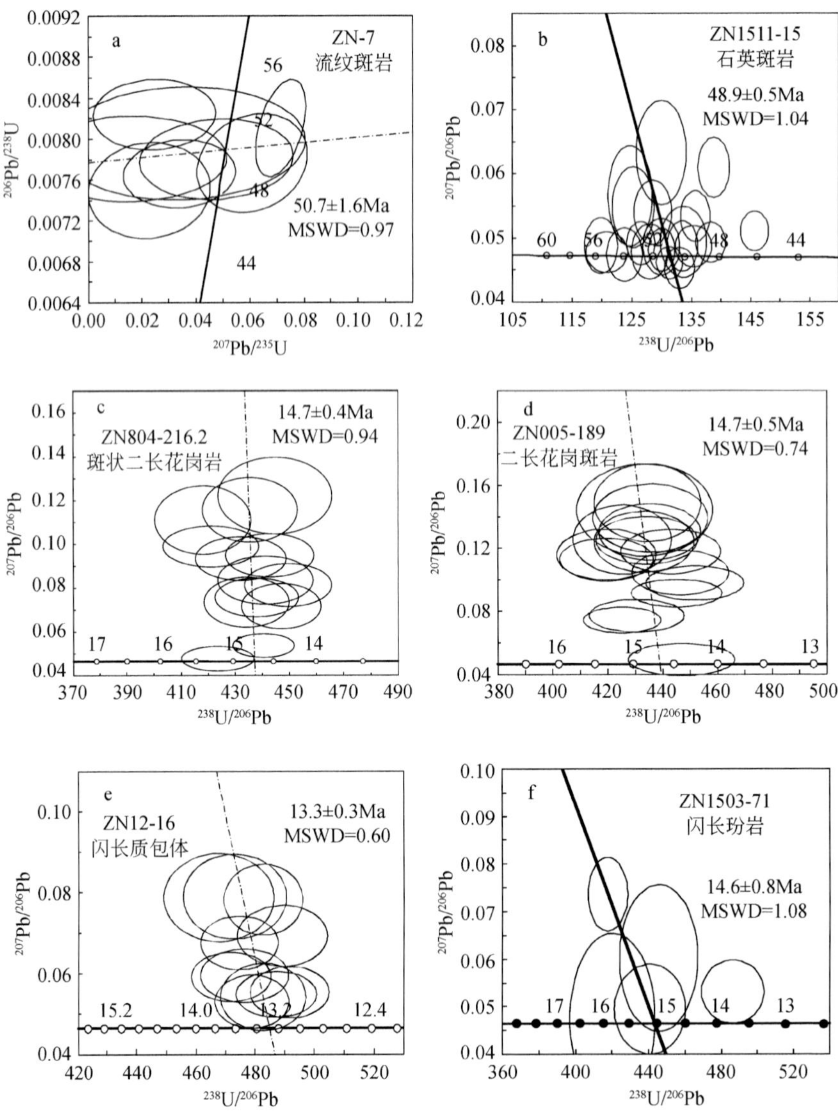

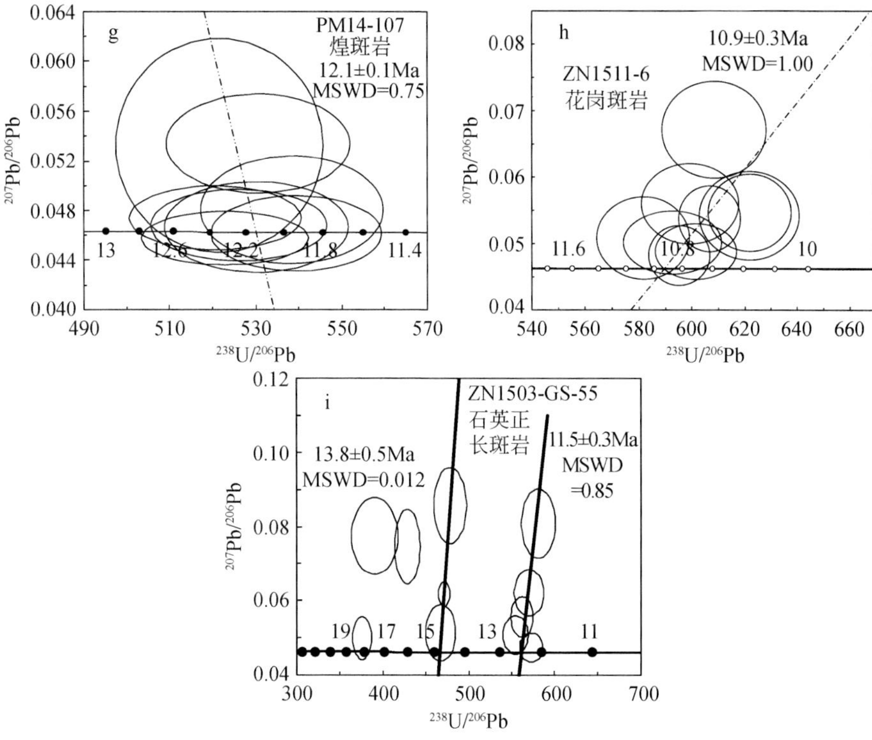

图 4-2　朱诺岩体锆石 U-Pb 年龄谐和图解

表 4-1　朱诺斑岩铜矿床岩体锆石 LA-ICP-MS U-Pb 同位素数据

测试点	Th	U	Th/U	同位素比值				年龄/Ma			
				$^{207}Pb/^{206}Pb$	1σ	$^{207}Pb/^{235}U$	1σ	$^{238}U/^{206}Pb$	1σ	$^{206}Pb/^{238}U$	1σ
ZN1511-15-1	1046	1351	0.8	0.045246	0.002142	0.046398	0.002149	132.92	1.66	48.3	0.6
ZN1511-15-4	1578	1996	0.8	0.047690	0.002106	0.053268	0.002383	120.76	2.30	53.2	1.0
ZN1511-15-6	821	1353	0.6	0.053929	0.003310	0.056404	0.003259	128.48	2.06	50.0	0.8
ZN1511-15-8	665	707	0.9	0.049300	0.003648	0.048772	0.003312	133.60	2.55	48.1	0.9
ZN1511-15-10	732	835	0.9	0.047767	0.002833	0.050709	0.002774	127.95	2.04	50.2	0.8
~~ZN1511-15-13~~	~~2195~~	~~3256~~	~~0.7~~	~~0.050976~~	~~0.002044~~	~~0.048578~~	~~0.001925~~	~~145.64~~	~~1.57~~	~~44.1~~	~~0.5~~
~~ZN1511-15-14~~	~~1401~~	~~1735~~	~~0.8~~	~~0.049233~~	~~0.002114~~	~~0.049576~~	~~0.002083~~	~~138.16~~	~~1.66~~	~~46.5~~	~~0.6~~
ZN1511-15-20	811	863	0.9	0.048693	0.002892	0.055906	0.003314	119.77	1.84	53.6	0.8
~~ZN1511-15-22~~	~~1622~~	~~1343~~	~~1.2~~	~~0.049079~~	~~0.002251~~	~~0.053890~~	~~0.002532~~	~~126.47~~	~~1.56~~	~~50.8~~	~~0.6~~
ZN1511-15-23	466	435	1.1	0.054734	0.004152	0.057098	0.004011	125.19	2.32	51.3	0.9
ZN1511-15-24	725	750	1.0	0.047317	0.002769	0.052490	0.003095	123.71	1.98	51.9	0.8
ZN1511-15-26	269	318	0.8	0.056487	0.005155	0.060460	0.005542	124.68	2.46	51.5	1.0
ZN1511-15-27	1178	1050	1.1	0.048641	0.002613	0.050022	0.002672	133.42	1.73	48.1	0.6
~~ZN1511-15-28~~	~~1635~~	~~2419~~	~~0.7~~	~~0.053321~~	~~0.002592~~	~~0.054294~~	~~0.002514~~	~~135.60~~	~~1.66~~	~~47.4~~	~~0.6~~
ZN1511-15-29	987	943	1.0	0.048583	0.002933	0.051325	0.003122	129.88	2.02	49.4	0.8
~~ZN1511-15-30~~	~~1428~~	~~2296~~	~~0.6~~	~~0.048610~~	~~0.002133~~	~~0.049741~~	~~0.002262~~	~~135.30~~	~~2.04~~	~~47.5~~	~~0.7~~

续表

测试点	Th	U	Th/U	同位素比值				年龄/Ma			
				$^{207}Pb/^{206}Pb$	1σ	$^{207}Pb/^{235}U$	1σ	$^{238}U/^{206}Pb$	1σ	$^{206}Pb/^{238}U$	1σ
ZN1511-15-31	621	519	1.2	0.063243	0.005370	0.067006	0.005658	129.88	2.77	49.4	1.1
ZN0804-216.2-1-3	3017	1404	2.1	0.075643	0.005820	0.022828	0.001739	435.47	11.59	14.7	0.3
~~ZN0804-216.2-1-5~~	~~610~~	~~725~~	~~0.8~~	~~0.098625~~	~~0.008980~~	~~0.031939~~	~~0.002332~~	~~447.13~~	~~9.70~~	~~16.0~~	~~0.4~~
ZN0804-216.2-1-6	475	620	0.8	0.098895	0.006172	0.029961	0.001712	389.54	10.51	15.3	0.4
~~ZN0804-216.2-1-10~~	~~861~~	~~776~~	~~1.1~~	~~0.099608~~	~~0.006989~~	~~0.033221~~	~~0.002372~~	~~438.01~~	~~10.17~~	~~16.0~~	~~0.4~~
ZN0804-216.2-1-11	476	598	0.8	0.111029	0.010375	0.031238	0.002133	435.57	12.39	15.4	0.4
ZN0804-216.2-1-12	377	520	0.7	0.122119	0.011572	0.037268	0.003296	403.60	10.22	14.5	0.5
ZN0804-216.2-1-13	480	643	0.7	0.083533	0.007229	0.023529	0.001836	421.14	11.66	14.6	0.4
ZN0804-216.2-1	926	931	1.0	0.081232	0.006466	0.023766	0.001521	449.67	10.62	14.3	0.3
ZN0804-216.2-2	949	872	1.1	0.094804	0.006496	0.029078	0.002028	442.88	10.76	14.5	0.4
~~ZN0804-216.2-3~~	~~401~~	~~501~~	~~0.8~~	~~0.118712~~	~~0.008267~~	~~0.038586~~	~~0.002549~~	~~399.01~~	~~11.20~~	~~16.1~~	~~0.5~~
~~ZN0804-216.2-4~~	~~527~~	~~656~~	~~0.8~~	~~0.127499~~	~~0.009937~~	~~0.041153~~	~~0.002942~~	~~402.00~~	~~11.75~~	~~16.0~~	~~0.5~~
ZN0804-216.2-5	669	715	0.9	0.093365	0.006538	0.027575	0.001690	432.05	11.08	14.9	0.4
~~ZN0804-216.2-6~~	~~966~~	~~1094~~	~~0.9~~	~~0.081230~~	~~0.005673~~	~~0.027828~~	~~0.001971~~	~~389.14~~	~~9.20~~	~~16.5~~	~~0.4~~
ZN0804-216.2-7	901	914	1.0	0.073492	0.007522	0.021926	0.002020	434.18	10.37	14.8	0.4
ZN0804-216.2-8	5194	2156	2.4	0.053686	0.003585	0.016006	0.000975	440.47	7.46	14.6	0.2
~~ZN0804-216.2-9~~	~~1218~~	~~958~~	~~1.3~~	~~0.063586~~	~~0.004893~~	~~0.021916~~	~~0.001701~~	~~386.93~~	~~8.52~~	~~16.6~~	~~0.4~~
ZN0804-216.2-10	1581	1576	1.0	0.047653	0.003763	0.014960	0.001102	423.51	8.88	15.2	0.3
~~ZN0804-216.2-12~~	~~955~~	~~1405~~	~~0.7~~	~~0.050472~~	~~0.004100~~	~~0.017358~~	~~0.001424~~	~~411.61~~	~~16.92~~	~~15.7~~	~~0.3~~
ZN0804-216.2-14	453	698	0.6	0.115655	0.009757	0.034793	0.002688	409.59	7.65	14.8	0.4
ZN0804-216.2-15	4489	1420	3.2	0.071637	0.006786	0.020388	0.001583	424.18	13.19	14.4	0.3
~~ZN005-189-1~~	~~583~~	~~656~~	~~0.9~~	~~0.110568~~	~~0.009525~~	~~0.035702~~	~~0.002394~~	~~397.49~~	~~11.26~~	~~16.2~~	~~0.5~~
ZN005-189-2	1019	959	1.1	0.097626	0.007112	0.026915	0.001659	451.84	11.79	14.3	0.4
ZN005-189-3	378	513	0.7	0.123831	0.012745	0.036035	0.003023	433.28	11.96	14.9	0.4
ZN005-189-4	918	870	1.1	0.091266	0.005733	0.026593	0.001640	445.20	10.92	14.5	0.4
~~ZN005-189-5~~	~~686~~	~~1179~~	~~0.6~~	~~0.058623~~	~~0.004148~~	~~0.021398~~	~~0.001499~~	~~367.98~~	~~7.04~~	~~17.5~~	~~0.3~~
ZN005-189-6	577	731	0.8	0.104244	0.009256	0.029656	0.002292	446.51	11.68	14.4	0.4
ZN005-189-7	387	540	0.7	0.117620	0.009236	0.034736	0.002876	443.09	12.01	14.5	0.4
~~ZN005-189-9~~	~~469~~	~~614~~	~~0.8~~	~~0.107163~~	~~0.009569~~	~~0.039440~~	~~0.003066~~	~~360.07~~	~~8.82~~	~~17.9~~	~~0.4~~
ZN005-189-10	770	794	1.0	0.112720	0.008683	0.034178	0.002532	419.70	11.23	15.3	0.4
ZN005-189-11	524	593	0.9	0.124769	0.010014	0.036770	0.002676	434.32	12.18	14.8	0.4
ZN005-189-13	583	660	0.9	0.125227	0.014497	0.033291	0.002881	425.38	11.76	15.1	0.4
ZN005-189-14	926	753	1.2	0.076971	0.006856	0.024302	0.002136	430.57	11.35	15.0	0.4
ZN005-189-16	624	616	1.0	0.049189	0.006779	0.014586	0.001912	446.97	12.81	14.4	0.4
ZN005-189-17	1635	1256	1.3	0.074202	0.005399	0.023332	0.001594	425.30	9.28	15.1	0.3
~~ZN005-189-20~~	~~477~~	~~558~~	~~0.9~~	~~0.136312~~	~~0.011457~~	~~0.040912~~	~~0.002907~~	~~410.04~~	~~12.18~~	~~15.7~~	~~0.5~~
ZN005-189-21	386	569	0.7	0.115372	0.010893	0.034578	0.003656	419.65	11.86	15.3	0.4

续表

测试点	Th	U	Th/U	同位素比值				年龄/Ma			
				$^{207}Pb/^{206}Pb$	1σ	$^{207}Pb/^{235}U$	1σ	$^{238}U/^{206}Pb$	1σ	$^{206}Pb/^{238}U$	1σ
ZN005-189-24	388	497	0.8	0.129997	0.011799	0.037455	0.002644	435.39	12.23	14.8	0.4
ZN005-189-25	327	478	0.7	0.148491	0.016209	0.040720	0.003737	434.62	12.82	14.8	0.4
ZN005-189-26	239	374	0.6	0.143982	0.019322	0.042657	0.004304	433.55	16.31	14.9	0.6
ZN005-189-27	480	538	0.9	0.138819	0.014336	0.039091	0.003194	435.64	13.79	14.8	0.5
~~ZN005-189-29~~	~~1422~~	~~1091~~	~~1.3~~	~~0.071342~~	~~0.005724~~	~~0.020780~~	~~0.001431~~	~~456.06~~	~~9.58~~	~~14.1~~	~~0.3~~
~~ZN005-189-31~~	~~714~~	~~1168~~	~~0.6~~	~~0.075748~~	~~0.006503~~	~~0.025816~~	~~0.001984~~	~~379.17~~	~~8.48~~	~~17.0~~	~~0.4~~
ZN12-16-1	5650	2540	2.2	0.054710	0.003713	0.015472	0.001083	487.30	9.02	13.2	0.2
ZN12-16-2	2079	2340	0.9	0.067437	0.004398	0.019145	0.001217	474.74	8.66	13.6	0.2
~~ZN12-16-3~~	~~11036~~	~~3890~~	~~2.8~~	~~0.066969~~	~~0.003976~~	~~0.017669~~	~~0.001057~~	~~523.11~~	~~7.38~~	~~12.3~~	~~0.2~~
ZN12-16-5	886	1560	0.6	0.078104	0.005782	0.021361	0.001468	482.86	8.79	13.3	0.2
~~ZN12-16-6~~	~~1585~~	~~1547~~	~~1.0~~	~~0.067900~~	~~0.005015~~	~~0.020136~~	~~0.001322~~	~~456.52~~	~~8.79~~	~~14.1~~	~~0.3~~
~~ZN12-16-7~~	~~491~~	~~1072~~	~~0.5~~	~~0.079699~~	~~0.005677~~	~~0.023227~~	~~0.001644~~	~~460.15~~	~~8.77~~	~~14.0~~	~~0.3~~
ZN12-16-9	1146	1395	0.8	0.054064	0.005467	0.015345	0.001602	421.27	8.54	15.3	0.3
~~ZN12-16-10~~	~~943~~	~~1396~~	~~0.7~~	~~0.065586~~	~~0.004197~~	~~0.020253~~	~~0.001456~~	~~482.90~~	~~9.52~~	~~13.3~~	~~0.3~~
ZN12-16-11	899	1480	0.6	0.069140	0.004996	0.019436	0.001425	450.35	9.83	14.3	0.3
ZN12-16-12	578	1134	0.5	0.078840	0.006928	0.021122	0.001624	489.39	10.07	13.2	0.3
ZN12-16-13	2395	2629	0.9	0.055223	0.004200	0.015320	0.001151	473.10	11.55	13.6	0.3
ZN12-16-14	1663	1973	0.8	0.058987	0.003999	0.017231	0.001167	491.81	8.81	13.1	0.2
~~ZN12-16-17~~	~~750~~	~~1388~~	~~0.5~~	~~0.048057~~	~~0.004336~~	~~0.014142~~	~~0.001206~~	~~471.95~~	~~8.94~~	~~13.6~~	~~0.3~~
~~ZN12-16-19~~	~~11910~~	~~3799~~	~~3.1~~	~~0.065957~~	~~0.003567~~	~~0.018403~~	~~0.001113~~	~~309.84~~	~~11.14~~	~~20.8~~	~~0.7~~
ZN12-16-22	1099	1699	0.6	0.052925	0.004303	0.014595	0.001117	459.65	10.07	14.0	0.3
ZN12-16-23	1295	1236	1.0	0.059347	0.004321	0.016422	0.001115	398.52	13.61	16.2	0.6
ZN12-16-24	852	1217	0.7	0.078602	0.007196	0.022311	0.002035	503.21	8.67	12.8	0.2
~~ZN1503-71-3~~	~~98~~	~~517~~	~~0.2~~	~~0.058330~~	~~0.002347~~	~~0.503029~~	~~0.019703~~	~~16.02~~	~~0.17~~	~~390.2~~	~~4.0~~
ZN1503-71-4	9705	3424	2.8	0.073508	0.005084	0.024121	0.001688	417.61	7.17	15.4	0.3
~~ZN1503-71-5~~	~~167~~	~~455~~	~~0.4~~	~~0.057391~~	~~0.002353~~	~~0.496350~~	~~0.019958~~	~~15.89~~	~~0.28~~	~~393.5~~	~~6.7~~
~~ZN1503-71-9~~	~~347~~	~~678~~	~~0.5~~	~~0.051762~~	~~0.004226~~	~~0.051224~~	~~0.003991~~	~~137.66~~	~~2.59~~	~~46.7~~	~~0.9~~
ZN1503-71-10	445	580	0.8	0.047190	0.011960	0.014363	0.002745	420.23	15.28	15.3	0.6
~~ZN1503-71-11~~	~~830~~	~~2739~~	~~0.3~~	~~0.052980~~	~~0.004391~~	~~0.014003~~	~~0.001062~~	~~486.18~~	~~11.40~~	~~13.2~~	~~0.3~~
ZN1503-71-14	551	751	0.7	0.060098	0.010185	0.016773	0.002750	445.45	14.13	14.5	0.5
~~ZN1503-71-18~~	~~115~~	~~518~~	~~0.2~~	~~0.066983~~	~~0.004972~~	~~0.098436~~	~~0.006864~~	~~90.81~~	~~2.29~~	~~70.6~~	~~1.8~~
~~ZN1503-71-20~~	~~247~~	~~203~~	~~1.2~~	~~0.063175~~	~~0.014306~~	~~0.057926~~	~~0.008793~~	~~120.53~~	~~3.82~~	~~53.3~~	~~1.7~~
ZN1503-71-21	758	946	0.8	0.049337	0.006197	0.014616	0.001828	440.69	12.87	14.6	0.4
~~ZN1503-71-23~~	~~104~~	~~152~~	~~0.7~~	~~0.085796~~	~~0.013288~~	~~0.098495~~	~~0.011731~~	~~108.29~~	~~3.25~~	~~59.3~~	~~1.8~~
~~ZN1511-6-1~~	~~2396~~	~~3878~~	~~0.6~~	~~0.047389~~	~~0.002925~~	~~0.011488~~	~~0.000681~~	~~561.36~~	~~8.22~~	~~11.5~~	~~0.2~~
~~ZN1511-6-3~~	~~1277~~	~~2390~~	~~0.5~~	~~0.057878~~	~~0.003556~~	~~0.014114~~	~~0.000879~~	~~553.29~~	~~9.68~~	~~11.6~~	~~0.2~~
ZN1511-6-4	873	2757	0.3	0.050856	0.004080	0.011950	0.000983	581.75	11.48	11.1	0.2

续表

测试点	Th	U	Th/U	同位素比值				年龄/Ma			
				$^{207}Pb/^{206}Pb$	1σ	$^{207}Pb/^{235}U$	1σ	$^{238}U/^{206}Pb$	1σ	$^{206}Pb/^{238}U$	1σ
ZN1511-6-5	2761	3040	0.9	0.048834	0.002756	0.011017	0.000615	601.41	10.17	10.7	0.2
ZN1511-6-6	719	2918	0.2	0.050175	0.003127	0.011355	0.000700	592.63	12.21	10.9	0.2
~~ZN1511-6-7~~	~~1393~~	~~2762~~	~~0.5~~	~~0.057902~~	~~0.004930~~	~~0.013603~~	~~0.001177~~	~~578.15~~	~~12.32~~	~~11.1~~	~~0.2~~
~~ZN1511-6-8~~	~~341~~	~~589~~	~~0.6~~	~~0.055329~~	~~0.001485~~	~~0.469008~~	~~0.012590~~	~~16.33~~	~~0.15~~	~~383~~	~~3.4~~
ZN1511-6-9	3712	5464	0.7	0.048241	0.002962	0.011017	0.000643	595.12	7.64	10.8	0.1
ZN1511-6-10	3529	4813	0.7	0.053754	0.003265	0.012098	0.000733	606.68	7.67	10.6	0.1
ZN1511-6-11	3446	1651	2.1	0.067152	0.004816	0.014618	0.000944	608.37	13.04	10.6	0.2
ZN1511-6-14	475	1832	0.3	0.054218	0.004388	0.011873	0.000923	621.77	12.56	10.4	0.2
~~ZN1511-6-15~~	~~568~~	~~1545~~	~~0.4~~	~~0.083561~~	~~0.009096~~	~~0.020296~~	~~0.002180~~	~~537.26~~	~~14.76~~	~~12.0~~	~~0.3~~
~~ZN1511-6-16~~	~~64.2~~	~~793~~	~~0.1~~	~~0.054202~~	~~0.001462~~	~~0.539957~~	~~0.014492~~	~~13.89~~	~~0.15~~	~~448~~	~~4.5~~
ZN1511-6-18	1158	2496	0.5	0.056004	0.003976	0.012370	0.000798	599.22	12.15	10.7	0.2
~~ZN1511-6-19~~	~~83.6~~	~~497~~	~~0.2~~	~~0.056605~~	~~0.002936~~	~~0.573465~~	~~0.026397~~	~~13.61~~	~~0.16~~	~~457~~	~~5.3~~
ZN1511-6-21	871	2610	0.3	0.054660	0.003827	0.011875	0.000838	621.93	10.47	10.4	0.2
ZN1503-GS-55-2	12541	4206	3.0	0.047574	0.002588	0.011351	0.000601	573.25	8.93	11.2	0.2
ZN1503-GS-55-3	863	2850	0.3	0.050951	0.003357	0.012448	0.000833	554.94	9.80	11.6	0.2
ZN1503-GS-55-5	696	1270	0.5	0.051536	0.005046	0.014168	0.001317	467.52	11.58	13.8	0.3
~~ZN1503-GS-55-6~~	~~279~~	~~321~~	~~0.9~~	~~0.059956~~	~~0.004352~~	~~0.111699~~	~~0.008038~~	~~72.68~~	~~1.24~~	~~88.1~~	~~1.5~~
~~ZN1503-GS-55-7~~	~~220~~	~~354~~	~~0.6~~	~~0.068168~~	~~0.005105~~	~~0.071184~~	~~0.005501~~	~~129.70~~	~~2.91~~	~~49.5~~	~~1.1~~
ZN1503-GS-55-9	429	1640	0.3	0.080961	0.006135	0.018888	0.001438	581.83	13.15	11.1	0.2
~~ZN1503-GS-55-10~~	~~85.3~~	~~74.0~~	~~1.2~~	~~0.301586~~	~~0.059086~~	~~0.278896~~	~~0.031783~~	~~120.97~~	~~5.01~~	~~53.1~~	~~2.2~~
~~ZN1503-GS-55-11~~	~~285~~	~~1175~~	~~0.2~~	~~0.077536~~	~~0.006835~~	~~0.024709~~	~~0.002338~~	~~390.74~~	~~17.87~~	~~16.5~~	~~0.8~~
~~ZN1503-GS-55-12~~	~~150~~	~~259~~	~~0.6~~	~~0.076785~~	~~0.007826~~	~~0.075572~~	~~0.006595~~	~~123.47~~	~~3.20~~	~~52.0~~	~~1.3~~
~~ZN1503-GS-55-13~~	~~770~~	~~756~~	~~1.0~~	~~0.074712~~	~~0.006643~~	~~0.022807~~	~~0.001853~~	~~428.81~~	~~9.73~~	~~15.0~~	~~0.3~~
ZN1503-GS-55-14	2331	3445	0.7	0.055794	0.003603	0.013354	0.000829	562.51	8.42	11.5	0.2
~~ZN1503-GS-55-15~~	~~297~~	~~210~~	~~1.4~~	~~0.087526~~	~~0.007716~~	~~0.084653~~	~~0.006459~~	~~134.98~~	~~3.37~~	~~47.6~~	~~1.2~~
ZN1503-GS-55-17	609	2274	0.3	0.062258	0.004115	0.014425	0.000932	570.64	11.45	11.3	0.2
~~ZN1503-GS-55-18~~	~~207~~	~~220~~	~~0.9~~	~~0.071274~~	~~0.006235~~	~~0.069783~~	~~0.005079~~	~~122.13~~	~~3.30~~	~~52.6~~	~~1.4~~
~~ZN1503-GS-55-19~~	~~203~~	~~172~~	~~1.2~~	~~0.146196~~	~~0.012847~~	~~0.165698~~	~~0.014829~~	~~118.56~~	~~3.82~~	~~54.1~~	~~1.7~~
~~ZN1503-GS-55-20~~	~~659~~	~~1427~~	~~0.5~~	~~0.050067~~	~~0.003836~~	~~0.017780~~	~~0.001287~~	~~375.82~~	~~7.24~~	~~17.1~~	~~0.3~~
ZN1503-GS-55-21	26454	10645	2.5	0.062048	0.002128	0.018147	0.000582	472.07	4.55	13.6	0.1
ZN1503-GS-55-22	687	1323	0.5	0.085821	0.006743	0.023023	0.001637	478.74	12.66	13.5	0.4
~~ZN1503-GS-55-23~~	~~518~~	~~560~~	~~0.9~~	~~0.052464~~	~~0.003737~~	~~0.053315~~	~~0.003657~~	~~130.83~~	~~2.11~~	~~49.1~~	~~0.8~~

注：表中加删除线的数据为未参与年龄计算的古老锆石或者谐和度偏低的废弃数据。

表 4-2　朱诺斑岩铜矿床岩体锆石 CAMECA（PM14-107）和 SHRIMP U-Pb（ZN-7）同位素数据

观测点	Th	U	Th/U	同位素比值				年龄/Ma			
				$^{207}Pb/^{206}Pb$	%	$^{207}Pb/^{235}U$	%	$^{238}U/^{206}Pb$	%	$^{206}Pb/^{238}U$	1σ
PM14-107-6	505	1682	0.301	0.04806	3.69	0.01076	7.39	538.511	1.61	11.9	0.2

续表

观测点	Th	U	Th/U	同位素比值				年龄/Ma			
				$^{207}Pb/^{206}Pb$	%	$^{207}Pb/^{235}U$	%	$^{238}U/^{206}Pb$	%	$^{206}Pb/^{238}U$	1σ
PM14-107-18	331	4226	0.078	0.04617	2.68	0.01180	3.07	539.587	1.50	11.9	0.2
PM14-107-15	878	2295	0.383	0.05340	3.05	0.00738	15.28	530.679	1.64	12.0	0.2
PM14-107-9	464	2449	0.189	0.04668	3.18	0.01214	3.58	530.229	1.64	12.1	0.2
PM14-107-14	2042	3725	0.548	0.04683	2.51	0.01211	3.13	526.124	1.59	12.2	0.2
PM14-107-5	370	760	0.487	0.05326	6.60			521.645	1.88	12.2	0.2
PM14-107-17	7958	6599	1.206	0.04578	1.91	0.01207	2.43	522.931	1.51	12.3	0.2
PM14-107-4	2334	4563	0.512	0.04741	2.21	0.01204	3.24	520.652	1.57	12.4	0.2
~~PM14-107-11~~	~~126~~	~~132~~	~~0.950~~	~~0.20205~~	~~7.82~~			~~402.902~~	~~2.83~~	~~12.8~~	~~0.6~~
PM14-107-12	558	681	0.820	0.05261	6.79	0.01422	10.09	456.263	1.79	14.0	0.3
PM14-107-21	499	775	0.644	0.05004	4.92	0.00905	20.81	452.374	2.05	14.2	0.3
PM14-107-19	293	797	0.368	0.07200	4.04			437.488	1.75	14.2	0.3
PM14-107-8	467	1068	0.437	0.04899	4.14	0.01207	10.07	441.672	1.58	14.5	0.2
PM14-107-1	338	1391	0.243	0.04954	3.72	0.00877	17.74	429.415	1.64	14.9	0.2
PM14-107-3	713	807	0.883	0.05322	4.98	0.01407	10.43	424.090	2.02	15.0	0.3
PM14-107-20	449	700	0.642	0.04790	8.29	0.01290	13.72	421.422	1.97	15.2	0.3
PM14-107-13	303	550	0.550	0.04820	8.91	0.01406	15.13	382.403	2.68	16.8	0.5
PM14-107-2	500	1869	0.267	0.04833	3.76	0.01666	5.79	367.892	1.88	17.5	0.3
PM14-107-23	157	2706	0.058	0.04760	1.40	0.05303	2.22	121.059	1.53	53.0	0.8
PM14-107-7	221	1911	0.116	0.04729	1.79	0.05572	2.35	117.022	1.52	54.8	0.8
PM14-107-22	207	623	0.332	0.04620	4.31	0.05450	4.60	116.885	1.62	55.0	0.9
PM14-107-16	826	1296	0.637	0.04800	1.83	0.06272	3.30	100.135	1.54	64.0	1.0
PM14-107-10	145	330	0.438	0.04997	3.76	0.06708	6.79	88.669	1.55	72.1	1.1
ZN-7_1	357	371	0.99	0.03222	40	0.03401	40	130.601	2.85	49.2	1.4
ZN-7_2	113	157	0.74	0.05676	22	0.06073	22	128.882	4.09	49.8	2.0
~~ZN-7_3~~	~~145~~	~~202~~	~~0.74~~	~~0.00597~~	~~378~~	~~0.00585~~	~~378~~	~~140.739~~	~~4.02~~	~~45.6~~	~~1.8~~
~~ZN-7_4~~	~~138~~	~~165~~	~~0.86~~	~~0.08940~~	~~21~~	~~0.10357~~	~~21~~	~~119.011~~	~~2.99~~	~~53.9~~	~~1.6~~
ZN-7_5C	204	200	1.06	0.02183	66	0.02256	66	133.460	4.12	48.1	2.0
ZN-7_5R	280	265	1.09	0.01448	152	0.01558	152	128.150	3.51	50.1	1.8
ZN-7_6	126	131	0.99	0.03152	87	0.03457	87	125.734	4.58	51.1	2.3
~~ZN-7_7~~	~~1196~~	~~1940~~	~~0.64~~	~~0.04519~~	~~5~~	~~0.05180~~	~~6~~	~~120.289~~	~~2.42~~	~~53.4~~	~~1.3~~
~~ZN-7_8~~	~~130~~	~~145~~	~~0.92~~	~~0.01764~~	~~110~~	~~0.01742~~	~~110~~	~~139.607~~	~~4.84~~	~~46.0~~	~~2.2~~
ZN-7_9	179	200	0.93	0.06388	8	0.07135	9	123.443	3.87	52.0	2.0
ZN-7_10	303	409	0.77	0.02156	61	0.02448	61	121.441	2.76	52.9	1.5
ZN-7_11	285	350	0.84	0.04429	39	0.04763	39	128.232	3.33	50.1	1.7

注：表中加删除线的数据为未参与年龄计算的古老锆石或者谐和度偏低的废弃数据。

流纹斑岩在朱诺矿区北部大面积出露，为林子宗群帕那组火山岩，其锆石 U-Pb 年龄为

50.7±1.6Ma。流纹斑岩呈浅红色，具有斑状结构、流纹构造，斑晶和基质定向排列，斑晶呈棱角状，显示为火山岩相或次火山岩相（图 4-3a）。斑晶包括石英（含量约 15%）、钾长石（约 10%）、斜长石（约 3%），石英斑晶一般受到溶蚀，呈次棱角状，钾长石和斜长石斑晶半自形到自形。基质为隐晶质，局部发生脱玻化，导致基质中的石英变大（图 4-3b）。流纹斑岩在邻近矿体部分常发育青磐岩化及黄铁矿化（图 4-3d），远离矿体部位无蚀变和矿化。此外，在矿体分布范围内的钻孔岩心编录显示其呈捕虏体分布在二长花岗斑岩和斑状二长花岗岩中，铜矿化主要为孔雀石化和蓝铜矿化，发育强烈黏土化蚀变（图 4-3c）。

图 4-3　朱诺流纹斑岩（a～d）和石英斑岩（e、f）岩相学特征

a. 主矿区地表砖红色流纹斑岩；b. 基质具流动构造，隐晶质，斑晶呈棱角状，半定向排列；c. 黏土化蚀变；d. 斑晶长石被绿帘石交代；e. 石英斑岩，斑状结构；f. 基质弱绢英岩化

石英斑岩在矿区范围内大面积出露，主要分布在西部、北部、东部地表，侵入到流纹斑岩中，其锆石 U-Pb 年龄为 48.9±0.5Ma。由于其主体位于矿体范围内，故常发育蚀变，类型主要为绢英岩化，可见星点状黄铁矿，局部可见孔雀石化，但 Cu 品位总体较低。远离矿区的石英斑岩蚀变减弱，黄铁矿减少至无。石英斑岩呈浅灰白色，斑状结构，块状构造。斑晶包括石英、钾长石、斜长石。石英斑晶呈次棱角状、棱角状，大小 1～2mm，含量 20%；钾长石斑晶，大小 1～1.5mm，含量 15%；斜长石斑晶约 5%，基本已蚀变成绢云母。基质大小 0.01～0.1mm，微粒结构，其中石英含量 45%，钾长石约 10%，两者呈镶嵌结构，少量绢云母，约 5%（图 4-3e、f）。

斑状二长花岗岩和二长花岗斑岩是朱诺矿区地表最主要发育的岩石，其中斑状二长花岗岩出露面积约 10km^2，二长花岗斑岩出露面积约 1km^2。两者除了结构略有不同之外（一个为似斑状结构，含钾长石巨斑晶，一个为斑状结构，钾长石巨斑晶不明显），其颜色、色率、矿物组成、矿物含量、粒度大小等都极为相似。斑状二长花岗岩主要分布在主矿区偏南和偏东南的位置，二长花岗斑岩主要分布在主矿区靠中心的位置，在矿区东部外围，也可见少量二长花岗斑岩有零星出露（图 4-1）。在主矿区，两种岩石无明显侵入接触关系，主要表现为岩石基质粒度大小和钾长石斑晶大小上的渐变过渡关系。斑状二长花岗岩基质粒度稍大，存在钾长石巨斑晶，二长花岗斑岩基质粒度稍小，钾长石斑晶与其他斑晶在粒度上无明显差别。此外两类岩石中都存在黑云母化蚀变，区别是斑状二长花岗岩因位于矿区靠外围的位置，黑云母化蚀变较弱；两类岩石中都有黄铜矿的存在，区别是二长花岗斑岩普遍含矿，而斑状二长花岗岩随距矿体的距离增加，硫化物含量逐渐减少至无。根据以上特征，尤其是它们的产出和岩相学特征，两者应为岩相过渡关系。

斑状二长花岗岩，似斑状结构，块状构造，发育浸染状的黄铁矿和黄铜矿化（图 4-4a）。矿物粒度可分为三个级别，最大粒级为钾长石巨晶，自形，1～2cm，5%；其他两个级别呈似斑状结构，大者为 2～3mm，小者为 0.2～0.4mm，主要矿物含量为钾长石 30%、斜长石 35%、石英 25%，以及少量黑云母 5%（图 4-4b）。部分黑云母呈鳞片状、叶片状或团块状集合体，是由热液蚀变引起的，长石发育绢云母化蚀变（图 4-4c）。远离矿化中心，黑云母化蚀变减弱，硫化物减少至消失。

二长花岗斑岩主要在钻孔中可见，地表出露面积较小，在 8 号勘探线钻孔中揭露最多，位于含钾长石巨晶的斑状二长花岗岩中。二长花岗斑岩具斑状结构，块状构造，常发育微细粒闪长质包体，并可见稀疏浸染状的黄铜矿、黄铁矿化（图 4-4d）。斑晶含量较多，钾长石斑晶，半自形，1～2mm，约 20%；斜长石斑晶，半自形-自形柱状，大小 1～2mm，含量 25%；石英斑晶，他形粒状，约 1mm，含量 10%；黑云母斑晶约 5%，片状。基质为显晶质，0.05～0.1mm，由长英质矿物和黑云母组成。二长花岗斑岩主要发育黑云母化、钾长石化、绢英岩化蚀变（图 4-4e、f），基质中形成大量粒度稍大于基质的钾长石颗粒，对斑状结构的破坏较大。

图 4-4 朱诺斑状二长花岗岩（a、b、c）和二长花岗斑岩（d、e、f）岩相学特征

a. 含钾长石巨晶的斑状二长花岗岩；b. 斑状二长花岗岩基质为粗粒花岗结构；c. 斑状二长花岗岩粗粒的基质中发育细粒矿物；d. 二长花岗斑岩中微细粒闪长质包体，发育稀疏浸染状黄铁矿、黄铜矿化；e. 斑状结构的二长花岗斑岩；f. 二长花岗斑岩发育绢英岩化蚀变

朱诺除发育中新世斑状二长花岗岩和二长花岗斑岩外，其中还发育中新世闪长质包体、闪长玢岩，锆石 U-Pb 年龄分别为 13.3±0.3Ma、14.6±0.8Ma。包体呈灰黑色，块状构造，矿物组成为黑云母、钾长石以及少量角闪石，黑云母与钾长石呈他形粒状，组成文象结构，反映快速结晶过程（图 4-5d）。在接触带上，寄主岩受到包体的溶蚀，接触带附近可见残留的寄主岩矿物，如黑云母斑晶（图 4-5b），在寄主岩中也偶见混染的来自包体的角闪石斑晶（图 4-5c）。包体内部可见钾长石-石英网脉穿插（图 4-5c），说明矿区热液活动至少持续到包体侵入时或之后。包体中还可见针状的磷灰石，指示岩浆混合作用（图 4-5e）。

图 4-5　朱诺包体（a～e）和石英闪长玢岩（f～i）岩相学特征

a. 二长花岗斑岩中闪长质包体，被石英网脉切穿；b. 寄主岩与包体接触关系；c. 寄主岩斑状结构，见角闪石斑晶；d. 包体中鳞片状黑云母；e. 包体中针状磷灰石；f. 石英闪长玢岩中星点状黄铁矿（Py）、黄铜矿（Cpy）；g. 斑状结构，黑云母团块；h. 长石斑晶被角闪石交代溶蚀；i. 方解石-硫化物脉

石英闪长玢岩在主矿区和矿区东部钻孔中均可见到，呈脉状产出，倾角 20°～30°，最厚 1～2m，最薄 10～20cm，常侵入到二长花岗斑岩中。岩石呈深灰色，斑状结构，块状构造（图 4-5f）。斑晶分为原生斑晶和捕虏晶，原生斑晶有：黑云母，自形片状，大小 1～2mm，含量 5%；角闪石斑晶，长柱状，长宽比 1∶10，长约 5mm，含量 2%，以及较多的黑云母团块、角闪石团块，黑云母和角闪石混在一起的团块，约 3%（图 4-5g）。捕虏晶，约 5%，有石英、斜长石、钾长石，捕虏晶往往被基质中的角闪石溶蚀呈环带状（图 4-5h）。基质：

大小为0.1～0.2mm，长石，半自形柱状，约60%；角闪石，半自形，长柱状，含量约20%；黑云母，半自形，长柱状，5%；副矿物为磷灰石、榍石和磁铁矿。基质中矿物最大的特点是呈长柱状，反映快速结晶过程。石英闪长玢岩中可见方解石-硫化物脉穿插（图4-5i）。

花岗斑岩主要在朱诺矿区东部以小岩株形式产出，而在主矿区地表总体以脉状产出，呈北东向分布，反映两边的剥蚀程度不一样（图4-1）。花岗斑岩锆石U-Pb年龄为10.9±0.3Ma，岩石呈浅灰白色，斑状结构，块状构造。钾长石斑晶半自形柱状，0.5～1cm，次棱角状，含量10%；斜长石斑晶呈半自形，1～2mm，含量5%；石英聚斑晶大小约5～10mm，单个大小2～4mm，含量10%。基质为隐晶质，基质中可见少量黑云母，约5%（图4-6a）。在主矿区岩石黏土化强烈，钾长石以黏土化为主，部分钾长石核部被方解石交代，斜长石以绢云母化为主，黑云母全部转变为白云母（图4-6c）。位于地表的该类岩石，抗风化，为正地形，可见孔雀石化和蓝铜矿化（图4-6b），钻孔样品中发育细粒稀疏浸染状黄铁矿化（图4-6a），可能代表成矿晚期由花岗斑岩引起的贫铜富铁的热液流体。

图4-6　朱诺花岗斑岩（a～c）和煌斑岩（d～f）岩相学特征

a. 花岗斑岩中细粒稀疏浸染状黄铁矿；b. 花岗斑岩蓝铜矿化；c. 花岗斑岩白云母化蚀变；d. 煌斑岩；e. 煌斑岩中孔雀石化和蓝铜矿化；f. 煌斑岩中自形长柱状金云母

煌斑岩和石英正长斑岩以岩脉形式产于二长花岗斑岩和石英斑岩中，其锆石U-Pb年龄分别为12.1±0.1Ma和11.5±0.3Ma。煌斑岩呈黑色，斑状结构，块状构造，斑晶为金云母和黑云母，具弱的多色性和吸收性，大小0.4mm×1mm，含量约15%，基质为半自形微粒长石，大小0.05mm，含量约75%，少量长柱状金云母，10%，长柱状黑云母，5%，局部可见石英，不规则状，大小0.05mm，含量约为5%。副矿物为磁铁矿，约4%，长柱状磷灰石，约1%（图4-6d、f）。位于地表的煌斑岩常可见到蓝铜矿、孔雀石等次生氧化物（图4-6e），但未见与矿化伴生的钾化和绢英岩化等蚀变。这表明这些岩石中的矿化为表生淋滤作用引起的，即迁移过来的，不能代表原地的矿化信息。这些脉岩在冈底斯很多斑岩铜矿区也出露，通常呈岩脉产出，规模很小，通常不发育蚀变或仅仅是弱的青磐岩化和黏土化。

朱诺矿床各种岩浆岩蚀变、矿化特征及年代学数据见表4-3。综合分析，朱诺矿床发育多期次岩浆活动，包括成矿前始新世流纹斑岩、石英斑岩，成矿主期复式岩体，包括中新世斑状二长花岗岩、二长花岗斑岩、闪长玢岩、包体，成矿晚期发育花岗斑岩、煌斑岩、石英正长斑岩（图 4-7）。

表 4-3　朱诺矿区各种岩浆岩蚀变、矿化发育特征及成岩年龄

岩石类型	蚀变	矿化	锆石年龄/Ma
流纹斑岩	青磐岩化	黄铁矿、孔雀石	50.7±1.6
石英斑岩	绢英岩化	黄铁矿、黄铜矿、少量辉钼矿、孔雀石	48.9±0.5
二长花岗斑岩	钾化、绢英岩化、硬石膏化	黄铁矿、黄铜矿、辉钼矿、孔雀石	14.7±0.5
斑状二长花岗岩	钾化、绢英岩化	黄铁矿、黄铜矿、辉钼矿、孔雀石	14.7±0.4
闪长玢岩	无	星点状黄铁矿	14.6±0.8
闪长质包体	钾化、绢英岩化	少量黄铁矿、孔雀石	13.3±0.3
煌斑岩	黏土化	孔雀石、蓝铜矿	12.1±0.1
石英正长斑岩	黏土化	孔雀石	11.5±0.3
花岗斑岩	黏土化	黄铁矿、孔雀石、蓝铜矿	10.9±0.3

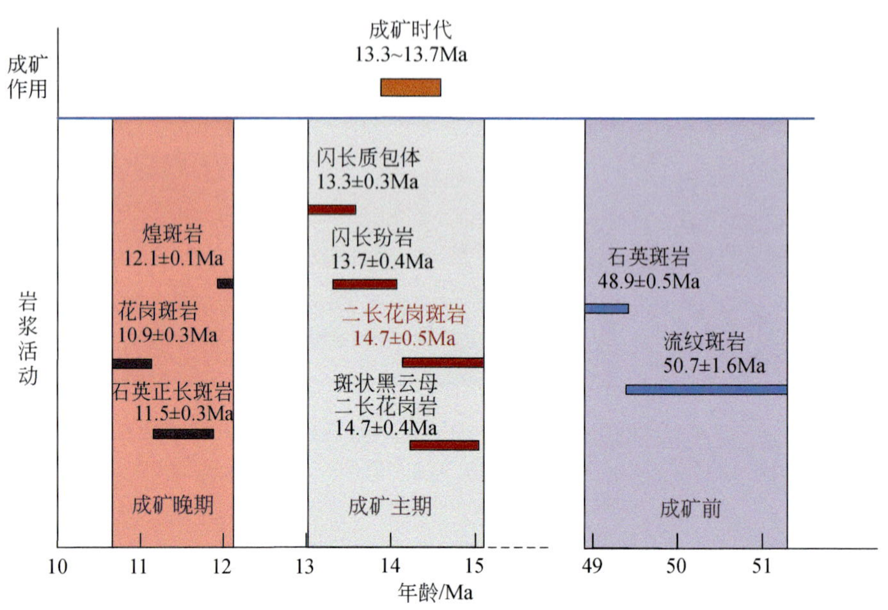

图 4-7　朱诺矿床岩浆演化序列

第二节　矿 体 特 征

根据《矿产地质勘查规范 铜、铅、锌、银、镍、钼》（DZ/T 0214—2020）标准，按铜边界品位 0.2%，最低铜工业品位 0.4%，及矿体平面、空间分布位置，矿区共圈定矿体 3 个，其中 Cu Ⅰ矿体分布于矿区中部的石英斑岩、二长花岗斑岩及斑状二长花岗岩中，Cu Ⅱ、

Cu Ⅲ矿体分布于矿区中部 Cu Ⅰ 矿体下方（图 4-8）。Cu Ⅰ 矿体为本矿区主矿体，规模及工业意义最大。

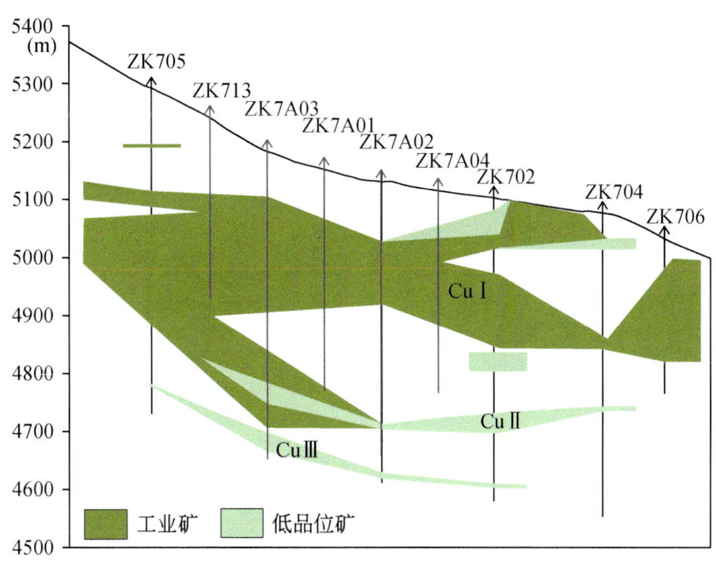

图 4-8　朱诺矿床 7 号勘探线剖面图

Cu Ⅰ 矿体平面形态呈不规则椭圆状，空间形态呈厚板状，北东-南西向展布，总体向南东、北东缓倾，倾角 5°～15°，长 1650m，宽 1460m，矿体属地表-半隐伏矿体，沿 ZK1501、ZK701、ZK001 钻孔一线南东矿体零星出露地表，北西隐伏，埋深 0～287.38m。矿体控制最大深度 498.9m（ZK703），控制海拔 4725～5240m（ZK707）。矿体上部为工业矿（主矿体），总体分布连续且较完整，局部和矿体南西、北西边部有夹石和分叉，一般厚 26.18～176.81m，最厚 188.5m（ZK703），平均厚 104.06m。

Cu Ⅱ、Cu Ⅲ矿体为低品位矿体，有夹石和分叉现象，一般厚 12.0～72.45m，平均厚 46.22m。矿体南西 ZK1502—ZK2306、北西部 ZK2302—ZK1502—ZK709 一线，基本控制矿体边界，矿体在边部有品位逐渐变贫、矿体厚度变薄及分叉现象，矿体北东、南西部未控制其边界。

第三节　矿 石 特 征

一、矿石物质成分

1. 主要金属矿物

黄铜矿：是矿床主要金属矿物之一，多呈不规则粒状和粒状集合体，以细-中粒为主，粒径 0.25～2mm，偶可见 5mm 的半自形晶体，一般呈星散状-稀疏浸染状分布于岩石中，部分呈微-细脉浸染状分布，脉宽约 0.1～1mm，多与黄铁矿、石英或玉髓构成细脉，也有单独成脉、网脉。

孔雀石：分布于地表-浅部氧化带，是氧化铜矿的常见矿物，主要呈脉状、团块状、星点-浸染状分布，脉状集合体多沿裂隙分布，具钟乳状、皮壳状、同心环带、块状构造，纤维放射状、粒状结构。

蓝铜矿：分布于地表-浅部氧化带，是氧化矿石的含铜矿物之一，一般与孔雀石、褐铁矿共生，局部富集。蓝铜矿多呈钟乳状构造。

赤铜铁矿：分布于地表-浅部氧化带，多呈团块状、浸染状、细脉状分布于花岗斑岩的表面或者裂隙面，为黑色的铜和铁的氧化物（$CuFeO_2$），常见与黑色黏土类矿物密切共生胶结团块状黑云母斑晶或细粒状黑云母集合体。根据扫描电镜结果，此类黑色矿物中 O 含量变化于 25%～40%、Fe 含量为 25%、Cu 含量 25%～40%。赤铜铁矿在朱诺矿区仅个别钻孔发育（ZK307）。

蓝辉铜矿：是次生硫化物富集带的主要工业铜矿物，常交代黄铜矿构成反应边或浸染状分布。

自然铜：主要见于 PD1 平硐，一般充填于裂隙中，厚一般 0.5～2mm，最厚达数厘米，与孔雀石、蓝铜矿一起构成矿床中的富矿石。

黄铁矿：分布普遍，矿物多为半自形-自形晶，自形晶以立方体为主，偶见五角十二面体，粒度一般 0.1～1mm，少量 1～3mm，以细-中粒散布于岩石中，也常见单矿物脉或与其他矿物一起成脉。黄铁矿中常见有圆粒状黄铜矿，是矿床主要金属矿物之一。

2. 主要非金属矿物

石英：一般含量 20%～25%，高者在 45%～65%。基质和斑晶中均有分布，他形粒状，呈不规则粒状集合体或脉状产出。次生石英，呈不规则团块或微-细脉状产出。

斜长石：含量 30%～35%，基质和斑晶中均有分布。斑晶中呈半自形-自形板柱状，具有环带结构。基质中呈半自形粒状。主要具绢云母化与黏土化，次为钾长石化、碳酸盐化，常被交代成残余或假象。

钾长石：含量 30%～35%，基质和斑晶中均有分布，半自形-自形厚板状，具黏土化和绢云母化，常被交代成假象。

黑云母：含量 8%～10%，半自形-自形片状、板状和柱状，基质和斑晶中均有分布。蚀变黑云母，呈显微鳞片状集合体产出，具绿泥石化，具角闪石假象。

绢云母：常交代长石、黑云母矿物，呈脉状产出，为绢云岩化主要蚀变矿物。

黏土矿物：常见于破碎带与蚀变带中，呈脉状与网脉状、团块状出现，厚度变化较大，以高岭石为主。

绿泥石：多为次生蚀变产物。在矿化带中呈脉状或裂隙面产出，在外部主要分布于青磐岩化带中，呈细脉状、不规则团块状产出。

绿帘石：常与绿泥石共生产出，为青磐岩化的主要蚀变矿物。

角闪石：半自形-自形柱状，具绿泥石化，有的被交代成残余或假象，主要分布于石英闪长玢岩中。

石膏：呈板状集合体，呈脉状产出，产于中深部矿化体中。

钠长石：蚀变矿物，交代斜长石，呈他形-半自形分布于斑状黑云母二长花岗岩中。

二、矿石结构构造

1. 矿石构造

朱诺矿床具有斑岩型铜矿床典型的矿石构造类型（图 4-9），矿石构造较简单，以细脉浸染状、（稀疏/稠密）浸染状及脉状为主，次为块状、角砾状及胶状构造。

浸染状构造：分布广泛，为矿区矿石的主要构造，黄铜矿、辉钼矿、黄铁矿、孔雀石等金属矿物呈粒度不一在脉石中（主要为蚀变的黑云母集合体）呈星点状、细小短脉状、浸染状均匀地散布于赋矿岩石内部（石英斑岩、二长花岗岩）或在裂隙面，形成浸染状构造（图 4-9a、c、d、g）。

细脉浸染状构造：分布较为广泛，为矿区矿石的主要构造，黄铜矿、黄铁矿、辉钼矿等矿物呈单独脉或共生脉，或与脉石矿物一起构成细脉产出（图 4-9e）。

脉状构造：矿石的主要构造之一，广泛分布，主要为早期裂隙被后期金属硫化物填充，主要矿物有黄铁矿、黄铜矿、孔雀石等（图 4-9b、f）。

块状矿石：矿石的主要构造之一，矿石整体呈致密块状构造，主要矿物有黄铁矿、黄铜矿、辉钼矿等。

团块状、团斑状构造：金属矿物呈团块状、团斑状分布在脉石中，团块大小一般 2～10mm，部分达 15mm（图 4-9l、k）。

胶状构造、膜状构造、裂隙网脉状构造：主要发育于氧化带，次生氧化矿物孔雀石、蓝铜矿、黑铜矿、辉铜矿、褐铁矿等矿物呈胶状、薄膜状、裂隙网脉状分布于氧化带节理、裂隙中。最厚孔雀石脉厚 2.5cm，一般则在 0.2～5mm（图 4-9m、o）。

土状、蜂窝状构造：氧化带常见的矿石构造，由粉末状的孔雀石、褐铁矿和高岭土等黏土矿物松散聚集而成，是氧化矿石中最主要的构造。

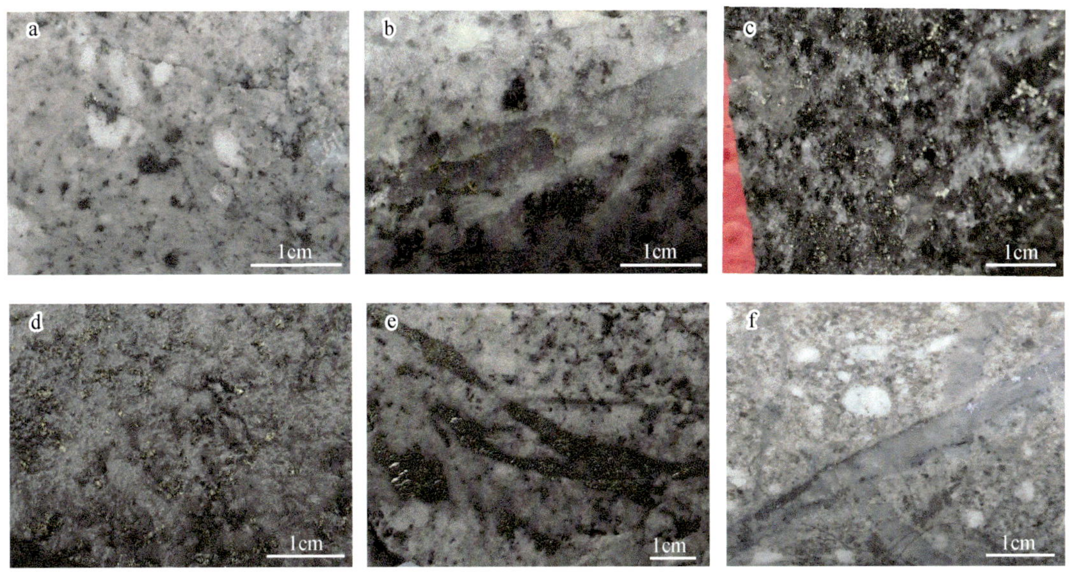

图 4-9 朱诺矿床典型矿石构造特征

a. 二长花岗岩中星点状、团块状的黄铜矿化、辉钼矿化；b. 黑云母二长花岗岩中石英-黄铜矿脉；c. 裂隙面稠密浸染状黄铜矿化；d. 裂隙面稀疏浸染状黄铜矿化；e. 细脉浸染状、网脉状黄铜矿化；f. 石英-辉钼矿脉；g. 裂隙面浸染状辉钼矿化，星点状黄铜矿化；h. 电气石角砾岩中黄铜矿呈角砾状、团块状；i. 电气石角砾岩被晚期的石英脉切穿；j. 隐爆热液角砾岩中黄铁矿、黄铜矿呈团块状；k. 赤铜矿呈团块状分布；l. 花岗斑岩中团块状的蓝铜矿化；m. 花岗斑岩中浸染状的孔雀石沿着石英斑晶交代、充填；n. 裂隙面稠密浸染状孔雀石化；o. 孔雀石细网脉

角砾状构造：矿石的次要构造，主要发育在电气石热液角砾岩和隐爆角砾岩中，主要为黄铁矿、黄铜矿等发育在胶结物中（图 4-9h、i、j）。

2. 矿石结构

自形晶结构：呈现此结构的矿物主要为黄铁矿（图 4-10a），其次为辉钼矿，其他矿物少见。黄铁矿晶形以立方体最发育，大小 1～3mm，呈浸染状、脉状产出。辉钼矿晶形多为片状，六方板状少见，呈脉状、浸染状产出。

半自形晶-他形晶结构：具此结构矿物主要为黄铜矿、辉钼矿、黄铁矿、方铅矿等（图 4-10b、d、e）。

他形晶结构：黄铜矿、磁铁矿等呈粗细不等的他形粒状产出（图 4-10c、f）。

交代结构：包括交代残余结构、充填交代结构、交代骸晶结构和环边交代结构。交代残余结构常表现为黄铁矿局部富集呈条带状集合体定向分布，普遍被细网脉状褐铁矿交代，形成残留结构（图 4-10g）；磁铁矿交代黄铜矿呈交代残余结构（图 4-10k）；斑铜矿沿边缘交代黄铜矿，呈交代残余、交代假象结构（图 4-10j）；金红石交代黄铁矿、辉铜矿交代黄铜矿、脉石矿物交代黄铜矿、偶见黝铜矿交代黄铜矿等，从而使这些被交代的矿物呈不规则的残余体。交代熔蚀结构常见黄铜矿和金红石相互交代、斑铜矿交代黄铜矿、闪锌矿交代黄铜矿等，例如黄铁矿、黄铜矿内部被透明矿物轻微交代呈浸蚀结构（图 4-10l）、黄铁矿被透明矿物自晶体内部向边部交代呈骸晶结构（图 4-10m）。充填交代结构主要表现为黄铁矿、黄铜矿、辉钼矿等金属硫化物沿脉石矿物（如黑云母、长石、石英等）粒间（粒间充填交代），或沿其他金属硫化物的微裂隙进行充填交代（微裂隙充填交代），例如沿裂隙黄铜矿被蓝辉铜矿轻微交代（图 4-10i）、黄铁矿呈微粒状、针柱状沿透明矿物解理及边缘处进行交代（图 4-10n）。环边交代结构常见黄铜矿沿方铅矿边缘交代形成环边或黄铁矿交代方铅矿呈环边结构、蓝铜矿呈环边交代黄铜矿（图 4-10h）、黝铜矿与黄铜矿成共结边结构（图 4-10p）。

固溶体分离结构：主要为乳浊状结构，表现为闪锌矿中含有黄铜矿的固溶体出溶形成的细小晶体（图 4-10q）；磁铁矿内部见钛铁矿呈带状、格状出溶，多呈星点状、粒状集合体与暗色矿物共生，少数呈散粒状稀疏夹杂（图 4-10f）；方铅矿中可见黄铜矿颗粒出溶结构（图 4-10r）。

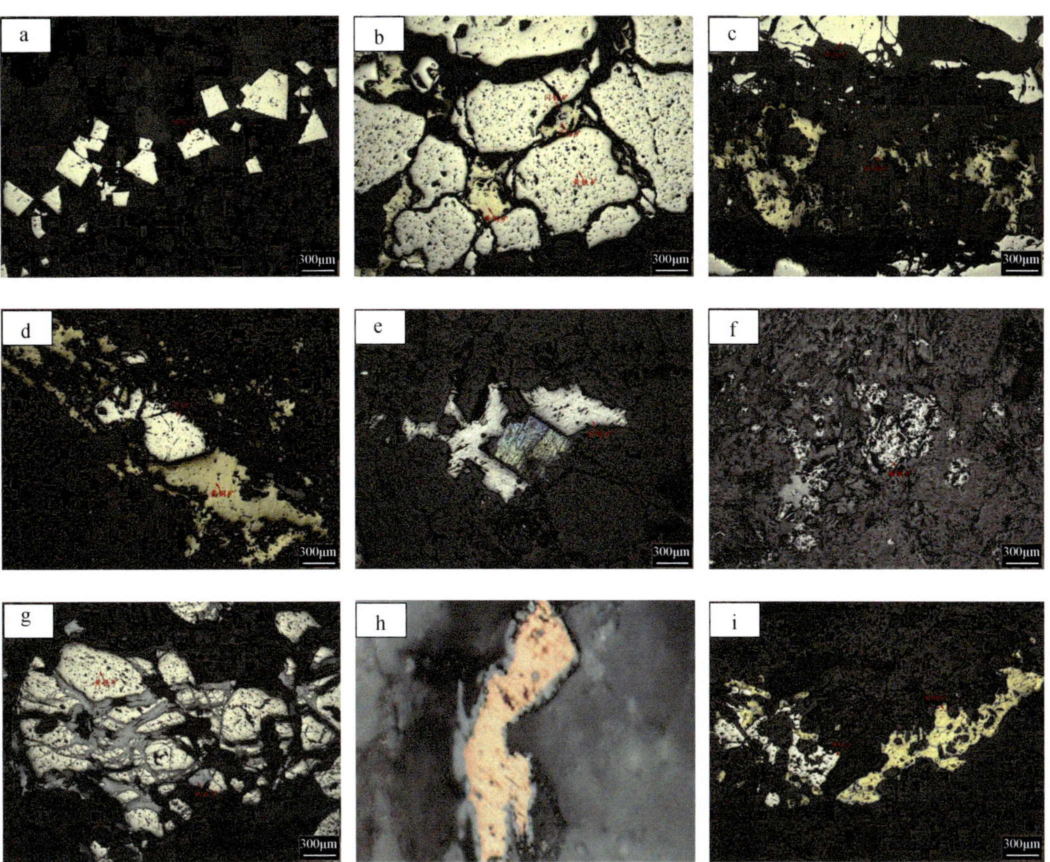

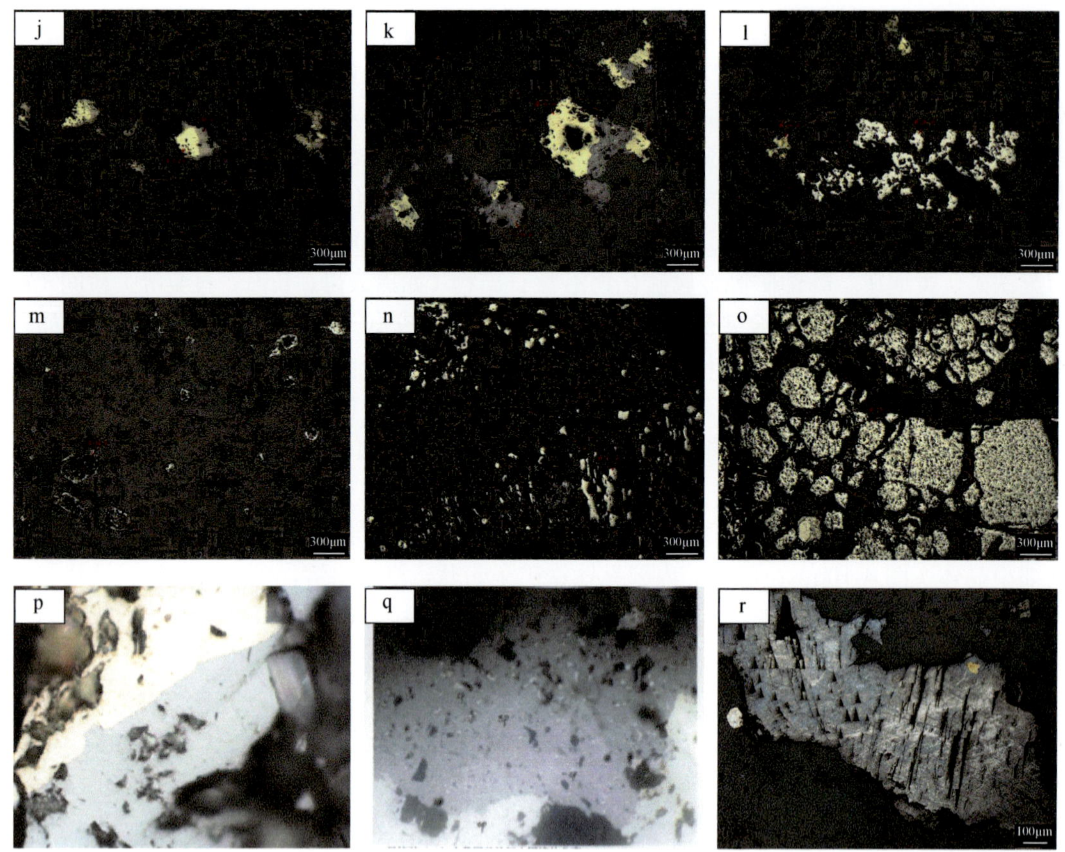

图 4-10　朱诺矿床典型矿石结构特征

a. 自形黄铁矿；b. 半自形-他形黄铁矿、黄铜矿，构成等粒结晶结构；c. 他形黄铜矿、黄铁矿；d. 细脉浸染状黄铜矿；e. 半自形-他形方铅矿；f. 磁铁矿内部见钛铁矿呈带状、格状出溶，多呈星点状、粒状集合体与暗色矿物共生，少数呈散粒状稀疏夹杂；g. 黄铁矿局部富集呈条带状集合体定向分布，普遍被细网脉状褐铁矿交代，形成残留结构；h. 蓝铜矿呈环边交代黄铜矿；i. 沿裂隙黄铜矿被蓝辉铜矿轻微交代；j. 斑铜矿沿边缘交代黄铜矿，呈交代残余、交代假象结构；k. 磁铁矿交代黄铜矿呈交代残余结构；l. 黄铁矿、黄铜矿内部被透明矿物轻微交代呈浸蚀结构；m. 黄铁矿被透明矿物自晶体内部向边部交代呈骸晶结构；n. 黄铁矿呈微粒状、针柱状沿透明矿物解理及边缘处进行交代；o. 黄铁矿呈碎粒状，常见压碎结构，整体呈条带状、网脉状集合体定向分布，局部受力呈揉皱状；p. 黝铜矿与黄铜矿成共结边结构；q. 闪锌矿中黄铜矿的细小固溶体分离；r. 方铅矿中可见黄铜矿颗粒出溶结构

压碎结构：黄铁矿受压力后，呈碎粒状，常见压碎结构，整体呈条带状、网脉状集合体定向分布，局部受力呈揉皱状（图 4-10o）。

三、矿石类型及品级

1. 矿石类型

矿区矿石按氧化程度、矿石自然类型大致可分为氧化矿石、混合矿石、硫化矿石三大类。

氧化矿石：通过钻探、坑探及山地工程揭露，本矿床氧化矿主要发育于 ZK1503、ZK703、ZK003 钻孔一线南东地表及浅部，分布连续但不稳定，一般厚 15～40m，局部达 40～60m

（ZK001），其北西由于埋深逐渐增大，氧化矿发育度减弱、消失，矿石矿物以孔雀石、褐铁矿为主，次为蓝铜矿、辉钼矿、黑铜矿、赤铜矿，偶见自然铜，呈网脉状、薄膜状、皮壳状、蜂窝状、浸染状分布于岩石或充填于岩石裂隙中。

混合矿石：分布于氧化矿带之下，硫化矿带之上，厚5～15m，据平硐揭露，局部形成富矿，矿石矿物以黄铜矿为主，次为孔雀石、蓝铜矿、赤铜矿、斑铜矿、辉钼矿等，呈细脉-浸染状、团斑状分布。

硫化矿石：为铜矿主要矿石类型，分布于矿床中-下部，厚大于100m，矿石矿物主要有黄铜矿、黄铁矿，次为辉钼矿、斑铜矿、方铅矿、闪锌矿等，呈细脉-浸染状、团斑状分布。

矿石工业类型为斑岩铜矿，矿石品级为Ⅰ级。

2. 矿石品位

矿区矿石主要为氧化矿矿石和硫化矿矿石两种类型，据3463件基本分析样品统计结果，其矿石品位特点为：

氧化矿矿石品位：主元素铜品位一般在0.1%～3.13%之间，单样最高品位3.90%（TC73）。据统计，全矿床铜氧化矿矿石品位在0.1%～0.5%的占全矿床氧化矿的47.3%，品位在0.5%～1.5%的占全矿床氧化矿的46.1%，品位在1.5%以上的占全矿床氧化矿的6.6%。

硫化矿矿石品位：主元素铜品位一般在0.1%～1.45%之间，单样最高品位1.80%（ZK1505）。经统计铜品位小于0.20%的占全矿床硫化矿矿石的47.7%，品位在0.2%～0.5%的占全矿床硫化矿的51.5%，品位大于0.5%的占全矿床硫化矿的1.8%。

伴生元素：钼品位一般在0.003%～0.26%之间，最高0.2992%。银品位一般在1.5～4.53g/t，最高22.6g/t。金品位一般在0.01～0.37g/t，最高2.4g/t（PD1），达到伴生元素综合利用标准。

总之，该矿区的氧化矿石和硫化矿石铜含量均达到了一般工业要求，钼、银等伴生元素达到了综合评价的指标。本矿床矿石类型较单一，矿石具一定分带性，矿床的矿石品位较低。

第四节　蚀变矿化与分带

一、蚀变类型

朱诺矿区各种岩石的主要蚀变类型包括硅化、钾长石化、黑云母化、绿帘石化、绿泥石化、硬石膏化、绢云母化、黏土化、方解石化。

硅化：在石英斑岩、二长花岗斑岩、斑状黑云母二长花岗岩中局部发育，常与钾长石化、绢云母化并存。主要表现为石英脉（图4-11a、d）、早期石英+黄铁矿脉（图4-11b）、弥散状微粒石英（图4-11c）、石英交代斜长石（图4-11e）及石英斑晶的次生加大（图4-11f）。硅化岩石中可见浸染状黄铁矿，石英脉中有黄铁矿、黄铜矿、辉钼矿，石英具港湾状溶蚀边。

图 4-11　朱诺斑岩型铜矿硅化蚀变

a、d. 网脉状硅化；b. 早期石英+黄铁矿脉，脉宽约 1cm；c. 晶屑凝灰岩的基质发生硅化；e. 斜长石被石英交代后呈假象；f. 基质中的石英次生加大。矿物代号：Qtz. 石英，Py. 黄铁矿

钾长石化：在二长花岗斑岩、斑状黑云母二长花岗岩中较为发育，常与黑云母化并存。表现为弥散状钾长石化、脉状钾长石化及钾长石斑晶的次生加大。弥散状钾长石化使岩石整体呈肉红色（图 4-12a）；脉状钾长石化表现为网脉状钾长石脉（图 4-12b），石英-钾长石脉，并具有钾长石蚀变晕（图 4-12c）。在显微镜下，还可见钾长石呈镶边结构交代斜长石斑晶（图 4-12d），基质中钾长石次生加大而呈团块状（图 4-12e），钾长石-石英脉，具较宽的钾长石蚀变晕，并穿切斜长石（图 4-12f）。钾长石化岩石中常见浸染状黄铁矿、黄铜矿、辉钼矿及石英+黄铁矿脉、石英+黄铜矿脉、石英+辉钼矿脉。

图 4-12　朱诺斑岩型铜矿钾长石化蚀变

a. 弥散状钾长石化；b. 网脉状钾长石化；c. 石英-钾长石脉，具钾长石晕；d. 钾长石交代斜长石；e. 次生加大钾长石团块；f. 脉体具钾长石蚀变晕

黑云母化：在二长花岗斑岩、斑状黑云母二长花岗岩中较为发育。手标本中表现为弥散状黑云母（图 4-13a）、黑云母-钾长石-石英网脉（图 4-13b）和黑云母细脉（图 4-13c）。镜下表现为黑云母鳞片状集合体（图 4-13d）；角闪石蚀变成黑云母，交代完全时，只保留角闪石假象，交代不完全时，可见交代残余结构（图 4-13e）；原生黑云母也可见被次生黑云母完全交代（图 4-13f）。黑云母周边常见磁铁矿、黄铁矿、黄铜矿（图 4-13f、g），少数黑云母内部磷灰石较发育，反映次生黑云母与铜矿化关系紧密。镜下原生黑云母与次生黑云母的区别是前者一般以斑晶的形式存在；后者一般为细小鳞片状，解理不发育，呈团块状或生长在原生黑云母周边。次生黑云母颜色一般较原生黑云母浅，显示镁铁含量较低。黑云母化岩石的矿化与钾长石化大体相同，但黑云母化可在地表、近地表发育而不伴随钾长石化。

图 4-13 朱诺斑岩型铜矿黑云母化蚀变

a. 弥散状黑云母化；b. 黑云母-石英网脉；c. 黑云母细脉，同时具钾长石化；d. 次生黑云母鳞片状集合体；e. 黑云母交代角闪石；f. 次生黑云母交代原生黑云母斑晶，并有大量磁铁矿形成；g. 黄铜矿、斑铜矿沿黑云母解理交代黑云母

绿帘石化：发育局限，主要在矿区北部的流纹斑岩中较为发育。手标本中表现为面状绿帘石化和脉状绿帘石化（图 4-14a）：包括石英-绿帘石-磁铁矿脉和绿帘石-绿泥石-方解石-黄铁矿脉。镜下表现为绿帘石交代长石，部分呈斜长石假象（图 4-14b）。绿帘石化岩石中发育少量黄铁矿、磁铁矿。

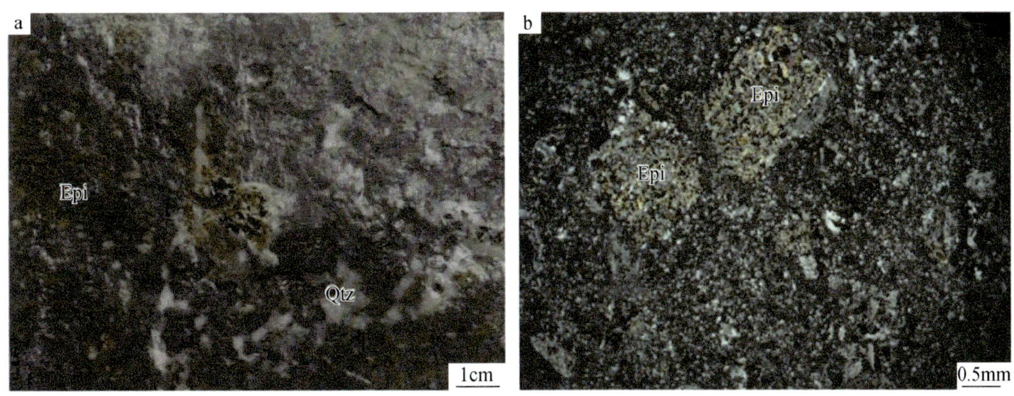

图 4-14 朱诺斑岩型铜矿绿帘石化蚀变

a. 石英-绿帘石-磁铁矿脉；b. 斜长石被绿帘石交代。矿物代号：Epi. 绿帘石；Qtz. 石英

绿泥石化：在矿区北部的流纹斑岩、二长花岗斑岩及斑状黑云母二长花岗岩中有发育，但发育不强烈，仅在地表局部和岩石裂隙中可见。地表局部可见岩石发生弥散状绿泥石化（图 4-15a）、浸染状绿泥石化（图 4-15b）；钻孔深部绿泥石化主要沿裂隙发育（图 4-15c）。镜下表现为团块状绿泥石（图 4-15d）、角闪石及黑云母被绿泥石交代（图 4-15f、g），交代不完全时交代残余结构清晰可见，绿泥石既交代了原生黑云母也交代次生黑云母，说明绿泥石化晚于黑云母化；绿泥石化岩石中矿化较弱，局部发生黄铁矿化。

图 4-15 朱诺斑岩型铜矿绿泥石化蚀变

a. 弥散状绿泥石化；b. 浸染状绿泥石化；c. 岩石裂隙面发生绿泥石化；d. 团块状绿泥石；e. 绿泥石交代角闪石，呈假象结构；f. 绿泥石交代黑云母

硬石膏化：目前仅发现于 802 钻孔深部 350～400m 之间的二长花岗斑岩中，分脉状和星点状两种形式。脉状分硬石膏脉（图 4-16a，裂隙面的硬石膏）和石英-硬石膏脉（图 4-16b、c）。星点状表现为基质中分布有细粒硬石膏（图 4-16d）；部分基质中散布硬石膏被包裹在次生的钾长石中，说明硬石膏化早于钾长石化（图 4-16e）；斜长石被硬石膏交代（图 4-16f）。硬石膏化岩石中可见星点状及脉状黄铁矿。

绢云母化：在石英斑岩、斑状黑云母二长花岗岩、二长花岗斑岩中均较发育。主要是斜长石、黑云母的绢云母化，一般呈细小鳞片状，局部以柱状白云母的形式存在。斜长石绢云母化广泛发育，几乎遍布整个矿区，而钾长石、黑云母的绢云母化只在局部发育。手标本中表现为长石斑晶及基质发白、长石边界模糊不清、长石斑岩发淡绿色、淡黄色等（图 4-17a）。镜下的表现形式有斜长石斑晶发生绢云母化（图 4-17b），绢云母完全交代斜长石斑晶时，只保留斜长石假象（图 4-17c），不完全交代时，可见聚片双晶、卡钠复合双晶或交代残余结构；钾长石、黑云母发生绢云母化（图 4-17d、e）；脉体两侧具绢云母蚀变晕（图 4-17f）及绢云母脉。绢云母化岩石中发育黄铁矿、黄铜矿、辉钼矿、孔雀石、石英-黄铁矿脉、石英-辉钼矿脉，偶见斑铜矿，也是与矿化有关的重要蚀变。

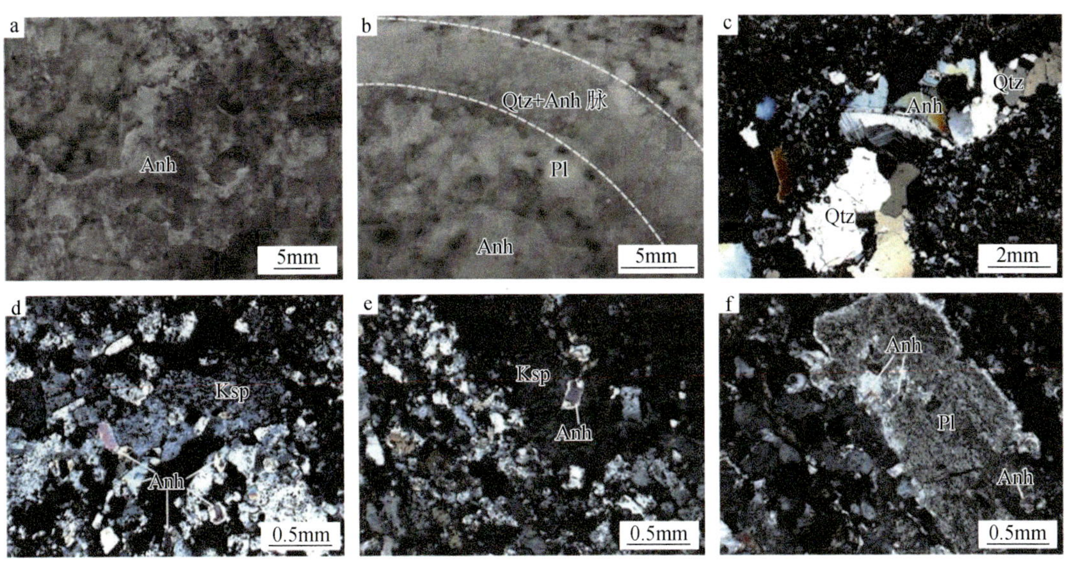

图 4-16　朱诺斑岩型铜矿硬石膏化蚀变

a、b、c. 脉状硬石膏化；d. 星点状硬石膏化；e. 硬石膏包裹在次生的钾长石中；f. 斜长石被硬石膏交代。矿物代号：Anh. 硬石膏；Ksp. 钾长石；Pl. 斜长石；Qtz. 石英

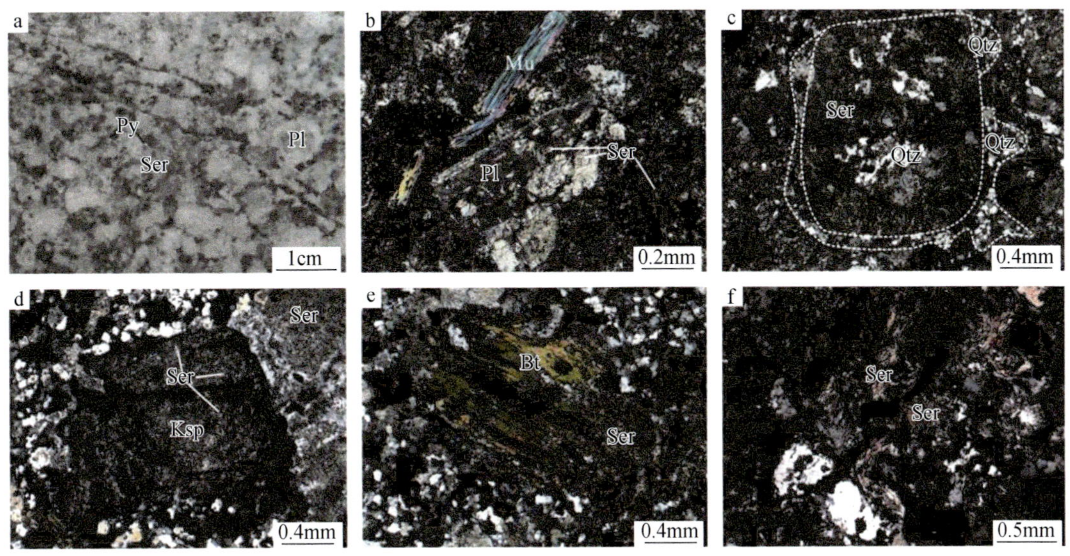

图 4-17　朱诺斑岩型铜矿绢云母化蚀变

a. 斜长石绢云母化；b. 斜长石斑晶和晶屑绢云母化；c. 斜长石被石英和绢云母交代；d. 钾长石绢云母化；e. 黑云母绢云母化；f. 脉体两侧具绢云母蚀变晕。矿物代号：Bt. 黑云母；Ksp. 钾长石；Mu. 白云母；Pl. 斜长石；Qtz. 石英；Ser. 绢云母；Py. 黄铁矿

除了上述的主要蚀变外，朱诺矿区还有一些蚀变规模小、发育局限或蚀变类型特殊的蚀变。碳酸盐化，主要与绢云母化蚀变共存，主要表现为碳酸盐脉±石英脉（图 4-18a），与绢云母一起交代黑云母（图 4-18b）。碳酸盐化蚀变矿物，主要为含镁的白云石，反映热液蚀变早期，含镁矿物遭受到了破坏、分解。电气石化在矿区海拔较低的山谷沟底的

岩石局部裂隙面上可见，表现为呈放射状集合体（图 4-18c）或团块状集合体（图 4-18d）。电气石属于较高温度下的热液蚀变矿物，值得庆幸的是电气石蚀变并不常见，说明朱诺剥蚀程度并不是很大。闪石类蚀变，发现于矿区东部 3201 钻孔成矿前晶屑凝灰岩中，主要表现为脉状，手标本下脉体由青灰色微细粒矿物组成，其中可见少量黄铁矿（图 4-19a），显微镜下，青灰色矿物呈柱状，具绿色、浅蓝色色调（图 4-19c），干涉色为Ⅱ级蓝绿（图 4-19b），与阳起石、蓝闪石矿物的光性特征类似，推测该闪石类蚀变与矿区东部青磐岩化蚀变有关。钠长石蚀变，在国外斑岩铜矿中常有报道，它是早于钾长石化和黑云母化的蚀变类型。朱诺钠长石蚀变发育并不普遍，只在钻孔深部可见钾长石斑晶（图 4-19d、e）和斜长石斑晶具有钠长石蚀变环带（图 4-19f）。部分长石斑晶也具有硅质环带，与钠长石蚀变环带较难区别，钠长石环带颜色稍白，透明度差，石英环带则更加透明（图 4-19g）。显微镜下，钠长石与石英区别较为明显，钠长石为负低突起，表面更加光滑，石英为正低突起，据此，鉴定出钠长石呈环边结构交代斜长石（图 4-19h），斜长石内部被钠长石交代（图 4-19i）。

图 4-18　朱诺斑岩型铜矿特殊蚀变类型 I

a. 碳酸盐±石英脉，碳酸盐矿物主要成分为白云石；b. 碳酸盐矿物和绢云母一起交代黑云母，保留了黑云母的原生解理；c. 裂隙面上的放射状电气石集合体；d. 岩石裂隙面上粗粒电气石团块

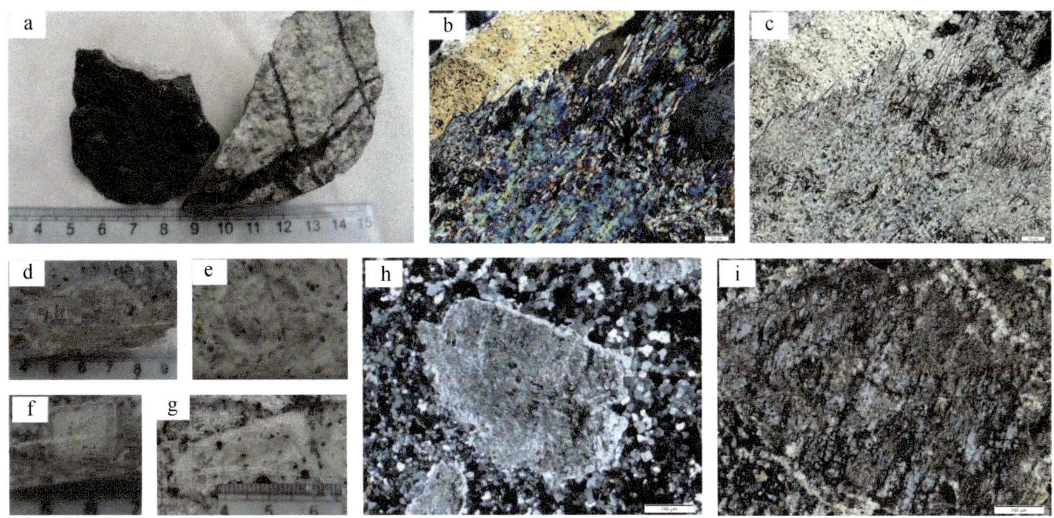

图 4-19　朱诺斑岩型铜矿特殊蚀变类型 II

a. 蓝闪石-阳起石-黄铁矿脉，围岩为成矿前晶屑凝灰岩；b. 蓝闪石-阳起石-黄铁矿脉显微镜照片（正交偏光）；c. 蓝闪石-阳起石-黄铁矿脉显微镜照片（单偏光）；d、e. 钾长石斑晶具钠长石蚀变环带；f. 斜长石的钠长石蚀变环带；g. 钾长石的石英硅质蚀变环带；h. 显微镜下斜长石边缘被钠长石交代；i. 斜长石内部被钠长石交代呈筛状，斜长石因后期更易发生黏土化，而钠长石为新生矿物不易蚀变，使钠长石化现象更加明显

值得注意的是，矿区黏土化并不发育。为确定黏土化的发育情况，在矿区选取了最有可能发育黏土化的岩石，如矿区颜色呈现白色、质地松散的岩石（图 4-20a），极为破碎的岩石，以及钻孔中一些硬度较软的，有绿泥石发育的岩石，进行了 XRD 粉晶衍射，数据结果见表 4-4。由表可知，以前被认为发育黏土化的岩石，除了样品 PM5-116 含 5%高岭石（图 4-20b），均不含黏土矿物。朱诺岩石地表发白，应为绢云母化，所测样品中均有云母类矿物存在，尤其是地表的岩石，云母含量普遍较高，对此进行了证明。岩石松散，可能为后期风化作用导致。破碎的岩石中，也未测到黏土矿物，说明导致岩石破碎的原因不是黏土化，应是断层的作用，破碎的岩石可以定名为断层泥。

表 4-4　朱诺岩石 XRD 粉晶衍射结果

位置	样号	描述	XRD 粉晶衍射结果
地表	PM2-65	黄白色石英正长斑岩	云母 5%，其他为长石、石英
地表	D239-1	黏土化岩石	云母 25%，绿泥石 5%，其他为长石、石英
地表	PM15-118	强烈黏土化岩石	云母 5%，绿泥石 5%，其他为长石、石英
地表	D19	孔雀石化黏土化二长花岗斑岩	云母 32%，其他为长石、石英
地表	PM5-161	绿泥石化黏土化二长花岗斑岩	云母 5%，绿泥石 10%，其他为长石、石英
地表	PM7-10	黏土化石英斑岩	云母 25%，其他为长石、石英
地表	PM5-116	暗土黄色石英正长斑岩	云母 5%，高岭石 5%，其他为长石、石英
钻孔	ZN802-354	深部发绿钠长石化岩石	云母 20%，绿泥石 5，其他为长石、石英
钻孔	ZN-802-291.7	钻孔深部发绿、发白的二长花岗斑岩	云母 5%，方解石 3%，其他为长石、石英

图 4-20　朱诺斑岩型铜矿黏土化蚀变

a. 褪色发白的二长花岗斑岩；b. 高岭土化蚀变

二、蚀变分带及与矿化关系

这些蚀变类型可组合为三个蚀变带：钾化带、绢英岩化带和青磐岩化带，其平面分布特征如图 4-1 所示，典型剖面分布特征如图 4-21 所示，由内而外分带顺序为：钾化带→绢英岩化带→青磐岩化带。钾化主要指钾长石化、黑云母化，这两种蚀变常伴随着硅化，是朱诺矿区早期的蚀变类型，其中黑云母化范围较广，其蚀变早于钾长石化，常见钾长石化叠加在黑云母化二长花岗岩中。钾化蚀变矿物组合为黑云母+钾长石+石英±绢云母±方解石±硬石膏±绿泥石±金红石，金属矿物组合为黄铜矿+黄铁矿+辉钼矿±磁铁矿。钾化带主要发育在蚀变带的内部，地表主要位于矿区西南部，范围大致与黑云母二长花岗岩一致，在 8 勘探线一带的绢英岩化带中残留了早期钾化蚀变（图 4-1），而 7 号勘探线东南方向地表浅部即发育矿体及钾化，显示该处发生了较大的隆升剥蚀，其上部的绢英岩化带可能已被剥蚀。青磐岩化带以绿帘石+绿泥石组合为标志，形成时间稍晚于钾硅酸盐化，主要分布于矿体外围的流纹斑岩，属整个蚀变带的外带。蚀变矿物为绿帘石＋绿泥石+绢云母化±方解石±硬石膏。绢英岩化属中低温热液蚀变，矿区浅部及深部均有绢英岩化蚀变，主要叠加在钾化带的外围，地表位于矿区西部，主体范围位于二长花岗斑岩及其接触带附近的石英斑岩中。绢英岩化带以绢云母化和硅化为组合，发生绢英岩化的矿物斑晶往往保留假象。蚀变矿物组合为绢云母+石英±钾长石±白云母±绿泥石。矿区东部大面积发育成矿晚期花岗斑岩和成矿前石英斑岩，其中石英斑岩范围大致限定了绢英岩化带范围。

钾化带尤其是以黑云母化为主的蚀变带与 Cu 矿化关系最为密切，该带的 Cu 品位最高达 2.67%。青磐岩化矿化较弱，可见少量辉钼矿脉及浸染状黄铁矿、黄铜矿。绢英岩化金属矿物组合为黄铜矿+黄铁矿+辉钼矿±铜蓝±斑铜矿，黄铁矿化、黄铜矿化以浸染状为主，偶见团块状黄铁矿化和石英+黄铜矿脉；辉钼矿化以石英+辉钼矿脉为主，偶见石英+辉钼矿+黄铁矿脉。绢英岩化蚀变期是仅次于钾硅酸盐化蚀变期的成矿时期，Cu 品位一般不超过 0.8%。总体上朱诺铜矿体主要位于钾化带内，尤其在黑云母化岩石中矿化最好，次为绢英岩化带，容矿岩石主要为斑状黑云母二长花岗岩及二长花岗斑岩，其中斑状黑云母二长花岗岩中所含矿体达矿区的 70%以上。

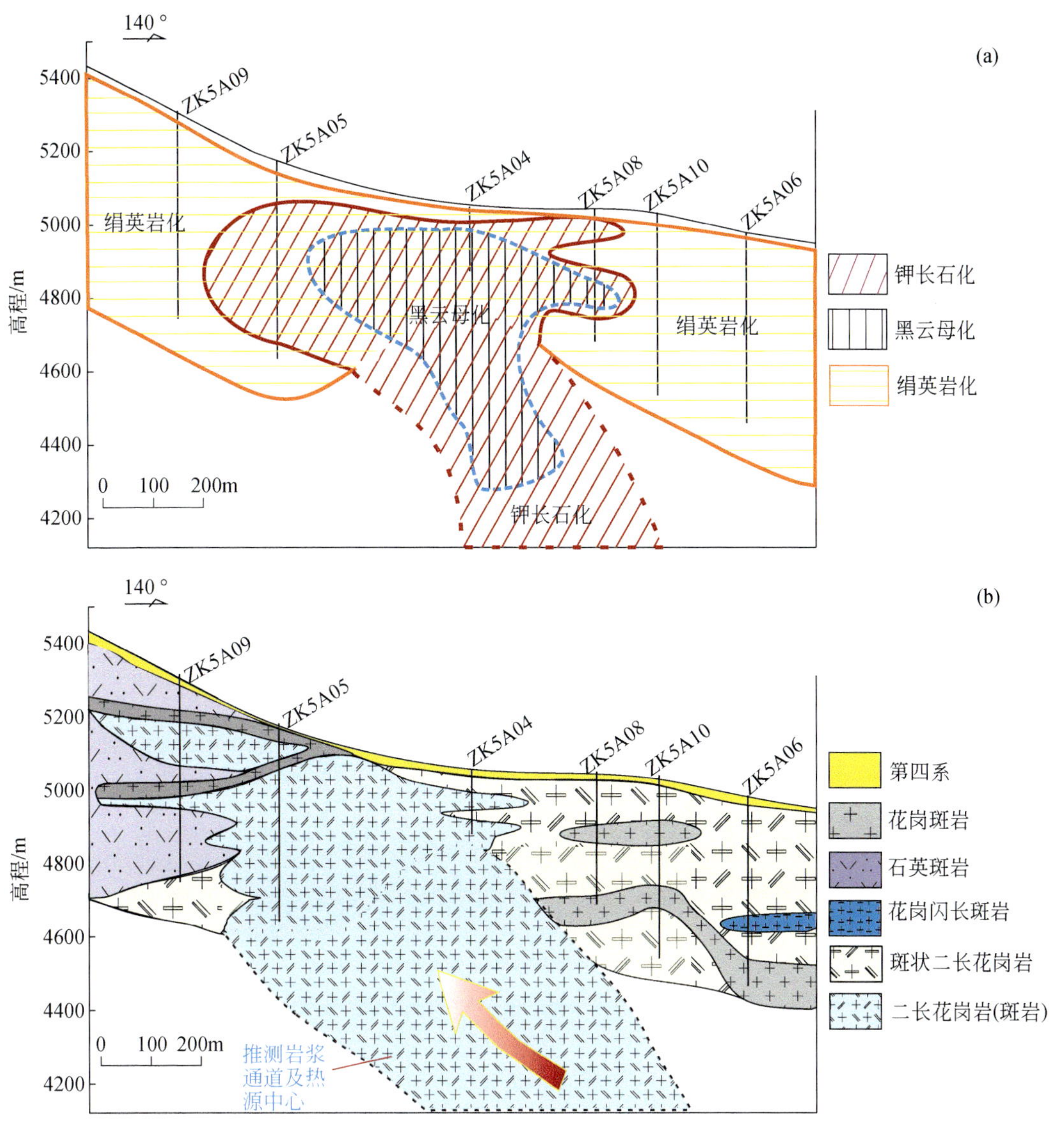

图 4-21　朱诺 5A 号勘探线岩性-蚀变剖面图

蚀变分带界线常与岩性界线相一致，反映蚀变与岩性密切相关。不同的岩石具不同的矿物组成，而某种矿物可发生的蚀变类型是固定的，于是就限定了该类型岩石可能发生的蚀变类型。矿区的石英斑岩不含黑云母、角闪石等暗色矿物，不会产生由暗色矿物蚀变形成的绿帘石、绿泥石及次生黑云母，而石英斑岩主要由石英和长石组成，石英较为稳定，蚀变以次生加大的硅化为主，与成矿斑岩距离较近又决定了长石发育绢云母化及硅化，一般不发育绿帘石化。斑状二长花岗岩与黑云母二长花岗岩矿物组成相似，角闪石与黑云母可蚀变形成次生黑云母，斜长石在温度较高的条件下可蚀变形成钾长石，温度较低条件下可蚀变形成绢云母，局部发育相互穿插的石英脉，因此这两种岩性可发育钾化蚀变及绢英岩化蚀变。以 5A 号勘探线为例（图 4-21），表现为中间为钾化、两侧为绢英岩化的蚀变分带性，石英斑岩主要蚀变为绢英岩化，斑状二长花岗岩主要为绢英岩化、局部少量发育钾长石化和黑云母化，而在二长花岗岩（斑）中则大量发育钾化蚀变，黑云母化则位于岩体的核部呈环带分布，也是与黄铜矿化关系最为密切的蚀变。如图 4-20 所示，黑云母化二长花岗岩及相关钾化蚀变在 4600m 处并未圈闭，具有向南东方向延伸的趋势，推测该致矿岩体侵位通道和方向为南东至北西方向，ZK5A10 及附近深部可能还有隐伏的致矿岩体和矿化，找矿潜力较大。

第五节　成矿期次与阶段

大型-超大型矿床的形成必然伴随长期的成矿作用的继承，其成矿热液复杂，成矿物质来源特殊。斑岩矿床中含石英的脉体类型存在多种划分方案，其中比较经典的是 A 脉、B 脉、D 脉三种类型划分方法（表 4-5）。

表 4-5　斑岩矿床脉体特征表（据 Gustafson and Hunt，1975）

	矿物组合及属性	蚀变晕	硫化物组合
A 脉	石英-钾长石-硬石膏-硫化物脉，常含少量的黑云母；石英含量变化于 50%～90%之间，钾长石通常为条纹长石；石英常呈（细粒）等粒结构，其他矿物多呈浸染状分布；脉体不对称，但常见条带状的钾长石沿脉体边部或中心分布	多数脉体具有钾长石（常为条纹长石）蚀变晕；这些蚀变晕可能是比较窄且不连续的，尤其在强钾硅酸盐蚀变的岩石中更为发育；在相对新鲜的岩石中发育的晚期脉体蚀变晕更强、更明显	浸染状的黄铜矿-斑铜矿，局部含少量的辉钼矿
B 脉	常为石英-硬石膏-硫化物脉，以缺少钾长石为特征；石英粒度相对较粗，常垂直于脉壁呈长柱状生长，脉体边界平直；脉体对称，硫化物、硬石膏常沿脉体中心、边缘连续但呈不规则状分布	以缺少蚀变晕为特征，有时可见白色、不规则的褪色晕，但是大多数可能由脉体的叠加引起	以辉钼矿-黄铜矿发育为特征，见有少量的斑铜矿、黄铁矿；硫化物颗粒一般较粗，呈平行于脉壁的带状或沿垂直脉壁的裂隙分布
D 脉	常为含少量石英、碳酸盐的硫化物-硬石膏脉；石英一般呈晶体产出，其内包裹体较少；硬石膏局部呈粗大的晶体产出	以长石分解蚀变晕发育为特征，并且形式多样；绢云母或者绢云母-绿泥石蚀变晕发育，可能有高岭石-方解石蚀变晕分布在最边部	以黄铁矿为主，常见含黄铜矿、斑铜矿、硫砷铜矿，砷黝铜矿、闪锌矿和方铅矿；有时可见少量的辉钼矿及其他硫化物；常具有典型的反应边结构

Sillitoe（2010）在此基础上进行改进，从早到晚也分为三类：①不含硫化物的石英脉，以发育阳起石、磁铁矿（M）、黑云母（EB）和钾长石为特征，典型的缺乏蚀变晕；②含硫化物的石英脉（主成矿期），脉体中石英呈颗粒状，发育较窄的断断续续的蚀变晕或不发育蚀变晕（A、B 脉）；③自形晶状石英-硫化物脉，并且脉体发育长石分解蚀变边（晕）（D 脉）。他们还对比研究了斑岩型 Cu-Mo 矿床及 Cu-Au 矿床中脉体的特征，提出斑岩型 Cu-Au 矿床从早到晚依次发育磁铁矿脉±阳起石脉（M 脉）、石英-磁铁矿-黄铜矿脉（A 脉）、石英-黄铜矿脉、绿泥石-黄铁矿±石英±黄铜矿脉，而斑岩型 Cu-Mo 矿床从早到晚依次发育黑云母脉（EB 脉）、石英-黄铜矿±斑铜矿脉（A 脉）、石英-辉钼矿±黄铜矿±黄铁矿脉（B 脉）、石英-黄铁矿±黄铜矿脉。

朱诺矿区脉体根据矿物组合、切穿关系及蚀变特征可分为三类（表 4-6），其中 A 脉可以进一步划分为 4 种类型、B 脉可划分为 3 种类型、D 脉可划分为 2 种类型（图 4-22）。

表 4-6 朱诺铜矿主要脉体类型及特征

	脉体类型	蚀变晕	形态及大小	产出特征
A脉	发育钾长石蚀变晕的石英脉	Ksp	不规则状，脉宽 1～5mm 不等	主要产出于斑状黑云母二长花岗岩中，少量产出于二长花岗斑岩中，部分为不规则微细网脉，部分为不规则的独立脉体，常发育有钾长石蚀变晕
	石英-钾长石±硬石膏±黄铜矿脉	Ksp	不规则状-板状，脉宽 1～5mm，黄铜矿呈浸染状分布于脉体中	主要产出于斑状黑云母二长花岗岩中，发育钾长石蚀变晕，该类型脉体发育较少
	黑云母-石英-钾长石-黄铁矿脉	Bit、Ksp	不规则状-板状，脉宽 1～2mm，宽者可达 8mm，黄铁矿晶形较好，星点状分布于脉体中，黑云母呈长板状	主要产出于斑状黑云母二长花岗岩中，蚀变矿物为黑云母，脉体周围可见明显的次生黑云母
	石英-黄铜矿±黑云母±辉钼矿脉	Bit、Ksp	不规则状-板状，脉宽 1～6mm，黄铜矿呈星点状、团块状产出	主要产出于二长花岗斑岩和斑状黑云母二长花岗岩中，常发育钾长石蚀变晕，同时在脉体周围常见次生黑云母化
B脉	石英-黄铜矿±辉钼矿±黄铁矿脉	一般无蚀变晕	连续板状，脉宽 1～5mm，宽者可达 20mm，黄铜矿和辉钼矿呈线状对称分布于脉体两侧	主要产出于斑状黑云母二长花岗岩和二长花岗斑岩中，脉体周围未见明显蚀变
	石英-辉钼矿脉	一般无蚀变晕	连续板状，脉宽 1～8mm，辉钼矿呈线状对称分布于脉体两侧	主要产出于二长花岗斑岩和斑状黑云母二长花岗岩中，一般不发育蚀变晕，该脉被石英-黄铁矿脉切割
	石英-黄铁矿脉	一般无蚀变晕	连续板状，脉宽 2～3mm，有较宽者可达 5～8mm，黄铁矿呈线状分布于脉体中心	主要产出于二长花岗斑岩和石英斑岩中，该类脉体都具有明显的对称特征，未发育蚀变晕
D脉	黄铁矿脉	Ser、Chl	连续的板状，脉宽 1～3mm，黄铁矿颗粒较大	主要产出于二长花岗斑岩中，发育显著的绢云母+绿泥石蚀变晕
	石英-黄铁矿±辉钼矿±黄铜矿脉	Ser	连续板状，脉宽 1～8mm，宽者可达 20～30mm	主要产出于斑状黑云母二长花岗斑岩中，该类脉体影响范围较大，脉体周围发育较大范围（1～2cm）的绢云母蚀变晕

注：Ksp. 钾长石，Bit. 黑云母，Ser. 绢云母，Chl. 绿泥石。

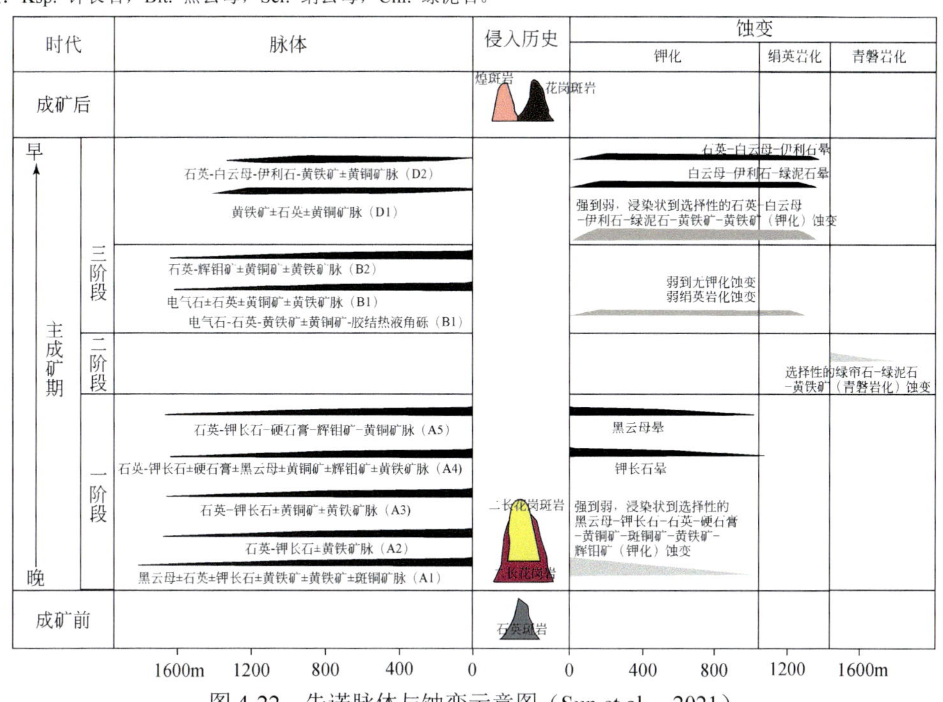

图 4-22 朱诺脉体与蚀变示意图（Sun et al.，2021）

最早的脉体和蚀变位于图的底部。线条长度显示出脉体和蚀变相对于以二长花岗斑岩为中心的横向展布与变化。与特定脉体无关的浸染状到选择性特征的蚀变用灰色线条填充表示，而与特定脉体相关的蚀变晕用黑色线条填充表示

（1）成矿早阶段的 A 脉。此类脉体呈不规则-板状产出。包括以下 5 种类型：石英-钾长石脉、无矿石英脉、石英-钾长石±硬石膏±黄铜矿脉、黑云母-石英-钾长石-黄铁矿脉、石英-黄铜矿±黑云母±辉钼矿脉。该类脉体主要与钾硅酸盐化有关，钾长石为脉体蚀变晕或者本身为脉体的一部分；石英多为粒状，无对称发育。虽然该阶段脉体本身矿化不好，但脉体所在的围岩，黄铜矿较多，矿化较好，如在脉体附近次生黑云母中肉眼下可见到黄铜矿（图 4-23）。

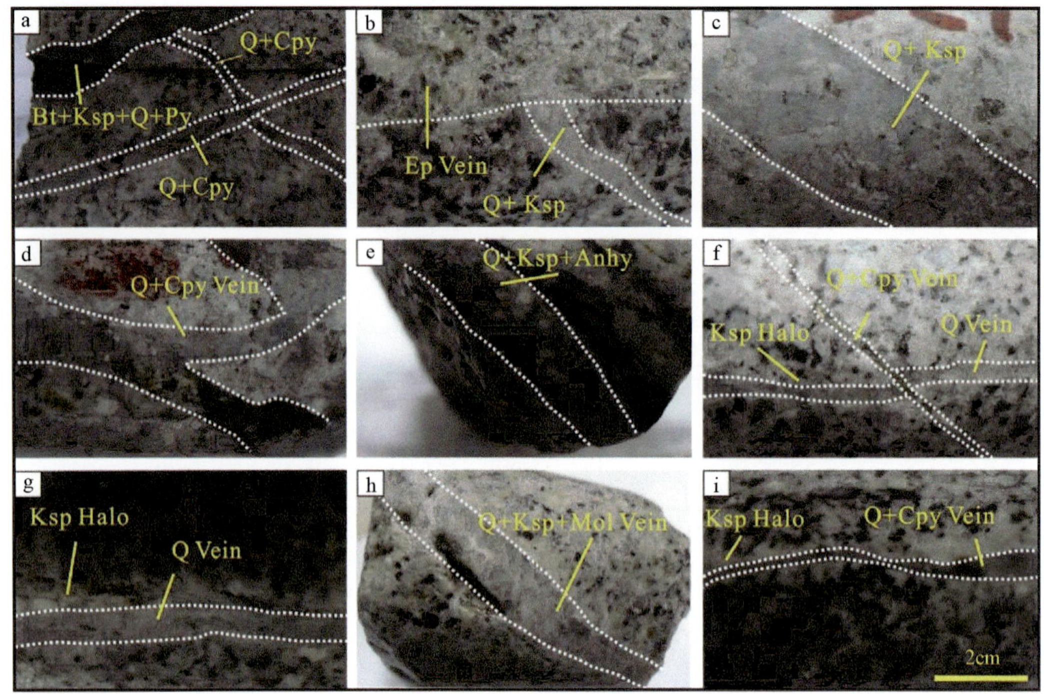

图 4-23 朱诺铜矿成矿早期 A 脉

a. 黑云母二长花岗岩中发育的最早的石英-黄铜矿脉被较晚的石英-黄铜矿脉及黑云母-钾长石-石英-黄铁矿脉切割（1503-296，1503-296 为样品号，其中 296 代表深度，单位为 m，下文表示方法相同）；b. 早期代表钾化的石英-钾长石脉被代表青磐岩化的绿帘石脉切割（804-183.4）；c. 石英-钾长石脉，钾长石呈团块状-不规则状出现（702-289）；d. 二长花岗斑岩中的石英-黄铜矿脉，脉体呈不规则状产出（1503-456）；e. 石英-钾长石-硬石膏脉，该脉旁边有一条黑色电气石脉（1502-496）；f. 发育钾长石晕的石英细脉被石英-黄铜矿脉切割，表示无矿石英脉早于石英-黄铜矿脉（802-347.5）；g. 二长花岗斑岩中的无矿石英脉，发育钾长石脉，代表钾长石化（802-354）；h. 石英-钾长石-辉钼矿脉，代表早期钾化流体（1502-500）；i. 斑状黑云母二长花岗岩中的石英-黄铜矿脉发育钾长石晕，在岩石中可见明显的次生黑云母化（802-364）。矿物代号：Bt. 黑云母；Ksp. 钾长石；Q. 石英；Py. 黄铁矿；Cpy. 黄铜矿；Ep. 绿帘石；Anhy. 硬石膏；Mol. 辉钼矿；Halo. 蚀变晕；Vein. 脉体

（2）转换阶段的 B 脉。主要包括三种类型，分别为：石英-辉钼矿脉、石英-黄铜矿±辉钼矿±黄铁矿脉、石英-黄铁矿脉。前两组脉体呈连续板状产出，硫化物呈线状对称分布于脉体两壁，脉体一般不发育蚀变晕；第三种脉体黄铁矿呈线状分布于脉体中心，石英在两侧对称生长。该阶段脉体中大量硫化物发育，硫化物以黄铜矿和辉钼矿为主，黄铁矿次之（图 4-24）。

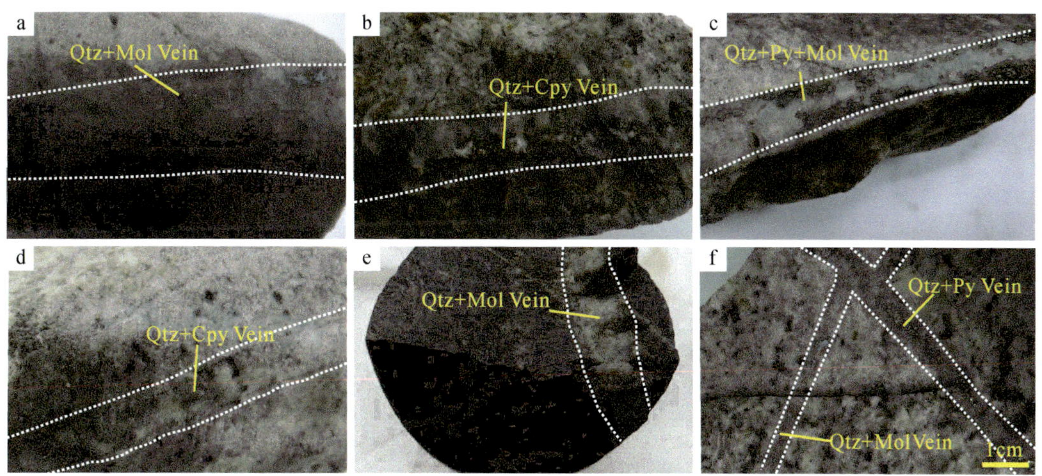

图 4-24　朱诺铜矿转换阶段 B 脉

a. 石英-辉钼矿脉，辉钼矿沿脉体两侧对称发育（1503-180）；b. 石英-黄铜矿脉，黄铜矿在脉体中心发育，石英为颗粒状，在脉体两侧对称发育（1511-142）；c. 石英-黄铁矿-辉钼矿脉，黄铁矿和辉钼矿在脉体两壁对称发育（806-178）；d. 石英-黄铜矿脉，黄铜矿在脉体两壁对称发育（702-356）；e. 石英-辉钼矿脉，未发育蚀变晕（1503-211）；f. 石英-黄铁矿脉切割了石英-辉钼矿脉，石英-黄铁矿脉中黄铁矿沿脉体中心呈线状分布（706-209）。矿物代号：Qtz. 石英；Py. 黄铁矿；Cpy. 黄铜矿；Mol. 辉钼矿；Vein. 脉体

（3）成矿晚阶段的 D 脉。与长石破坏蚀变（石英-绢云母-绿泥石-黏土化）有关。主要包括三种类型：石英-黄铁矿脉、黄铁矿脉、石英-黄铁矿±辉钼矿±黄铜矿脉。前两类脉体多具有暗灰绿色的绢云母-绿泥石蚀变晕，石英、黄铁矿常呈自形生长，颗粒较大。第三类脉体常发育较窄的白色绢云母晕，与绢云母化有关。该阶段脉体中硫化物主要为黄铁矿，黄铜矿很少，辉钼矿不存在（图 4-25）。

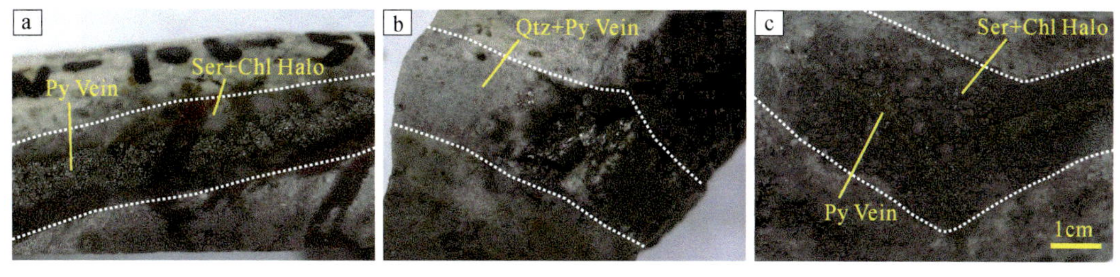

图 4-25　朱诺铜矿成矿晚期 D 脉

a. 黄铁矿脉，发育特征的绢云母+绿泥石蚀变晕（706-54）；b. 石英-黄铁矿脉，黄铁矿含量较多，具有石英未发育完全的晶洞（1503-256）；c. 黄铁矿脉，发育明显的绢云母+绿泥石蚀变晕，代表了长石的分解蚀变（804-174）。矿物代号：Ser. 绢云母；Qtz. 石英；Py. 黄铁矿；Chl. 绿泥石；Halo. 蚀变晕；Vein. 脉体

根据野外脉体相互穿插关系，围岩蚀变特征，并结合镜下矿物组合、矿物交代关系，本矿床成矿期次可以按划分脉体的方法进行划分，具体划分情况见表 4-7。由表可知，铜矿化起始于残浆期，在 A 脉阶段晚期和 B 脉阶段最盛，在 D 脉阶段减弱，Mo 矿化主要发生在 B 脉阶段，D 脉阶段 Mo 矿化已经结束。方铅矿和闪锌矿在矿区总体少见。表生期则有大量的孔雀石和蓝铜矿形成。

表 4-7 朱诺矿床成矿期次及矿物生成顺序表

矿物	残浆期	岩浆期后热液期			表生期
		A 脉阶段	B 脉阶段	D 脉阶段	
黑云母	-----	——————			
钾长石	-----	——————			
石英		——————	=====	=====	
绢云母			=====	——————	
绿帘石				——————	
绿泥石				——————	-----
磁铁矿	————	---------			
金红石	-----	---------			
黄铜矿	-----	——===	=====	---------	
黄铁矿	-----	——————	=====	=====	-----
辉钼矿		---------	=====		
斑铜矿		——————	——————	---------	————
辉铜矿				---------	————
方铅矿			---------	---------	
闪锌矿			---------	---------	
硬石膏		---------			
石膏				---------	-----
方解石				——————	————
赤铜矿					-----
黑铜矿					-----
自然铜					-----
赤铁矿		---------		—	————
孔雀石					===
蓝铜矿					===

注：〓代表大量；—代表少量；---代表微量。

第六节 原生晕分带特征

一、朱诺斑岩铜矿原生晕特征

1. 采样方法及样品测试

如何进行样品采集，是勘查岩石地球化学测量的关键问题之一。进行原生晕地球化学研究，必须选择具有代表性的样品。一般地，在岩石测量中采集组合样代表采样单元的介质可以提高样品代表性。根据《岩石地球化学测量技术规程》（DZ/T 0248—2014）的规定，钻孔岩心取样是沿钻孔岩心，自上至下在一定点距内做连续拣块或间断拣块。通常对脉型矿或断裂构造带型矿化，含矿层可以 3～5m，甚至 1～2m 间距取样。对无矿化、厚度大的岩层，岩性变化不大时，点距可以放稀到 5～10m。对不同岩性、矿化要分别取样。取样密度按矿化类型确定，而分样间距是以岩心提升回次结合孔深和地质特征划分岩性段来确定的。

受制于钻孔样品采集情况，朱诺矿床基本以每个钻孔内 10～40m 的间距进行组合取样，近矿位置采样尽量加密。按照样品的岩性变化、蚀变类型、矿化类型进行分样的确定。选择了 ZK001、ZK702、ZK705、ZK706、ZK802、ZK1511、ZK2306、ZK3201 共计 8 个钻孔进行样品采集，每个样品重约 500～1000g，总共采集样品 132 个。根据《岩石地球化学测量技术规程》（DZ/T 0248—2014）中斑岩铜矿床的主要指示元素 Cu、Mo、Zn、Sb、Sn 等，次要指示元素 Ag、Pb、Au、Mn、W、Sn、Be 等，以及朱诺斑岩矿床的元素含量特征，选择 Au、Ag、Cu、Pb、Zn、Cd、W、Sn、Mo、Co、Cr、As、Sb、Bi、Hg、Se、Mn、F、Ti、Be、Li 这 21 种元素进行测试。测试单位为辽宁省地质矿产研究院。具体样品测试方法如下。

流程 1：称取试样 0.2000g，加水润湿，依次加入 HNO_3、HF、H_2SO_4 将聚四氟坩埚置于 160℃电热板上加热 6 小时后，将电热板升温至 260℃加热至硫酸烟冒尽，趁热加入 1∶1 HNO_3 2mL，用少量水冲洗坩埚壁，加热至溶液清亮，取下，冷却后转移至 50mL 容量瓶中，稀释刻度，摇匀，ICP-MS 法测定 Cu、Pb、Zn、Cd、W、Mo、Co、Cr、Bi、Tl、Mn、Ti、Be、Li。

流程 2：称取 0.1000g 样品与缓冲剂混匀，以 Ge 做内标，采用重叠摄谱法，测定 Ag、Sn。

流程 3：称取 10.0g 样品，灼烧、王水溶样、泡沫塑料吸附、硫脲解脱，石墨炉 ICP-MS 法测定 Au。

流程 4：称取 0.5000g 样品经王水（1+1）分解后，用硼氢化钾还原，原子荧光法（AFS）测定 Se 和 Hg；分取部分溶液用硫脲-抗坏血酸预还原，再用硼氢化钾还原，原子荧光法（AFS）测定 As 和 Sb。

流程 5：称取 0.5000g 样品碱熔，水提取。分取清液用柠檬酸钠掩蔽干扰元素，用离子选择性电极法（ISE）测定 F。

2. 原生晕结构特征

热液成矿过程实际上是个沉淀作用的过程，热液中各种金属矿物都具各自结晶温度，在未达到某个矿物的临界结晶温度时，它是不沉淀的或只是少量沉淀，在接近和达到了临界结晶温度时才开始大量沉淀，低于临界温度时，沉淀逐渐减少，最后沉淀终止。因而各种矿物的沉淀分带，表现为在中部最集中，两侧逐渐减少。各种矿物结晶温度不同，造成了矿床原生晕不同矿物的沉淀分带和同一矿物的浓度分带（邵跃，1997）。研究矿床原生晕的分带性，可以确定矿床的成矿指示元素及其分带序列，估计矿体剥蚀深度、确定深部矿体产状、寻找隐伏矿体，是进行找矿预测，尤其是寻找隐伏盲矿体的有效方法（代西武等，

2000）。

探讨原生晕的空间结构应首先确定元素的异常下限，合理确定原生晕异常下限是原生晕研究中的一个重要方面（普传杰，2004）。目前在生产中应用比较广泛的方法是基于正态及对数正态分布的迭代法来求取背景值。但是，迭代法仅仅是从数学处理的角度来考虑数据下限的选定，并没有实际的地质意义，对找矿勘探的指导意义不甚明确。

为了使异常下限具有更为具体的找矿含义，以及方便对比不同元素的矿化程度，本书采用邵跃提出的将原生晕中的成矿元素的矿石边界品位的1/10作为各元素的内带含量，然后依次以其含量的1/2定为亚内带、中带、外带、亚外带（邵跃，1997）。一般情况下，当元素含量能够达到矿石边界品位的1/10时，均能在异常的范围内发现有关的矿化，因而这一含量非常重要，所以将其设为元素异常的内带含量。各元素外带含量的下限，大体相当矿区化探的异常下限（邵跃，1997）。这种异常浓度分带分级有利于找矿评价，可用来研究如何从多元素组合晕中确定伴生元素和成矿元素。Hg、As、Sb等元素在地壳内克拉克值很低，将其当作伴生元素考虑时适当放低异常含量界线。

本次测试选择了21种元素，但是选择这些元素分析测试是根据前人在其他矿床的研究成果，而实际上每个矿床的情况不尽相同，在测试前无法得知实际情况，所以并不是这些元素全部适用于分带序列的研究，需要根据测试结果，从中再选出合适作原生晕分带性研究的指示元素。结合斑岩铜矿的特有元素组合，再根据这23种元素的浓集系数，以及邵跃推荐的元素异常界限，最终选定Au、Ag、Cu、Pb、Zn、W、Mo、Cd、F、Co、As、Sb、Bi等13种元素进行分带性的分析。其中Cu、Mo作为成矿元素含量较高，取Cu的边界品位2000ppm以及Mo的伴生边界品位100ppm为外带界线。取外带含量作为异常界线，另外As、Sb、Cd作为伴生元素含量较低，适当地降低了它们的外带界线含量（表4-8）。

将ZK2306、ZK1511、ZK702、ZK001、ZK802投影在垂直于勘探线方向的NE向剖面上，设ZK2306横坐标为零，钻孔间距即为勘探线间距400m，然后以组合样的标高为纵坐标，这样就得到每一个组合样的相对空间坐标。

表4-8 朱诺钻孔原生晕指示元素信息表

元素	Au	Ag	Cu	Pb	Zn	Cd	W	Mo	Co
算术平均值	10.12	0.36	2144	61.43	65.37	0.34	12.45	167	6.36
花岗质岩石元素丰度	4.5	0.05	20	20	60	0.1	1.5	1	5
浓集系数	2.25	7.14	107	3.07	1.09	3.44	8.30	167	1.27
外带界线	12	0.6	400	60	125	0.12	12.5	100	8

元素	As	Sb	Bi	F
算术平均值	4.31	1.29	4.20	1058
花岗质岩石元素丰度	1.5	0.26	0.01	800
浓集系数	2.87	4.95	420.01	1.32
外带界线	2.5	0.5	12	500

注：花岗质岩石元素丰度据Vinogradov，1962；Au含量单位为10^{-9}，其他元素含量单位为10^{-6}。

根据邵跃推荐的元素异常分带方法，定出元素外带的含量。以外带含量作为异常下限，在 NE 向剖面上进行各个元素的原生地球化学异常圈划，绘制了各个元素原生晕等值线剖面图。为了更加简洁美观，每一种元素只划分到三级异常，即划分到亚内带，为了描述方便后面统称为一级、二级、三级异常。依据剖面图，我们可以直观地看出各个元素异常的分布特征，见图 4-26。

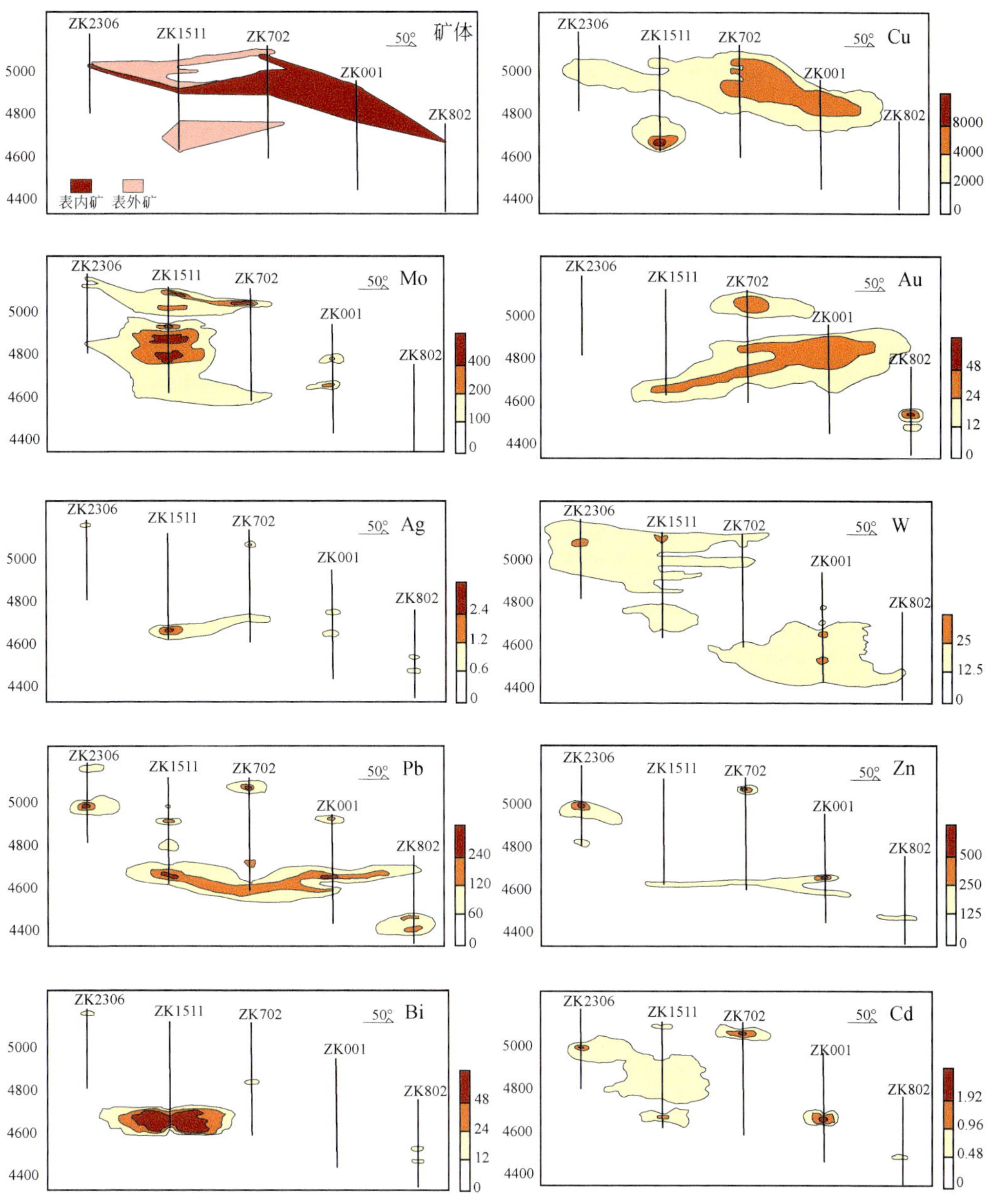

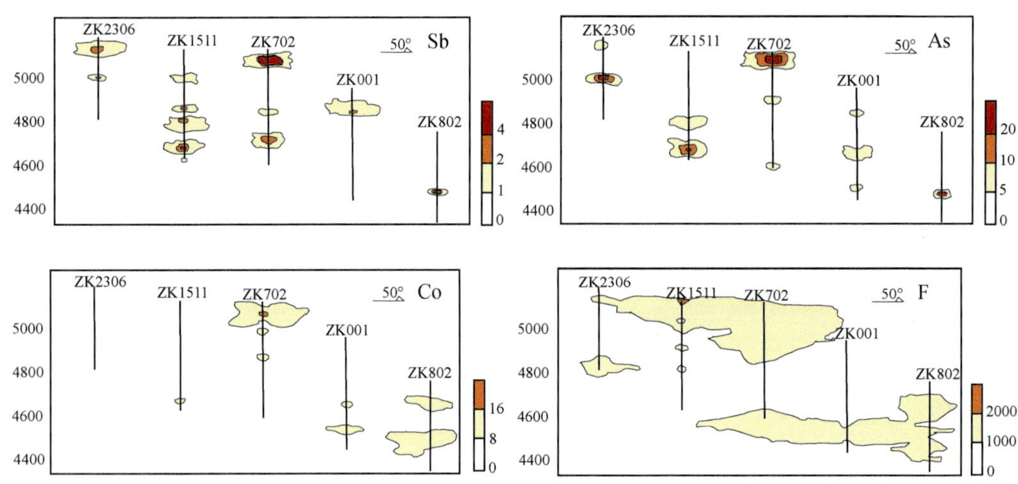

图 4-26 朱诺 NE 向剖面元素异常图

（1）Cu 的外带界线选择的是矿体圈定的界线，因此可以看出 Cu 异常的形态和矿体基本一致，主要位于海拔 4800m 以上区域，已经到达地表。异常高值区主要位于 ZK702、ZK001 的上半部，另外在 ZK1511 的终孔处有一段高值区，达到三级异常。

（2）Mo 和 Cu 呈明显的分带分布，在 Cu 矿化强烈的区域 Mo 矿化较弱。Mo 异常主要在 ZK1511 范围，位于 Cu 异常的西南边，而高值区域位于 4750～4900m 之间，5000m 以上还有一层薄的高值区。

（3）Au 异常和 Cu 异常重叠性较好，异常主要位于 ZK702、ZK001 控制范围内，高度在 4600～4900m 之间，仅 ZK802 深部的一个单点异常达到三级异常级别。

（4）Ag 矿化较弱，在 ZK1511 深部有一高值点，达到三级异常，另外在每个钻孔有零星几个样品达到了一级异常，总体位于 4600～4800m 范围内。

（5）W 元素达到一级异常的区域面积很大，但二级异常和三级异常面积很小，表示 W 矿化均匀，但是强度不高。此外 W 异常分为两块，分别位于 ZK2306、ZK1511 的 4900m 以上区域，以及 ZK001 的 4700m 以下区域。这两块区域分别是 Cu 异常的头部和尾部，可以看出 W 围绕 Cu 异常分布。

（6）Pb 元素异常主体呈带状分布，位于 ZK1511、ZK702、ZK001 的底部，ZK802 的中部，高度主要位于 4600～4750m 之间，另外在 5000m 以上的区域有零星异常分布，范围小但强度大，可达到二级至三级异常。Zn 元素异常形态和分布位置与 Pb 基本相同，只是矿化相对 Pb 更弱，异常区域的面积较小。

（7）Bi 元素异常范围很小，主要位于 ZK1511 的底部，该处异常强度极大，达三级异常级别。其他区域有零星的一级异常分布，都是单点异常。

（8）As 和 Sb 的异常分布非常相似，异常范围较小且位置零散，在 ZK702 的孔口附近有一处异常面积相对较大，强度可达到三级异常。

（9）Co 元素异常范围小，强度弱，基本只达到一级异常。主要分布于 ZK702 的上部，以及 ZK802 的中下部。

（10）F 元素的异常分布与 W 类似，主体分为两块，且范围大，强度低。两块区域分别位于 Cu 矿化区域的上部和下部。

综合分析，NE 向剖面上，13 种元素的异常形态各异。成矿元素 Cu、Mo 的矿化强度明显高于其他几种元素，且 Cu 和 Mo 呈明显的分带分布。Pb、Zn 作为低温热液元素，异常区域却主要分布于矿体之下，这样的反常分布可能与朱诺矿床剥蚀较严重有关，矿体上部的 Pb、Zn 富集区域应该已经被剥蚀，仅留下残余的点状异常分布于矿体上部，而矿体下部的带状异常可能指示了深部另一层矿体的前缘晕。W 和 F 这两个元素异常分为两块，分别位于主矿体上部和下部，W 元素的这种异常分布可能因为其在高温、低温阶段都可以沉淀（邵跃，1997）；而远程指示元素 F 在矿体下部出现了大范围异常，同样可能指示了深部另一层矿体。

原生晕元素分带性研究通常是在已知或半已知矿区进行。对勘探剖面上的钻孔进行岩心采样以研究原生晕剖面上的元素分带性，即研究原生晕中异常元素的前后和（或）其上下关系。这种分带性，一般从钻孔原生晕剖面上观察，即可大致看出，其分带关系有时相当明显，计算的方法只是补充观察之不足。通常使用的计算的方法是格里戈良 1975 年提出的，称为分带指数法。格里戈良是以计算每个元素的分带性指数来确定原生晕中各元素的分带序列。方法是：

（1）算元素不同标高线金属量。

（2）线金属量标准化并求和，也就是将不同标高所有元素的线金属量变成同一数量级，以便于对比。

（3）计算分带指数 D。D=不同元素标准化线金属量/同一标高所有元素线金属量和。

（4）分带排序。利用变异指数和变异性梯度差Δ来计算每个元素的确切分带顺序。具体算法下文介绍。但是格里戈良的分带法有许多问题，一直存在着争议，例如为了将不同元素金属量化为同一数量级，变换系数可达 10000，极大地增加了计算量，又可能人为地掩盖了不同元素之间的差异。所以本次采取的是改良的格里戈良分带指数法（王建新等，2007）。也就是将原始格氏法的第 2 个步骤用聚类分析中原始数据预处理时正规化的方法代替。这样每个正规化后的元素金属量的数值区间皆为［0，1］，见表 4-9。本次将所有样品分为四个中段，分别为Ⅰ 5000m 及 5000m 以上中段，Ⅱ 5000～4800m 中段，Ⅲ 4800～4600m 中段，Ⅳ 4600m 以下中段。

表 4-9 朱诺钻孔原生晕数据正规后的线金属含量表

	Au	Ag	Cu	Pb	Zn	Cd	W	Mo	Co
Ⅰ	7.6	15.6	4.6	4.0	11.6	7.4	10.6	1.6	13.6
Ⅱ	12.3	23.3	8.4	4.2	17.0	10.7	11.8	2.9	20.2
Ⅲ	7.4	13.1	3.0	3.0	9.6	6.2	6.1	0.9	9.6
Ⅳ	5.1	9.3	1.1	1.8	6.8	4.0	5.3	0.4	8.1

	As	Sb	Bi	F	总和
Ⅰ	2.2	1.6	10.9	5.4	96.6
Ⅱ	1.5	1.1	16.6	5.9	135.9
Ⅲ	1.1	0.5	9.4	2.4	72.2
Ⅳ	1.0	0.5	6.7	2.0	52.2

根据各个元素在每个中段的分带指数（表 4-10），可以初步确定元素的分带情况为从上到下为（W、Sb、As、F）-（Cu、Mo）-（Au、Ag、Pb、Zn、Cd、Bi）-Co。因为出现有多种元素分带指数最大值位于同一中段中，我们需要判断同一中段元素的确切先后顺序，现在需要确定每一个元素的准确顺序。

①当分带指数最大值位于最高或者最低中段时，运用变异性指数 *G* 来判断元素的确切顺序：

$$G=\sum_{i=1}^{n}\frac{D_{\max}}{D_i} \tag{4-1}$$

式中，$D_{\max}$ 为某一元素的分带指数最大值；D_i 为该元素在 *i* 中段的分带指数值（不包含 $D_{\max}$ 所在中段）。

当位于最高中段时，*G* 越大元素越向上富集，排序也就越靠上，当位于最低中段时，*G* 越大元素越向下富集，排序越靠下。

此时 W、Sb、As、F 位于 I 中段，即是最高中段，现在分别计算它们的变异性指数：G_{W}=3.66、G_{As}=4.69、G_{Sb}=5.93、G_{F}=4.44，则从上到下的元素顺序为 Sb-As-F-W。

②当分带指数最大值位于中部中段时，用变异性梯度差Δ来确定元素的确切先后顺序，Δ越大，表明元素越向下富集，元素顺序应越靠下。

$$\Delta=G_{上}-G_{下} \tag{4-2}$$

式中，$G_{上}$为分带指数最大值所在中段之上的变异性指数值；$G_{下}$为分带指数最大值所在中段之下的变异性指数值。

表 4-10　朱诺钻孔原生晕元素分带指数表

	Au	Ag	Cu	Pb	Zn	Cd	W	Mo	Co
I	0.0788	0.1612	0.0478	0.0415	0.1201	0.0762	**0.1100**	0.0164	0.1403
II	0.0902	0.1716	**0.0621**	0.0309	0.1248	0.0784	0.0866	**0.0215**	0.1489
III	**0.1026**	**0.1809**	0.0410	**0.0421**	**0.1329**	**0.0855**	0.0847	0.0118	0.1327
IV	0.0978	0.1784	0.0217	0.0354	0.1298	0.0765	0.1010	0.0070	**0.1545**

	As	Sb	Bi	F
I	**0.0229**	**0.0163**	0.1123	**0.0560**
II	0.0113	0.0082	0.1223	0.0433
III	0.0151	0.0073	**0.1306**	0.0327
IV	0.0199	0.0096	0.1292	0.0392

注：加粗字体是每种元素分带指数最大值。

计算最大分带指数位于II中段（Cu、Mo）、III中段（Au、Ag、Pb、Zn、Cd、Bi）的元素变异性梯度差Δ：ΔG_{Cu}=−2.78，ΔG_{Mo}=−3.57，因此II中段从上到下的元素顺序应为 Mo-Cu；ΔG_{Au}=1.39，ΔG_{Ag}=1.16，ΔG_{Pb}=1.19，ΔG_{Zn}=1.14，ΔG_{Cd}=1.09，ΔG_{Bi}=1.22，因此III中段从上到下的元素顺序应为：Cd-Zn-Ag-Pb-Bi-Au。

根据前文对 NE 向剖面的元素异常图分析，W 元素应分为浅部和深部两段异常，结合 W 元素的分带指数，也可以看出其 I 中段和IV中段的分带指数极为接近，明显高于II、III中段，因此认为两层 W 应在分带序列中分开参与排序。综合以上三个中段元素排序的计算结果，可以得出研究剖面完整的垂向分带序列由浅及深为：Co-W2-Au-Bi-Pb-Ag-Zn-Cd-Cu-Mo-W1-F-As-Sb。W在分带序列中的两次排序以及Pb、Zn、Au、Ag等元素的排列在Cu下部的特征与上文中NE向剖面的异常形态得到了良好的对应。总体来说，这个分带序列与上文的异常剖面图基本相符。因此改良的格里戈良法能够准确地计算出元素的垂直分带情况。

格里戈良总结出元素排序顺序不是绝对固定的，不同矿床的元素的位置可能会出现前后的变化，但正常来说元素的所在大致区间不会改变。对比格里戈良总结出的热液矿床元素分带（邵跃，1997）（从下自上）：W-Be-As1-Sn1-U-Mo-Co-Ni-Bi-Cu1-Au-Sn2-Zn-Pb-Ag-Cd-Cu2-As2-Sb-Hg-Ba-Sr，发现朱诺矿床Pb、Zn、Ag、Au这四个元素的位置从Cu的上部到了Cu的下部，也就是说从矿体的前缘晕位置到了尾晕上，这样就造成矿体下部既有尾晕元素，又有前缘晕元素，有明显的相互叠置现象，说明在朱诺矿床不同成矿阶段矿化复杂叠加。造成这种现象的原因应与上文对NE向剖面元素异常图的分析一致：①矿体上部的前缘晕已经被剥蚀；②矿体深部可能还有一层隐伏矿体。

二、原生晕元素统计分析

从表4-11元素的浓集系数可以看出，Cu、Mo、Bi高浓集系数，相比花岗质岩石里的丰度，其浓集系数达到了100倍以上。Pb高于花岗质岩石丰度值，而Zn与花岗质岩石的丰度值基本相同。Pb、Zn来源于热液，可能由于其富集部位在铜矿体外围，而在矿体及矿体附近区域比较低，其次Zn还有可能因易活化转移而贫化。而Hg、Se元素的浓集系数低于0.2，强烈贫化，可以作为负晕指示元素。

为进一步研究朱诺矿床原生晕的元素组合特征，更形象、更直观地表现出各元素分布之间的相似程度，对测试数据进行R型聚类分析，采取最短距离法对132个样品各个元素的测试数据进行分析，得到聚类谱系图（图4-27）。结果显示测试的21种元素明显地聚为

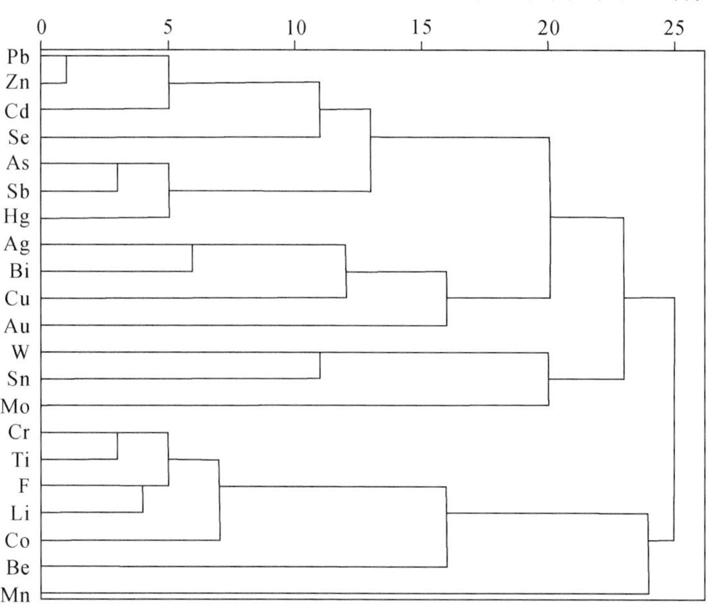

图4-27　朱诺钻孔原生晕R型聚类分析谱系图

两大类。Pb、Zn、Cd、Se、As、Sb、Hg、Ag、Bi、Cu、Au、W、Sn、Mo 为一类，代表了一组热液成因的成矿元素及伴生元素的组合；Cr、Ti、F、Li、Co、Be、Mn 代表主要与岩体相关的一组元素。第一类元素里面又可分为三组：第一组为 Pb、Zn、Cd、Se、As、Sb、Hg，代表着中低温热液阶段的元素组合；第二组为 Ag、Bi、Cu、Au，代表了一组中温-中低温的热液成因的元素组合，也是一组成矿元素组合；第三组为 W、Sn、Mo，代表了一组高温热液成因的元素组合，且 Mo 与 W、Sn 的相似性并不强。朱诺矿床的主成矿元素 Cu 和其他元素相关性并不强，仅仅与 Ag、Bi 在距离系数为 12 聚为一类。而另一成矿元素 Mo 则基本与其他元素没有太强的相关性。作为主矿化元素的 Cu 和 Mo 基本没有相关性，造成这种情况的原因可能是朱诺矿床的元素分带性非常强。从元素相关系数（表 4-11）来看，Cu 和 Mn、Ti、Be 具有比较强的负相关性，说明伴随 Cu 的矿化，这些元素被从岩体中活化并被大量带出，说明这几种元素可以当朱诺矿床的远程指示元素。

表 4-11 朱诺钻孔原生晕元素含量表

元素种类	样品个数	均值	花岗质岩石元素丰度	浓集系数
Au	132	10.12	4.5	2.25
Ag	132	0.36	0.05	7.14
Cu	132	2143.71	20	107.19
Pb	132	61.43	20	3.07
Zn	132	65.37	60	1.09
Cd	132	0.34	0.1	3.44
W	132	12.45	1.5	8.30
Sn	132	2.48	3	0.83
Mo	132	166.90	1	166.90
Co	132	6.36	5	1.27
Cr	132	28.70	25	1.15
As	132	4.31	1.5	2.87
Sb	132	1.29	0.26	4.95
Bi	132	4.20	0.01	420.01
Hg	132	0.01	0.08	0.17
Se	132	0.21	3	0.07
Mn	132	259.91	600	0.43
F	132	1058.48	800	1.32
Ti	132	1672.09	2300	0.73
Be	132	3.26	5.5	0.59
Li	132	32.23	40	0.81

注：花岗质岩石元素丰度据 Vinogradov，1962，Au、Hg 含量单位为 10^{-9}，其他元素含量单位为 10^{-6}，浓集系数=均值/花岗质岩石元素丰度。

因子得分值反映每个样品在各种地质作用中的属性，是勘查地球化学中经常应用的参数之一（赵鹏大，2004）。因子在样品上的取值(即因子得分)基本上可以反映成矿元素组合在该样品上的客观特征，因子得分的高低代表了取样点矿化作用的强弱，因此根据因子得分的空间分布特征对矿床矿化的空间分布规律进行研究，同时也能达到对矿床深部、边部矿体进行预测的目的（蒋顺德，2007）。为了查明朱诺斑岩铜矿床元素之间的内在成因联系，对 132 件样品的异常元素进行因子分析，取 5 个主因子，这 5 个主因子贡献了总方差的 81.176%，说明这 5 个主成分提供了足够多的原始数据信息（表 4-12）。

表 4-12　朱诺矿床钻孔原生晕异常元素因子旋转后负荷矩阵

	F1	F2	F3	F4	F5
Au	0.505	−0.113	0.340	−0.434	0.274
Ag	0.445	0.107	0.791	0.026	0.118
Cu	0.022	0.001	0.811	−0.086	0.149
Pb	0.177	0.924	0.132	0.047	−0.038
Zn	0.289	0.929	0.044	0.036	−0.030
Cd	0.273	0.781	0.092	0.219	0.469
W	−0.015	0.194	−0.004	0.842	0.025
Sn	0.281	−0.100	0.026	0.807	0.260
Mo	−0.069	0.061	0.045	0.160	0.894
As	0.777	0.465	0.155	0.124	−0.081
Sb	0.900	0.170	0.078	0.085	−0.014
Bi	0.088	0.155	0.866	0.055	−0.167
Hg	0.721	0.310	0.343	0.036	−0.106
Se	0.591	0.362	−0.038	0.430	0.170

F1 公因子为 As、Sb、Hg、Se、Au 组合，代表着朱诺斑岩铜矿晚期的低温热液活动。其中 Se 在高温、中低温阶段都有一定的富集。另外，此阶段 Ag 也有富集的情况，但是对比 Cu 矿化阶段要弱。

F2 公因子为 Pb、Zn、Cd 组合，为中低温热液活动的元素组合，代表着中低温热液活动对成矿做出的贡献，Au、Ag、As 在此阶段也有一定的富集。

F3 公因子为 Ag、Cu、Bi 组合，主要反映朱诺斑岩铜矿侵位后早期中温热液活动的结果（也就是 Cu 矿化阶段），早期阶段主要富集 Cu、Ag、Bi，Au 在此阶段也有一定富集，但强度比起 Cu、Ag、Bi 要弱。

F4 公因子为 W、Sn 组合，主要反映成矿前沉淀的高温元素组合。

F5 公因子仅 Mo 元素贡献了 0.894，其他元素方差贡献率都很低，暗示 Mo 的岩浆源区可能不同于 Cu、Au，表明成矿时更多壳源物质的加入。

总体来说，因子分析的结果很好地对应了元素聚类分析的结果。5 个因子分别代表了从高温到低温朱诺矿床几个不同阶段的热液活动。

成矿元素 Cu 的矿化活动相对简单，主要集中于一个阶段，主要伴生元素之一的 Mo 和 Cu 矿化关系并不密切，形成于另一次独立的热液活动，而另一主要伴生元素 Au 则有着复杂的成矿过程，从中温到中低温、低温三次热液活动阶段都有一定的富集。为了解不同因子在空间上的分布，做出剖面上的各因子等值线图，从图中可以看出（图 4-28）：F1 因子组合等值线图反映了 As、Sb、Hg、Se、Au 这一套低温元素的综合异常分布，高值区域位于 ZK702 的孔口附近，区域为矿体的正上方位置，而正值异常区域整体性好，主要位于剖面中部，与主矿体的范围比较一致，往西部异常减弱，面积减小。说明 F1 因子的高值区为 Cu 矿的前缘指示。

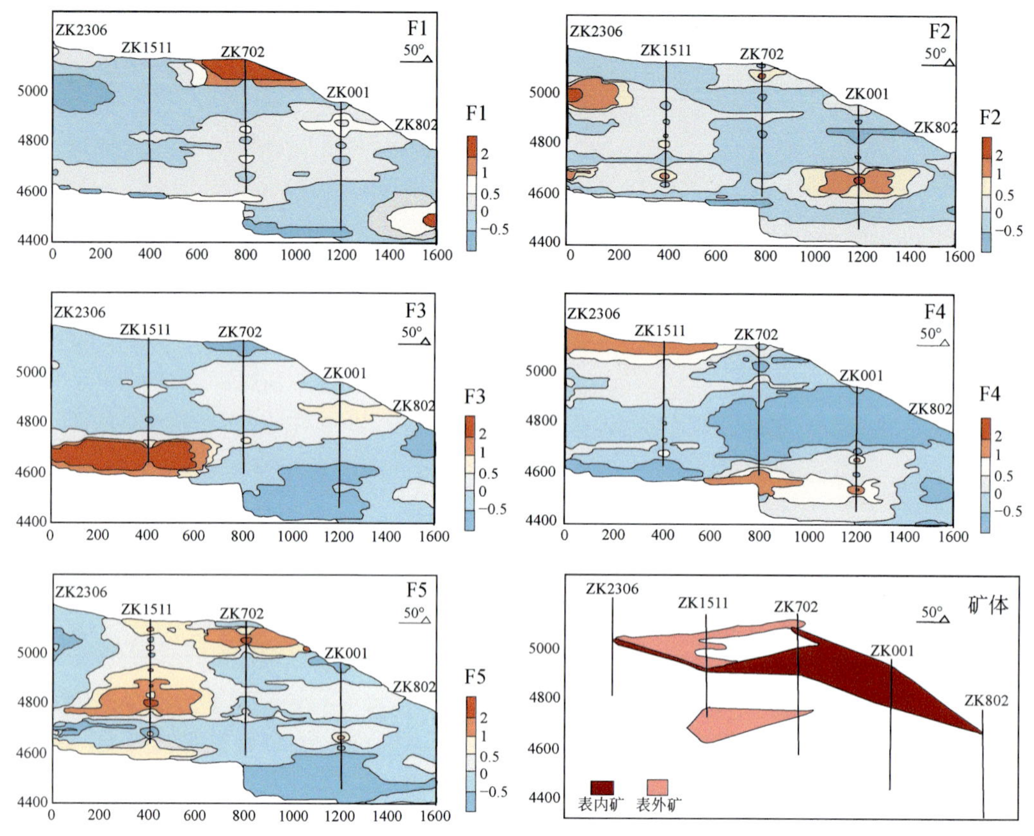

图 4-28　朱诺钻孔原生晕因子组合 NE 向剖面异常图

F2 因子组合等值线图反映了 Pb、Zn、Cd 这一套中低温沉淀的元素综合异常分布，高值区分为两块，分别位于 ZK001 下部以及 ZK2306 中部，矿体所在位置为负异常区域。F1 因子高值区较 F2 因子高，而 F2 因子在横向上延伸范围更广，因此 F1 因子的高值应该更接近矿体的正上方，而 F2 因子的高值围绕着矿体四周出现。

F3 因子组合等值线图反映了 Cu 矿化这一主成矿阶段的 Cu、Ag、Bi 元素的综合异常分布，其正值区域与矿体范围基本吻合。而高值区域位于 ZK1511 底部，这块区域虽然不是主矿体所在，但也有一层厚大的表外矿体，加上 Ag 和 Bi 在此富集，造成了范围较大的高值区。因子得分异常分布与矿体空间分布有较好的套合关系，表明此因子元素组合对于深部找矿具有较好的指示作用。

F4 因子组合等值线图反映了 W、Sn 一组高温沉淀元素的综合异常分布。F4 因子应以 W 元素的矿化影响为主，其异常形态与 W 元素异常符合。

F5 因子是 Mo 矿化的指示因子，只有 Mo 载荷比较高，主要反映了 Mo 矿化的异常分布。其空间形态分布与 Mo 异常基本一致。

一个多元素的地球化学晕，将其中具有指示意义的元素的含量以某种方式组合，能圈出更为清晰的异常（邵跃，1997）。我们通常使用组合晕来强化和识别原生晕异常。组合晕有两种：一为累加晕；二为累乘晕，累乘晕是一种常用方法。组合晕中的元素组合关系并不是任意选择的，一般来说，我们会选择原生晕中前缘晕的元素作为一组，而近矿晕和尾晕元素为另一组，这种组合是相对的，没有一个固定的分组标准。这种方法能够构建有效的深部资源潜力评价模型（Beus and Grigorian，1977）。利用前文已经建立好的朱诺矿床原生晕分带序列，计算矿体地球化学评价指标，本次研究选取 D=（As×Sb×F）/（Cu×Co×Mo×Bi）作为地球化学评价指标。As、Sb、F 是前缘晕元素，Cu、Co、Mo、Bi 是近矿晕和尾晕元素。为了方便作图与分析，令 I=lg（D×1000），计算结果见表 4-13、图 4-29、图 4-30。从海拔 5100m 以上到 5000m，随着接近矿体，I 值从 0.6 锐减为 0.3，到达主矿体所在高度 5000～4800m 的时候 I 进一步减小至零以下，在 4700m I 值略有提高至 0.3，然后在 4600m 时 I 值再次减小到零以下，再往深部，此时 I 值突然随着深度的增加开始迅速增大至 1.2（图 4-29）。从 4600m 以上情况来看，I 值的总体变化趋势是：在矿体上部 I 为正值，离矿体越远 I 越大；在近矿体处 I 值减小至 0 以下，矿体所在区域 I 也为负值；在矿体下部，I 为负值并且随着深度增加 I 值继续减小（图 4-29）。但是 4500m 开始 I 值的突然增大，与 4600m 以上的 I 值变化趋势相违背（图 4-29）。为了更加清晰地显示出 I 的变化情况，利用 Surfer 软件采用距离幂次反比法插值，绘制出 I 在 NE 向剖面上的等值线图（图 4-30），反映出 I 与矿体的空间对应关系：主矿体的上部到地表 I 多为正，并且随着高度增加 I 有逐渐增大的趋势；主矿体所在位置基本为 I 的负值区域；ZK2306、ZK1511 范围内，矿体下部的 I 值为负，并且随着远离矿体往深部去，I 值继续降低，符合 I 值由浅到深，逐步减小的总体变化趋势；而在 ZK001 的深部，矿体下面出现了一个 I 值高的正值区域，与图 4-29 中 4500m 以下的 I 值对应，图 4-29 中 4700m 处出现的正值应该也是受到 ZK001 下部的这段高值影响。总体来说，I 值的变化趋势证明，该指标可以评价深部的找矿潜力：ZK001 深部的高值区域可能指示了深部矿体的前缘晕。因此，朱诺矿区深部南西方向具有较大的成矿潜力。

表 4-13　朱诺钻孔原生晕不同标高元素含量

海拔/m	Cu	Mo	Bi	Co	As	Sb	F	I
5100	1470	63.11	2.84	3.48	3.05	1.06	1208	0.6
5000	2557	318.88	1.93	7.85	7.39	2.48	1376	0.3
4900	2859	165.81	1.56	6.74	2.61	0.60	1135	−0.5
4800	2479	280.18	2.34	6.73	3.15	1.44	940	−0.4
4700	1642	103.26	2.42	3.90	3.62	1.12	731	0.3
4600	2119	84.24	17.84	6.32	4.99	0.95	847	−0.7
4500	1060	25.06	2.20	7.24	2.34	0.46	1109	0.5
4400	873	34.92	6.50	7.67	9.52	2.29	1058	1.2

注：元素含量单位为 10^{-6}。

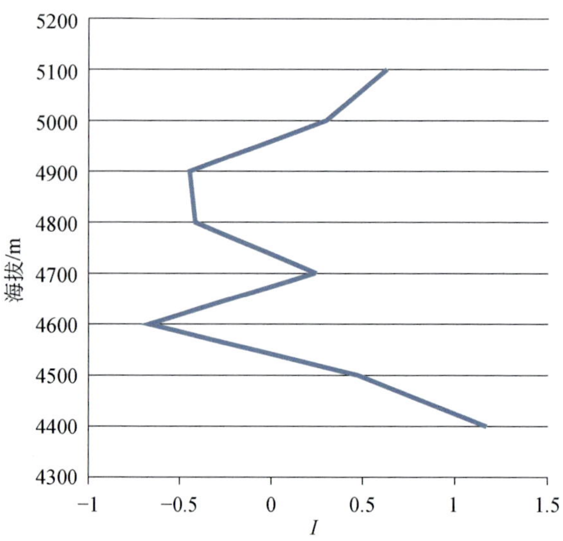

图 4-29　朱诺钻孔原生晕累乘指标折线图

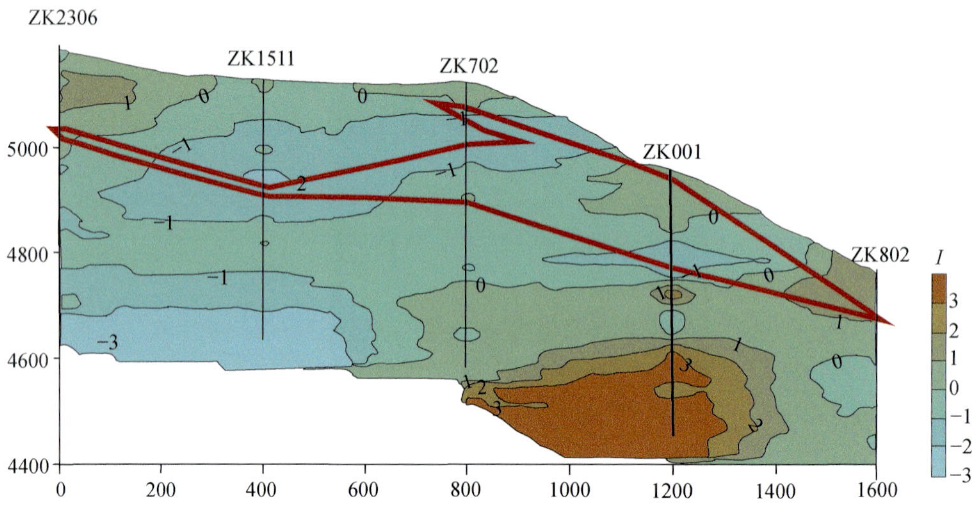

图 4-30　朱诺钻孔原生晕累乘指标 I 等值线图

第五章　岩石成因及成矿动力学机制

第一节　岩 石 成 因

为了便于描述，将朱诺始新世石英斑岩、流纹斑岩统一称为成矿前岩浆岩，中新世斑状二长花岗岩、二长花岗斑岩统一称为成矿主期岩浆岩，中新世花岗斑岩称为成矿晚期岩浆岩。对朱诺矿区发育的各种类型的岩浆岩进行了全岩主微量（表 5-1）、Sr-Nd 同位素（表 5-2）及锆石 Hf 同位素分析（表 5-3）。下面就成矿前、成矿主期、成矿晚期岩浆岩及中新世包体和煌斑岩岩石地球化学特征、岩浆源区、岩石成因展开讨论。

朱诺成矿前岩浆岩 SiO_2（68.7%～78.4%）、K_2O（1.5%～4.4%），属高钾钙碱性系列（图 5-1b），低 $Mg^{\#}$（19.1～53.1），平均值为 32.1（图 5-1c），低 Sr/Y、La/Yb 值，表现出典型弧岩浆的特点（图 5-1d、e），低 Cr、Ni 含量，分别为 2.1×10^{-6}～9.6×10^{-6}、1.1×10^{-6}～5.5×10^{-6}（图 5-1f），低 Nb/Ta 值（8.8～15.5，平均值为 10.9），低 Zr/Hf 值（18.5～37.6，平均值为 28.3），指示壳源岩浆作用。朱诺成矿前岩浆岩轻重稀土分异明显（La_N/Yb_N=10.3～40.2），具较为平直的中稀土/重稀土分配曲线（Sm_N/Yb_N=2.3～6.5；Gd_N/Yb_N=1.5～4.0），负 Eu 异常（δEu=0.4～0.8），说明源区主体以斜长石的结晶分异为主，石榴子石未参与源区残留或

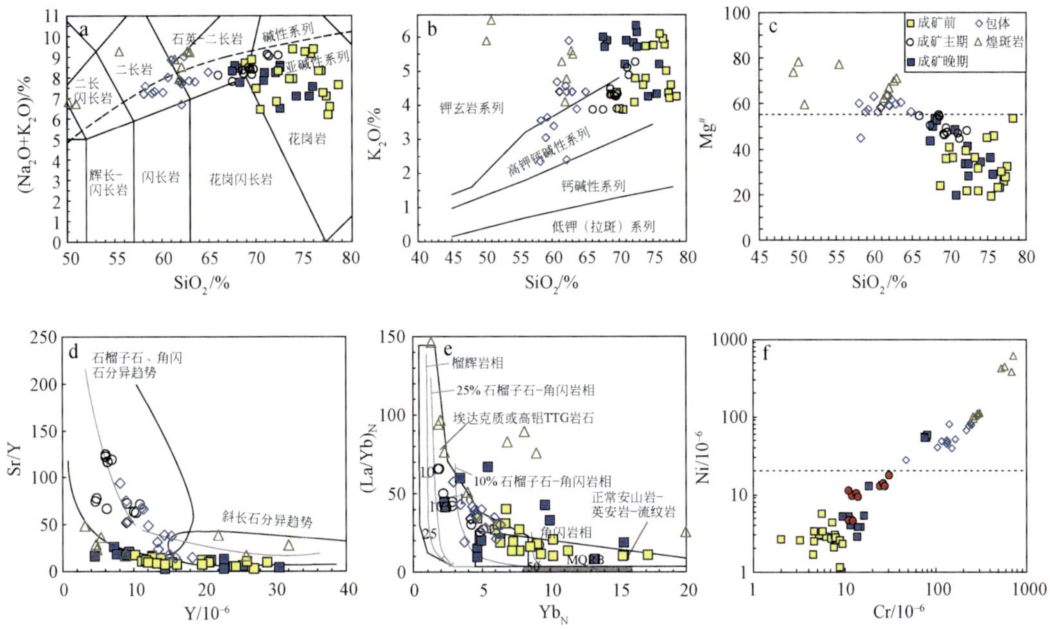

图 5-1　朱诺矿区岩浆岩地球化学图解

表 5-1 朱诺矿区岩浆岩主微量元素组成

	2306-115	806-399.7	806-404.2	2306-160.5	2306-161	2306-165-1	2306-165-2	11-6	11-8	11-10-1	11-10-2	11-12-2	11-9-1
成矿前岩浆岩													
SiO_2	73.73	72.24	73.35	77.14	77.33	77.56	75.55	70.37	68.72	69.50	72.08	69.87	76.60
Al_2O_3	12.85	12.76	12.64	12.27	12.08	12.22	12.49	14.80	15.42	15.72	12.71	13.93	12.46
TiO_2	0.24	0.25	0.23	0.20	0.19	0.18	0.19	0.43	0.45	0.48	0.37	0.41	0.17
Fe_2O_3	1.43	1.78	1.20	1.00	1.29	0.98	0.85	1.34	2.31	1.05	1.84	2.09	0.84
FeO	1.01	1.02	0.55	0.24	0.34	0.22	0.14	1.70	0.89	0.86	1.17	1.39	0.22
CaO	1.37	1.20	1.05	0.11	0.09	0.09	0.07	1.98	1.54	1.27	2.16	1.88	0.47
MgO	0.35	0.40	0.51	0.22	0.31	0.29	0.12	0.92	0.52	0.56	1.01	1.25	0.16
K_2O	4.86	4.86	4.66	4.42	4.27	4.66	7.73	3.94	4.39	4.44	4.16	3.95	5.86
Na_2O	3.07	3.47	3.25	2.64	1.91	1.89	1.46	2.52	4.29	4.42	2.69	3.52	2.45
MnO	0.056	0.033	0.071	0.004	0.004	0.005	0.001	0.055	0.077	0.035	0.058	0.082	0.034
P_2O_5	0.060	0.061	0.052	0.045	0.040	0.037	0.039	0.133	0.155	0.168	0.128	0.148	0.025
烧失量	0.85	1.73	2.23	1.19	1.72	1.47	0.95	1.63	1.12	1.34	1.39	1.34	0.61
总和	99.86	99.80	99.80	99.47	99.58	99.61	99.58	99.81	99.87	99.84	99.75	99.86	99.89
Pb	17.7	23.7	58.0	28.6	96.8	47.6	67.8	31.7	17.7	10.4	15.2	18.2	21.8
Bi	0.1	0.4	0.7	0.49	0.99	0.74	0.65	0.19	0.19	0.86	0.44	0.19	0.1
Co	1.8	9.2	3.9	6.3	7.2	7.1	6.5	3.0	3.7	2.0	3.7	4.6	0.8
Ni	2.8	1.6	2.8	2.6	2.9	2.7	2.0	5.5	4.3	2.6	2.5	2.9	3.3
Cd	0.07	0.06	0.23	0.08	0.11	0.07	0.06	0.06	0.07	0.06	0.04	0.06	0.0
Nb	13.37	6.37	8.17	2.66	3.29	3.08	2.07	10.93	14.45	15.25	12.45	15.31	14.2
Ta	0.86	0.42	0.57	0.28	0.31	0.29	0.21	1.08	1.38	1.46	1.19	1.44	1.5
Zr	183.6	194.2	183.2	122.7	123.2	111.2	131.1	208.0	203.6	204.2	182.3	188.0	113.6
Hf	7.76	7.99	5.62	3.58	6.67	5.35	5.64	5.53	6.06	5.77	7.45	6.89	3.1
Th	15.2	15.4	16.6	17.26	14.26	28.94	15.00	12.34	10.99	9.62	6.70	9.66	11.2

续表

	2306-115	806-399.7	806-404.2	2306-160.5	2306-161	2306-165-1	2306-165-2	11-6	11-8	11-10-1	11-10-2	11-12-2	11-9-1
成矿前岩浆岩													
U	2.03	2.24	2.10	2.74	1.52	1.85	1.62	1.49	0.66	0.74	1.05	1.14	2.3
Cs	19.47	16.62	18.85	13.87	16.89	16.78	10.99	24.93	10.55	16.28	8.23	10.09	23.9
Be	2.34	1.91	1.95	2.68	2.76	2.78	1.34	3.34	2.91	2.42	2.50	2.23	2.9
Ti	1439	1475	1380	1189	1169	1107	1124	2572	2716	2866	2230	2458	995.3
V	23.95	23.96	27.97	25.0	31.6	30.0	24.0	44.3	44.8	27.3	29.3	34.9	20.8
Cr	5.79	4.59	6.36	7.2	7.9	8.1	7.8	5.7	7.5	2.1	3.3	5.3	5.8
Ga	14.85	14.53	16.25	13.40	15.91	15.13	12.69	18.88	17.19	16.13	15.85	16.58	14.2
Rb	184.2	225.6	290.3	322.0	392.3	394.2	421.4	209.4	134.1	114.3	146.8	129.8	224.2
Sr	135.6	132.8	99.1	175.4	142.2	152.0	186.6	280.4	246.4	203.0	200.3	290.5	123.3
Ba	740.5	691.2	675.2	724.0	747.3	746.0	1000	185.5	212.0	231.0	150.8	152.9	145.6
Sc	7.51	7.62	8.01	2.83	3.44	3.71	2.53	9.79	8.21	6.95	8.19	8.69	3.3
Y	24.39	24.56	27.15	10.27	12.10	15.47	12.71	29.03	19.73	13.89	20.82	26.19	13.39
La	41.20	38.40	43.86	39.46	39.55	65.97	45.42	50.70	34.85	25.59	25.97	37.81	51.06
Ce	81.08	74.96	84.03	67.15	66.08	103.1	76.37	92.94	61.08	51.17	50.57	69.58	85.72
Pr	8.96	8.35	9.21	8.08	7.97	12.68	8.83	10.38	7.61	6.64	6.19	8.58	8.49
Nd	32.41	30.14	33.25	26.67	27.11	41.40	28.85	38.09	27.61	24.60	22.77	31.74	26.72
Sm	5.78	5.61	6.15	4.65	4.88	6.84	4.83	7.18	5.20	4.82	4.52	6.17	3.90
Eu	1.17	1.08	1.26	0.69	0.74	0.93	0.88	1.50	1.17	1.13	1.00	1.34	0.76
Gd	5.04	4.89	5.37	3.62	3.76	5.64	4.01	6.20	4.49	3.87	3.79	5.22	3.62
Tb	0.82	0.80	0.87	0.51	0.53	0.74	0.57	0.94	0.69	0.58	0.63	0.87	0.46
Dy	4.91	4.80	5.33	2.30	2.57	3.33	2.73	4.99	3.83	2.97	3.58	5.00	2.25
Ho	0.93	0.91	1.04	0.39	0.44	0.56	0.46	0.88	0.67	0.54	0.64	0.88	0.41
Er	2.67	2.67	2.92	0.97	1.18	1.43	1.19	2.36	1.79	1.52	1.80	2.37	1.27
Tm	0.43	0.41	0.47	0.16	0.20	0.23	0.20	0.35	0.25	0.23	0.27	0.34	0.20
Yb	2.64	2.62	2.92	0.82	1.03	1.18	1.08	1.76	1.26	1.34	1.60	1.95	1.33
Lu	0.34	0.31	0.34	0.10	0.13	0.14	0.13	0.27	0.19	0.20	0.23	0.26	0.20

续表

	11-9-2	11-802-7	1503-138	1503-150	1503-148	1503-80	14-D01	14-D06	ZX2-2	ZX2-8	802-105.8	802-106.3	802-249.4
	成矿前岩浆岩					成矿主期岩浆岩							
SiO_2	76.37	76.79	75.85	74.94	73.70	78.37	70.1	69.2	66.7	67.3	68.5	68.5	67.4
Al_2O_3	12.62	12.45	13.13	12.88	13.97	12.22	15.44	15.53	16.04	15.93	15.40	15.06	15.48
TiO_2	0.18	0.18	0.22	0.20	0.35	0.25	0.33	0.45	0.56	0.52	0.50	0.55	0.53
Fe_2O_3	0.76	1.01	0.12	0.25	0.60	0.18	0.85	1.29	1.58	1.67	0.92	1.05	1.32
FeO	0.26	0.10	0.07	0.10	0.31	0.12	1.10	1.29	2.07	1.60	1.44	1.65	1.70
CaO	0.38	0.20	0.12	0.14	0.19	0.15	2.02	2.40	2.80	3.06	2.19	2.13	2.71
MgO	0.16	0.24	0.08	0.15	0.22	0.17	0.91	1.20	1.74	1.59	1.54	1.69	1.64
K_2O	6.04	5.08	6.18	5.85	5.83	4.33	4.7	3.8	3.5	3.5	4.5	4.4	3.9
Na_2O	2.29	2.19	3.21	3.38	3.56	3.29	3.82	4.16	3.82	3.88	3.80	3.80	3.87
MnO	0.030	0.029	0.001	0.002	0.006	0.002	0.025	0.025	0.017	0.041	0.020	0.022	0.035
P_2O_5	0.030	0.026	0.037	0.035	0.053	0.031	0.12	0.15	0.20	0.19	0.163	0.175	0.175
烧失量	0.77	1.25	0.57	1.60	0.85	0.82	0.38	0.35	0.80	0.49	0.77	0.69	0.92
总和	99.89	99.53	99.58	99.53	99.65	99.93	99.78	99.81	99.80	99.79	99.78	99.74	99.74
Pb	20.1	18.2	37.9	33.1	50.0	35.4	36.4	25.6	40.2	27.2	22.4	20.1	20.9
Bi	0.1	0.1	2.86	4.95	0.72	1.82	0.17	0.31	2.34	0.37	0.16	0.78	0.34
Co	0.7	1.0	0.6	0.8	6.0	0.5	4.89	7.27	8.68	8.49	7.9	9.2	8.6
Ni	2.4	3.3	1.1	1.1	2.5	2.2	9.8	9.9	13.4	11.7	12.4	13.7	12.4
Cd	0.0	0.1	0.06	0.05	0.90	0.25	0.097	0.043	0.17	0.07	0.03	0.03	0.04
Nb	12.3	12.6	2.64	2.99	3.87	1.45	9.37	12.1	10.8	10.8	6.03	6.83	7.13
Ta	1.3	1.3	0.30	0.33	0.37	0.11	0.84	1.03	0.89	0.85	0.53	0.58	0.66
Zr	121.3	125.6	163.4	158.9	219.3	123.7	99.1	120	121	129	111.8	121.1	136.0
Hf	4.2	3.6	6.97	5.69	7.33	5.78	6.11	5.12	6.41	9.19	6.93	5.19	9.59
Th	11.9	14.0	18.62	20.43	19.76	21.39	18.1	31.5	34.7	21.6	28.10	23.83	23.60

续表

	11-9-2	11-802-7	1503-138	1503-150	1503-148	1503-80	14-D01	14-D06	ZX2-2	ZX2-8	802-105.8	802-106.3	802-249.4
	成矿前岩浆岩					成矿主期岩浆岩							
U	2.0	2.2	1.80	1.98	2.53	1.58	4.48	7.19	6.14	3.33	6.90	6.82	6.18
Cs	24.2	22.0	9.30	8.82	11.88	12.07	14.0	12.2	16.6	13.7	14.59	17.51	14.44
Be	2.4	2.4	1.46	1.68	1.81	1.97	3.39	4.06	3.89	3.32	3.19	3.54	2.85
Ti	1079.3	1055.3	1295	1193	2119	1519	1996	3125	3524	2876	3026	3269	3206
V	21.0	18.4	30.1	29.9	36.2	35.7	43.5	67.4	86.9	72.4	68.4	78.1	70.8
Cr	4.7	4.7	9.1	9.1	9.0	9.6	9.2	15.6	25.8	21.0	25.0	27.4	28.5
Ga	13.2	13.7	14.24	13.78	14.02	16.10	19.0	24.2	23.2	19.1	20.66	22.16	20.03
Rb	231.9	193.8	336.0	303.1	306.9	286.8	246	235	218	193	260.3	284.7	213.6
Sr	117.8	110.9	142.0	132.4	145.7	115.3	604	695	690	598	648.2	644.5	631.9
Ba	117.2	139.0	896.3	726.7	799.8	318.5	951	711	729	613	689.7	648.0	628.2
Sc	3.2	3.1	2.72	3.51	4.69	4.46	4.78	6.78	8.49	6.84	6.44	7.19	6.48
Y	11.18	14.52	11.81	16.25	19.82	12.11	8.76	6.85	12.2	6.60	9.07	10.46	10.09
La	49.95	39.78	28.77	34.00	25.26	23.40	37.5	23.4	43.2	22.8	31.66	33.39	30.11
Ce	82.16	49.65	49.75	60.04	48.46	40.76	59.0	37.9	68.4	36.2	54.30	56.86	56.30
Pr	8.09	6.61	6.15	7.18	6.20	5.05	7.85	4.94	9.12	4.76	6.76	7.19	7.33
Nd	25.44	20.37	20.18	23.77	21.96	16.72	29.2	18.6	34.3	17.7	23.45	25.42	25.96
Sm	3.61	3.18	3.55	4.08	4.27	2.99	4.54	3.07	5.39	2.80	4.05	4.52	4.49
Eu	0.74	0.68	0.59	0.61	0.75	0.46	1.10	0.79	1.21	0.79	0.90	0.92	0.93
Gd	3.34	3.00	2.86	3.51	3.57	2.41	3.50	2.35	4.17	2.28	3.08	3.36	3.39
Tb	0.40	0.41	0.44	0.56	0.63	0.39	0.42	0.30	0.52	0.29	0.41	0.46	0.46
Dy	1.94	2.24	2.24	3.02	3.55	2.09	1.74	1.34	2.45	1.35	1.89	2.16	2.12
Ho	0.35	0.43	0.41	0.56	0.67	0.41	0.33	0.26	0.47	0.24	0.32	0.37	0.36
Er	1.11	1.33	1.12	1.51	1.80	1.18	0.92	0.72	1.28	0.68	0.85	0.96	0.93
Tm	0.17	0.23	0.21	0.27	0.33	0.23	0.13	0.10	0.18	0.10	0.14	0.16	0.16
Yb	1.16	1.56	1.10	1.47	1.75	1.25	0.83	0.62	1.21	0.65	0.75	0.89	0.86
Lu	0.17	0.25	0.14	0.18	0.22	0.15	0.12	0.080	0.17	0.08	0.10	0.11	0.11

续表

	806-105.2	702-276.2	702-278.5	702-336.5	005-330.1	005-444.7	806-202.9	11-13	11-14	11-15	11-16	1503-55	1503-84
	成矿主期岩浆岩											成矿晚期岩浆岩	
SiO_2	66.0	71.0	72.2	71.2	69.8	70.0	67.9	69.1	69.6	69.4	69.3	71.94	72.38
Al_2O_3	16.31	14.65	14.14	14.61	15.08	14.78	15.76	15.68	15.40	15.53	15.55	15.41	15.06
TiO_2	0.62	0.30	0.29	0.30	0.36	0.41	0.49	0.39	0.39	0.42	0.39	0.28	0.28
Fe_2O_3	1.26	0.74	0.45	0.37	0.38	0.27	1.27	1.09	0.92	0.80	1.07	1.13	1.13
FeO	1.84	0.72	0.74	1.10	1.44	1.22	1.39	1.20	1.29	1.46	1.27	0.24	0.22
CaO	2.74	1.23	1.08	1.32	1.28	1.50	1.61	2.12	2.03	2.00	2.12	0.14	0.10
MgO	1.97	0.68	0.59	0.65	1.00	1.24	1.55	1.05	1.06	1.17	1.07	0.35	0.26
K_2O	3.9	5.2	5.3	5.0	5.2	5.1	4.0	4.3	4.4	3.9	4.3	5.92	5.80
Na_2O	4.18	3.95	3.73	4.07	3.83	3.78	4.15	4.13	4.02	4.21	4.07	2.32	2.76
MnO	0.032	0.014	0.013	0.017	0.017	0.011	0.047	0.022	0.025	0.020	0.026	0.001	0.002
P_2O_5	0.212	0.089	0.080	0.090	0.12	0.14	0.17	0.138	0.139	0.147	0.142	0.053	0.027
烧失量	0.68	1.02	1.04	0.99	0.97	1.15	1.42	0.50	0.52	0.69	0.51	2.05	1.86
总和	99.74	99.63	99.68	99.70	99.46	99.59	99.74	99.77	99.81	99.82	99.82	99.83	99.89
Pb	20.5	26.7	25.0	31.3	25.5	23.8	46.5	20.4	20.8	20.5	21.0	48.7	30.9
Bi	1.11	7.11	1.35	0.68	3.34	6.23	0.32	0.06	0.07	0.39	0.06	0.61	0.55
Co	10.7	3.6	3.4	3.9	6.25	4.78	11.5	6.7	6.4	7.4	6.7	1.3	2.0
Ni	17.4	4.6	4.6	4.4	7.5	11.1	13.8	9.4	10.1	11.0	9.0	3.8	5.2
Cd	0.04	0.07	0.07	0.07	0.17	0.084	1.12	0.03	0.05	0.06	0.02	0.07	0.18
Nb	8.27	2.19	2.72	4.14	2.13	2.72	2.18	7.27	7.39	8.11	7.11	6.54	8.49
Ta	0.64	0.21	0.25	0.40	0.23	0.29	0.34	0.88	0.88	0.87	0.82	0.65	0.76
Zr	139.0	152.6	138.2	128.8	100	102	125	112.2	115.4	125.9	112.2	139.0	134.4
Hf	7.19	6.94	6.74	8.35	4.88	6.65	4.27	6.55	5.55	6.89	5.79	5.20	5.04
Th	23.42	22.65	27.69	31.04	12.5	24.5	21.7	5.82	9.13	13.30	12.03	39.12	35.54

续表

	806-105.2	702-276.2	702-278.5	702-336.5	005-330.1	005-444.7	806-202.9	11-13	11-14	11-15	11-16	1503-55	1503-84
	成矿主期岩浆岩											成矿晚期岩浆岩	
U	8.10	6.15	8.03	8.12	5.17	10.2	5.63	4.20	4.28	6.09	4.90	28.5	15.8
Cs	18.61	12.82	14.83	11.41	10.7	15.8	17.7	10.53	10.48	11.94	10.51	39.20	28.45
Be	3.95	3.31	3.64	3.63	2.41	2.69	2.90	3.91	3.91	5.62	3.61	4.88	2.93
Ti	3715	1809	1723	1777	1040	1086	1366	2356	2356	2506	2350	1685	1661
V	83.4	44.6	44.4	46.4	46.1	45.3	57.6	49.0	53.8	58.4	51.4	50.2	49.3
Cr	31.7	12.2	11.2	12.5	11.9	13.0	18.6	12.3	13.5	11.3	14.2	15.3	16.5
Ga	24.77	22.36	22.99	22.88	17.2	18.7	20.9	20.85	19.72	23.71	20.59	24.44	22.12
Rb	266.9	300.4	315.7	308.4	233	278	197	217.7	222.0	244.9	223.8	583.7	545.8
Sr	771.3	375.3	351.4	420.9	424	446	547	729.6	748.0	818.3	743.8	193.4	155.8
Ba	686.2	717.8	691.7	664.8	517	534	618	142.3	180.7	149.0	115.1	740.8	577.4
Sc	8.47	3.64	3.75	3.73	4.75	3.77	5.36	3.92	4.19	4.96	4.24	4.67	4.17
Y	10.96	4.86	4.73	6.31	8.33	7.71	10.3	6.35	6.19	6.96	6.05	9.39	9.00
La	33.57	31.42	31.03	30.21	21.2	27.8	26.5	25.22	25.39	31.30	28.02	17.13	24.37
Ce	58.48	53.77	51.89	52.65	42.0	57.4	56.3	45.69	45.08	54.63	48.63	29.12	43.43
Pr	7.42	6.57	6.27	6.51	5.04	6.93	6.91	5.35	5.31	6.07	5.44	3.53	5.54
Nd	26.30	21.98	20.62	21.47	18.1	24.5	24.8	18.73	18.33	21.43	18.88	11.95	18.83
Sm	4.64	3.43	3.23	3.49	3.24	4.04	4.16	3.03	3.00	3.42	3.05	2.25	3.49
Eu	1.00	0.67	0.62	0.65	0.73	0.87	0.98	0.85	0.79	0.85	0.80	0.52	0.69
Gd	3.47	2.47	2.43	2.57	2.79	3.41	3.65	2.39	2.30	2.59	2.30	1.98	2.71
Tb	0.48	0.28	0.27	0.32	0.38	0.40	0.44	0.27	0.26	0.30	0.27	0.32	0.42
Dy	2.23	1.09	1.06	1.32	1.96	1.83	2.18	1.21	1.17	1.33	1.16	1.70	2.05
Ho	0.39	0.17	0.17	0.21	0.36	0.33	0.39	0.20	0.20	0.22	0.20	0.32	0.35
Er	1.01	0.44	0.43	0.57	0.93	0.94	1.05	0.61	0.58	0.66	0.57	0.81	0.90
Tm	0.17	0.07	0.06	0.09	0.15	0.14	0.16	0.09	0.09	0.10	0.09	0.15	0.15
Yb	0.89	0.34	0.34	0.51	0.84	0.86	0.90	0.43	0.41	0.50	0.40	0.81	0.86
Lu	0.11	0.05	0.05	0.07	0.10	0.11	0.12	0.09	0.08	0.10	0.09	0.21	0.20

续表

	1503-94	1503-106	3201-1.5	3201-25	001-366.21	005-64.7	PM3-40	D16	PM3-41	PM7-117	PM15-61	ZX2-1	1503-497
	成矿晚期岩浆岩												包体
SiO_2	70.83	72.37	75.4	74.1	70.7	75.8	68.0	67.7	68.3	72.4	67.4	70.86	60.93
Al_2O_3	14.56	15.07	12.64	12.76	13.09	13.32	13.49	13.01	13.96	13.20	13.01	16.01	16.02
TiO_2	0.27	0.28	0.16	0.16	0.29	0.15	0.48	0.49	0.48	0.21	0.50	0.53	0.78
Fe_2O_3	1.84	0.97	0.96	1.00	0.64	0.96	2.42	2.40	2.73	1.28	2.60	0.40	1.86
FeO	0.53	0.29	0.24	0.29	1.05	0.17	1.17	0.62	0.65	0.16	0.46	0.40	3.66
CaO	0.09	0.07	0.87	1.54	1.81	0.07	0.41	2.22	0.40	0.27	0.49	0.77	2.14
MgO	0.30	0.32	0.34	0.34	0.84	0.23	2.13	1.53	1.91	0.51	1.18	0.88	4.14
K_2O	5.99	6.24	4.4	4.3	5.3	5.3	6.0	5.8	7.2	6.4	6.1	4.99	4.5
Na_2O	2.24	2.27	2.69	2.78	2.57	2.26	2.47	2.75	0.62	0.07	2.21	4.21	4.41
MnO	0.002	0.002	0.021	0.041	0.081	0.007	0.018	0.101	0.078	0.065	0.007	0.001	0.048
P_2O_5	0.113	0.022	0.067	0.074	0.142	0.059	0.354	0.358	0.349	0.112	0.366	0.12	0.314
烧失量	1.84	1.82	2.14	2.60	3.40	1.70	1.99	2.82	2.44	3.14	2.75	0.69	1.06
总和	98.60	99.73	99.97	99.97	99.90	99.95	98.95	99.78	99.02	97.79	97.05	99.85	99.84
Pb	47.8	47.7	89.8	115.5	82.4	413.1	128.1	104.3	420.7	146.5	121.3	107	15.1
Bi	0.57	0.80	0.38	0.82	0.56	0.74	0.84	0.50	1.33	0.86	3.79	0.95	1.36
Co	1.5	2.9	2.0	2.0	4.1	1.3	8.1	11.7	7.5	8.2	7.4	2.02	19.4
Ni	3.7	5.0	5.2	3.9	12.5	2.8	52.4	56.5	53.9	12.8	52.0	5.73	39.8
Cd	0.04	0.05	0.02	0.02	0.08	0.03	0.10	1.13	0.11	1.14	0.58	0.069	0.03
Nb	7.33	8.85	10.25	11.88	10.10	11.30	13.08	14.32	13.06	10.06	14.19	3.83	9.68
Ta	1.09	1.27	0.83	0.94	0.76	0.89	1.00	1.14	1.00	0.98	1.08	0.37	0.72
Zr	133.9	143.1	105.2	108.2	156.9	105.5	241.2	254.1	252.1	126.8	260.4	121	129.5
Hf	5.11	5.47	6.25	6.01	5.89	6.14	7.31	7.88	7.69	5.95	8.23	5.59	5.32
Th	35.55	37.40	43.02	46.46	63.09	44.20	94.86	94.68	97.47	50.55	105.39	28.6	15.54

续表

	1503-94	1503-106	3201-1.5	3201-25	001-366.21	005-64.7	PM3-40	D16	PM3-41	PM7-117	PM15-61	ZX2-1	1503-497
	成矿晚期岩浆岩												包体
U	16.7	29.8	18.3	21.0	21.8	38.1	24.63	19.44	28.20	28.25	20.02	3.05	6.92
Cs	35.42	34.07	49.82	43.72	25.00	52.50	13.02	12.75	18.68	62.95	13.68	15.4	52.94
Be	6.78	3.54	12.5	9.59	7.66	10.5	10.27	10.52	11.13	8.40	8.23	2.29	7.94
Ti	1632	1672	955	978	1717	900	2896	2926	2878	1283	2968	1279	4695
V	41.9	44.6	32.4	36.5	44.2	43.4	46.9	46.0	47.9	34.2	48.7	47.5	112
Cr	14.1	11.3	9.6	11.8	18.8	14.0	80.7	82.2	77.6	26.7	77.6	9.93	104
Ga	20.75	21.46	23.14	23.31	21.20	21.36	21.00	21.52	22.15	25.30	22.01	18.9	30.68
Rb	522.7	544.7	510.6	489.8	475.5	538.1	487.8	473.8	709.5	754.6	502.0	311	537.0
Sr	193.5	144.4	73.4	71.7	144.8	51.0	242.2	210.3	295.7	81.9	157.2	303	468.5
Ba	864.4	600.9	170.0	204.1	626.1	203.3	1222	1173	1534	440.8	1063	610	280.1
Sc	4.04	4.67	4.59	4.74	4.02	4.76	5.65	5.94	5.87	4.24	6.16	3.96	16.78
Y	7.32	30.69	4.53	4.50	7.68	14.56	21.07	12.69	22.97	22.92	25.56	12.5	8.96
La	11.35	27.30	25.87	24.38	50.43	32.97	79.82	88.87	98.94	23.25	70.10	19.6	34.82
Ce	17.96	47.90	42.66	40.69	86.84	50.16	166.9	174.0	185.0	99.77	149.9	35.6	51.01
Pr	2.16	6.03	4.97	4.73	10.53	5.68	21.26	22.35	23.52	5.61	19.68	4.25	6.05
Nd	7.43	21.16	15.71	14.96	35.90	17.98	81.00	83.09	87.57	22.13	75.16	15.8	21.38
Sm	1.61	4.30	2.35	2.32	5.68	3.24	13.80	13.30	14.42	4.76	12.83	2.56	3.90
Eu	0.43	0.96	0.38	0.40	0.95	0.66	2.55	2.41	2.77	1.20	2.36	0.70	0.70
Gd	1.53	4.13	1.81	1.69	3.91	3.06	9.68	8.83	10.73	4.98	9.13	2.44	3.01
Tb	0.28	0.77	0.20	0.20	0.45	0.47	1.10	0.91	1.19	0.79	1.04	0.28	0.40
Dy	1.59	4.52	0.77	0.78	1.65	2.50	4.33	3.08	4.73	4.48	4.37	2.54	1.78
Ho	0.29	0.91	0.13	0.13	0.25	0.45	0.76	0.48	0.82	0.97	0.83	0.45	0.31
Er	0.78	2.41	0.37	0.37	0.68	1.17	2.00	1.24	2.08	2.86	2.40	1.25	0.81
Tm	0.14	0.44	0.07	0.07	0.11	0.21	0.29	0.16	0.30	0.53	0.44	0.19	0.13
Yb	0.81	2.27	0.41	0.42	0.60	1.09	1.72	0.95	1.66	3.43	2.63	1.18	0.72
Lu	0.20	0.38	0.13	0.12	0.18	0.24	0.40	0.32	0.42	0.56	0.55	0.080	0.09

续表

	804-296.6	005-405.1	806-157.6	804-352.8	804-326	806-348	804-325.5	005-397.9	005-410.5	005-410.8	005-411.1	005-411.2	005-411.3
包体													
SiO_2	62.07	58.06	58.23	61.91	62.03	64.90	62.86	63.49	59.22	58.93	60.08	62.32	60.58
Al_2O_3	16.18	14.22	16.71	15.02	15.05	14.64	14.98	14.86	14.44	14.42	14.14	13.78	14.65
TiO_2	0.66	1.13	0.84	0.87	0.79	0.69	0.74	0.82	1.06	1.06	1.09	0.82	0.98
Fe_2O_3	1.85	3.93	3.91	1.38	1.26	1.63	1.55	0.79	2.08	1.99	1.38	1.62	2.75
FeO	3.10	3.07	4.38	2.73	3.09	2.47	2.63	3.31	4.55	5.13	4.58	2.85	3.64
CaO	3.16	2.28	1.54	2.96	3.76	2.83	3.92	2.02	2.11	1.91	1.82	2.39	2.09
MgO	3.84	5.54	3.58	3.91	3.44	2.83	3.33	3.47	4.82	5.01	5.59	3.91	4.38
K_2O	2.4	2.4	3.6	4.6	4.5	4.5	4.5	4.0	3.7	3.1	3.4	6.0	4.8
Na_2O	4.25	4.80	3.99	3.22	3.26	3.82	3.37	3.84	3.64	4.13	3.83	3.02	3.25
MnO	0.067	0.047	0.033	0.054	0.068	0.040	0.071	0.019	0.031	0.037	0.040	0.056	0.026
P_2O_5	0.216	0.559	0.265	0.454	0.410	0.305	0.367	0.398	0.486	0.476	0.501	0.568	0.421
烧失量	1.99	3.54	2.16	2.54	2.06	1.10	1.48	2.63	3.65	3.59	3.15	2.35	2.22
总和	99.83	99.56	99.24	99.69	99.70	99.72	99.77	99.62	99.78	99.78	99.64	99.68	99.76
Pb	14.3	19.9	39.9	19.8	30.3	55.3	33.7	14.1	26.6	22.1	22.5	13.1	33.2
Bi	0.46	3.14	0.22	0.31	0.68	7.05	0.38	0.40	0.57	1.09	0.68	1.62	0.93
Co	18.5	20.5	14.0	16.5	18.2	11.4	16.3	12.0	15.3	13.1	12.0	16.0	16.1
Ni	39.4	66.9	28.0	50.9	46.7	48.0	44.1	49.8	81.9	77.9	100.6	79.2	76.4
Cd	0.06	0.14	0.15	0.06	0.07	0.18	0.05	0.05	0.06	0.05	0.06	0.03	0.07
Nb	8.80	8.10	4.55	11.00	17.00	12.18	15.38	8.30	9.70	9.22	12.60	26.67	10.39
Ta	0.43	0.48	0.26	0.68	1.10	0.81	0.97	0.51	0.55	0.57	0.73	1.72	0.57
Zr	127.4	269.3	133.2	234.4	220.4	180.3	198.9	199.2	276.8	263.7	257.1	331.0	222.8
Hf	3.93	7.15	3.96	7.77	8.92	5.92	7.46	5.35	7.27	7.03	6.28	18.90	5.98
Th	10.40	94.92	9.38	87.21	80.20	51.12	67.91	61.44	94.00	90.60	99.14	89.14	91.89
U	3.07	13.0	5.30	14.4	12.7	9.35	13.6	6.38	10.6	10.0	12.0	11.7	14.2

续表

	804-296.6	005-405.1	806-157.6	804-352.8	804-326	806-348	804-325.5	005-397.9	005-410.5	005-410.8	005-411.1	005-411.2	005-411.3
							包体						
Cs	64.57	53.55	55.14	50.75	25.40	19.87	19.40	29.89	45.45	33.68	77.83	51.60	77.99
Be	5.76	4.33	3.72	6.70	6.45	5.01	6.39	5.66	6.72	5.41	5.70	9.74	6.73
Ti	3981	6769	5013	5204	4761	4137	4449	4899	6337	6341	6541	4946	5859
V	97.7	127	143	117	106	90.3	96.0	101	115	114	137	97.3	118
Cr	152	219	47.9	164	136	115	132	131	243	248	294	141	230
Ga	26.83	30.28	31.56	23.06	23.65	22.23	22.16	23.35	23.75	25.01	29.53	22.72	26.44
Rb	349.4	366.5	388.9	455.1	336.7	282.5	311.2	359.4	406.9	313.3	470.9	460.4	559.6
Sr	755.1	234.6	419.3	593.3	763.3	672.9	755.4	487.9	318.1	272.9	278.1	588.6	566.4
Ba	397.5	662.7	269.7	1148	1205	1033	1066	894.5	952.3	887.8	1092	1524	1201
Sc	12.27	13.14	12.28	12.60	11.87	9.39	10.63	9.95	12.76	11.77	14.58	10.64	13.27
Y	8.09	15.92	13.44	12.12	11.42	9.03	11.15	9.20	13.49	15.15	18.33	15.33	14.37
La	18.01	31.15	37.28	43.14	40.43	36.54	40.60	41.62	44.33	48.81	46.59	50.41	35.88
Ce	30.98	61.13	57.03	90.72	83.85	69.86	84.19	82.70	93.51	100.5	95.76	105.6	77.86
Pr	4.18	8.89	6.96	13.72	12.52	10.21	12.37	11.78	14.07	14.83	14.08	17.11	12.05
Nd	16.21	36.25	23.94	57.33	52.98	41.00	51.51	46.87	60.75	62.34	58.79	70.15	51.82
Sm	3.30	7.82	4.29	11.97	10.94	7.96	10.62	9.26	12.54	12.41	12.26	13.34	11.02
Eu	0.79	1.23	0.97	1.80	1.76	1.40	1.72	1.65	1.58	1.58	1.61	2.18	1.67
Gd	2.40	4.99	3.55	6.39	5.79	4.61	5.76	5.27	6.90	7.15	7.41	7.81	6.17
Tb	0.35	0.74	0.52	0.75	0.69	0.56	0.70	0.61	0.85	0.88	0.99	0.97	0.81
Dy	1.70	3.45	2.53	2.81	2.58	2.13	2.63	2.25	3.38	3.62	4.23	3.67	3.33
Ho	0.29	0.58	0.45	0.43	0.41	0.33	0.41	0.34	0.52	0.56	0.68	0.57	0.54
Er	0.73	1.42	1.17	1.08	1.05	0.82	1.03	0.84	1.22	1.36	1.64	1.40	1.31
Tm	0.13	0.22	0.20	0.15	0.15	0.12	0.15	0.11	0.16	0.18	0.23	0.21	0.19
Yb	0.66	1.06	1.05	0.78	0.82	0.60	0.79	0.52	0.76	0.87	1.10	1.03	0.91
Lu	0.09	0.15	0.13	0.13	0.19	0.21	0.18	0.10	0.13	0.14	0.19	0.19	0.16

续表

	2306-318	14-MME	14-106.5	11-145	D33	19-191-1	14-107-1	Lam-1	Lam-2	Lam-3	Lam-4	ZN-HBY	PM5-1	PM4-306
	包体		煌斑岩											
SiO_2	61.87	59.37	49.55	55.47	50.14	62.67	50.94	61.32	61.81	62.94	62.00	62.22	56.87	60.79
Al_2O_3	13.39	15.70	9.59	14.50	9.71	14.62	11.21	14.61	14.62	15.06	14.54	15.23	15.94	14.45
TiO_2	0.82	0.75	0.81	0.88	0.67	0.86	0.94	0.90	0.90	0.88	0.91	0.87	1.24	0.87
Fe_2O_3	1.45	2.05	5.12	2.46	2.11	1.61	4.08	3.33	3.75	1.60	2.68	2.50	1.94	2.37
FeO	3.05	2.96	2.18	2.42	2.80	2.85	1.53	2.95	1.87	2.35	2.51	2.15	4.88	3.35
CaO	2.68	3.54	4.78	0.48	6.50	0.43	1.21	0.23	0.38	0.22	0.29	0.32	2.53	1.72
MgO	3.97	2.45	10.79	8.88	9.54	5.63	4.29	5.52	5.22	5.25	5.58	4.88	5.45	5.68
K_2O	7.1	2.4	7.23	8.54	6.00	5.69	6.60	5.37	4.17	5.61	4.87	4.80	3.97	4.71
Na_2O	2.35	4.57	0.61	0.77	0.82	3.58	0.14	3.53	3.74	3.65	3.67	3.48	2.18	2.58
MnO	0.066	0.076	0.270	0.037	0.124	0.021	0.021	0.024	0.017	0.017	0.020	0.019	0.073	0.047
P_2O_5	0.56	0.26	0.879	1.21	0.682	0.455	1.04	0.144	0.210	0.120	0.248	0.34	0.85	0.63
烧失量	2.19	5.67	7.60	3.71	10.44	1.32	7.03	1.80	2.99	2.05	2.37	2.79	3.51	2.27
总和	99.47	99.76	99.40	99.36	99.53	99.74	89.04	99.72	99.67	99.74	99.69	99.61	99.43	99.46
Pb	16.9	17.3	161.5	139.8	179.9	16.3	108.2	17.8	18.3	25.6	22.1	16.3	18.3	9.10
Bi	2.43	0.39	2.44	2.29	2.39	7.05	1.73	1.42	0.34	0.50	0.33	0.63	9.46	0.68
Co	15.0	13.2	86.0	32.3	33.9	17.2	24.1	20.8	16.7	20.4	15.6	11.8	16.3	22.7
Ni	75.0	19.6	609.4	440.7	427.3	100.6	377.0	111.0	114.0	93.6	110.9	79.4	60.2	104
Cd	0.096	0.090	0.43	0.01	0.44	0.04	1.03	0.04	0.05	0.03	0.05	0.15	0.11	0.089
Nb	24.9	8.33	17.40	20.43	17.51	13.92	20.30	17.59	15.57	12.44	15.46	11.8	19.9	19.1
Ta	2.14	0.95	1.09	1.32	2.20	1.06	1.30	1.18	1.02	0.87	1.00	1.00	1.75	1.58
Zr	268	111	301.4	371.5	304.3	238.9	423.0	240.5	239.0	228.3	228.8	240	272	265
Hf	13.9	5.10	10.56	9.51	9.92	7.03	15.86	7.93	7.79	7.37	7.18	6.62	7.36	7.39
Th	20.9	12.9	136.17	116.64	141.03	100.89	98.01	82.87	98.55	87.00	90.82	15.9	30.8	24.6
U	9.97	11.3	12.11	14.29	22.50	15.23	19.84	7.41	9.67	6.92	9.48	15.2	22.3	12.3

续表

	2306-318	14-MME	14-106.5	11-145	D33	19-191-1	14-107-1	Lam-1	Lam-2	Lam-3	Lam-4	ZN-HBY	PM5-1	PM4-306
	包体		煌斑岩											
Cs	38.1	23.4	33.60	37.51	14.25	76.56	22.55	77.69	59.70	77.14	80.45	48.3	64.1	68.0
Be	7.02	5.40	7.43	6.09	10.75	6.19	3.34	7.07	6.16	6.70	7.29	4.74	8.39	6.67
Ti	5150	3422	4839	5294	3987	5144	5656	5414	5396	5294	5438	3786	5881	5615
V	84.2	90.2	109.6	103.2	89.7	115.5	98.5	128.9	104.6	109.0	107.6	92.3	187	121
Cr	127	53.6	731.0	593.3	540.6	261.1	701.5	301.1	309.6	262.3	290.3	273	180	269
Ga	19.6	26.3	16.56	16.99	16.36	22.61	19.90	24.36	21.75	21.69	21.78	18.3	26.0	20.6
Rb	364	232	543.6	570.5	390.5	706.5	479.9	622.8	421.3	580.8	556.7	373	383	370
Sr	562	363	899.3	502.7	873.7	149.8	457.7	199.5	154.6	115.7	136.0	95.8	492	377
Ba	1558	227	3036	3102	2241	1062	1717	982.9	900.1	963.0	889.2	715	905	1360
Sc	8.31	8.85	17.74	16.71	12.55	14.22	15.03	13.4	12.0	12.0	12.5	10.9	19.9	12.4
Y	15.3	11.9	31.97	49.26	22.12	8.85	26.04	5.34	3.18	4.84	4.68	9.88	32.0	18.7
La	53.7	42.2	162.7	122.6	137.2	49.55	173.2	43.44	49.39	43.43	48.69	62.3	81.4	49.1
Ce	119	75.6	344.2	271.6	289.1	110.7	343.7	98.68	96.34	93.91	97.34	121	194	110
Pr	18.5	10.1	38.35	38.27	39.94	16.55	38.16	13.83	12.43	12.51	12.64	17.9	28.2	17.7
Nd	72.3	34.1	195.0	151.0	157.2	71.33	190.0	60.51	50.97	53.07	53.05	67.1	111	72.1
Sm	14.0	6.22	32.98	27.39	26.50	14.46	31.76	11.42	8.22	9.34	9.26	13.3	22.6	16.9
Eu	2.58	1.13	5.94	5.33	4.81	2.40	5.86	1.76	1.24	1.40	1.51	2.10	4.44	3.10
Gd	8.91	4.83	22.25	19.33	17.34	7.71	20.85	5.76	4.22	4.73	4.80	7.70	14.5	9.65
Tb	1.04	0.58	2.33	2.29	1.79	0.85	2.08	0.59	0.39	0.44	0.48	0.81	1.69	1.13
Dy	3.75	2.45	7.88	9.25	6.02	2.99	6.57	1.90	1.19	1.31	1.53	2.69	6.55	4.55
Ho	0.58	0.42	1.17	1.64	0.88	0.44	0.96	0.25	0.15	0.18	0.21	0.42	1.11	0.76
Er	1.61	1.22	2.75	4.22	2.08	1.04	2.29	0.64	0.42	0.50	0.54	1.18	2.98	1.93
Tm	0.20	0.17	0.30	0.61	0.23	0.13	0.25	0.07	0.04	0.05	0.05	0.14	0.40	0.26
Yb	1.19	1.15	1.54	3.40	1.19	0.69	1.39	0.41	0.24	0.33	0.36	0.86	2.46	1.60
Lu	0.24	0.16	0.34	0.75	0.29	0.10	0.41	0.06	0.04	0.05	0.06	0.14	0.48	0.23

注：主量元素含量单位为%，稀土和微量元素含量单位为 10^{-6}。

表 5-2 朱诺矿床岩浆岩 Sr-Nd 同位素

样品号	岩石类型	Rb	Sr	$^{87}Rb/^{86}Sr$	$^{87}Sr/^{86}Sr$	2δ	$(^{87}Sr/^{86}Sr)_i$	Sm	Nd	$^{147}Sm/^{144}Nd$	$^{143}Nd/^{144}Nd$	2δ	$(^{143}Nd/^{144}Nd)_i$	$\varepsilon_{Nd}(t)$	T_{DM}/Ma
PM19-191-1	包体	706.5	149.76	13.657266	0.713874	0.000004	0.711519	14.46	71.33	0.122537	0.511993	0.000004	0.511983	−12.467493	1841.578
ZN005-411.3	成矿主期岩浆岩	559.6	566.4	2.852592	0.710964	0.000007	0.710421	11.02	51.8208	0.132725	0.512046	0.000004	0.512034	−11.441189	1759.446
ZN806-348		282.5	672.9	1.220439	0.709764	0.000008	0.709518	7.961	41.0016	0.113771	0.512090	0.000003	0.512080	−10.534869	1686.611
ZN806-105.2		266.9	771.3	1.001172	0.707659	0.000013	0.707455	4.644	26.304	0.106727	0.512295	0.000010	0.512285	−6.531454	1361.709
ZN-802-106.3		284.7	644.5	1.278053	0.707676	0.000016	0.707416	4.517	25.4208	0.107414	0.512276	0.000008	0.512266	−6.900623	1391.706
ZN005-330.1		233.35	424.27	1.591378	0.708233	0.000014	0.707901	3.23725	18.055	0.108386	0.512221	0.000010	0.512210	−7.976864	1479.448
ZN005-444.7		277.85	446.16	1.801818	0.707838	0.000014	0.707462	4.04455	24.518	0.099721	0.512280	0.000011	0.512270	−6.802638	1384.071
ZN806-202.9		196.95	547.47	1.040823	0.707603	0.000015	0.707386	4.1607	24.8285	0.101303	0.512319	0.000008	0.512309	−6.049292	1322.849
ZN702-336.5		308.4	420.9	2.119908	0.707616	0.000017	0.707194	3.494	21.4656	0.098399	0.512349	0.000010	0.512340	−5.453535	1273.845
ZN-11-13		217.665	729.6	0.863140	0.707513	0.000006	0.707338	3.0316	18.733	0.097829	0.512296	0.000007	0.512287	−6.491226	1358.440
ZN-11-14		221.97	748.03	0.858551	0.707837	0.000005	0.707663	3.0041	18.326	0.099095	0.512304	0.000011	0.512295	−6.337474	1345.945
ZN-11-15		244.86	818.33	0.865703	0.707562	0.000005	0.707386	3.4155	21.428	0.096356	0.512298	0.000005	0.512289	−6.449522	1355.051
ZN-11-16		223.755	743.755	0.870403	0.707522	0.000005	0.707345	3.0503	18.876	0.097687	0.512299	0.000003	0.512290	−6.432444	1353.663
ZN-11-17		207.4	576.555	1.047649	0.707821	0.000005	0.707608	5.233	32.55	0.085448	0.512306	0.000012	0.512298	−6.273560	1340.751
ZN14-D01		246.33	604.01	1.179938	0.707717	0.000013	0.707478	4.53705	29.216	0.093877	0.512299	0.000012	0.512291	−6.416128	1352.337
ZN14-D06		234.885	695.495	0.977100	0.707523	0.000014	0.707325	3.07125	18.568	0.099990	0.512306	0.000011	0.512296	−6.309260	1343.652
ZX2-1		311.22	302.765	2.974127	0.707993	0.000014	0.707389	2.55944	15.8484	0.097626	0.512310	0.000012	0.512301	−6.222820	1336.627
ZX2-2		217.665	689.7	0.913078	0.707570	0.000013	0.707385	5.39175	34.254	0.095152	0.512273	0.000012	0.512264	−6.938139	1394.754
ZX2-8		192.57	598.31	0.931204	0.707633	0.000013	0.707444	2.8014	17.699	0.095681	0.512272	0.000013	0.512263	−6.953930	1396.037
ZN-11-6	成矿前岩浆岩	209.37	280.44	2.160081	0.707941	0.000004	0.706404	7.1808	38.093	0.113958	0.512432	0.000008	0.512395	−3.489936	1143.582
ZN-11-8		134.085	246.43	1.574219	0.707544	0.000005	0.706424	5.1975	27.61	0.113801	0.512418	0.000021	0.512381	−3.762060	1165.724
ZN-11-10-1		114.345	203.015	1.629614	0.707947	0.000004	0.706787	4.8191	24.596	0.118446	0.512428	0.000007	0.512389	−3.596663	1152.267

续表

样品号	岩石类型	Rb	Sr	$^{87}Rb/^{86}Sr$	$^{87}Sr/^{86}Sr$	2δ	$(^{87}Sr/^{86}Sr)_i$	Sm	Nd	$^{147}Sm/^{144}Nd$	$^{143}Nd/^{144}Nd$	2δ	$(^{143}Nd/^{144}Nd)_i$	$\varepsilon_{Nd}(t)$	T_{DM}/Ma
ZN-11-10-2		146.79	200.26	2.120790	0.707940	0.000005	0.706431	4.5232	22.77	0.120088	0.512430	0.000005	0.512391	−3.568146	1149.946
ZN-11-12-2		129.78	290.51	1.292488	0.707572	0.000006	0.706652	6.1732	31.735	0.117595	0.512430	0.000004	0.512391	−3.552207	1148.649
ZN-11-9-1		224.175	123.31	5.260345	0.708644	0.000005	0.704900	3.9006	26.719	0.088254	0.512500	0.000004	0.512471	−1.998962	1022.211
ZN-11-9-2		231.945	117.8	5.697267	0.708681	0.000006	0.704626	3.6058	25.443	0.085676	0.512513	0.000006	0.512485	−1.728856	1000.213
ZN-802-7		193.83	110.865	5.058904	0.708753	0.000004	0.705153	3.1823	20.372	0.094434	0.512471	0.000008	0.512440	−2.604245	1071.495
ZN-11-12		162.1	212.99	2.201984	0.707822	0.000004	0.706199	8.134	43.34	0.113460	0.512513	0.00002	0.512474	−1.887584	1014.596
PM14-106.5	煌斑岩	543.6	899.28	1.752900	0.730969	0.000004	0.730667	32.98	195	0.102230	0.511909	0.000003	0.511901	−14.074673	1971.718
PM11-145		570.5	502.65	3.291566	0.731910	0.000005	0.731343	27.39	151	0.109643	0.511927	0.000004	0.511918	−13.735018	1944.224
D33		390.5	873.72	1.295653	0.727835	0.000004	0.727612	26.5	157.2	0.101896	0.511917	0.000006	0.511909	−13.918095	1959.044
PM14-107-1		479.9	457.74	3.039444	0.728363	0.000004	0.727839	31.76	190	0.101040	0.511951	0.000004	0.511943	−13.253513	1905.239
PM14-106.5		543.6	899.28	1.752900	0.730967	0.000006	0.730665	32.98	195	0.102230	0.511896	0.000004	0.511888	−14.328270	1992.243
D16	成矿晚期岩浆岩	473.8	210.33	6.526356	0.721637	0.000018	0.720626	13.3	83.09	0.096754	0.511934	0.000009	0.511928	−13.584909	1931.067
PM15-61		502	157.23	9.250719	0.722351	0.000017	0.720919	12.83	75.16	0.103183	0.511938	0.000009	0.511930	−13.531815	1926.768
PM3-40		487.8	242.19	5.833928	0.719245	0.000016	0.718342	13.8	81	0.102982	0.511938	0.000012	0.511930	−13.529390	1926.572
PM3-41		709.5	295.65	6.948582	0.715622	0.000016	0.714546	14.42	87.57	0.099535	0.511944	0.000010	0.511936	−13.412429	1917.102
PM7-117		754.6	81.93	26.662940	0.713562	0.000014	0.709435	4.762	22.13	0.130076	0.512138	0.000009	0.512129	−9.660891	1613.042
ZN-3201-1.5		510.6	73.35	20.151766	0.713520	0.000017	0.710401	2.346	15.7056	0.090295	0.512154	0.000010	0.512147	−9.295596	1583.403
ZN-3201-25		489.8	71.73	19.767124	0.713358	0.000017	0.710299	2.323	14.9568	0.093886	0.512169	0.000009	0.512163	−9.000955	1559.492

表 5-3 朱诺矿床锆石 Hf 同位素

样品编号	岩石类型	$^{176}Yb/^{177}Hf$	1σ	$^{176}Hf/^{177}Hf$	1σ	$^{176}Lu/^{177}Hf$	1σ	年龄/Ma	$\varepsilon_{Hf}(0)$	$\varepsilon_{Hf}(t)$	T_{DM}/Ma	$f_{Lu/Hf}$	$T_{DM}{}^{C}$/Ma
ZN12-16-01	包体	0.014080	0.000012	0.282739	0.000007	0.000546	0.000001	13.215	−1.176	−0.891	719.345	−0.984	1154.256
ZN12-16-02		0.017894	0.000030	0.282709	0.000006	0.000672	0.000003	13.565	−2.219	−1.928	763.046	−0.980	1220.642
ZN12-16-03		0.041571	0.000286	0.282740	0.000008	0.001216	0.000009	12.311	−1.143	−0.883	730.880	−0.963	1152.923
ZN12-16-04		0.033210	0.000178	0.282743	0.000007	0.001088	0.000005	15.104	−1.017	−0.697	723.325	−0.967	1143.148
ZN12-16-05		0.015312	0.000083	0.282731	0.000008	0.000584	0.000003	13.337	−1.439	−1.152	730.456	−0.982	1170.999
ZN12-16-06		0.026616	0.000606	0.282760	0.000009	0.001062	0.000025	14.105	−0.434	−0.135	699.480	−0.968	1106.527
ZN12-16-07		0.016933	0.000076	0.282706	0.000006	0.000613	0.000002	13.994	−2.326	−2.026	766.117	−0.982	1227.222
ZN12-16-08		0.043989	0.000304	0.282824	0.000008	0.001683	0.000009	15.284	1.849	2.167	618.114	−0.949	960.153
ZN12-16-09		0.028002	0.000136	0.282729	0.000007	0.001028	0.000004	13.336	−1.538	−1.255	743.030	−0.969	1177.443
ZN12-16-10		0.018033	0.000053	0.282741	0.000007	0.000665	0.000003	14.298	−1.093	−0.786	718.314	−0.980	1148.346
ZN12-16-11		0.019743	0.000029	0.282751	0.000007	0.000717	0.000001	13.612	−0.758	−0.466	705.977	−0.978	1127.366
ZN12-16-12		0.029686	0.000037	0.282719	0.000006	0.001017	0.000001	13.094	−1.859	−1.581	755.641	−0.969	1198.069
ZN12-16-13		0.017767	0.000057	0.282728	0.000006	0.000686	0.000001	13.159	−1.550	−1.268	736.833	−0.979	1178.229
ZN12-16-14		0.019385	0.000093	0.282733	0.000006	0.000682	0.000003	13.645	−1.373	−1.080	729.734	−0.979	1166.620
ZN12-16-15		0.022753	0.000031	0.282699	0.000009	0.000899	0.000001	20.772	−2.591	−2.149	782.467	−0.973	1240.134
ZN12-16-17		0.017378	0.000024	0.282721	0.000006	0.000550	0.000001	14.009	−1.791	−1.490	743.730	−0.983	1193.053
ZN12-16-18		0.023016	0.000193	0.282710	0.000007	0.000783	0.000007	16.156	−2.208	−1.863	764.865	−0.976	1218.451
ZN12-16-19		0.053398	0.000061	0.282820	0.000009	0.001306	0.000001	12.798	1.703	1.972	617.764	−0.961	970.750
ZN12-16-20		0.024343	0.000317	0.282649	0.000007	0.000683	0.000010	15.687	−4.336	−3.999	847.104	−0.979	1354.328
ZN12-16-21		0.017716	0.000018	0.282716	0.000006	0.000523	0.000002	15.634	−1.991	−1.654	751.075	−0.984	1204.769
ZN12-16-22		0.024017	0.000059	0.282707	0.000006	0.000794	0.000001	13.443	−2.286	−1.999	768.180	−0.976	1225.069
ZN12-16-23		0.018673	0.000114	0.282738	0.000006	0.000642	0.000002	13.514	−1.212	−0.922	722.590	−0.981	1156.411
ZN12-16-24		0.033806	0.000201	0.282701	0.000006	0.001095	0.000005	13.766	−2.509	−2.218	783.275	−0.967	1239.192

续表

样品编号	岩石类型	$^{176}Yb/^{177}Hf$	1σ	$^{176}Hf/^{177}Hf$	1σ	$^{176}Lu/^{177}Hf$	1σ	年龄/Ma	$\varepsilon_{Hf}(0)$	$\varepsilon_{Hf}(t)$	T_{DM}/Ma	$f_{Lu/Hf}$	$T_{DM}{}^{C}$/Ma
ZN005-189-1	成矿主期岩浆岩	0.018689	0.000044	0.282737	0.000007	0.000556	0.000001	16.197	−1.251	−0.903	722.495	−0.983	1157.227
ZN005-189-2		0.016926	0.000024	0.282686	0.000007	0.000495	0.000000	14.251	−3.041	−2.734	791.939	−0.985	1272.635
ZN005-189-3		0.016707	0.000056	0.282678	0.000006	0.000534	0.000002	14.861	−3.309	−2.989	803.304	−0.984	1289.333
ZN005-189-4		0.023708	0.000103	0.282674	0.000007	0.000717	0.000002	14.463	−3.459	−3.149	813.135	−0.978	1299.227
ZN005-189-6		0.019393	0.000196	0.282710	0.000006	0.000614	0.000005	14.421	−2.201	−1.891	761.192	−0.982	1218.985
ZN005-189-7		0.015176	0.000069	0.282719	0.000006	0.000495	0.000001	14.532	−1.890	−1.576	746.530	−0.985	1198.985
ZN005-189-8		0.015760	0.000071	0.282727	0.000006	0.000522	0.000001	15.005	−1.609	−1.285	735.955	−0.984	1180.753
ZN005-189-9		0.015790	0.000079	0.282691	0.000006	0.000644	0.000002	17.878	−2.881	−2.497	788.683	−0.981	1260.208
ZN005-189-10		0.016602	0.000082	0.282688	0.000007	0.000560	0.000002	15.341	−2.970	−2.640	790.496	−0.983	1267.461
ZN005-189-11		0.016235	0.000146	0.282698	0.000006	0.000532	0.000004	14.825	−2.608	−2.289	775.630	−0.984	1244.681
ZN005-189-12		0.023110	0.000179	0.282686	0.000006	0.000742	0.000006	15.815	−3.037	−2.698	796.921	−0.978	1271.477
ZN005-189-13		0.018507	0.000021	0.282644	0.000007	0.000618	0.000001	15.137	−4.520	−4.195	852.945	−0.981	1366.402
ZN005-189-14		0.014557	0.000024	0.282664	0.000008	0.000491	0.000001	14.954	−3.823	−3.500	822.635	−0.985	1322.019
ZN005-189-15		0.012525	0.000017	0.282686	0.000007	0.000403	0.000000	21.386	−3.040	−2.577	789.986	−0.988	1268.053
ZN005-189-16		0.018463	0.000054	0.282740	0.000008	0.000588	0.000002	14.406	−1.142	−0.832	718.790	−0.982	1151.368
ZN005-189-17		0.023226	0.000032	0.282695	0.000006	0.000743	0.000002	15.140	−2.715	−2.391	784.163	−0.978	1251.358
ZN005-189-18		0.024105	0.000064	0.282691	0.000006	0.000761	0.000002	21.232	−2.870	−2.416	790.701	−0.977	1257.579
ZN005-189-21		0.025399	0.000115	0.282644	0.000007	0.000838	0.000005	15.343	−4.515	−4.188	857.692	−0.975	1366.036
ZN005-189-22		0.023096	0.000180	0.282700	0.000006	0.000728	0.000005	15.678	−2.535	−2.200	776.729	−0.978	1239.574
ZN005-189-23		0.016049	0.000073	0.282694	0.000007	0.000496	0.000001	14.152	−2.746	−2.441	780.334	−0.985	1253.878
ZN005-189-24		0.017137	0.000083	0.282682	0.000008	0.000515	0.000001	14.789	−3.165	−2.847	797.247	−0.984	1280.218
ZN005-189-26		0.020995	0.000125	0.282742	0.000007	0.000591	0.000006	14.852	−1.059	−0.739	715.554	−0.982	1145.777

续表

样品编号	岩石类型	$^{176}Yb/^{177}Hf$	1σ	$^{176}Hf/^{177}Hf$	1σ	$^{176}Lu/^{177}Hf$	1σ	年龄/Ma	$\varepsilon_{Hf}(0)$	$\varepsilon_{Hf}(t)$	T_{DM}/Ma	$f_{Lu/Hf}$	T_{DM}^{C}/Ma
ZN005-189-28		0.017927	0.000111	0.282730	0.000007	0.000474	0.000002	15.693	−1.493	−1.154	730.474	−0.986	1172.905
ZN005-189-29		0.028498	0.000035	0.282656	0.000007	0.000788	0.000003	14.120	−4.108	−3.807	840.437	−0.976	1340.842
ZN005-189-31		0.020555	0.000034	0.282698	0.000006	0.000710	0.000001	16.979	−2.610	−2.246	779.339	−0.979	1243.549
ZN005-189-32		0.019007	0.000044	0.282737	0.000006	0.000716	0.000005	18.136	−1.238	−0.850	725.037	−0.978	1155.293
ZN005-189-34		0.020098	0.000064	0.282693	0.000008	0.000583	0.000001	15.683	−2.792	−2.454	783.898	−0.982	1255.857
ZN-1511-15-01	成矿前岩浆岩	0.067786	0.000223	0.282777	0.000009	0.001963	0.000001	48.318	0.179	1.175	691.452	−0.941	1048.626
ZN-1511-15-04		0.114033	0.001004	0.282854	0.000008	0.002916	0.000016	53.160	2.901	3.963	595.034	−0.912	873.907
ZN-1511-15-06		0.059800	0.000581	0.282835	0.000010	0.001616	0.000011	49.980	2.240	3.282	601.061	−0.951	915.260
ZN-1511-15-07		0.095773	0.001026	0.282837	0.000010	0.002578	0.000021	49.043	2.314	3.305	614.017	−0.922	912.929
ZN-1511-15-08		0.045777	0.000055	0.282788	0.000009	0.001309	0.000001	48.073	0.562	1.574	663.910	−0.961	1023.103
ZN-1511-15-09		0.041961	0.000166	0.282755	0.000010	0.001326	0.000003	57.805	−0.594	0.622	710.859	−0.960	1091.282
ZN-1511-15-10		0.092055	0.000171	0.282761	0.000008	0.002798	0.000004	50.187	−0.391	0.615	731.568	−0.916	1085.676
ZN-1511-15-11		0.057220	0.000085	0.282828	0.000009	0.001888	0.000002	55.531	1.989	3.137	615.824	−0.943	928.746
ZN-1511-15-12		0.102532	0.000398	0.282780	0.000008	0.003230	0.000014	44.961	0.296	1.185	711.254	−0.903	1045.256
ZN-1511-15-13		0.042240	0.000036	0.282809	0.000008	0.001360	0.000000	44.111	1.324	2.251	634.001	−0.959	976.767
ZN-1511-15-14		0.075687	0.000071	0.282775	0.000008	0.002451	0.000002	46.490	0.109	1.052	703.716	−0.926	1055.026
ZN-1511-15-16		0.023272	0.000323	0.282774	0.000008	0.000763	0.000010	61.176	0.053	1.363	674.560	−0.977	1046.598
ZN-1511-15-18		0.114991	0.000158	0.282819	0.000010	0.003512	0.000006	47.477	1.663	2.593	658.320	−0.894	957.151
ZN-1511-15-20		0.072593	0.000162	0.282735	0.000008	0.002233	0.000003	53.600	−1.324	−0.229	758.789	−0.933	1142.277
ZN-1511-15-21		0.047239	0.000219	0.282812	0.000009	0.001463	0.000004	55.579	1.418	2.582	631.954	−0.956	964.310
ZN-1511-15-22		0.062663	0.000034	0.282843	0.000008	0.001946	0.000001	50.773	2.528	3.575	594.633	−0.941	897.041

续表

样品编号	岩石类型	$^{176}Yb/^{177}Hf$	1σ	$^{176}Hf/^{177}Hf$	1σ	$^{176}Lu/^{177}Hf$	1σ	年龄/Ma	$\varepsilon_{Hf}(0)$	$\varepsilon_{Hf}(t)$	T_{DM}/Ma	$f_{Lu/Hf}$	T_{DM}^{C}/Ma
ZN-1511-15-23	成矿前岩浆岩	0.074875	0.000073	0.282815	0.000010	0.002268	0.000002	51.287	1.526	2.573	641.434	−0.932	961.486
ZN-1511-15-24		0.061420	0.000083	0.282857	0.000009	0.001752	0.000002	51.899	2.998	4.075	572.276	−0.947	865.933
ZN-1511-15-26		0.051801	0.000162	0.282820	0.000009	0.001439	0.000001	51.498	1.683	2.763	620.780	−0.957	949.646
ZN-1511-15-27		0.072903	0.000060	0.282838	0.000009	0.001828	0.000003	48.137	2.320	3.317	601.223	−0.945	911.559
ZN-1511-15-28		0.070876	0.000200	0.282818	0.000010	0.001846	0.000004	47.367	1.620	2.601	630.218	−0.944	956.816
ZN-1511-15-29		0.085351	0.000324	0.282825	0.000008	0.002097	0.000003	49.444	1.869	2.884	624.308	−0.937	940.253
ZN-1511-15-30		0.063852	0.000237	0.282794	0.000007	0.001677	0.000002	47.472	0.779	1.767	661.670	−0.949	1010.256
ZN-1511-15-31		0.066993	0.000596	0.282824	0.000008	0.001689	0.000011	49.443	1.849	2.878	618.211	−0.949	940.707
ZN1511-6-1	成矿晚期岩浆岩	0.032433	0.000222	0.282727	0.000007	0.000993	0.000005	11.473	−1.583	−1.339	744.130	−0.970	1181.429
ZN1511-6-4		0.017577	0.000185	0.282666	0.000009	0.000759	0.000008	11.072	−3.765	−3.528	826.165	−0.977	1320.811
ZN1511-6-5		0.025239	0.000117	0.282684	0.000006	0.000807	0.000004	10.710	−3.103	−2.875	800.921	−0.976	1278.847
ZN1511-6-6		0.010532	0.000090	0.282635	0.000007	0.000396	0.000003	10.868	−4.849	−4.614	860.898	−0.988	1389.906
ZN1511-6-7		0.018070	0.000095	0.282651	0.000006	0.000661	0.000004	11.140	−4.265	−4.026	843.820	−0.980	1352.620
ZN1511-6-8		0.061393	0.000073	0.282337	0.000007	0.001879	0.000002	383.252	−15.386	−7.447	1324.064	−0.943	1849.387
ZN1511-6-9		0.019526	0.000220	0.282644	0.000006	0.000747	0.000007	10.823	−4.526	−4.295	856.093	−0.977	1369.458
ZN1511-6-10		0.019764	0.000187	0.282630	0.000006	0.000740	0.000007	10.617	−5.012	−4.785	875.173	−0.978	1400.517
ZN1511-6-11		0.011353	0.000054	0.282645	0.000007	0.000421	0.000001	10.588	−4.474	−4.245	846.719	−0.987	1366.191
ZN1511-6-13		0.018726	0.000042	0.282579	0.000008	0.000540	0.000001	14.846	−6.843	−6.523	942.670	−0.984	1514.385
ZN1511-6-14		0.017874	0.000271	0.282664	0.000006	0.000682	0.000010	10.359	−3.815	−3.592	826.464	−0.979	1324.381
ZN1511-6-15		0.018041	0.000051	0.282698	0.000007	0.000653	0.000002	11.987	−2.615	−2.358	778.361	−0.980	1246.910
ZN1511-6-16		0.091749	0.000073	0.282316	0.000008	0.002443	0.000004	448.093	−16.110	−6.989	1374.342	−0.926	1869.110
ZN1511-6-17		0.021678	0.000119	0.282588	0.000010	0.000547	0.000002	12.683	−6.502	−6.229	929.442	−0.984	1494.049

续表

样品编号	岩石类型	$^{176}Yb/^{177}Hf$	1σ	$^{176}Hf/^{177}Hf$	1σ	$^{176}Lu/^{177}Hf$	1σ	年龄/Ma	$\varepsilon_{Hf}(0)$	$\varepsilon_{Hf}(t)$	T_{DM}/Ma	$f_{Lu/Hf}$	T_{DM}^{C}/Ma
ZN1511-6-18	成矿晚期岩浆岩	0.014021	0.000012	0.282653	0.000007	0.000449	0.000001	10.749	−4.210	−3.978	836.967	−0.986	1349.284
ZN1511-6-19		0.034356	0.001564	0.282341	0.000009	0.000843	0.000040	457.188	−15.225	−5.432	1281.638	−0.975	1778.236
ZN1511-6-20		0.015470	0.000109	0.282696	0.000006	0.000472	0.000002	14.157	−2.675	−2.369	777.023	−0.986	1249.312
ZN1511-6-21		0.029271	0.000058	0.282745	0.000007	0.000838	0.000001	10.357	−0.970	−0.749	716.699	−0.975	1142.945
ZN1511-6-22		0.032558	0.000067	0.282650	0.000007	0.000795	0.000001	14.113	−4.314	−4.013	848.761	−0.976	1353.966
ZN1511-6-23		0.013410	0.000046	0.282722	0.000008	0.000454	0.000001	20.434	−1.769	−1.328	740.996	−0.986	1187.616
ZN1511-6-24		0.012839	0.000102	0.282634	0.000007	0.000398	0.000003	18.393	−4.869	−4.472	861.754	−0.988	1386.529
ZN1511-6-25		0.013368	0.000024	0.282732	0.000006	0.000439	0.000001	12.718	−1.426	−1.151	727.176	−0.987	1170.484
ZN1511-6-26		0.008390	0.000006	0.282586	0.000007	0.000224	0.000000	11.541	−6.580	−6.330	924.697	−0.993	1499.693
PM3-42-01		0.044182	0.000853	0.001280	0.000020	0.282737	0.000010	13.558	−1.253	−0.967	735.777	−0.961	1013.470
PM3-42-02		0.018113	0.000187	0.000615	0.000006	0.282659	0.000010	11.557	−4.007	−3.758	831.690	−0.981	1167.328
PM3-42-03		0.013887	0.000340	0.000399	0.000013	0.282543	0.000011	11.832	−8.106	−7.850	987.642	−0.988	1394.810
PM3-42-04		0.071910	0.000575	0.001938	0.000012	0.282329	0.000013	159.784	−15.681	−12.382	1336.725	−0.942	1760.449
PM3-42-05		0.020987	0.000528	0.000705	0.000021	0.282698	0.000012	14.746	−2.628	−2.311	779.082	−0.979	1089.323
PM3-42-06		0.011022	0.000242	0.000385	0.000007	0.282738	0.000011	13.474	−1.197	−0.905	716.369	−0.988	1010.017
PM3-42-07		0.017821	0.000361	0.000626	0.000014	0.282651	0.000011	19.684	−4.287	−3.863	842.998	−0.981	1179.573
PM3-42-08		0.011845	0.000103	0.000392	0.000002	0.282633	0.000013	12.421	−4.921	−4.652	862.714	−0.988	1217.732
PM3-42-09		0.031141	0.001301	0.000922	0.000036	0.282585	0.000013	11.792	−6.604	−6.353	941.699	−0.972	1311.642
PM3-42-10		0.015874	0.000215	0.000610	0.000013	0.282613	0.000012	12.025	−5.622	−5.363	895.288	−0.982	1256.898
PM3-42-11		0.009063	0.000546	0.000275	0.000012	0.282623	0.000012	16.878	−5.259	−4.892	873.313	−0.992	1234.614
PM3-42-12		0.020160	0.000495	0.000583	0.000012	0.282625	0.000014	21.105	−5.189	−4.734	877.584	−0.982	1229.102

续表

样品编号	岩石类型	$^{176}Yb/^{177}Hf$	1σ	$^{176}Hf/^{177}Hf$	1σ	$^{176}Lu/^{177}Hf$	1σ	年龄/Ma	$\varepsilon_{Hf}(0)$	$\varepsilon_{Hf}(t)$	T_{DM}/Ma	$f_{Lu/Hf}$	T_{DM}^{C}/Ma
PM3-42-13	成矿晚期岩浆岩	0.013146	0.000408	0.000496	0.000014	0.282616	0.000011	12.009	−5.515	−5.256	888.419	−0.985	1250.958
PM3-42-14		0.025390	0.001049	0.000663	0.000028	0.282614	0.000012	14.959	−5.582	−5.261	894.969	−0.980	1253.529
PM3-42-15		0.014611	0.000076	0.000485	0.000001	0.282644	0.000011	11.607	−4.522	−4.271	849.124	−0.985	1195.912
PM3-42-16		0.010445	0.000356	0.000370	0.000010	0.282655	0.000012	11.659	−4.136	−3.883	831.443	−0.989	1174.379
PM3-42-17		0.012201	0.000112	0.000411	0.000003	0.282615	0.000012	11.202	−5.561	−5.319	888.277	−0.988	1253.842
PM3-42-18		0.009773	0.000149	0.000350	0.000004	0.282629	0.000013	11.253	−5.053	−4.809	866.937	−0.989	1225.530
PM3-42-19		0.018854	0.000615	0.000590	0.000021	0.282621	0.000012	11.425	−5.350	−5.104	884.104	−0.982	1242.032
PM3-42-20		0.041937	0.002274	0.001248	0.000069	0.282719	0.000014	46.530	−1.859	−0.877	759.526	−0.962	1034.513
PM3-42-21		0.021666	0.000559	0.000677	0.000018	0.282686	0.000012	14.624	−3.059	−2.745	795.567	−0.980	1113.363
PM3-42-22		0.013515	0.000625	0.000413	0.000016	0.282704	0.000012	11.962	−2.389	−2.131	763.788	−0.988	1077.093
PM3-42-23		0.012275	0.000502	0.000431	0.000014	0.282665	0.000013	11.359	−3.799	−3.553	819.528	−0.987	1155.785
PM3-42-24		0.085077	0.004258	0.002141	0.000099	0.282587	0.000017	11.691	−6.525	−6.286	969.846	−0.936	1307.571
PM3-42-25		0.028213	0.000367	0.000784	0.000009	0.282649	0.000012	13.026	−4.355	−4.076	849.196	−0.976	1186.133
PM14-107-01	煌斑岩	0.009959	0.000212	0.000384	0.000006	0.282667	0.000010	14.933	−3.697	−3.374	814.532	−0.988	1148.626
PM14-107-02		0.026901	0.000662	0.000848	0.000014	0.282685	0.000013	17.455	−3.085	−2.713	800.217	−0.974	1113.772
PM14-107-03		0.011068	0.000062	0.000368	0.000003	0.282672	0.000010	15.049	−3.533	−3.207	807.756	−0.989	1139.442
PM14-107-04		0.028517	0.000696	0.000804	0.000018	0.282746	0.000011	12.352	−0.921	−0.657	713.315	−0.976	995.256
PM14-107-05		0.022918	0.000504	0.000736	0.000019	0.282730	0.000012	12.236	−1.482	−1.219	734.292	−0.978	1026.520
PM14-107-06		0.016280	0.000130	0.000540	0.000005	0.282712	0.000011	11.932	−2.122	−1.865	755.776	−0.984	1062.243
PM14-107-07		0.056299	0.005443	0.001705	0.000168	0.282705	0.000012	54.841	−2.369	−1.228	789.626	−0.949	1060.551
PM14-107-08		0.020198	0.000452	0.000684	0.000013	0.282729	0.000012	14.529	−1.536	−1.224	735.434	−0.979	1028.608

续表

样品编号	岩石类型	$^{176}Yb/^{177}Hf$	1σ	$^{176}Hf/^{177}Hf$	1σ	$^{176}Lu/^{177}Hf$	1σ	年龄/Ma	$\varepsilon_{Hf}(0)$	$\varepsilon_{Hf}(t)$	T_{DM}/Ma	$f_{Lu/Hf}$	$T_{DM}{}^{C}$/Ma
PM14-107-09	煌斑岩	0.032522	0.001021	0.000939	0.000029	0.282701	0.000012	12.140	−2.505	−2.247	779.042	−0.972	1083.641
PM14-107-10		0.068439	0.000249	0.002049	0.000020	0.282864	0.000013	72.064	3.263	4.747	565.374	−0.938	740.940
PM14-107-11		0.011020	0.000366	0.000376	0.000013	0.282784	0.000015	12.807	0.442	0.719	651.762	−0.989	918.909
PM14-107-12		0.025284	0.000860	0.000738	0.000021	0.282717	0.000011	14.000	−1.956	−1.656	753.125	−0.978	1052.225
PM14-107-13		0.015053	0.000813	0.000549	0.000025	0.282683	0.000011	16.796	-3.134	-2.772	795.868	−0.983	1116.602
PM14-107-14		0.018093	0.000885	0.000586	0.000025	0.282685	0.000010	12.232	-3.082	-2.819	794.598	−0.982	1115.597
PM14-107-15		0.017377	0.000164	0.000562	0.000005	0.282730	0.000012	12.026	−1.477	−1.218	730.739	−0.983	1026.274
PM14-107-16		0.084686	0.001869	0.002363	0.000037	0.282884	0.000012	64.000	3.955	5.259	541.500	−0.929	705.861
PM14-107-17		0.042001	0.001870	0.001111	0.000043	0.282802	0.000017	12.324	1.044	1.306	640.344	−0.967	885.753
PM14-107-18		0.012526	0.001948	0.000415	0.000058	0.282716	0.000011	11.938	−1.978	−1.719	747.633	−0.988	1054.181
PM14-107-19		0.018465	0.000580	0.000627	0.000015	0.282726	0.000010	14.236	−1.643	−1.337	738.572	−0.981	1034.680
PM14-107-20		0.015478	0.001084	0.000456	0.000027	0.282632	0.000013	15.248	-4.943	-4.614	865.052	−0.986	1217.834
PM14-107-21		0.012313	0.000284	0.000354	0.000006	0.282708	0.000011	14.167	−2.256	−1.949	757.372	−0.989	1068.730
PM14-107-22		0.034138	0.001501	0.000944	0.000047	0.282648	0.000011	54.981	−4.402	-3.231	854.692	−0.972	1172.173
PM14-107-23		0.053008	0.001485	0.001505	0.000032	0.282260	0.000015	52.996	−18.105	−16.997	1418.216	−0.955	1931.700

结晶矿物相（图 5-2c、d）。朱诺成矿前岩浆岩表现相对亏损的 Sr-Nd 同位素组成，$(^{87}Sr/^{86}Sr)_i$ 值变化于 0.7046～0.7068，$\varepsilon_{Nd}(t)$ 值变化于−3.8～−1.7，位于林子宗火山岩（$\varepsilon_{Nd}(i)$=3.8，Nd=20.9×10^{-6}，$(^{87}Sr/^{86}Sr)_i$=0.7038，Sr=487×10^{-6}）（Lee H Y et al.，2012）和代表印度陆壳物质的高喜马拉雅结晶基底两个端元（$(^{87}Sr/^{86}Sr)_i$=0.7424，Sr=141.28×10^{-6}，$\varepsilon_{Nd}(i)$=−17.6，Nd=45.45×10^{-6}）（Inger and Harris，1993；Richards et al.，2005；Guo et al.，2013）的混合线上（图 5-3a）。该期岩浆岩锆石 Hf 同位素组成也相对亏损，变化于−0.3～4.1 之间（图 5-4）。在原始地幔标准化微量元素蛛网图上，朱诺成矿前岩浆岩富集大离子亲石元素 LILE（如 Rb、Ba、K），无 Sr 元素异常，亏损高场强元素 HFSE（如 Nb、Ta、Ti、Zr、P），具典型弧岩浆的地球化学特征（图 5-2d）。综合以上地球化学特点，认为朱诺成矿前岩浆岩的形成与被俯冲的特提斯洋脱水释放的流体和上覆大洋沉积物交代的玄武质钙碱性岩浆部分熔融并经历 AFC（同化混染结晶分异）过程有关。

朱诺成矿主期二长花岗斑岩及斑状二长花岗岩 SiO_2 含量变化于 66.0%～72.2%，K_2O 含量变化于 3.5%～5.3%，属于高钾钙碱性系列（图 5-1b），$Mg^{\#}$值为 44.6～60.3，平均值为 49.6（图 5-1c），比成矿前岩浆岩 $Mg^{\#}$值高，以高 Sr/Y、La/Yb 值为特点，具埃达克质（adakites）岩石的地球化学属性（图 5-1d、e），A/CNK 值变化于 1.0～1.06（<1.1），属于过铝质钙碱性岩系，与 I 型花岗岩类似。Cr、Ni 含量较成矿前岩浆岩略高，分别为 9.2×10^{-6}～31.7×10^{-6}、4.4×10^{-6}～17.4×10^{-6}（图 5-1f），Nb/Ta 值为 6.4～12.9，平均值为 10.4，Zr/Hf 值为 14.1～29.3，平均值为 19.1，指示下地壳岩浆作用。朱诺成矿主期岩浆岩轻稀土富集，重稀土亏损，轻重稀土强烈分异（La_N/Yb_N=18.1～65.8），具较为陡倾的中稀土/重稀土分配曲线（Sm_N/Yb_N=4.3～11.1；Gd_N/Yb_N=2.8～5.9），弱的负 Eu 异常（δEu=约 0.8），说明源区为加厚的下地壳，石榴子石和角闪石作为源区残留或结晶矿物相（图 5-2a、b；Martin et al.，2005；Moyen，2009；Gao et al.，2009）。朱诺成矿主期岩浆岩 Sr-Nd 同位素组成为$(^{87}Sr/^{86}Sr)_i$ = 0.7072～0.7079，$\varepsilon_{Nd}(t)$=−8.0～−5.5，与成矿前岩浆岩相比，其同位素组成更加富集，模拟计算表明该期岩浆岩源区遭受约 30%～40%印度陆壳物质的混染（图 5-3a）。该期岩浆岩锆石 Hf 同位素组成除一个点为−11.5 外，其余点也相对亏损，变化于−4.2～−0.74 之间（图 4-10）。在原始地幔标准化微量元素蛛网图上（图 5-2b），朱诺成矿主期岩浆岩强烈富集 Th、U、Sr 元素，亏损高场强元素 HFSE（如 Nb、Ta、Ti、P）。综合以上地球化学特点，考虑到朱诺成矿主期岩浆岩中大量发育镁铁质包体，认为该期岩浆岩源于早期底侵的加厚下地壳的再熔，同时源区发生了中酸性长英质与幔源镁铁质岩浆（包体的原始岩浆）的混合作用，由于包体的原始岩浆来自俯冲印度陆壳交代的富集地幔，其具有较低的 Nd 同位素组分，二者发生岩浆混合会降低长英质岩浆的$\varepsilon_{Nd}(t)$值，并增加 $Mg^{\#}$值。因此，原始的朱诺成矿主期岩浆的$\varepsilon_{Nd}(t)$值应该比混合后岩浆的值高。

朱诺成矿晚期花岗斑岩 SiO_2 含量较高，变化于 67.4%～75.8%，K_2O 含量变化于 4.3%～7.2%，属于高钾钙碱性和钾玄岩系列（图 5-1b），$Mg^{\#}$值为 28.6～53.3，平均值为 42.9（图 5-1c）。与成矿前期和成矿主期岩浆岩不同的是，成矿晚期花岗斑岩以低 Sr/Y（3.5～18.9）、高 La/Yb（26.6～93.2），平均值为 57.5 为特点（图 5-1d、e），A/CNK 值主体变化于 1.2～1.7（>1.10），属于过铝质岩系。Cr、Ni 含量变化范围较大，分别为 9.6×10^{-6}～82.2×10^{-6}、2.8×10^{-6}～56.5×10^{-6}（图 5-1f），Nb/Ta 值为 10.2～13.3，平均值为 12.6，Zr/Hf 值为 16.8～

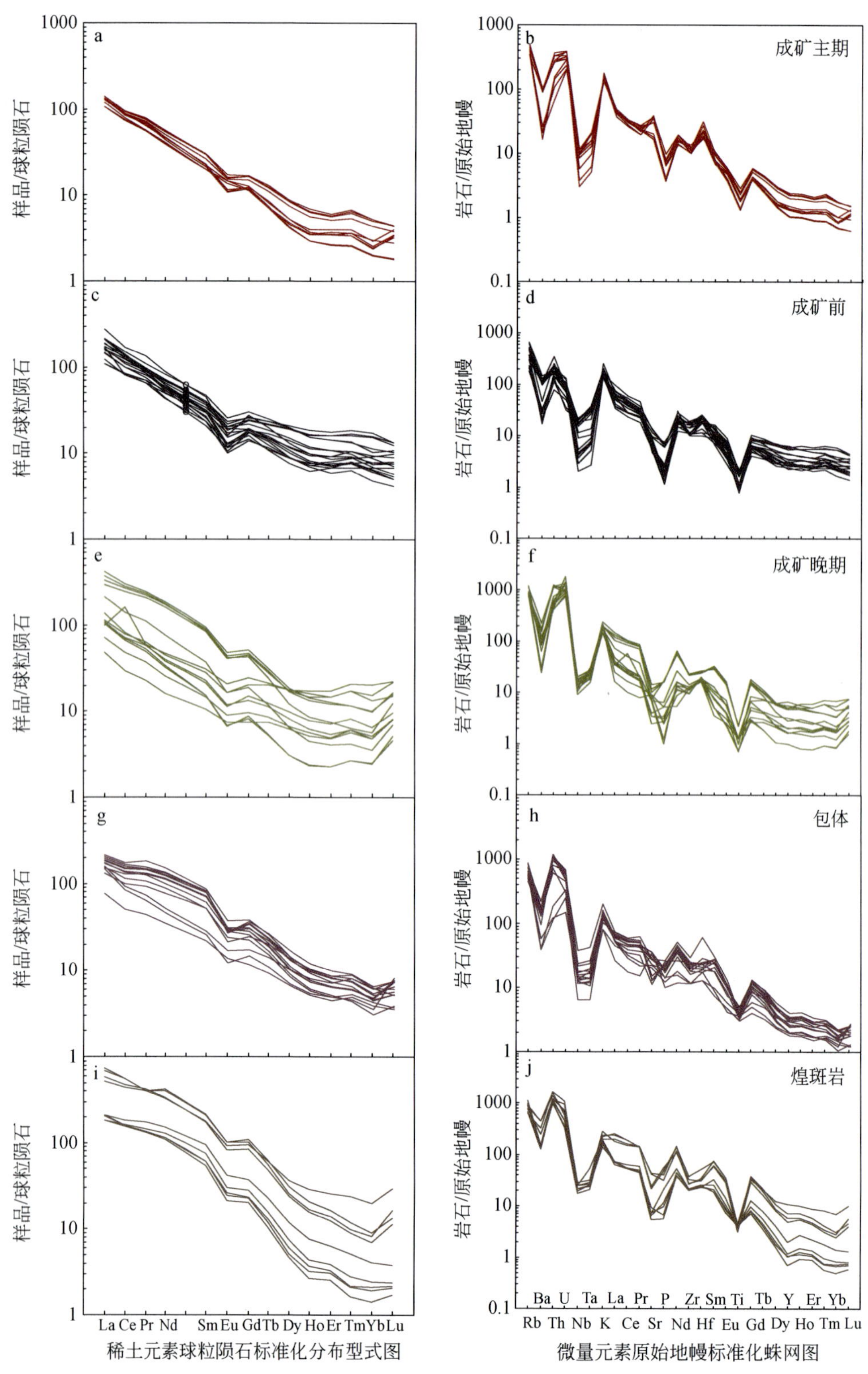

图 5-2　朱诺矿区岩浆岩稀土配分及微量元素蛛网图

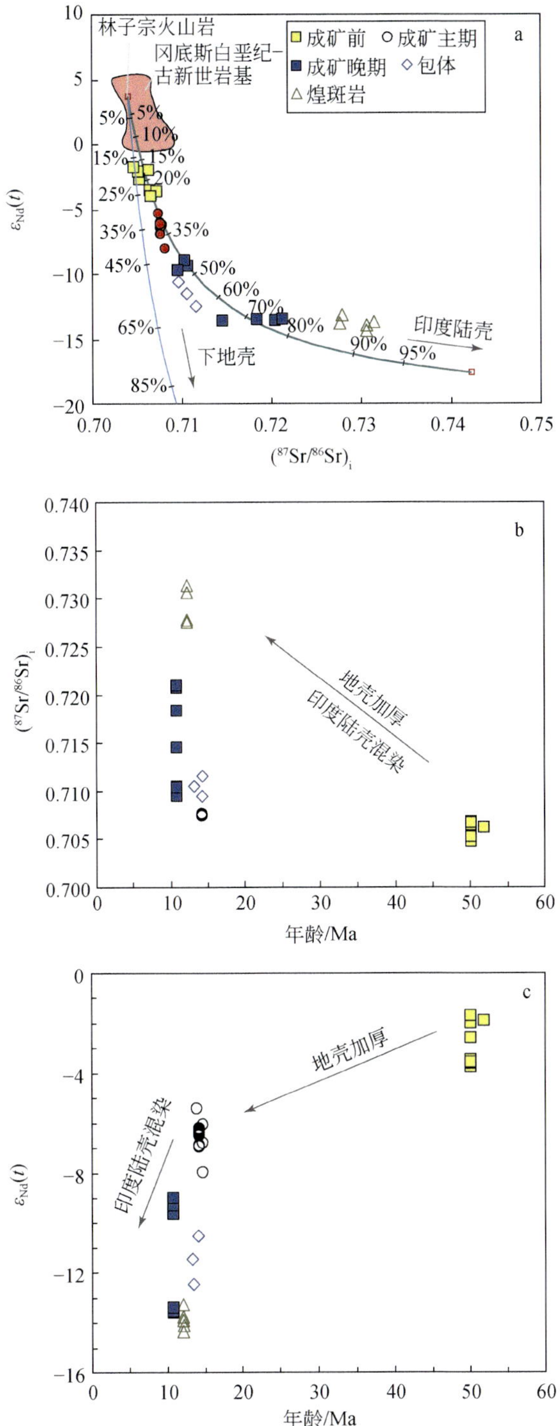

图 5-3　朱诺矿区岩浆岩$\varepsilon_{Nd}(t)$-($^{87}Sr/^{86}Sr$)$_i$（a）、($^{87}Sr/^{86}Sr$)$_i$-年龄（b）和$\varepsilon_{Nd}(t)$-年龄图解（c）

模拟计算的印度陆壳端元为($^{87}Sr/^{86}Sr$)$_i$=0.7424，Sr=141.28×10^{-6}，ε_{Nd}(i)=−17.6，Nd=45.45×10^{-6}（Inger and Harris，1993；Richards et al.，2005；Guo et al.，2013），林子宗火山岩端元为($^{87}Sr/^{86}Sr$)$_i$=0.7038，Sr=487×10^{-6}，ε_{Nd}(i)=3.8，Nd=20.9×10^{-6}（Lee H Y et al.，2012）

33.0，平均值为 25.5。成矿晚期岩浆岩稀土元素变化范围较大，负 Eu 异常（δEu=0.5～0.8），亏损 Sr 元素，轻重稀土分异不明显（La_N/Yb_N=4.9～66.8），总体具平直或勺形的重稀土配分曲线（Sm_N/Yb_N=1.5～15.5；Gd_N/Yb_N=1.2～7.7；图 5-2e、f）。朱诺成矿晚期岩浆岩 Sr-Nd 同位素组成为$(^{87}Sr/^{86}Sr)_i$=0.7094～0.7209，$\varepsilon_{Nd}(t)$=−13.6～−9.0，与成矿前、成矿主期岩浆岩相比，其同位素组成更加富集，模拟计算表明该期岩浆岩源区遭受约 45%～75%印度陆壳物质的混染（图 5-3a）。该期岩浆岩锆石 Hf 同位素组成变化于−7.8～−0.9 之间，较成矿前和成矿主期岩体相对富集，进一步证明更多印度陆壳物质对岩石成因有贡献，同时也不排除古老基底物质的加入（图 5-4），因为花岗斑岩中捕获的继承锆石的 Hf 同位素组成（160Ma，ε_{Hf}=−12.4）与冈底斯东部及中部拉萨地块新生代岩浆中锆石 Hf 同位素组成相似（Zhu et al.，2011a；Ji et al.，2012a），表明可能存在古老基底。在原始地幔标准化微量元素蛛网图上（图 5-2f），朱诺成矿晚期岩体富集 Th、U，亏损 Sr 元素，亏损高场强元素 HFSE（如 Nb、Ta、Ti、P），但是较成矿前和成矿主期岩体，Nb、Ta 亏损不强烈。综合以上地球化学特点，考虑到几乎同期煌斑岩脉的存在，初步认为该期岩体形成于后碰撞造山伸展背景，加厚的岩石圈根部垮塌、拆沉，软流圈上涌诱发减薄下地壳的部分熔融形成成矿晚期花岗斑岩。

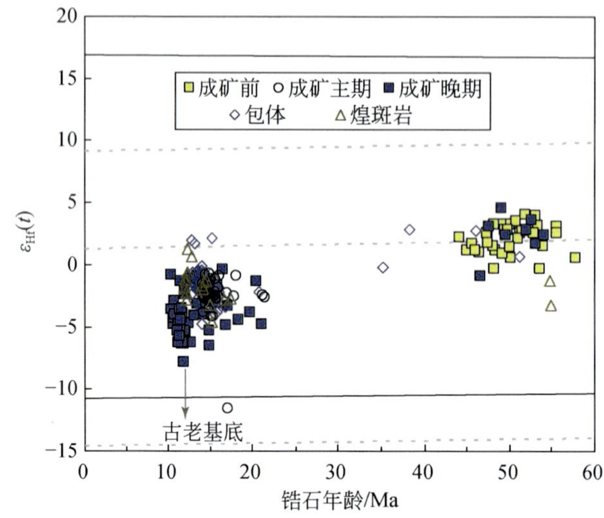

图 5-4　朱诺矿区岩浆岩$\varepsilon_{Hf}(t)$-锆石年龄图解

朱诺包体为闪长质，低 SiO_2（58.1%～64.9%），K_2O 含量变化于 2.4%～7.1%，K_2O/Na_2O 值为 0.5～3.0，平均值为 1.2，属于高钾钙碱性和钾玄质系列（图 5-1b），高 MgO（2.5%～5.6%），$Mg^{\#}$值为 44.8～63.8（图 5-1c），说明存在基性端元参与源区贡献。与成矿主期岩浆岩相比，包体相对低 Sr/Y（14.7～93.3）、La/Yb（27.4～80.6）值（图 5-1d、e），高相容元素（如 Cr=48～294×10^{-6}；Ni=19.6～100.6×10^{-6}；图 5-1f）。包体具有低的 Ce/Pb（1.3～8.1），Nb/U 值（0.6～2.9），不同于洋中脊玄武岩和洋岛玄武岩（Nb/U 47±10；Ce/Pb 25±5；Hofmann et al.，1986），因此源区不可能为洋中脊玄武岩和洋岛玄武岩。包体高 Nb/Ta 值（平均值 16.2），与原始地幔值（Nb/Ta=17.4）相似，指示包体可能源于幔源岩浆的部分熔融。朱诺

包体与成矿主期岩浆岩具相似的稀土及微量元素配分曲线（La_N/Yb_N=19.6～57.8；Sm_N/Yb_N=4.5～19.9；Gd_N/Yb_N=2.8～8.4），但其稀土总量更高，轻稀土分布相对平缓，弱的负 Eu 异常（δEu=～0.6），负 Ti、P 异常（图 5-2g、h）。朱诺包体 Sr-Nd 同位素组成为$(^{87}Sr/^{86}Sr)_i$=0.7098～0.7110，$\varepsilon_{Nd}(t)$=-11.4～-10.5，与成矿前、成矿主期相比，其同位素组成更加富集，模拟计算表明该期岩浆岩源区遭受约 50%～55%印度陆壳物质的混染（图 5-3a）。朱诺包体锆石 Hf 同位素组成变化于-4.7～2.8 之间，与成矿主期岩体相似（图 5-4）。综合以上地球化学特点，认为包体形成于后碰撞环境，俯冲的印度陆壳交代上覆岩石圈地幔部分熔融形成闪长质包体，并与加厚下地壳熔体发生岩浆混合作用。

朱诺煌斑岩低 SiO_2（49.6%～62.9%），位于石英二长岩、二长岩、二长闪长岩区域（图 5-1a），K_2O 含量变化于 4.0%～8.5%，K_2O/Na_2O 值为 1.1～11.8，平均值为 3.8，属于钾玄质岩系列（图 5-1b），高 MgO（4.3%～10.8%），$Mg^{\#}$值为 59.5～78.4（图 5-1c），以上地球化学特征与 Foley 等（1987）定义的超钾质岩类似（K_2O/Na_2O ＞2、K_2O ＞3%、MgO ＞3%）。朱诺煌斑岩相对低 Sr/Y（9.7～48.7）、高 La/Yb（30.6.4～203.9；平均值为 97.2）值（图 5-1d、e），高相容元素（如 Cr=180～731×10^{-6}；Ni=60.2～609.4×10^{-6}；图 5-1f）。煌斑岩高 Nb/Ta 值（11.4～16.0），与原始地幔值（Nb/Ta=17.4）和交代的富集岩石圈地幔部分熔融形成的后碰撞环境超钾质岩浆相似（Turner et al.，1996；Miller et al.，1999；Zhao et al.，2009），指示幔源岩浆起源。煌斑岩与包体具相似的稀土及微量元素配分曲线，但轻重稀土分异更强（La_N/Yb_N =21.9～146.3），负 Eu 异常（δEu=0.58～0.70），具平滑的轻、重稀土分配曲线，陡倾的中稀土分布（Sm_N/Yb_N=9.0～37.7；Gd_N/Yb_N=4.7～14.4；图 5-2i）。朱诺煌斑岩 Sr-Nd 同位素组成为$(^{87}Sr/^{86}Sr)_i$=0.7115～0.7313，$\varepsilon_{Nd}(t)$=-14.3～-12.5，与成矿前、成矿主期、包体相比，其同位素组成更加富集，模拟计算表明该岩体源区遭受约 90%印度陆壳物质的混染（图 5-3a）。煌斑岩锆石 Hf 同位素组成变化于-4.6～5.3 之间，与成矿主期及包体相似，无法区别（图 5-4）。综合以上地球化学特点，认为煌斑岩形成于后碰撞造山伸展背景，源于大量印度陆壳物质交代的岩石圈地幔部分熔融。整体上，从同碰撞到后碰撞阶段，朱诺成矿前、成矿主期、成矿晚期及煌斑岩脉的 Sr-Nd 同位素组成逐渐富集，反映了印度陆壳物质不断对源区的交代和混染作用（图 5-3b、c），对应于碰撞加厚，印度陆壳高角度俯冲，回卷（成矿主期挤压），断离拆沉（成矿晚期伸展减薄）一系列动力学过程，很好地记录了碰撞造山过程中印度板片与斑岩成矿的关系及其在深部动力学过程中扮演的重要角色。

第二节　深部动力学机制及模式

（1）朱诺成矿前岩浆岩低 Sr/Y、La/Yb 值，以斜长石和磁铁矿的结晶分异为主，岩浆源区贫水（图 5-5a、b、d）。研究表明，La/Sm 和 Sm/Yb 值可以用来鉴别辉石、角闪石、石榴子石作为源区残留，估算地壳的厚度（Kay and Mpodozis，2001；Shafiei et al.，2009）。朱诺成矿前始新世岩浆岩与古新世—始新世冈底斯岩基相似，低 Sm/Yb、高 La/Sm 值，指示源区轻稀土元素富集和辉石作为源区残留矿物相（图 5-6a）。成矿前岩浆岩源于被特提斯洋俯冲洋壳脱水和大洋沉积物交代的岩石圈地幔底侵形成的玄武质下地壳的部分熔融，动力学机制为大洋板片断离诱发软流圈上涌（Lee H Y et al.，2012；图 5-7a）。

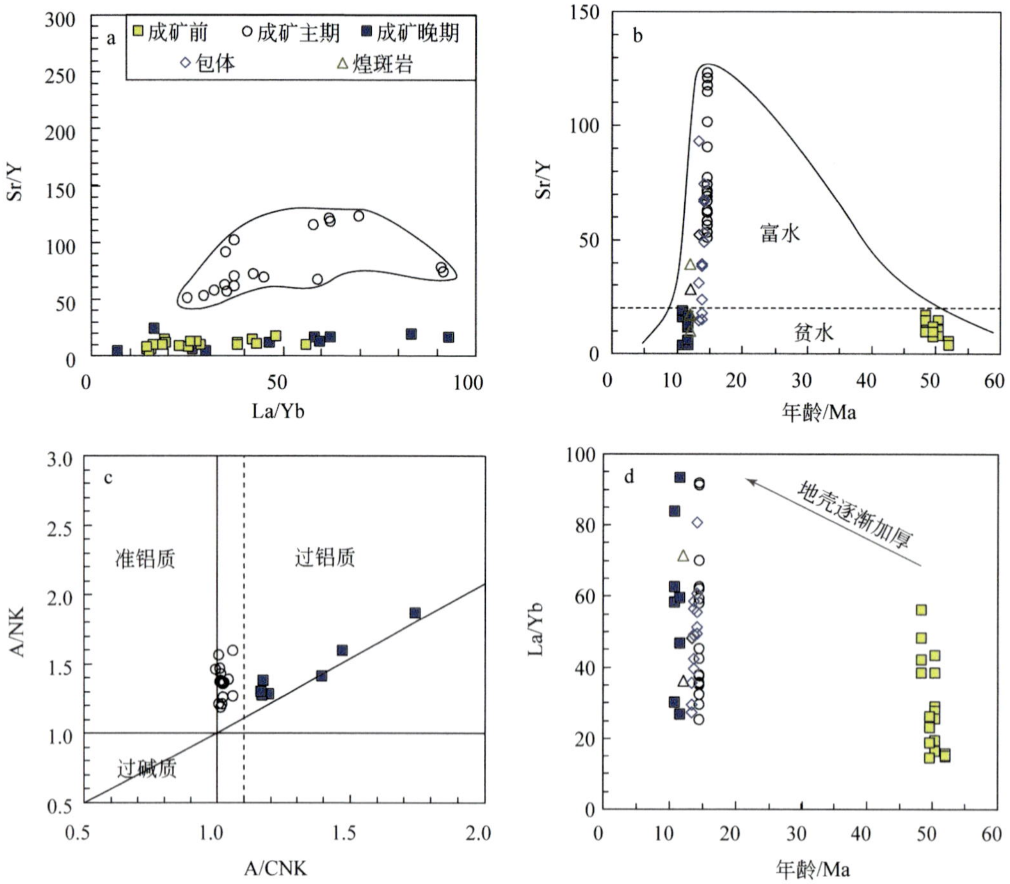

图 5-5　朱诺矿区岩浆岩 Sr/Y-La/Yb（a）、Sr/Y-年龄（b）、A/NK-A/CNK（c）和 La/Yb-年龄（d）图解

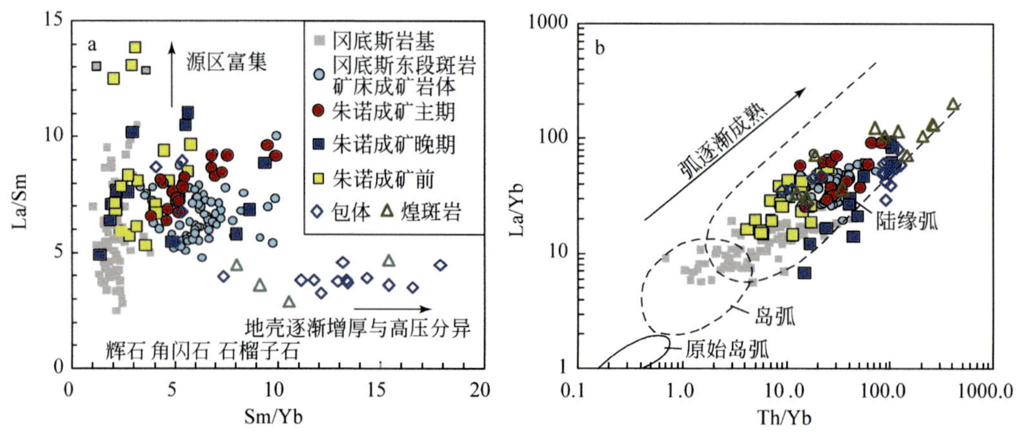

图 5-6　朱诺矿区岩浆 La/Sm-Sm/Yb（a）和 La/Yb-Th/Yb（b）图解

冈底斯东段斑岩矿床成矿岩体数据源于：孟祥金，2004；曲晓明等，2004；王亮亮等，2006；杨志明，2008；Li et al.，2011；Leng et al.，2013；Zheng et al.，2014b；Hu et al.，2015；冈底斯岩基数据源于 Wen，2007；Ji et al.，2012a

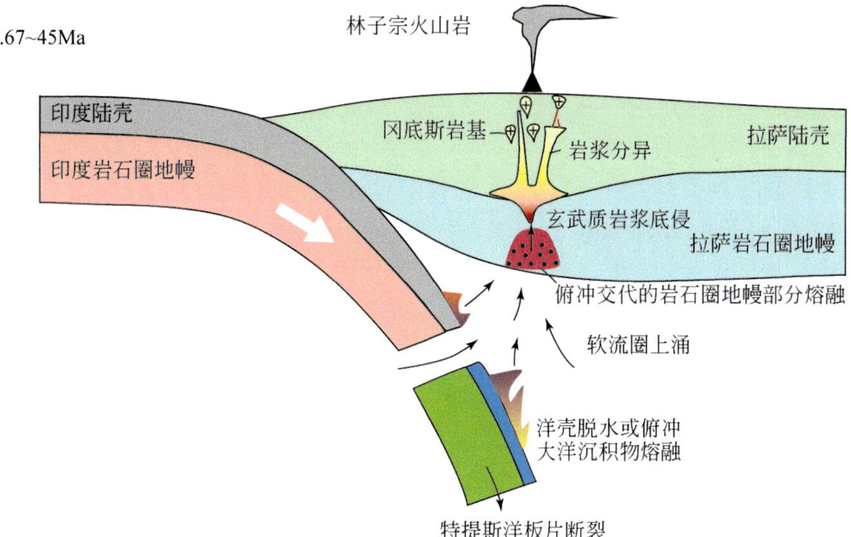

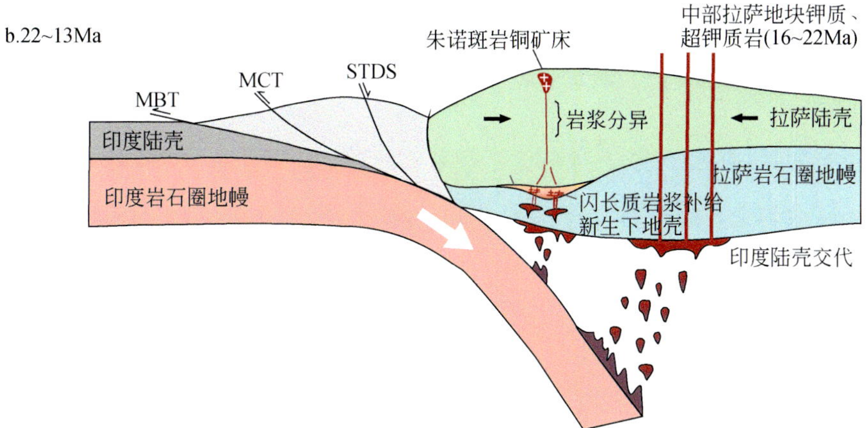

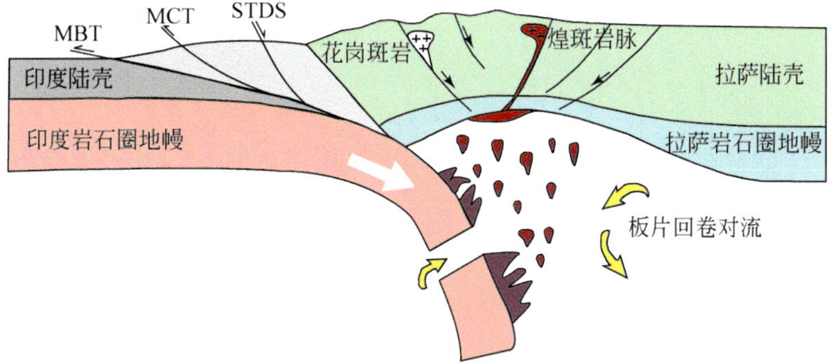

图 5-7　西藏朱诺成矿前、成矿主期、成矿晚期岩浆岩动力学机制示意图

MBT. 主边缘逆冲断裂；MCT. 主中央逆冲断裂；STDS. 藏南拆离系

（2）朱诺成矿主期岩浆岩高 Sr/Y、La/Yb 值，A/CNK 值变化于 1.0～1.06（<1.1），以角闪石早期结晶和晚期斜长石的结晶为主，源区富水（图 5-5）。该期岩浆岩高 Sm/Yb 值，指示源区残留矿物相为角闪石和石榴子石（图 5-6a）。从古新世—始新世至中新世，岩浆 Th/Yb 值，La/Yb 值逐渐增加，反映了地壳逐渐加厚、源区弧逐渐成熟的过程，由相对贫水的辉石为主的下地壳转变为相对富水的含石榴子石的角闪岩相为主的加厚下地壳（图 5-5、图 5-6；Jamali and Mehrabi，2015）。岩浆源区为早期（同碰撞古新世—始新世或更早）底侵的加厚下地壳的再熔。朱诺成矿主期岩浆岩富集的 Sr-Nd 同位素组成与幔源闪长质岩浆（闪长质包体或高镁闪长岩）的混入有关。动力学机制为高角度俯冲的印度陆壳发生进变质作用，释放流体或熔体交代上覆岩石圈地幔，幔源岩浆熔体底侵在下地壳，诱发早期底侵的下地壳再熔，并与其发生岩浆混合作用，经历结晶分异过程（MASH）形成朱诺成矿岩浆（Wang et al.，2014c；Tian et al.，2017；Guo et al.，2015；图 5-7b）。

（3）朱诺成矿晚期煌斑岩低 SiO_2 值，高 Cr、Ni、$Mg^{\#}$值，高 Sm/Yb 值，富集的 Sr-Nd 同位素组成，表明其源于富集岩石圈地幔的部分熔融，其富集过程与特提斯洋壳俯冲和印度陆壳俯冲交代作用有关，动力学机制为俯冲的印度板片回卷对流，板片断离诱发软流圈上涌，整体处于后碰撞伸展背景（图 5-7c）。超钾质煌斑岩富水，在与下地壳熔体发生作用过程中补给大量的水及部分金属元素给下地壳，幔源钾质-超钾质岩注水对于形成朱诺斑岩矿床至关重要。

综合上述对朱诺矿床地质、地球化学及多期次岩浆作用的年代学研究，本书建立了有别于前人的“朱诺式”斑岩铜矿成矿动力学模型（图 5-8）。其要点是超钾质煌斑岩源于富

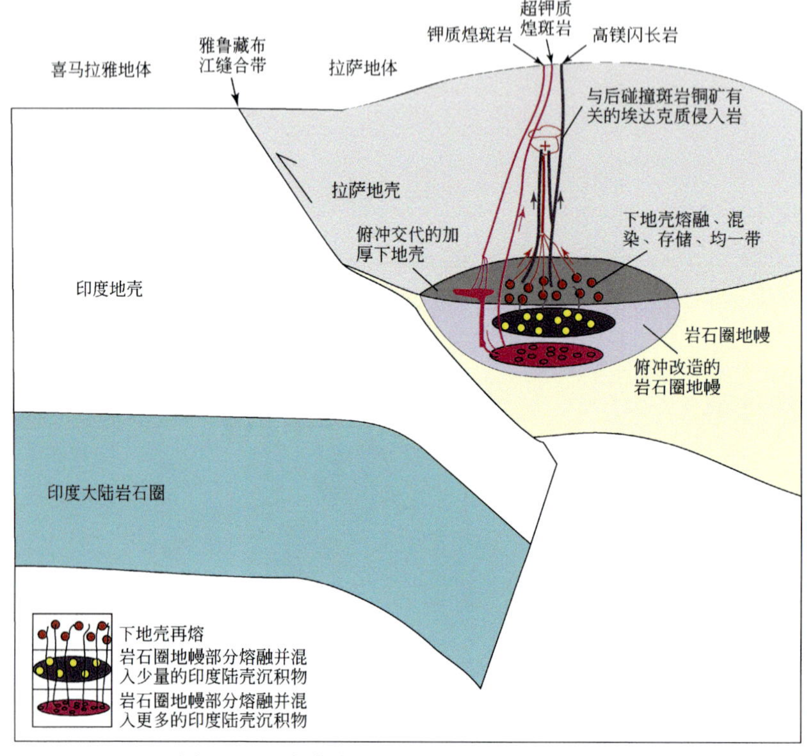

图 5-8　“朱诺式”斑岩铜矿成矿动力学模型

集岩石圈地幔的部分熔融，其富集过程与特提斯洋壳俯冲和印度陆壳俯冲交代作用有关；高镁闪长岩和闪长质包体源于特提斯洋俯冲交代的岩石圈地幔部分熔融，基本没有印度陆壳物质的贡献，其形成与演化经历了与高 Sr/Y 岩浆混合以及角闪石/榍石的结晶分异；高 Sr/Y 岩浆源于俯冲改造的西藏下地壳部分熔融，在岩浆上升过程中与闪长质岩浆（高镁闪长岩或者闪长质包体）发生混合；后碰撞高 Sr/Y 岩浆含矿潜力与古老下地壳被俯冲的弧岩浆再活化程度、富水闪长质岩浆分异以及与下地壳熔体的混合程度有关，证实碰撞背景下印度板片的参与也可形成斑岩铜矿床。该模型不仅为重新思考造山带碰撞型斑岩铜矿成矿理论提供了依据，也为冈底斯西段斑岩铜矿勘查提供了新思路。

第六章　岩浆氧逸度和含水性

具有高氧逸度的岩浆是斑岩成矿的一个重要前提条件，因为只有在高氧逸度情况下，S主要以SO_4^{2-}和SO_2的形式存在，有利于成矿岩浆中铜、钼的富集和保存。此外，岩浆水在斑岩铜矿床形成过程中也至关重要，因为当岩浆侵入到浅地表，流体出溶时需要大量的水（＞4%），而干的岩浆体系很难形成岩浆-热液成矿系统（Richards，2011a）。然而，由于岩浆上升就位过程多伴随壳源混染、结晶分异、脱气作用，该一系列浅部过程对岩浆水的改造很大，对于熔体初始岩浆水的限定十分困难。目前关于岩浆水的估算主要基于斜长石湿度计、未脱气的玄武质玻璃或熔体包裹体的测定（Walker et al.，2003；Kelley and Cottrell，2009；Lange et al.，2009）。例如，Walker等（2003）对美国活动俯冲带中部玄武岩中的橄榄石捕获的熔体包裹体（melt inclusions）进行了挥发分测试，其中岩浆水含量约为2%。Kelley和Cottrell（2009）对全球尺度代表洋中脊、俯冲弧、弧后盆地的火山岩中捕获的未脱气的玄武质玻璃和熔体包裹体中$Fe^{3+}/\sum Fe$值（氧逸度）和含H_2O量进行了直接测定，结果表明氧逸度与岩浆水含量呈正相关，并且弧火山岩的氧逸度和含水性（$Fe^{3+}/\sum Fe$=0.18～0.32；H_2O=2%～4%）高于弧后盆地（$Fe^{3+}/\sum Fe$=0.15～0.19；H_2O=1%～2%），洋中脊的氧逸度和岩浆水最低（$Fe^{3+}/\sum Fe$=0.13～0.17；H_2O＜1%），可能与俯冲大洋沉积物交代有关。Lange等（2009）基于钠长石和钙长石在斜长石晶体和岩浆流体之间的平衡交换反应，推导出新的热力学模拟公式用以计算熔体中的H_2O和温度，即斜长石-流体湿度计/温度计。Ridolfi等（2010）基于角闪石稳定的物理化学条件、成分组成，结合新的关于含角闪石钙碱性岩浆的温度气压公式，提出新的公式用以计算岩浆温度、压力和熔体含水性。此外，利用全岩主微量元素的比值及矿物的结晶顺序（角闪石、长石、磁铁矿）也可以间接估算岩浆初始熔体中H_2O的含量，例如，Sr元素可以替代Ca元素指示斜长石的结晶分异作用（McKay et al.，1994），不活动元素V和Sc在部分熔融过程中具相似的地球化学性质，不受脱气过程的影响，因此热液蚀变过程不影响其元素丰度，V元素在熔体中的活动性质主要受氧化态控制，优先在磁铁矿中分配，而Sc元素主要在角闪石中分配（Canil，1997；Li and Lee，2004）。实验研究表明角闪石在大于980℃的条件下从玄武质或玄武-安山质熔体中结晶需要熔体含H_2O大于5%（Feig et al.，2006）。如果硅酸盐熔体在分异过程中的岩浆水保持在6%不变，则熔体中首先结晶的是角闪石，然后是斜长石，最后是磁铁矿；但是在干的岩浆体系，镁铁质熔体随着温度的降低分异演化成长英质熔体过程中，斜长石将早于角闪石晶出（Loucks，2014）。因此，岩浆岩高Sr/Y、V/Sc值，高Sr元素可指示角闪石的结晶分异作用，角闪石的晶出导致熔体中Sc元素和Y元素亏损，同时斜长石和磁铁矿的结晶被抑制或滞后导致残余熔体富集Sr、Ti和Fe^{3+}元素，说明初始镁铁质熔体为富水的岩浆体系。

本书从全岩主微量地球化学数据、黑云母、角闪石、磷灰石、磁铁矿-钛铁矿电子探针数据、锆石稀土微量数据研究了朱诺矿区发育岩浆的氧逸度和含水性，逐一介绍如下。

第一节　元素地球化学

朱诺成矿前岩浆岩与西藏古新世—始新世冈底斯岩基相似(Ji et al., 2012a; Wen, 2007)，低 Sr/Y 值（＜50）、低 La/Yb 值，相对高 Y 和 Yb 元素，明显不同于成矿主期岩浆岩，表现出典型弧岩浆的特点，其 Sr 元素的值随着 SiO_2 的增加逐渐降低（图 6-1a、c、e、f），岩浆从镁铁质演化至长英质过程中（49%～77%）以斜长石的结晶分异为主，其通常能降低岩浆中的 Sr 和 CaO 元素含量，表明初始熔体缺水。朱诺成矿前岩浆岩和冈底斯岩基随着 SiO_2 的增加，Dy、Y、Yb 元素逐渐增加，但当 SiO_2 的值增加至约 60%时，Dy、Y、Yb 元素又逐渐降低，说明角闪石（优先富集 Dy 元素和重稀土元素；Moyen，2009）早期未开始结晶，直到熔体演化至中酸性才开始结晶。此外，V/Sc 值随着 SiO_2 的增加逐渐降低，指示磁铁矿的结晶分异作用，磁铁矿中 Fe^{3+} 的移除同时也降低了熔体的氧逸度（图 6-2b）。综合以上元素地球化学变化趋势，朱诺成矿前岩浆岩和冈底斯古新世—始新世岩基以斜长石和磁铁矿的结晶分异为主，晚期演化的岩浆存在少量的角闪石的结晶分异，形成于干的岩浆体系（H_2O＜4%；Ridolfi et al.，2010；Loucks，2014），不利于成矿。

朱诺成矿主期斑状二长花岗岩和二长花岗斑岩，以高 Sr/Y、La/Yb、V/Sc 值，低 Dy、Y 元素为特点，具“adakites”质岩石的地球化学属性，与冈底斯东段斑岩铜矿床成矿有关的侵入体类似（图 6-1、图 6-2；孟祥金，2004；曲晓明等，2004；王亮亮等，2006；杨志明，2008；Li et al.，2011；Leng et al.，2013；Zheng et al.，2014b；Hu et al.，2015）。朱诺成矿主期岩浆岩 Dy/Yb 值与 SiO_2 呈负相关性（图 6-1b），指示角闪石的结晶分异作用，因为角闪石作为源区残余或结晶矿物相在岩浆演化过程中都将亏损 Y 和 Yb，并且由于 Dy 元素在角闪石中表现更高的分配系数，角闪石的结晶分异过程中能显著降低岩浆中的 Dy/Yb 值、增加 Sr/Y 值。朱诺二长花岗斑岩及斑状二长花岗岩中 Sr 元素与 SiO_2 均表现较好的负相关（图 5-1c），同时 δEu 与 SiO_2 元素也表现较好的负相关（图 6-2b），表明存在斜长石的结晶分异。此外，在 SiO_2 不变的条件下，例如约 60%，朱诺成矿主期二长花岗斑岩和斑状二长花岗岩中 Sr 元素含量均高于成矿前岩浆岩和冈底斯岩基（图 6-1c），也间接说明早期角闪石的结晶分异抑制了斜长石的结晶，导致熔体中的 Sr 元素富集，当熔体成分演化至酸性条件，熔体中才开始晶出斜长石，元素 Sr 值逐渐降低。综合以上地球化学元素变化趋势，朱诺成矿主期二长花岗斑岩及斑状二长花岗岩在岩浆演化过程中发生了早期角闪石和晚期斜长石的结晶分异，形成于富水的岩浆体系，有利于形成斑岩型铜矿床（H_2O＞4%; Loucks，2014）。研究表明，冈底斯带大型-超大型斑岩型铜矿的形成大多数都与高 Sr/Y 的岩浆密切相关，因为高 Sr/Y 反映了源区富水，斜长石的分离结晶被抑制，同时 S 在熔体中的溶解度增加，高 Sr/Y 的岩浆将在 S 达到饱和之前聚集更多的 Cu（Chiaradia et al.，2012；Zellmer et al.，2012；Richards et al.，2012）。

朱诺成矿晚期花岗斑岩与成矿前岩浆岩具相似的地球化学特征，以低 Sr/Y 值为特点。朱诺成矿晚期岩浆岩 Sr/Y 值和 Sr 元素含量与 SiO_2 呈负相关性，随着 SiO_2 的增加逐渐降低，明显不同于成矿主期岩浆岩（图 6-1a、c），同时 δEu 与 SiO_2 元素也表现较好的负相关（图 6-2b），表明存在斜长石的结晶分异，其通常能降低岩浆中的 Sr 含量。此外，在 SiO_2 不变的条件下，例如约 70%，朱诺成矿晚期花岗斑岩中 Sr 元素含量均低于成矿主期岩浆岩，与冈底斯岩基和成矿前岩浆岩相当（图 6-1c），也间接说明斜长石的显著结晶，亏损熔体中的 Sr 元素含量，指示初始熔体缺水。

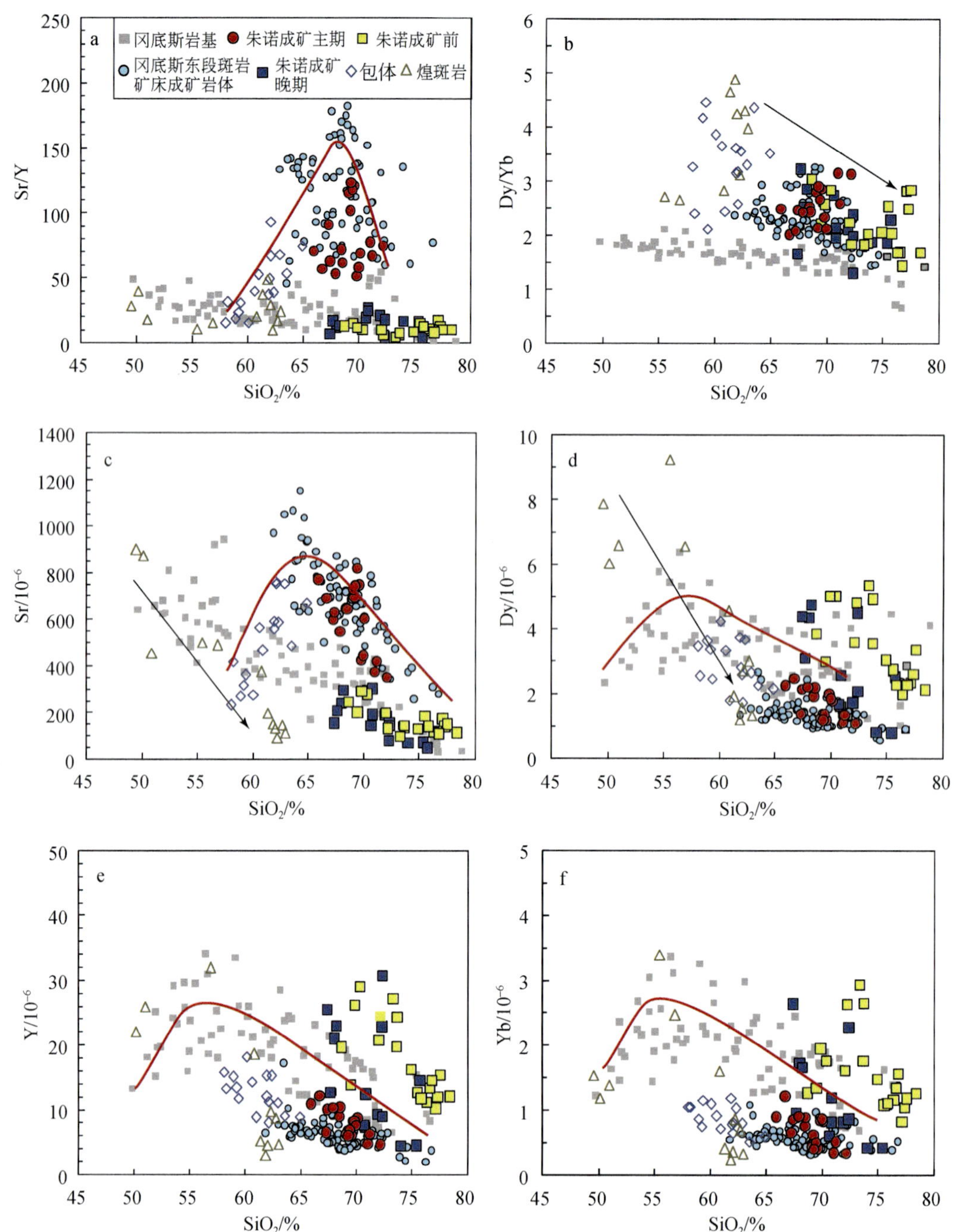

图 6-1　朱诺岩浆岩地球化学相关性图解（冈底斯东段斑岩矿床成矿岩体数据源于：孟祥金，2004；曲晓明等，2004；王亮亮等，2006；杨志明，2008；Li et al.，2011；Leng et al.，2013；Zheng et al.，2014b；Hu et al.，2015；冈底斯岩基数据源于：Wen，2007；Ji et al.，2012a）

朱诺成矿主期与成矿密切相关的闪长质包体地球化学元素变化趋势既不同于成矿前岩浆岩和冈底斯岩基，也不同于成矿主期的二长花岗斑岩、斑状二长花岗岩和成矿晚期的花岗斑岩。主要表现在，朱诺包体 Sr/Y 值与 SiO_2 呈正相关（图 6-1a），并且随着 SiO_2 的增加 Sr 元素也逐渐增加（图 6-1c），同时 δEu 与 SiO_2 元素也表现较好的正相关（图 6-2b），反映包体初始熔体富水，抑制斜长石的晶出。

朱诺中新世中基性煌斑岩，以低 Sr/Y 值、高 Dy/Yb 值为特点，不同于朱诺闪长质包体（图 6-1a、b）。煌斑岩 Sr 元素与 SiO_2 表现较好的负相关（图 6-1c），指示斜长石的结晶分异作用。同时，煌斑岩中 Dy 元素与 SiO_2 也表现较好的负相关性，随着 SiO_2 的增加，Dy 元素逐渐降低（图 6-1d），表明也存在角闪石的结晶分异作用。综合以上特点，煌斑岩存在角闪石和斜长石的同时结晶，指示相对富水的初始熔体，但其含水量低于包体，高于成矿晚期花岗斑岩。

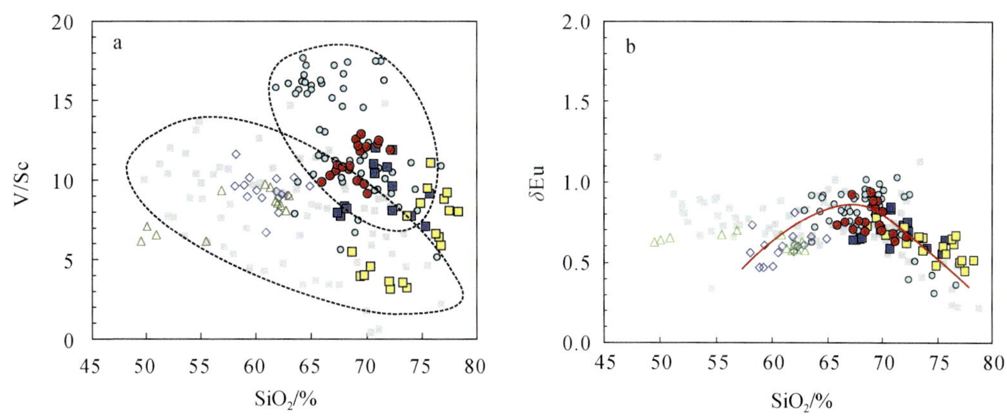

图 6-2 朱诺岩浆岩 V/Sc-SiO_2（a）和δEu-SiO_2（b）（图例和数据来源同图 5-1）

综合以上地球化学变化趋势，将朱诺不同期次岩浆岩的含水性小结如下：朱诺成矿前岩浆岩形成于干的岩浆体系，以斜长石和磁铁矿的结晶为主，晚期存在角闪石的结晶，晚于斜长石晶出，水含量小于 4%，不利于形成斑岩铜矿床；朱诺成矿主期岩浆岩形成于富水的岩浆体系，以角闪石的结晶为主，晚期存在斜长石的结晶分异，晚于角闪石晶出，水含量大于 5.5%，利于形成斑岩型铜矿床；朱诺包体初始熔体富水，抑制了斜长石的结晶分异，可补给成矿所需的岩浆水；朱诺煌斑岩，以斜长石和角闪石的同时结晶为主，相对富水，但水含量低于包体；朱诺成矿晚期花岗斑岩，主体以斜长石的显著结晶分异为主，贫水。

第二节 磷 灰 石

花岗质岩浆中的挥发性组分可直接或间接地影响到岩浆的性质和岩浆作用过程，运用电子探针对矿物中的挥发性组分（F、Cl、S 等）的研究是花岗岩成岩、成矿研究领域十分重要的内容（Berry et al.，2009；张文兰等，2010；王蝶等，2013）。朱诺花岗质岩石的副矿物主要为磷灰石、榍石和磁铁矿等（图 6-3）。榍石多以单晶形式出现，晶形呈扁平的楔形，横截面为菱形。磷灰石多呈自形-半自形粒状或短柱状，粒度约为 0.2～0.5mm，呈散布状分布，多包裹镶嵌在黑云母斑晶中或沿其边缘生长。朱诺矿床成矿主期斑状二长花岗岩和二长花岗斑岩中磷灰石电子探针数据见表 6-1。

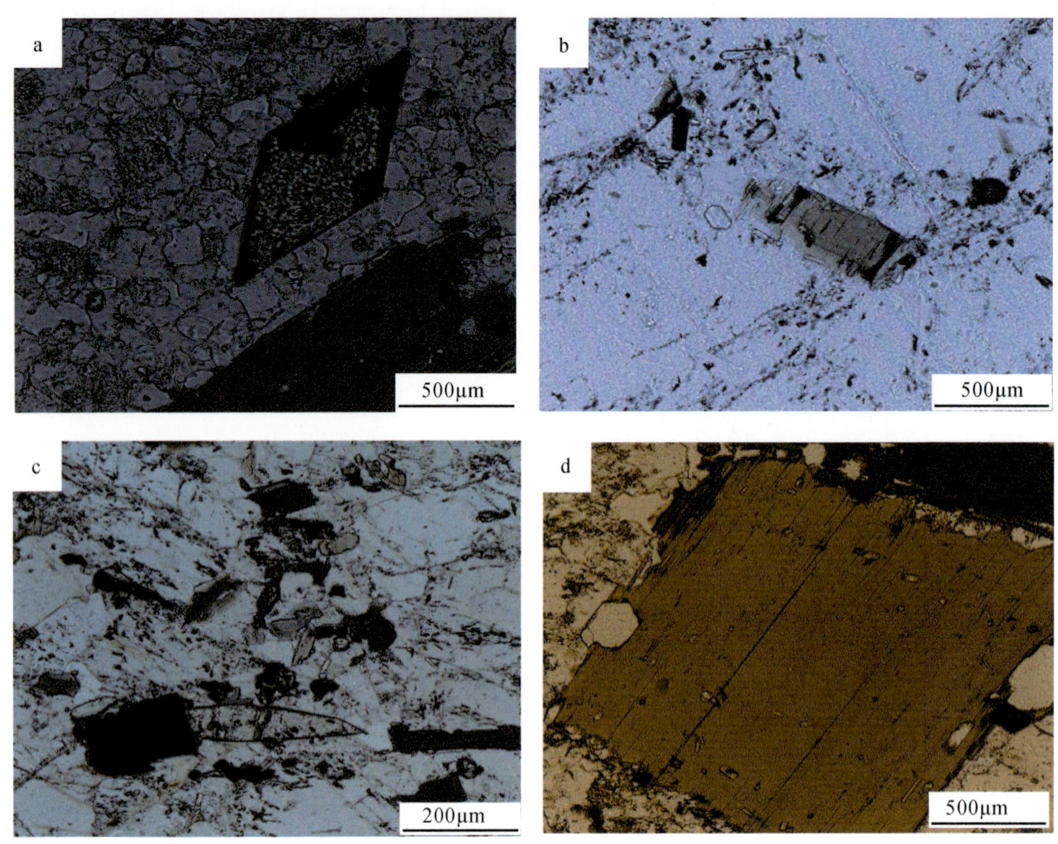

图 6-3　朱诺副矿物岩相学特征

a. 包体中菱形榍石；b. 包体中半自形短柱状磷灰石；c. 斑状二长花岗岩中楔形榍石；d. 二长花岗斑岩中短柱状磷灰石

已有研究表明，岩浆体系的硫逸度、氧逸度以及压力与磷灰石中的 SO_3 含量密切相关（Imai，2002）。Imai（2004）对斑岩矿床中含矿与不含矿岩浆岩中磷灰石的 SO_3 含量进行了对比分析，提出含矿中酸性岩浆岩中磷灰石 SO_3 含量一般大于 0.1%，而不含矿的中酸性岩浆岩中的磷灰石 SO_3 含量一般低于 0.1%。朱诺二长花岗斑岩中 SO_3 含量为 0.09%～0.19%，平均值为 0.14%，斑状二长花岗岩的 SO_3 含量为 0.09%～0.28%，平均值为 0.19%，表明朱诺母岩浆具有富硫的特征。

F 元素属大离子不相容元素，主要存在于地壳中，地幔中很少（Aoki et al.，1981；Sigvaldason and Óskarsson，1986）。如果地幔中有大量金云母和磷灰石存在时，地幔局部也可以富集 F 元素（Smith et al.，1981）。Cl 元素则主要分布在大洋海水以及大洋沉积物中。大量研究表明，F、Cl 和水等挥发分是 Cu、Au 等成矿物质重要的矿化剂，它们有利于从源

表 6-1　朱诺矿床成矿主期斑状二长花岗岩和二长花岗斑岩中磷灰石组成

样品编号	岩性	F	Na_2O	Al_2O_3	SrO	K_2O	CaO	P_2O_5	SO_3	FeO	BaO	SiO_2	TiO_2	Cl	MnO	Ce_2O_3	Y_2O_3	总和
802-233-1	斑状二长花岗岩	3.464	0.313	0.703	0.054	0.019	53.728	37.964	0.369	0.135	0	2.6	0	0.243	0.002	0.371	0.008	99.973
802-233-6		2.952	0.064	0.008	0	0.008	56.038	39.195	0.141	0.116	0.002	0.469	0	0.293	0.095	0.524	0.027	99.932
802-233-6		2.454	0.081	0	0	0.001	56.996	39.595	0.226	0.035	0	0.328	0.014	0.285	0.069	0.301	0	100.385
802-233-6		2.912	0.066	0.003	0.034	0.006	56.449	38.886	0.094	0.067	0	0.16	0	0.262	0.039	0.146	0	99.124
802-233-6		2.718	0.088	0.009	0.045	0.076	56.746	39.151	0.253	0.349	0.017	0.318	0.007	0.308	0.078	0.52	0	100.683
802-165b-3		3.341	0.136	0	0.025	0.1	56.149	39.258	0.283	0.342	0.021	0.357	0	0.315	0.256	0.173	0.073	100.829
802-268-3		3.416	0.141	0.001	0.016	0	55.604	40.372	0.138	0.182	0.029	0.243	0	0.254	0.276	0.374	0.016	101.062
802-208-2-1	二长花岗斑岩	2.42	0.067	0.013	0.024	0.023	57.657	40.466	0.088	0.198	0	0.164	0	0.196	0.056	0.283	0	101.655
802-208-7		3.498	0.069	0	0.026	0.001	56.338	39.811	0.151	0.029	0	0.232	0	0.281	0.046	0.234	0.04	100.756
802-208-9		2.58	0.114	0.013	0.05	0.01	57.617	39.98	0.104	0	0	0.146	0	0.217	0.08	0.184	0	101.095
802-206-3		3.529	0.068	0.019	0.041	0.008	55.664	39.66	0.147	0.212	0	0.187	0	0.328	0.071	0.118	0.017	100.069

注：元素含量单位为%。

岩中萃取成矿物质（Müller et al.，1994）。由于岩浆在结晶过程中会经历去气作用，其中卤族元素是比较难测定的（Carmichael et al.，1974）。云母和磷灰石是重要的含卤族元素矿物，可以用来指示寄主岩中 F、Cl 的含量（Munoz，1990；Icenhower and London，1997；Bath et al.，2013）。朱诺二长花岗斑岩中磷灰石 F 含量主要集中在 2.5%～3.5%，平均为 3.0%，Cl 含量主要集中在 0.1%～0.5%，平均为 0.3%，与冈底斯东段驱龙、达布、冲江、吉如矿床岩浆岩中磷灰石 F、Cl 含量相似，显示出富 F 而贫 Cl 的特点（图 6-4）。与之相反，环太平洋斑岩铜、金成矿带与成矿有关的岩体中磷灰石多数显示较低的 F 含量和较高的 Cl 含量（图 6-4），可能与大洋俯冲过程中俯冲沉积物的加入有关。

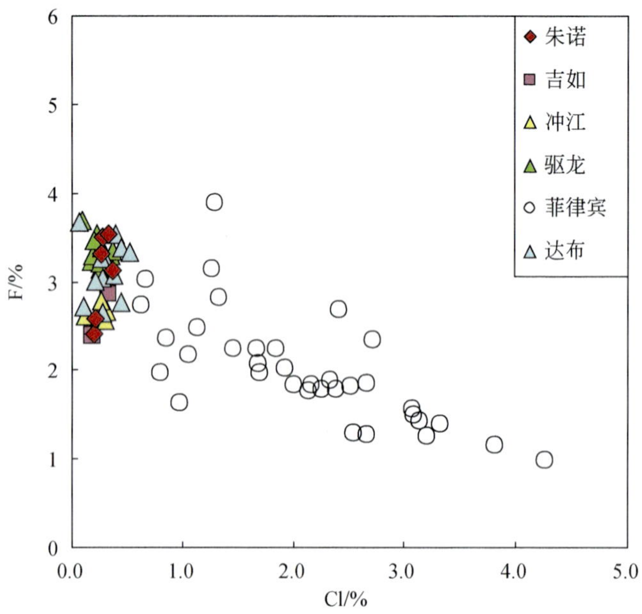

图 6-4　斑岩铜矿床磷灰石 F-Cl 图（驱龙、达布、菲律宾磷灰石数据来源于 Imai，2004；Wu et al.，2016；李光明等，2011；冲江和吉如磷灰石数据为未刊资料）

第三节　角　闪　石

角闪石在矿区中新世侵入岩中不发育，仅在二长花岗斑岩和斑状二长花岗岩中个别可见，矿物晶形多呈自形-半自形粒状（1～4mm）充填在矿物颗粒间，解理清晰，多发生黑云母化（图 6-5）。利用角闪石的组成可以估算岩浆固结的温度、压力、岩浆氧逸度和含水性。朱诺矿床成矿主期斑状二长花岗岩和二长花岗斑岩中角闪石电子探针数据见表 6-2。

Ridolfi 等（2010）系统研究总结了钙碱性岩浆中角闪石的稳定性和化学平衡关系，发现角闪石中 Al 的含量与压力存在线性关系，$P = 19.209e^{(1.438Al_T)}$，其中 Al_T 为以 23 个氧原子数计算出的全部 Al 原子数。同时，温度与角闪石中 Si^* 也存在线性关系：

表 6-2 朱诺矿床成矿主期斑状二长花岗岩和二长花岗斑岩中角闪石组成

样品编号	岩性	Na_2O	MgO	Al_2O_3	K_2O	CaO	P_2O_5	FeO	SiO_2	TiO_2	MnO	Cr_2O_3	NiO	总和
802-208-8-1	二长花岗斑岩	1.088	16.344	4.873	0.465	12.172	0.003	11.322	50.864	0.661	0.432	0	0	98.224
802-208-9-1		0.681	17.797	3.251	0.281	12.377	0	10.136	52.521	0.4	0.415	0	0	97.859
802-208-10-1		0.771	17.566	3.241	0.289	12.371	0.013	9.832	52.779	0.432	0.39	0.001	0	97.685
802-208-7-1		0.849	17.455	3.459	0.335	12.358	0	10.008	52.516	0.51	0.49	0.006	0.035	98.021
802-208（50）-7		0.706	17.494	3.332	0.205	12.74	0.01	10.363	53.486	0.138	0.499	0.03	0	99.003
802-233-6-1	斑状二长花岗岩	0.615	18.202	2.426	0.196	12.646	0	9.607	54.39	0.175	0.502	0.024	0.004	98.787
802-233-6-2		1.047	16.905	4.192	0.42	12.17	0.045	10.914	51.436	0.694	0.475	0.06	0	98.358
802-324-1		1.018	16.207	5.078	0.519	12.455	0.026	12.08	49.476	0.85	0.492	0.033	0.063	98.297
802-324-2		0.985	16.972	4.106	0.382	12.219	0.09	10.814	51.012	0.599	0.543	0	0	97.722
802-324-6		0.731	17.794	3.377	0.298	12.333	0	10.193	52.701	0.482	0.394	0	0	98.303
802-300b-3		0.837	17.897	2.845	0.244	12.399	0.035	10.187	53.082	0.309	0.461	0.026	0	98.322

注：元素含量单位为%。

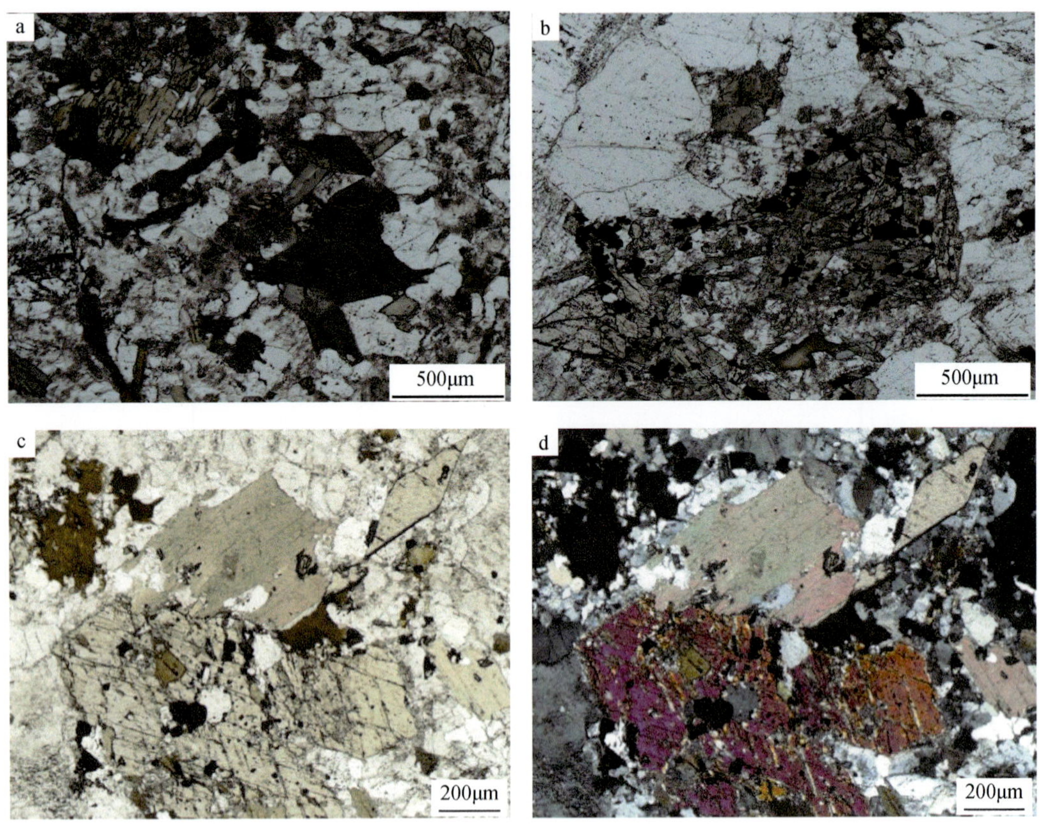

图 6-5　朱诺二长花岗斑岩、斑状二长花岗岩中角闪石显微镜下特征

$$T=-151.487\mathrm{Si}^{*}+2041 \quad (6\text{-}1)$$

其中 $\mathrm{Si}^{*}=\mathrm{Si}+\frac{^{[4]}\mathrm{Al}}{15}-2^{[4]}\mathrm{Ti}-\frac{^{[6]}\mathrm{Al}}{2}-\frac{^{[6]}\mathrm{Ti}}{1.8}+\frac{\mathrm{Fe}^{3+}}{9}+\frac{\mathrm{Fe}^{2+}}{3.3}+\frac{\mathrm{Mg}}{26}+\frac{\mathrm{B}_{\mathrm{Ca}}}{5}+\frac{\mathrm{B}_{\mathrm{Na}}}{1.3}-\frac{\mathrm{A}_{\mathrm{Na}}}{15}+\frac{\mathrm{A}_{[]}}{2.3}$，此外，岩浆氧逸度、含水性也与角闪石的成分存在相关性，即：

$$\Delta\mathrm{NNO}=1.644\mathrm{Mg}^{*}-4.01 \quad (6\text{-}2)$$

其中 $\mathrm{Mg}^{*}=\mathrm{Mg}+\frac{\mathrm{Si}}{47}-\frac{^{[6]}\mathrm{Al}}{9}-1.3^{[6]}\mathrm{Ti}+\frac{\mathrm{Fe}^{3+}}{3.7}+\frac{\mathrm{Fe}^{2+}}{5.2}-\frac{\mathrm{B}_{\mathrm{Ca}}}{20}-\frac{\mathrm{A}_{\mathrm{Na}}}{2.8}+\frac{\mathrm{A}_{[]}}{9.5}$

$$\mathrm{H_2O}=5.215^{[6]}\mathrm{Al}^{*}+12.28 \quad (6\text{-}3)$$

其中 $^{[6]}\mathrm{Al}^{*}={}^{[6]}\mathrm{Al}+\frac{^{[4]}\mathrm{Al}}{13.9}-\frac{\mathrm{Si}+{}^{[6]}\mathrm{Ti}}{5}-\frac{^{C}\mathrm{Fe}^{2+}}{3}-\frac{\mathrm{Mg}}{1.7}+\frac{\mathrm{B}_{\mathrm{Ca}}+\mathrm{A}_{[]}}{1.2}+\frac{\mathrm{A}_{\mathrm{Ca}}}{2.7}-1.56\mathrm{K}-\frac{\mathrm{Fe}^{\#}}{1.6}$，式（6-3）适用于温度在 550～1120℃之间，压力小于 1200MPa 的岩浆岩。基于此算法（Ridolfi et al., 2010），对朱诺斑状二长花岗岩和二长花岗斑岩中角闪石的温压条件进行了估算（图 6-6、图 6-7），结果显示朱诺二长花岗斑岩的压力为 42～62MPa，平均值为 46MPa；温度为 715～757℃，平均值为 729℃；氧逸度为ΔNNO=+2.2～+2.8，平均值为ΔNNO=+2.5；水含量为 3.3%～3.9%，平均值为 3.6%。斑状二长花岗岩的压力为 34～66MPa，平均值为 47MPa；温度为 695～798℃，平均值为 742℃；氧逸度为ΔNNO=+2.2～+2.8，平均值为ΔNNO=+2.5；

水含量为 3.1%～3.7%，平均值为 3.4%。

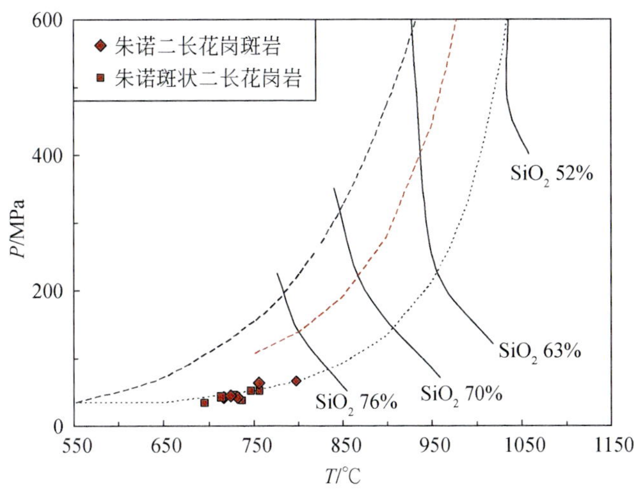

图 6-6　朱诺二长花岗斑岩和斑状二长花岗岩角闪石 *P-T* 图解（Ridolfi et al.，2010）

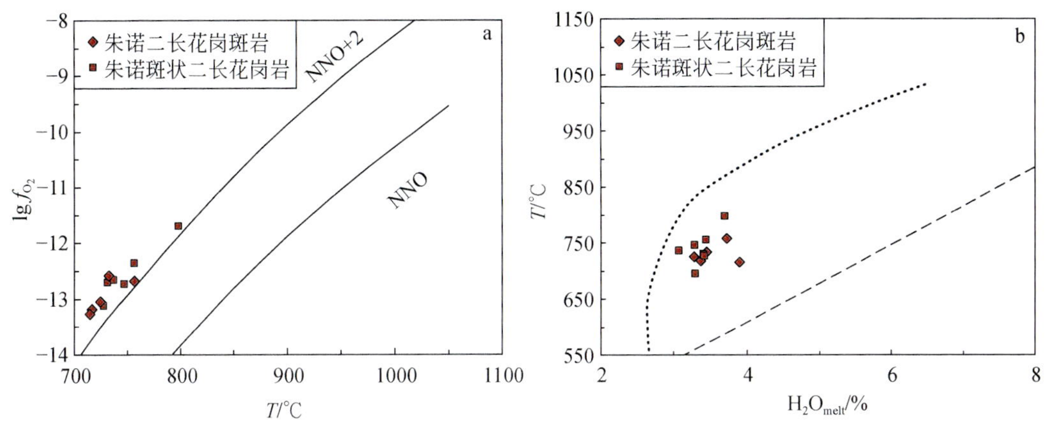

图 6-7　朱诺二长花岗斑岩、斑状二长花岗岩角闪石 T-lgf_{O_2}（a）和 H_2O-T（b）图解（Ridolfi et al.，2010）

第四节　黑　云　母

黑云母是花岗质岩石中分布广泛的镁铁质矿物，其化学成分受岩浆氧逸度、岩浆结晶温压等控制，可提供有关岩浆源区、岩石成因以及成矿金属元素富集等重要信息，黑云母中 Fe^{3+}和 Fe^{2+}的相对含量可以有效地指示长英质熔体演化过程中岩浆氧化还原状态（Henry et al.，2005；Uchida et al.，2007；Shabani，2010）。

朱诺矿区岩浆岩中黑云母广泛发育，单偏光下原生黑云母常为黄褐色到浅黄色，均具明显的多色性，解理发育，正交偏光下干涉色达二级顶至三级，部分原生黑云母发生了轻微绿泥石化蚀变。黑云母主体以两种形态产出，一种为自形板状黑云母斑晶，另一种为他形不规则片状、长板状黑云母，其边缘多发育次生黑云母化（图 6-8）。朱诺矿床不同期次岩浆岩中黑云母电子探针数据见表 6-3。

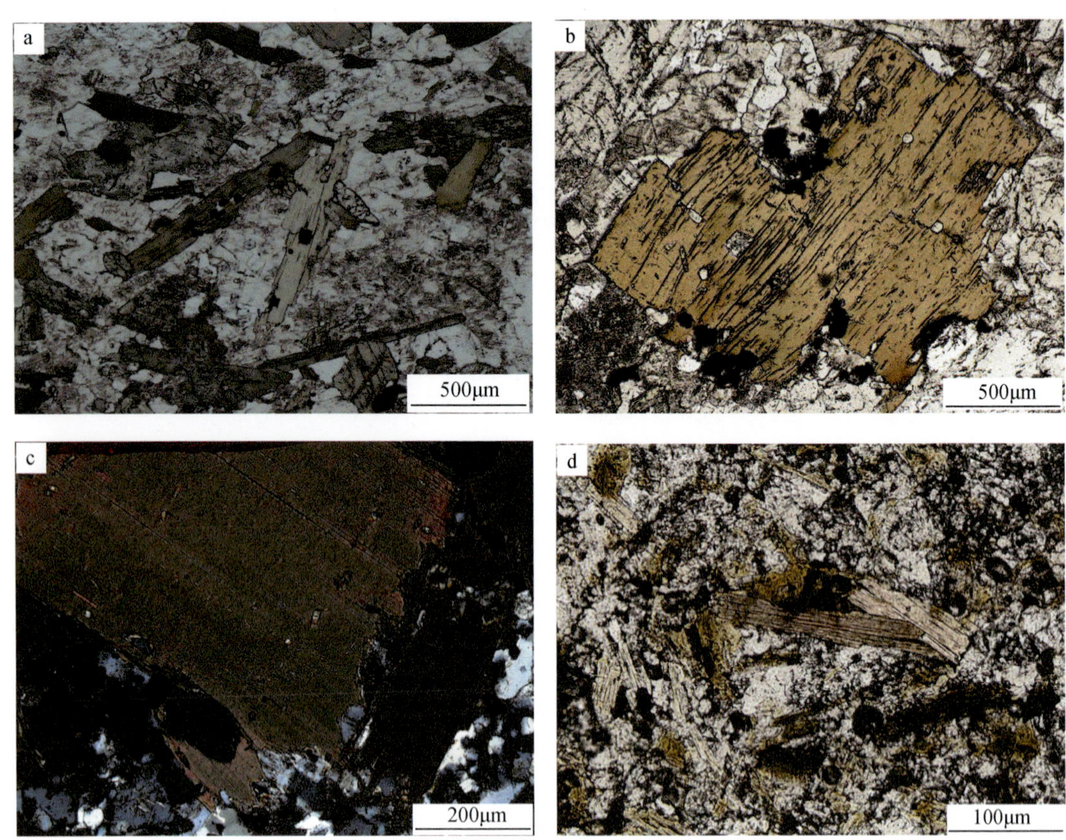

图 6-8　朱诺黑云母岩相学特征

a. 二长花岗斑岩中鳞片状黑云母；b. 斑状二长花岗岩中自形板状黑云母；c. 包体中自形黑云母；d. 煌斑岩中他形长板状黑云母

黑云母的成分变化特点一方面记录了岩浆起源和演化等成矿信息，另一方面可以作为成矿岩体鉴别的重要标志：与矿化有关的黑云母多富镁而低铁，Mg/（Mg+Fe）值一般大于 0.5，与矿化无关的黑云母 Mg/（Mg+Fe）值一般小于 0.5；矿化黑云母含钛高，TiO_2 含量多大于 3%，非矿化黑云母 TiO_2 含量多小于 3%；矿化黑云母的 Al_2O_3 含量多数小于 15%，非矿化黑云母的 Al_2O_3 含量多大于 15%；矿化黑云母以高钾低钠为特点，CaO 含量多小于 0.5%，K/Na 值多大于 10（傅金宝，1981）。电子探针分析结果表明，朱诺成矿主期斑状二长花岗岩和二长花岗斑岩中黑云母斑晶具有较高的 Mg/（Mg+Fe）值（0.63～0.66）及 TiO_2 含量（3.35%～4.28%），较低的 Al_2O_3 含量（13.61%～14.37%）和 CaO 含量（小于 0.01%），较高的 K/Na 值（大于 30），均具备形成斑岩铜矿化的潜力。

朱诺矿区岩浆岩中黑云母具富镁低铝特征，MgO 含量介于 14.4%～18.7%之间，Al_2O_3 含量介于 12.5%～16.1%之间。在 Mg-（Fe^{2+}+Mn）-（Al^{VI}+Fe^{3+}+ Ti）三角图解中（图 6-9），所有黑云母的成分均投在镁质黑云母区域。部分煌斑岩黑云母成分投点更接近于金云母和

表 6-3　朱诺矿床岩浆岩中黑云母组成

样品编号	岩性	Na_2O	F	MgO	Al_2O_3	Ce_2O_3	K_2O	CaO	P_2O_5	SiO_2	BaO	FeO	TiO_2	Cl	NiO	Cr_2O_3	V_2O_3	MnO	总和
802-208-8-2	二长花岗斑岩	0.088	—	17.706	12.985		9.634	0.018	0	39.038	—	12.563	2.224		0.031	0	—	0.402	94.689
ZN806-203.3-1		0.212	0.577	15.69	16.058	0.328	9.085	0	0.012	40.607	0.556	12.989	2.218	0.047	0	0	0.086	0.039	98.531
ZN802-302.6-2		0.153	0.557	15.071	13.657	0.204	8.953	0	0	40.182	0.754	15.025	2.258	0.045	0.014	0	0.087	0.24	97.2
ZN802-302.6-5		0.123	0.575	15.674	13.837	0.045	9.077	0	0	40.101	0.442	14.012	2.396	0.051	0.017	0.044	0.071	0.2	96.674
zn7-13-2-1		0.159	0.437	14.084	13.105	0.534	8.76	0.024	0	39.306	0.665	15.772	2.208	0.035	0.031	0.173	0.04	0.153	95.49
zn14-0101-2		0.249	0.374	14.702	13.488	0.023	8.801	0	0.009	39.993	0.881	14.797	2.279	0.04	0	0.024	0.052	0.148	95.892
802-208（50）-5		0.17	—	15.559	13.621		9.866	0.007	0	38.99	—	14.788	3.672		0.006	0.084	—	0.198	96.961
802-208-1-1		0.14	—	15.181	13.634		9.825	0	0.009	39.019	—	14.644	3.8		0	0.064	—	0.241	96.557
802-208-2-1		0.115	—	15.681	13.609		10.031	0	0.003	38.855	—	14.162	3.352		0.021	0.027	—	0.218	96.074
802-208-10-2		0.084	—	16.57	13.177		9.649	0.006	0.013	39.556	—	13.784	3.16		0.016	0.021	—	0.272	96.308
802-206-3-1		0.121	—	15.035	14.311		9.822	0	0	37.471	—	15.093	3.845		0	0.004	—	0.206	95.908
802-208-7-2		0.103	—	15.81	13.489		9.732	0	0	38.424	—	14.901	3.561		0.008	0.058	—	0.269	96.355
802-208-11-1		0.132	—	16.421	13.753		9.764	0.006	0.038	38.648	—	13.632	2.766		0.025	0.027	—	0.199	95.411
802-268-1	斑状二长花岗岩	0.169	—	15.469	14.502		9.752	0.025	0	38.473	—	13.918	3.355		0.023	0.144	—	0.113	95.943
802-268-3		0.123	—	14.74	14.371		9.84	0	0	38.513	—	15.851	4.278		0.025	0.01	—	0.147	97.898
802-323-1		0.058	—	15.301	13.706		9.715	0	0	38.512	—	14.486	3.821		0.003	0.048	—	0.273	95.923
802-324-1		0.072	—	16.937	13.887		7.966	0.076	0	40.541	—	14.731	2.806		0.053	0.1	—	0.327	97.496
802-324-3		0.157	—	14.798	13.564		9.857	0	0	38.378	—	15.012	3.515		0.005	0.03	—	0	95.316
802-176-6-1		0.156	—	15.876	13.437		9.888	0.035	0.016	38.935	—	13.652	2.89		0	0.01	—	0.142	95.037

续表

样品编号	岩性	Na_2O	F	MgO	Al_2O_3	Ce_2O_3	K_2O	CaO	P_2O_5	SiO_2	BaO	FeO	TiO_2	Cl	NiO	Cr_2O_3	V_2O_3	MnO	总和
802-176-7	斑状二长花岗岩	0.109	—	14.444	13.781		9.789	0	0.022	38.484	—	16.276	3.267		0	0	—	0.185	96.357
802-176-11		0.157	—	14.839	13.855		9.661	0.079	0	38.439	—	14.313	3.509		0	0.096	—	0.203	95.151
802-250-7		0.197	—	14.751	13.637		9.584	0	0.013	37.689	—	14.858	3.687		0.022	0.079	—	0.204	94.721
zn804-357.3-3		0.129	0.561	14.93	14.163	0.136	8.759	0	0	40.819	0.52	15.121	2.764	0.042	0	0	0.053	0.209	98.214
802-99（4）-2		0.207	—	15.028	13.918		9.879	0.005	0.006	38.234	—	14.612	4.091		0	0.075	—	0.203	96.258
802-233-6-4		0.095	—	16.57	13.463		9.643	0.016	0.016	39.698	—	13.364	3.238		0.005	0.098	—	0.099	96.305
802-165B-3-1		0.186	—	15.1	13.829		9.838	0	0.028	38.683	—	14.719	3.913		0.04	0.015	—	0.135	96.486
ZN14-D05-1		0.134	0.519	14.776	14.091	0.476	8.843	0	0	39.769	0.665	15.066	1.788	0.045	0.007	0.079	0.064	0.323	96.653
znt-11-15-4		0.143	0.784	14.72	13.871	0.269	9.04	0	0.011	40.872	0.368	14.634	2.718	0.042	0.017	0.036	0.078	0.163	97.821
zx2-8-5		0.117	0.571	15.239	12.454	0	8.04	0	0.009	40.465	0	12.972	1.564	0.043	0	0.041	0.045	0.297	91.857
PM19-191-1	煌斑岩	0.145	0.687	16.2	14.332	0.022	8.056	0.064	0.009	40.743	0.78	12.699	2.279	0.037	0.042	0.01	0.093	0.021	96.311
PM19-191-2		0.193	0.336	15.953	14.125	0.64	7.934	0.072	0	40.192	0.784	13.369	2.027	0.034	0.028	0	0.064	0.055	95.817
PM4-68-1		0.20	1.09	16.965	14.001	0.302	8.864	0	0.009	42.373	0.146	12.744	1.545	0.039	0.001	0.018	0.079	0.07	98.5
PM4-68-2		0.27	0.911	15.249	15.339	0.137	8.727	0	0.003	39.563	1.986	14.918	2.412	0.047	0.002	0.007	0.059	0.119	99.751
zn12-16-4	包体	0.136	0.473	15.147	14.402	0.294	8.925	0	0.04	40.64	0.761	14.853	2.325	0.033	0.079	0	0.018	0.211	98.337
802-89-5		0.123	—	15.168	13.96		9.647	0	0	38.527	—	14.143	3.557		0.043	0	—	0.291	95.459
802-99（2）-1		0.085	—	15.611	13.839		9.795	0.03	0.013	38.202	—	13.92	3.119		0.003	0.077	—	0.268	94.962
802-99（2）-8		0.152	—	15.383	13.94		9.705	0	0	39.254	—	14.145	3.777		0.015	0.118	—	0.219	96.708
802-99（4）-3		0.169	—	15.394	14.135		9.861	0	0.022	38.429	—	14.376	3.673		0.022	0.015	—	0.241	96.337

注：“—”指元素含量低于检测限；元素含量单位为%。

黑云母的分界线，相对其他岩浆岩中的黑云母更加富 Mg。所有分析测试的黑云母，在 $10\times TiO_2$-（FeO^T+MnO）-MgO 图解中均位于再平衡原生黑云母区域（图 6-10；Nachit et al.，2005），表明原生岩浆黑云母的化学组成受到了后期热液阶段的影响。

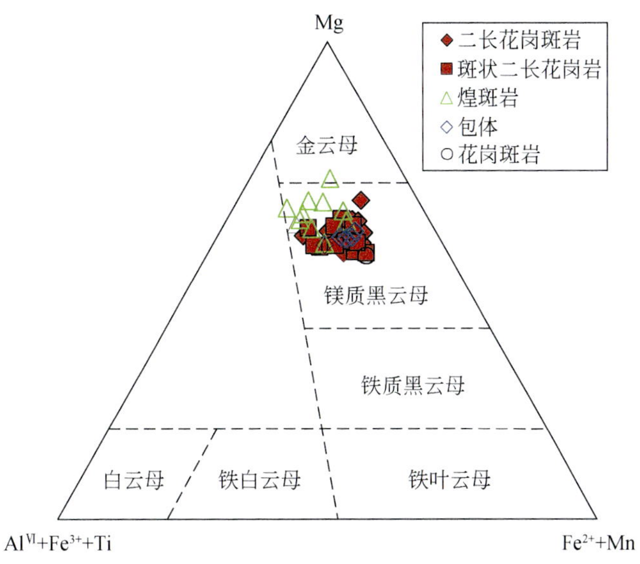

图 6-9 朱诺黑云母分类图解（Foster，1960）

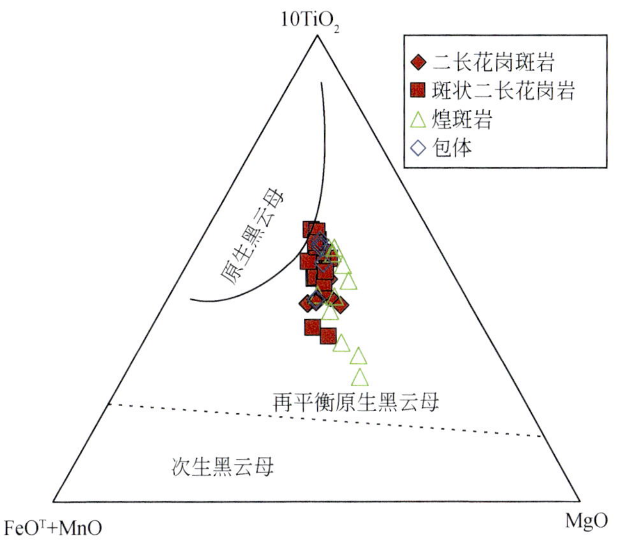

图 6-10 朱诺黑云母 $10\times TiO_2$-（FeO^T+MnO）-MgO 图解（Nachit et al.，2005）

实验研究发现，与磁铁矿和钾长石共生的黑云母中 Fe^{3+}、Fe^{2+}和 Mg^{2+}的含量可以用于估算其结晶时的氧逸度（Wones and Eugster，1965）。镜下观察表明，朱诺岩浆岩中黑云母多与钾长石-磁铁矿-石英共生，符合该氧逸度计算条件。从黑云母的 Fe^{3+}-Fe^{2+}-Mg 图解可以看出，朱诺二长花岗斑岩、斑状二长花岗岩、包体中黑云母样品点大部分落在 NNO 与 HM 两条缓冲线之间，煌斑岩中黑云母样品点大部分落在 HM 缓冲线以上，显示较高的岩浆氧逸度（图 6-11；Wones，1989；Carmichael，1991）。

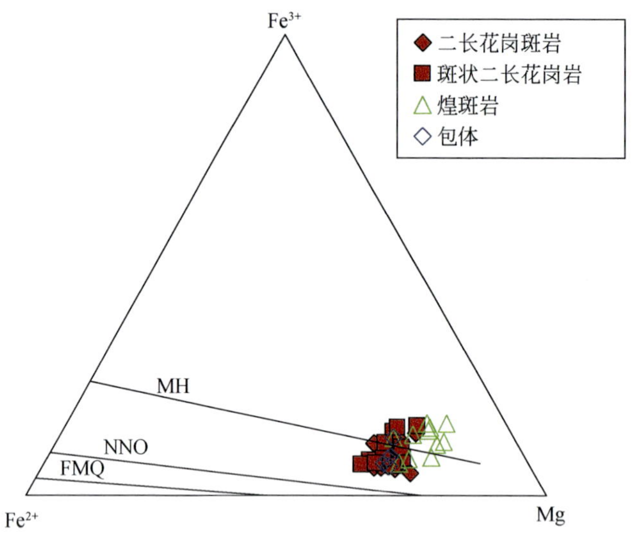

图 6-11　朱诺黑云母 Mg-Fe^{3+}-Fe^{2+}图解（Wones and Eugster，1965）

特定的氧缓冲剂矿物对：磁铁矿-赤铁矿（MH）；镍-氧化镍（NNO）；铁橄榄石-磁铁矿-石英（FMQ）

第五节　磁铁矿-钛铁矿物对

基于 Ti-Fe 氧化物之间平衡的磁铁矿-钛铁矿矿物对被用于估算岩浆氧逸度和成岩时的温度（Lattard et al.，2005；Sauerzapf et al.，2008）。朱诺中新世侵入岩的钛铁矿较少发育，只在较为新鲜或蚀变程度低的岩石中有发现（图 6-12）。利用 Lepage（2003）给出的用

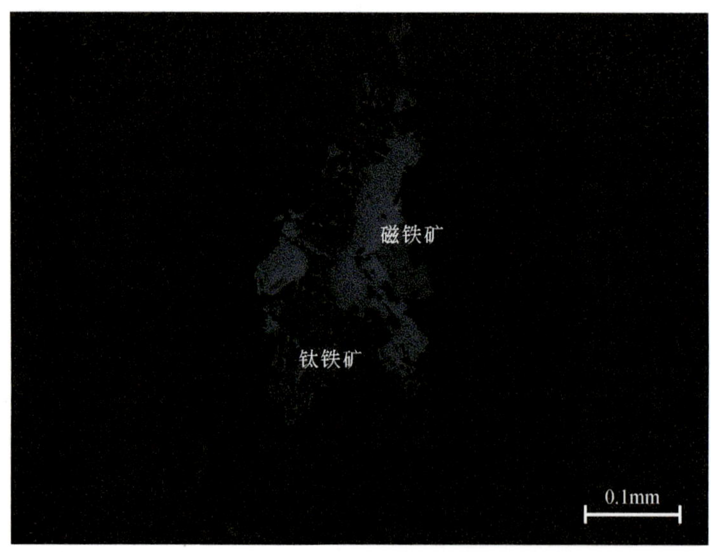

图 6-12　朱诺磁铁矿-钛铁矿矿物对显微岩相学特征

于计算磁铁矿-钛铁矿矿物对氧逸度的 ILMAT 工作表对朱诺钛铁矿-磁铁矿共生矿物的电子探针数据进行了处理，二长花岗斑岩钛铁矿-磁铁矿结晶时的温度 T=618℃，$\lg fo_2$=−14.12，计算出的二长花岗斑岩的氧逸度为ΔFMQ=+5.0，显示较高的岩浆氧逸度（图 6-13）。

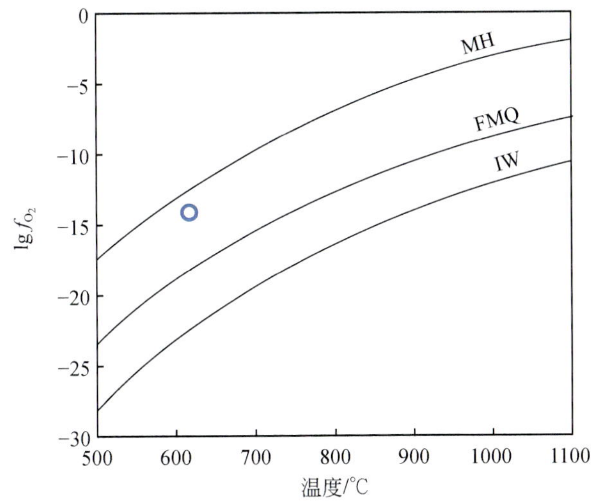

图 6-13　朱诺二长花岗斑岩中磁铁矿-钛铁矿矿物对温度-氧逸度图（Lattard et al.，2005）

特定的氧缓冲剂矿物对：磁铁矿-赤铁矿（MH）；铁橄榄石-磁铁矿-石英（FMQ）；自然铁-方铁矿（IW）

第六节　锆　　石

锆石作为在中酸性火山岩中普遍存在的副矿物，热液蚀变及物理、化学风化对其影响很小。锆石中 Ce 和 Eu 元素均表现两种价态，其对岩浆的氧逸度很敏感，利用锆石中 Eu/Eu* 及 Ce^{4+}/Ce^{3+}元素的比值可以很好地示踪岩浆氧逸度。Ballard 等（2002）发现智利北部斑岩成矿带中与矿化有关的侵入体都具有较高的 Ce^{4+}/Ce^{3+}（＞300）值，并最早提出锆石的 Ce^{4+}/Ce^{3+}值可反映氧逸度的相对高低并用于区分成矿岩体和不成矿岩体。这种方法在我国应用较多，例如，Han 等（2013）对东秦岭石窑沟钼金矿床的锆石微量元素分析后发现成矿相关斑岩中的锆石 Ce^{4+}/Ce^{3+}值高于不成矿的花岗岩。Shen 等（2015）对中亚造山带大量矿床研究后发现，Ce^{4+}/Ce^{3+}值越大越有利于成大矿，且在该成矿带上，Ce^{4+}/Ce^{3+}值为 120 是大中型矿床与小型矿床的界线。胥磊落等（2012）对云南金平铜厂斑岩铜钼矿床，刘军锋等（2015）对广东的四会岩体，Zhang 等（2013）对德兴斑岩铜矿床等的研究也表明含矿岩体较非含矿岩体具更高的 Ce^{4+}/Ce^{3+}值。

朱诺矿床成矿前石英斑岩 Ce^{4+}/Ce^{3+}值变化范围为 328～1014（平均值为 700），δEu 值为 0.08～0.27（平均值为 0.15），较低的δEu 值可能与源区斜长石的结晶分异有关，反映贫水高氧逸度的岩浆环境。成矿斑状二长花岗岩 Ce^{4+}/Ce^{3+}值变化范围为 45～182（平均值为 116），δEu 值为 0.33～0.53（平均值为 0.44）。二长花岗斑岩 Ce^{4+}/Ce^{3+}值变化范围为 142～364（平均值为 250），δEu 值为 0.29～0.51（平均值为 0.39）。包体 Ce^{4+}/Ce^{3+}值变化范围为

372～919（平均值为 552），δEu 值为 0.40～0.52（平均值为 0.46）。花岗斑岩 Ce^{4+}/Ce^{3+} 值变化范围为 39～196（平均值为 114），δEu 值为 0.37～0.61，平均值为 0.46（图 6-14）。相比较而言，石英斑岩、包体、二长花岗斑岩的岩浆氧逸度要高于花岗斑岩和斑状二长花岗岩。

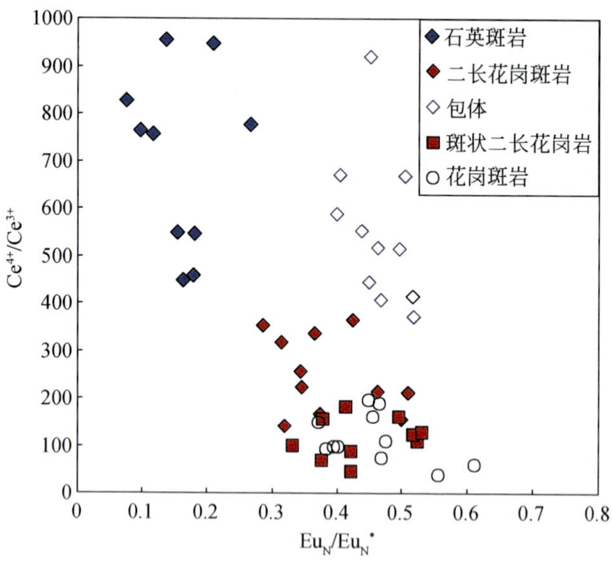

图 6-14　朱诺矿床岩浆岩的锆石 Ce^{4+}/Ce^{3+} 值

Ce^{4+}/Ce^{3+} 值只能反映岩浆氧逸度的相对高低，不能求出氧逸度的具体值。Trail 等（2012）通过标定锆石 Ce 异常、温度、氧逸度之间的关系，给出如下经验公式，可以直接求出岩浆的氧逸度：

$$\ln\left(\frac{\mathrm{Ce}}{\mathrm{Ce}^*}\right)_\mathrm{D} = (0.1156 \pm 0.0050) \times \ln f_{\mathrm{O}_2} + \frac{13860 \pm 708}{T} \tag{6-4}$$

式中，右侧 f_{O_2} 是氧逸度；T 是热力学温度，可以由 Ferry 和 Watson（2007）给出的公式计算：

$$\log(\times 10^{-6}\,\mathrm{Ti-in-zircon}) = (5.711 \pm 0.072) - (4800 \pm 86)/T(\mathrm{K}) \tag{6-5}$$

左侧需要 Ce 异常可由下式得到：

$$\left(\frac{\mathrm{Ce}}{\mathrm{Ce}^*}\right)_\mathrm{D} \approx \left(\frac{\mathrm{Ce}}{\mathrm{Ce}^*}\right)_\mathrm{CHUR} = \frac{\mathrm{Ce_N}}{\sqrt{\mathrm{La_N} \cdot \mathrm{Pr_N}}} \tag{6-6}$$

式中，Ce_N、La_N 和 Pr_N 是球粒陨石标准化后的值，由于锆石中 La 和 Pr 的含量较低，这种依赖邻近的 La 和 Pr 来计算 Ce 异常的方法在准确性上存在偏差（Qiu et al., 2013），而利用 Blundy 和 Wood（1994）提出的晶格应变模型，使用更富集的稀土元素而不是 La 和 Pr 来计算 Ce 异常可以解决这个问题。特定的氧缓冲剂矿物对［磁铁矿-赤铁矿（MH）、铁橄榄石-磁铁矿-石英（FMQ）和自然铁-方铁矿（IW）］，结合 Trail 等（2012）提出的经验公式，可以在 δCe-1/T 图和 lg f_{O_2} -T 图中做出三条线，利用这些线分割图形为不同氧逸度区域来估算岩浆的氧化状态。

朱诺矿床成矿前石英斑岩数据点位于 MH 以上区域，δCe 值为 237～1264（平均值为

682），氧逸度 lg f_{O_2} 值为-12.1～-4.6（平均值为-8.5），ΔFMQ=6.3～12.0（平均值为 9.3）。朱诺成矿主期二长花岗斑岩和包体数据点主要投在 MH 线附近区域，二长花岗斑岩的δCe 值为 76～694（平均值为 288.1），氧逸度 lg f_{O_2} 值为-14.3～-7.9（平均值为-11.7），ΔFMQ=3.3～9.9（平均值为 6.0）；包体的δCe 值为 107～1098（平均值为 490），氧逸度 lg f_{O_2} 值为-12.4～-6.4（平均值为-10.0），ΔFMQ=5.5～9.7（平均值为 7.9）。而花岗斑岩和斑状二长花岗岩的数据点主要投在 MH 和 FMQ 之间的区域，花岗斑岩的δCe 值为 105～261（平均值为 162），氧逸度 lg f_{O_2} 值为-16.4～-10.8（平均值为-14.0），ΔFMQ=2.0～6.1（平均值为 3.9）；斑状二长花岗岩的δCe 值为 63～310（平均值为 161），氧逸度 lg f_{O_2} 值为-17.4～-11.2（平均值为-14.4），ΔFMQ=1.8～6.7，平均值为 3.7（图 6-15）。

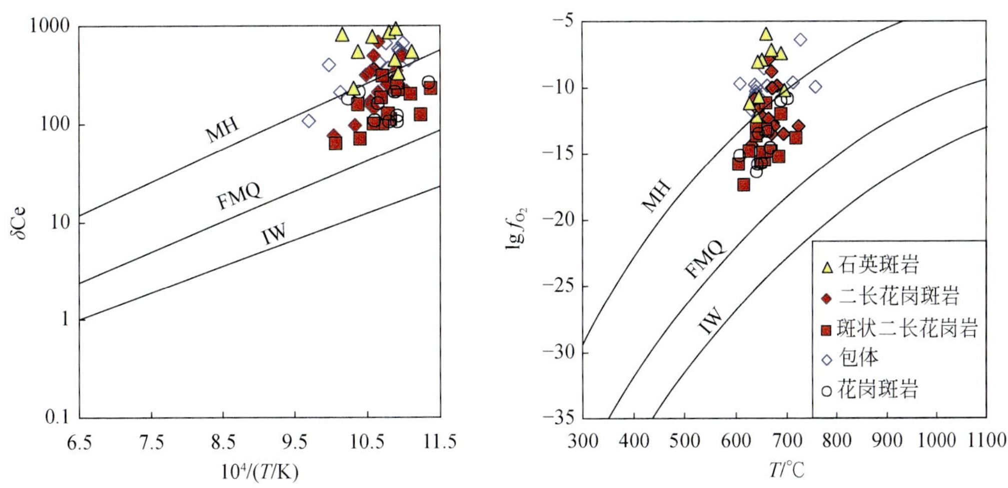

图 6-15　朱诺矿区岩浆岩锆石δCe-1/T 和 lg f_{O_2}-T 图解（Qiu et al.，2013）

特定的氧缓冲剂矿物对：磁铁矿-赤铁矿（MH）；铁橄榄石-磁铁矿-石英（FMQ）；自然铁-方铁矿（IW）

综上所述，朱诺成矿前岩浆岩源于特提斯洋交代形成的岩石圈地幔部分熔融形成的弧岩浆，氧逸度最高，由于源区遭受大量的斜长石的结晶分异，岩浆贫水。成矿主期包体和二长花岗斑岩源于富集岩石圈直接熔融或者底侵的下地壳部分熔融，高氧逸度、高含水性，表明西藏冈底斯中新世的地幔总体上是一个高氧逸度、富水的地幔，与早期俯冲洋壳脱水或大洋沉积物交代有关。而斑状二长花岗岩氧逸度略低，可能与岩浆演化分异过程中地壳的混染有关。成矿晚期的花岗斑岩源于中上地壳的高程度分异，源区未遭受俯冲改造，低含水性，氧逸度最低。需要强调的是，幔源岩浆形成的包体对朱诺成矿至关重要，因为其富水，补给大量的水、S 及部分金属元素给下地壳。虽然包体也遭受了一定的印度陆壳的混染，但是该过程对地幔氧逸度和含水性影响较小，早期俯冲交代的富水、高氧逸度的地幔仍然存在。

第七章　成矿机理及成矿模式

第一节　成 矿 时 代

朱诺斑岩铜矿辉钼矿的 Re-Os 等时线年龄为 13.72±0.62Ma（图 7-1、表 7-1），其成岩成矿年龄与冈底斯东段其他的斑岩铜矿床基本一致，同属于中新世后碰撞成矿（Zheng et al.，2007b；Sun et al.，2021）。

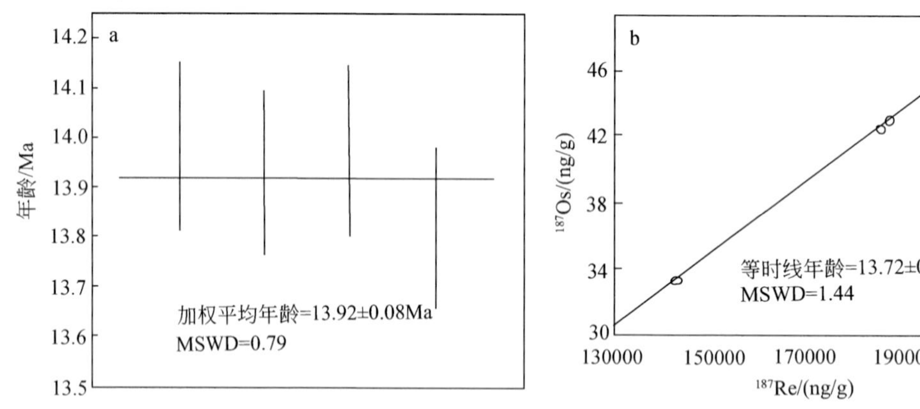

图 7-1　朱诺矿床辉钼矿 Re-Os 同位素年龄（据 Zheng et al.，2007b）

表 7-1　朱诺矿床辉钼矿 Re-Os 同位素分析数据

样号	样重/g	Re/10^{-6}	^{187}Re/10^{-9}	^{187}Os/10^{-9}	模式年龄/Ma	参考文献
ZLY01	0.00225	227.15±1.73	142776±1086	33.27±0.30	13.99±0.17	Zheng et al.，2007b
ZLY02	0.0022	294.95±2.21	185394±1392	43.03±0.36	13.93±0.17	
ZLY03	0.0024	312.11±2.47	196182±1553	45.68±0.41	13.98±0.18	
ZLY04	0.00521	292.99±2.15	184160±1353	42.42±0.35	13.82±0.16	
ZN1505-295-1	0.0346	662.49±2.91	416400±1830	102.52±0.61	14.78±0.11	Sun et al.，2021
ZN1505-295-2	0.035	526.00±2.57	330610±1610	79.54±0.59	14.44±0.13	
ZN1503-158	0.0349	279.25±1.28	175520±800	41.61±0.32	14.23±0.13	
ZN1503-180	0.035	345.70±1.53	217290±960	48.92±0.14	13.51±0.07	

第二节　成矿物质来源

朱诺斑岩铜矿床金属硫化物（辉钼矿、黄铁矿、黄铜矿）样品硫同位素分析测试结果显示，其硫同位素组成比较稳定，$\delta^{34}S_{CDT}$为-3.1‰～1.2‰，极差为4.3‰，平均值为-0.58‰，总体上变化范围较窄，与冈底斯典型斑岩铜钼矿床硫化物硫同位素组成相似（$\delta^{34}S_{CDT}$为-6.3‰～2.3‰；表7-2），具有较均一的硫源。硫同位素频率直方图（图7-2）显示硫同位素组成几乎全部落在岩浆硫区域，表明朱诺斑岩铜矿床硫来自岩浆。

表7-2 朱诺斑岩铜矿及冈底斯典型斑岩铜矿矿石硫化物硫同位素组成

矿床	样品号	硫化物	$\delta^{34}S$/‰	数据来源
驱龙 Cu-Mo	QK24	黄铜矿	-1.5	孟祥金等，2006
	QK31	黄铜矿	-2.7	
	QK38	黄铜矿	-1	
	QK39	黄铜矿	-2.3	
	QK49	黄铜矿	-6.3	
达布 Cu-Mo	DB-11-9	辉钼矿	-1	本书
	DB-11-56	辉钼矿	-0.7	
	DB303-238	黄铁矿	-0.9	
	DB-11-9	黄铁矿	-0.7	
	DB-11-61	黄铁矿	-0.9	
	DB0003-350	黄铁矿	-1.1	
	DB-11-53	黄铁矿	-0.7	
	DB302-63	黄铁矿	-0.2	
	DB303-206	黄铜矿	-1.3	
	DB302-63	黄铜矿	-1.8	
	DB303-238	黄铜矿	-3.6	
	DB302-119	黄铜矿	-2.6	
	DB302-334	黄铜矿	-3.2	
	DB302-483	黄铜矿	-2.4	
	DB0003-350	黄铜矿	-1.3	
	DB003-263	黄铜矿	-2	
	DB11-53	黄铜矿	-2.7	
	NMY-02	黄铁矿	-0.8	Qu et al.，2007
	NMY-05	黄铁矿	-1.4	
	NMY-07	辉钼矿	0.9	
	NMY-10	辉钼矿	1.2	
	NMY-11	黄铁矿	0	

续表

矿床	样品号	硫化物	$\delta^{34}S$/‰	数据来源
冲江 Cu	CJZK1102-233	黄铁矿	−0.1	本书
	CJZK702-394.3	黄铜矿	−2	
	CJZK702-115.3	黄铜矿	−3.2	
	CJZK1102-305	黄铁矿	−1.9	
	CJZK702-394	黄铜矿	−2.6	
	CJZK702-394	黄铁矿	−1.6	
	CJZK1102-305	黄铜矿	−2.8	
	CZ15	黄铜矿	−5.1	孟祥金等，2006
	CZ28	黄铜矿	−0.1	
	CZ49	黄铜矿	−1.8	
	CZ49-1	黄铜矿	−0.6	
	CJ-03	黄铁矿	0.9	Qu et al.，2007
	CJ-11	黄铁矿	−1.6	
	CJ-23	黄铁矿	−1.9	
朱诺 Cu	ZN405.1.2640	辉钼矿	0.3	本书
	7A03-160	辉钼矿	0.1	
	1505-316	辉钼矿	−0.5	
	1505-329	辉钼矿	−0.4	
	ZN705.1.2622	辉钼矿	−0.1	
	005-348.8	黄铜矿	−1.6	
	1502-252	黄铁矿	1.2	
	1502-380	黄铁矿	−0.7	
	1502-456	黄铁矿	0.1	
	1503-217	黄铜矿	−1.7	
	1503-270	黄铁矿	0.3	
	1503-324	黄铁矿	−2.1	
	1503-347.5	黄铜矿	−0.7	
	1503-406	黄铜矿	−2.5	
	1503-456	黄铜矿	−0.1	
	1511-223	黄铁矿	1.2	
	1511-300	黄铁矿	0.2	
	1511-300	黄铜矿	−2.3	
	1511-344	黄铜矿	−1.2	
	1511-380	黄铁矿	−0.5	
	1511-380	黄铜矿	−2.1	

续表

矿床	样品号	硫化物	$\delta^{34}S$/‰	数据来源
朱诺 Cu	1511-419	黄铜矿	-1.4	本书
	702-350	黄铜矿	-1.3	
	705.1.2632	黄铁矿	0.4	
	706-54	黄铁矿	0.8	
	802-131	黄铜矿	-1.9	
	802-173	黄铜矿	-0.2	
	802-268	黄铜矿	0.6	
	802-299.8	黄铜矿	0.5	
	802-324	黄铜矿	-1.4	
	802-378	黄铜矿	-1.6	
	805.1.266.1	黄铜矿	-0.1	
	804-174	黄铁矿	0.5	
	804-179.4	黄铜矿	-3.1	
	804-228.5	黄铁矿	0.3	
	806-178	黄铁矿	0.3	
	806-210	黄铁矿	0.2	
	806-277	黄铁矿	-0.7	
	806-383.4	黄铁矿	-1.4	

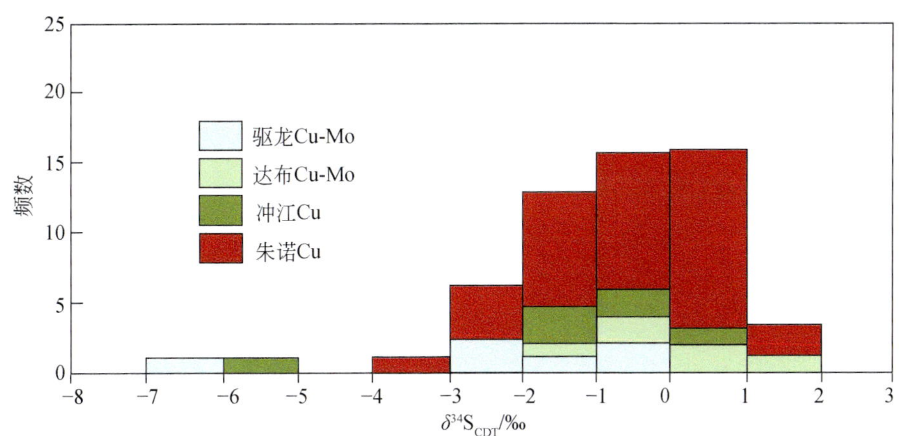

图 7-2　朱诺斑岩铜矿和冈底斯典型斑岩矿床硫化物硫同位素频率直方图

数据来源：驱龙（孟祥金等，2006），达布（Qu et al.，2007 和本书），冲江（Qu et al.，2007；孟祥金等，2006 和本书），朱诺（本书）

朱诺矿石硫化物铅 $^{206}Pb/^{204}Pb$ 为 18.35～18.64，极差为 0.29，平均值为 18.47，$^{207}Pb/^{204}Pb$ 为 15.60～15.71，极差为 0.11，平均值为 15.67，$^{208}Pb/^{204}Pb$ 为 38.62～39.20，极差为 0.58，

平均值为 38.86，总体上铅同位素组成变化比较稳定（表 7-3）。这些组分与冈底斯东段驱龙、达布、冲江矿床硫化物的 Pb 同位素组成类似，显示具有相似的成矿金属来源。从图 7-3a 可以看出，这些铅同位素点位于造山带和上地壳演化线之间以及上地壳演化线之上，较均匀分布，指示碰撞造山过程上地壳对成矿物质有一定贡献。在图 7-3b 中，所有样品点靠近造山带演化线平行分布，显示造山带幔源物质对成矿作用的贡献。

表 7-3　朱诺斑岩铜矿及冈底斯典型斑岩铜矿矿石硫化物铅同位素组成

矿床	样品号	矿物	$^{206}Pb/^{204}Pb$	2σ	$^{207}Pb/^{204}Pb$	2σ	$^{208}Pb/^{204}Pb$	2σ	数据来源
驱龙	QK24	黄铜矿	18.542	0.001	15.598	0.001	38.745	0.002	孟祥金等，2006
	QK31	黄铜矿	18.493	0.001	15.577	0.001	38.745	0.002	
	QK38	黄铜矿	18.537	0.001	15.615	0.001	38.783	0.003	
	QK39	黄铜矿	18.591	0	15.605	0.001	38.857	0.003	
	QK49	黄铜矿	18.443	0.001	15.576	0	38.557	0	
达布	NMY-02	黄铁矿	18.535		15.59		38.637		Qu et al.，2007
	NMY-05	黄铁矿	18.532		15.572		38.596		
	NMY-07	辉钼矿	18.535		15.591		38.637		
	NMY-10	辉钼矿	18.544		15.578		38.615		
	NMY-11	黄铁矿	18.694		15.592		38.88		
冲江	CJ-03	黄铁矿	18.426		15.595		38.617		Qu et al.，2007
	CJ-11	黄铁矿	18.439		15.592		38.66		
	CJ-23	黄铁矿	18.424		15.574		38.586		
朱诺	ZN702-350	黄铜矿	18.60		15.67		39.08		本书
	ZN706-54	黄铁矿	18.35		15.60		38.64		
	ZN802-173	黄铜矿	18.37		15.71		38.62		
	ZN804-174	黄铁矿	18.37		15.61		38.74		
	ZN1502-380	黄铁矿	18.35		15.71		38.65		
	ZN1503-456	黄铜矿	18.64		15.71		39.20		
	ZN1511-345	辉钼矿	18.61		15.67		39.08		

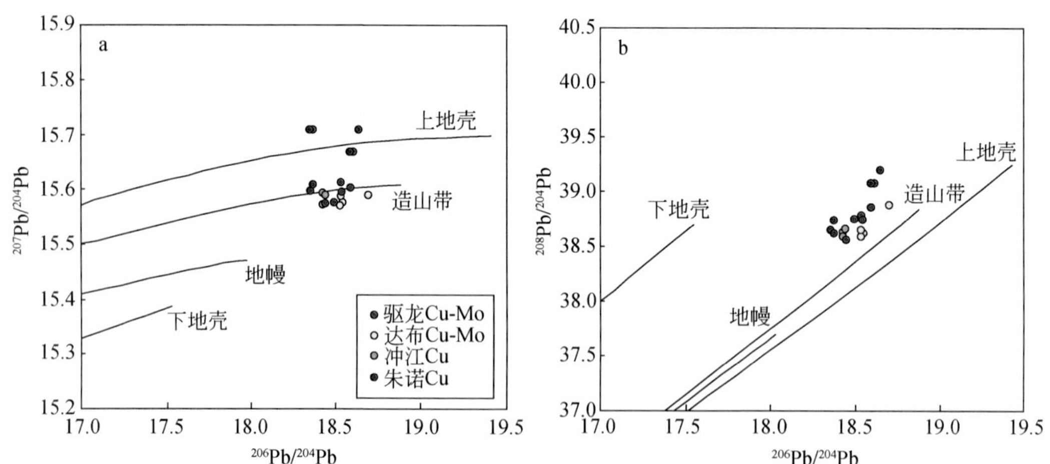

图 7-3　朱诺斑岩铜矿和冈底斯典型斑岩矿床硫化物铅同位素比值图

a. $^{207}Pb/^{204}Pb$-$^{206}Pb/^{204}Pb$；b. $^{208}Pb/^{204}Pb$-$^{206}Pb/^{204}Pb$（Zartman and Doe，1981）。

数据来源：驱龙（孟祥金等，2006），达布（Qu et al.，2007），冲江（Qu et al.，2007），朱诺（本书）

第三节 成矿流体来源

一、流体包裹体样品及分析测试方法

开展包裹体研究的样品均来自朱诺铜矿 A、B、D 等各类脉体中。首先把样品磨制成双面抛光、厚 0.2～0.3mm 的包裹体片，通过光学显微镜观察，确定主矿物特征和原生或假次生包裹体的大小、形态、分布、类型、共生组合及充填度，照相、定位后再进行热力学研究，挑选有代表性的包裹体进行显微测温和激光拉曼成分测定。流体包裹体显微测温在北京核工业地质研究院分析测试中心进行，所用仪器为英国产 Linkam THMS600 型冷热两用台（测温范围：-195～600℃），仪器精度 0.1℃左右。一般气液两相包裹体，可测定其冰点温度和包裹体完全均一温度（T_h）；含子晶包裹体可测得子晶消失时的部分均一温度和包裹体完全均一温度；CO_2 三相包裹体可测得 CO_2 部分均一温度（T_{h,CO_2}）、CO_2 笼合物融化温度及完全均一温度等。包裹体盐度：气液两相水溶液包裹体的盐度（%NaCl）利用 Potter 等（1978）公式求出，含子矿物包裹体的盐度用 Bischoff（1991）公式算得，含 CO_2 三相包裹体盐度用 Collins（1979）公式算得。在进行包裹体显微测温的同时，对包裹体进行了拉曼探针分析。拉曼探针实验在北京核工业地质研究院分析测试中心进行，实验采用 LABHR-VIS LabRAM HR800 研究级显微激光拉曼光谱仪对包裹体进行了气相成分的测定，实验条件：温度 25℃，湿度 50%，采用 Yag 晶体倍频固体激光器（532nm），扫描范围 100～4200cm^{-1}。

二、流体包裹体显微岩相学特征

流体包裹体岩相学研究表明，朱诺矿床各种类型的脉体中包裹体非常发育。根据流体包裹体室温下相态特征及均一状态，可将各个期次的包裹体分为如下四类。①富液相气液两相水溶液包裹体（LV）（图 7-4a、b、c）：该类包裹体含气液两相，气相充填度一般小于 50%，形态多为椭圆形、不规则形以及负晶形；激光拉曼测试显示气相成分主要为 H_2O 和少量 CO_2（图 7-5a、b、c），CO_2 在降温过程中未变为三相，液相成分主要为水。包裹体均一至液相，常成群分布，也有部分沿微小断裂分布，属于次生包裹体，这部分包裹体未做测试。该类包裹体在 A 脉、B 脉和 D 脉中均有发育，且总体数量较多，另有少量孤立分布。②富气相气液两相水溶液包裹体（VL）（图 7-4d、e）：该类包裹体含气液两相，气相充填度一般大于 50%，气泡多为椭圆形，在整个包裹体中占有很大的空间；气相成分主要为 CO_2（图 7-5d），CO_2 在降温过程中未变为三相；液相成分主要为水。包裹体均一到气相，常成群分布。该类型包裹体主要存在于 A 脉和 B 脉中，数量较少。③含子矿物三相包裹体（LVH）（图 7-4f、g）：由液相、气相和子矿物相组成，气相成分主要为 H_2O 和少量 CO_2，CO_2 在降温过程中未变为三相，液相成分主要为水，子矿物多为立方体透明矿物，可能为 NaCl（图 7-4f、g）。加热时均一方式不尽相同，部分为子矿物先消失，部分为气泡先消失，最后都均一为液相。该类型包裹体主要发育在 A 脉和 B 脉中，D 脉中未见。④富 CO_2 三相包裹体（C）（图 7-4h、i）：由液相的 H_2O、液相的 CO_2 以及气相的 CO_2 组成，该类包裹体在加温过程中，两相的 CO_2 先部分均一，然后 CO_2 与 H_2O 完全均一，常在 A 脉中发育。该类包裹体在朱诺矿床中发现极少（仅见 2 个）。各类包裹体显微照片见图 7-4。

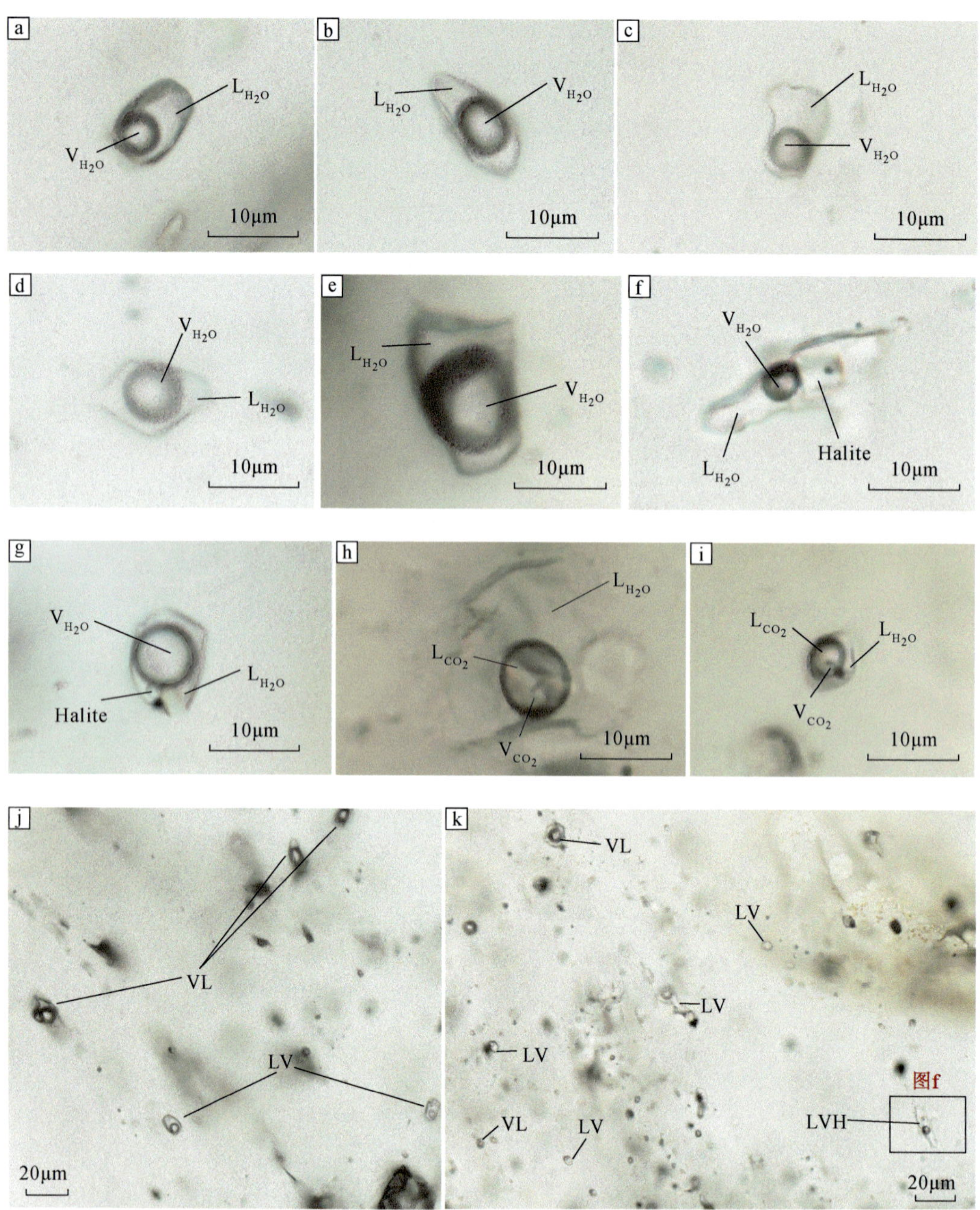

图 7-4 朱诺斑岩矿床不同阶段流体包裹体显微照片

a、b、c. D 脉中的 LV 型包裹体；d. A 脉中的 VL 型包裹体；e. B 脉中的 VL 型包裹体；f. A 脉中的 LVH 型包裹体，子矿物为石盐（Halite）；g. B 脉中的 LVH 型包裹体；h、i. A 脉中的 C 型包裹体（CO_2 三相包裹体）；j、k. B 脉中不同种类的包裹体组合。VL. 富气相包裹体；LV. 富液相包裹体；LVH. 含子矿物三相包裹体；L_{H_2O}. 液相水；V_{H_2O}. 气相水；L_{CO_2}. 液相二氧化碳；V_{CO_2}. 气相二氧化碳；Halite. 石盐

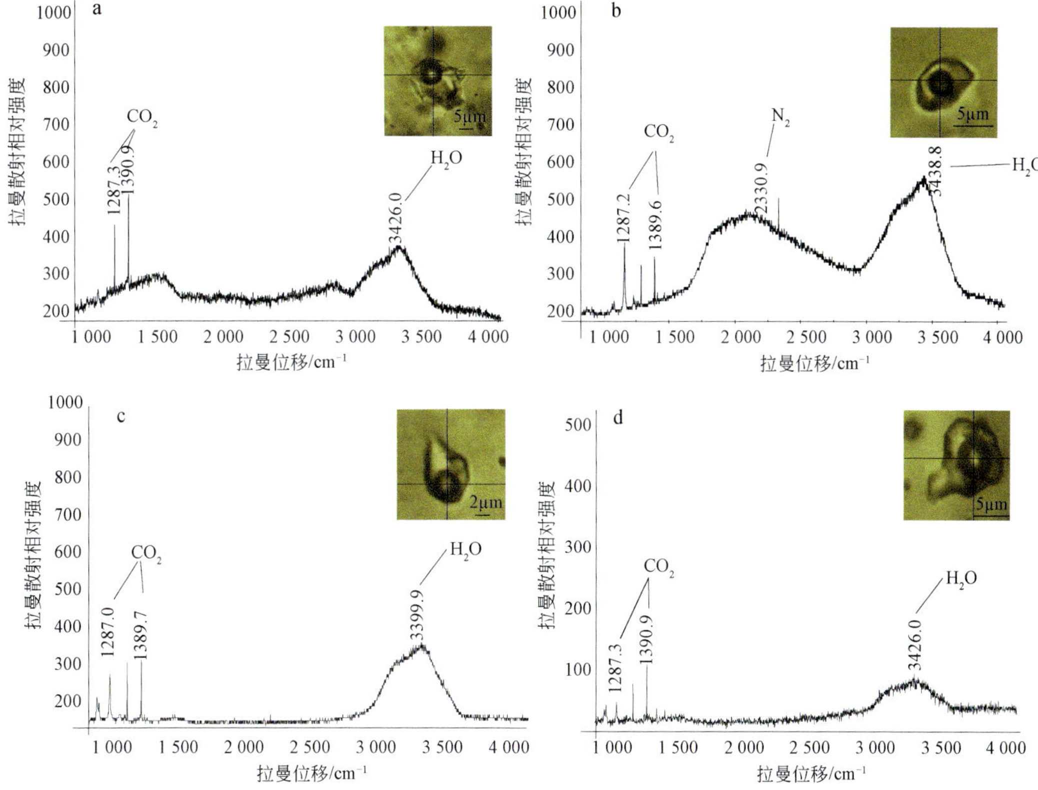

图 7-5　朱诺包裹体成分的拉曼分析谱图

a. 石英脉中的 LV 包裹体中气相 H_2O 与 CO_2 谱线；b. 石英脉中的 LV 包裹体中 H_2O、CO_2 和 N_2 谱线；c. 石英-钾长石脉中 LV 包裹体中的 CO_2 谱线；d. 石英-辉钼矿脉中 VL 包裹体中的 CO_2 谱线

三、流体包裹体温度及盐度

A 脉：包裹体共发育 LV、VL、LVH 和 C 型包裹体。LV 包裹体均一温度在 223～550℃之间。该类包裹体由于不含石盐子晶，因此普遍盐度不高（<23%），盐度为 3.2% NaCl～22.4% NaCl。VL 包裹体均一温度范围为 277～572℃，盐度为 2.9% NaCl～22.4% NaCl。LVH 包裹体均一温度为 250～550℃，盐度为 29.3% NaCl～72.6% NaCl。C 型包裹体仅见两个，完全均一温度为 234～343℃，盐度均为 10.5% NaCl（表 7-4）。统计结果显示（图 7-6），A 脉中包裹体温度峰值集中在 250～550℃之间，可能由于受晚期流体叠加改造，在 250～300℃之间频次较高，而其实际的温度范围应该在 350～550℃之间，盐度集中于 5% NaCl～25% NaCl 和 30% NaCl～55% NaCl 两个峰值。

表 7-4　朱诺铜矿包裹体显微测温数据

阶段	类型	数量	T_{h,CO_2}/℃	$T_{m,cla}$/℃	冰点温度/$T_{m,ice}$	子矿物熔化温度/$T_{s,NaCl}$	T_h/℃	盐度/% NaCl
A 脉	LV	152			-1.97～-19.63		223～592	3.3～22.4
	VL	61			-1.73～-17.75		277～572	2.9～21.0

续表

阶段	类型	数量	T_{h,CO_2}/℃	$T_{m,cla}$/℃	冰点温度/$T_{m,ice}$	子矿物熔化温度/$T_{s,NaCl}$	T_h/℃	盐度/% NaCl
A 脉	LVH	40				140～470	225～550	29.3～55.8
	C	2	30	4.0			234～343	10.5
B 脉	LV	122			-2.22～-19.63		221～488	3.7～22.4
	VL	14			-4.32～-6.68		316～548	6.9～10.1
	LVH	28				170～470	216～465	30.5～55.8
D 脉	LV	122			-1.42～-6.37		185～392	2.4～9.7

注：T_{h,CO_2}为 CO_2 部分均一温度；$T_{m,cla}$为 CO_2 笼合物融化温度；T_h为包裹体完全均一温度，$T_{m,ice}$为冰点温度，$T_{s,NaCl}$为子矿物熔化温度。

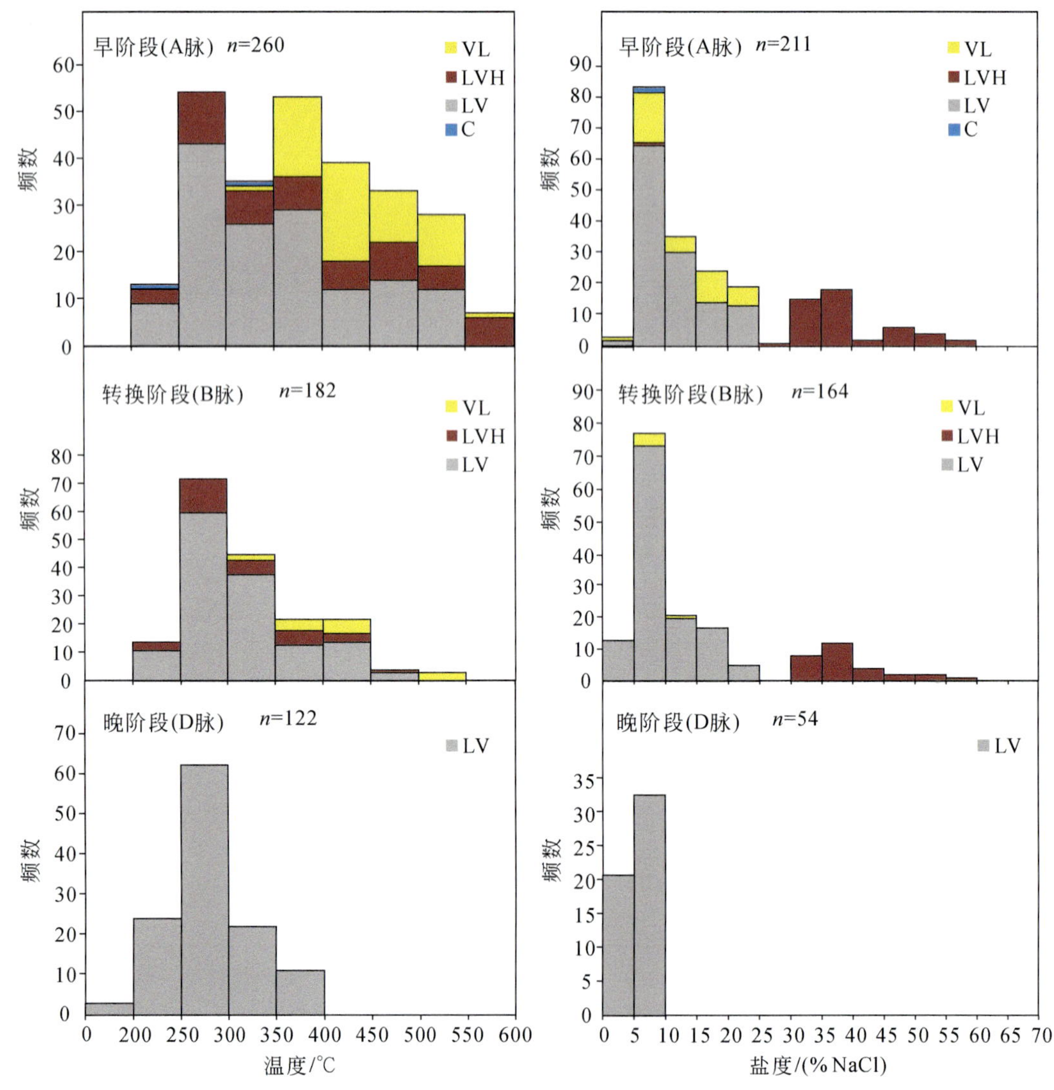

图 7-6　朱诺矿床不同阶段均一温度及盐度直方图

B 脉：发育 LV、VL 和 LVH 三种类型的包裹体。LV 包裹体均一温度为 216～488℃；盐度为 4.3% NaCl～22.4% NaCl。VL 包裹体均一温度为 372～548℃；盐度为 6.9% NaCl～10.1% NaCl。LVH 包裹体均一温度为 216～465℃，盐度为 32.9% NaCl～55.8% NaCl。直方图显示 B 脉均一温度峰值在 250～350℃之间，盐度集中于 5% NaCl～20% NaCl 和 30% NaCl～40% NaCl 两部分（图 7-6）。

D 脉：主要发育 LV 相包裹体，VL 和 LVH 均未见到。D 脉中包裹体由于未受到更晚期的流体影响，因此其温度应该更接近于真实捕获温度。LV 包裹体均一温度为 185～390℃，盐度为 2.4% NaCl～9.7% NaCl。D 脉均一温度峰值为 250～300℃，盐度峰值为 2% NaCl～10% NaCl（图 7-6）。

第四节　成矿作用过程

流体包裹体研究表明，在成矿早期，A 脉中出现的 LV、VL、LVH 及 C 型包裹体表明初始成矿流体为 H_2O-CO_2-NaCl 体系。流体包裹体均一温度集中于 350～550℃，而 C 型和 LV、VL 型包裹体盐度在 5% NaCl～20% NaCl，LVH 型包裹体盐度较高（29.3% NaCl～55.8% NaCl）（图 7-7），同时 LVH 型包裹体既有子矿物先于气泡消失的样品，又有子矿物晚于气泡消失的样品，而其中子矿物晚于气泡消失的样品应该是非均匀捕获的结果（Bodnar，1994），不能代表真实的流体盐度，但是子矿物先于气泡消失的样品则可以证明早期流体具有高盐度的特征。以上特征说明早期流体具有斑岩矿床普遍表现的高温、高盐度的特征（Gonzalez-Partida and Levresse，2003；Cooke et al.，2005；Bouzari and Clark，2006；Wang et al.，2014a，b）。而 CO_2 三相包裹体的发育则说明早期流体还具有富 CO_2 的特征。随着温度降低，这种高温、富 CO_2、高碱金属离子的初始岩浆-流体系统与围岩进行水岩反应，导致黑云母、钾长石和石英等造岩矿物的形成，通常表现为 A 脉阶段的各种蚀变矿物（如黑云母、钾长石等）。由于此阶段岩浆尚未完全固结，因此形成的 A 类脉体常不规则，延伸不远。

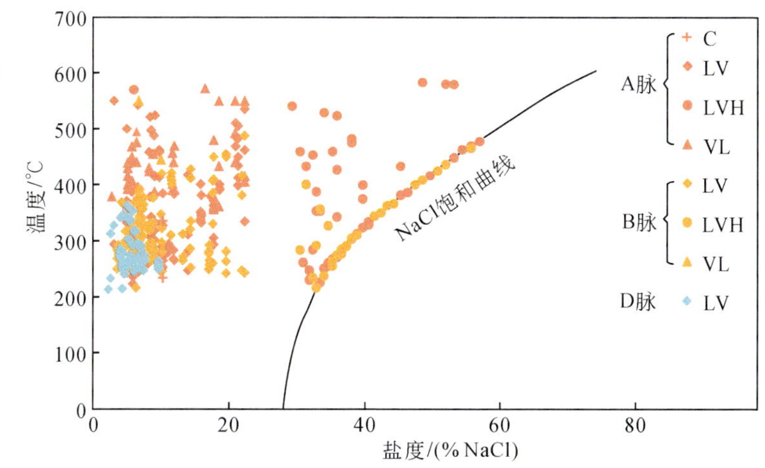

图 7-7　朱诺矿床不同类型包裹体温度-盐度图

A 脉阶段的水岩反应不仅消耗了流体的热量和溶质，而且导致了流体温度和盐度的降低。B 脉阶段的温度集中于 250～450℃，明显低于 A 脉（350～550℃），且 B 脉阶段包裹体的盐度的峰值（5% NaCl～20% NaCl 和 30% NaCl～40% NaCl）低于 A 脉阶段（5% NaCl～25% NaCl 和 30% NaCl～55% NaCl）的包裹体。A 脉阶段的水岩反映消耗了大量的 Na^+和 OH^-，使 H^+活度增加，导致 $2H^++CO_3^{2-}\rightarrow H_2O+CO_2\uparrow$平衡右移，流体中 CO_2 大量逃逸；SiO_3^{2-}或 SiO_2 的消耗导致流体黏度降低，渗透能力增强；而流体与围岩中 Fe 的反应（Heinrich，2005）降低了流体的氧逸度，发生了流体沸腾、CO_2 逸失和大量硫化物沉淀等现象（Heinrich，2005；杨永飞等，2011）。该阶段斑岩基本固结，所以 B 脉通常由于高压致裂，形成平直的、无蚀变晕的脉体。

进入晚阶段（D 脉阶段），斑岩系统裂隙大量发育，地下水与岩浆热液进行对流（Norton and Knight，1977），岩浆热液能量进一步消耗，流体变为 NaCl-H_2O 体系，温度和盐度进一步降低。D 脉阶段仅发育 LV 包裹体，温度集中于 250～300℃，盐度也降低至 2.4% NaCl～9.7% NaCl，且不发育含子矿物包裹体，表明岩浆热液系统已逐渐被大气降水热液所替代。该阶段脉体发育规模也有所减少。

由于测试结果以 VL 和 LV 包裹体居多，压力估算时参考了 NaCl-H_2O 体系实验数据（Sourirajan and Kennedy，1962；Bodnar et al.，1985；Bouzari and Clark，2006；Driesner and Heinrich，2007；Luo et al.，2014），结果见图 7-8。

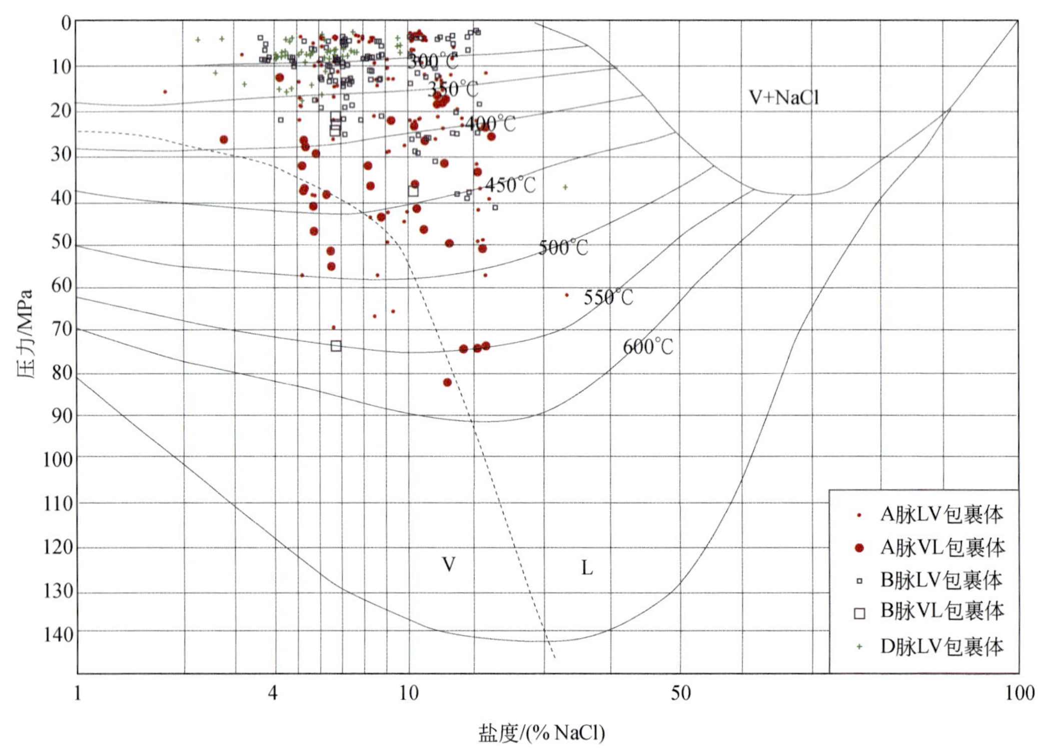

图 7-8　朱诺包裹体盐度-压力体系相图

（据 Sourirajan and Kennedy，1962；Bodnar et al.，1985）

A 脉中大量 VL 包裹体处于液相区，说明这些包裹体的温度被低估或盐度被高估。如果是盐度被高估，将其还原到气相区，则其对应的最高温度为 550℃；如果是温度被低估，将其还原到气相区后最高温度为 600℃。均一温度为最低捕获温度，因此测试结果中较高的温度值更能代表真实捕获温度。若取 A 脉中温度较高的值（550～600℃）作为 A 脉包裹体的真实捕获温度，那么其对应的压力应该为 80±10MPa，采用 27MPa/km 的静岩压力（Hedenquist，1998），那么其对应深度为 2.9±0.4km。

B 脉中也有部分 VL 包裹体位于液相区，但其盐度分布较集中而温度范围较大，说明其盐度被高估的可能性较小，更大可能是温度被低估，那么取其较高的温度 500～550℃，对应压力为 70±10MPa，采用 27MPa/km 的静岩压力，深度为 2.7±0.4km。

由于 D 脉中仅发育 LV 相包裹体，所以 D 脉以 LV 相包裹体为对象进行估算。如果取它们的较大值作为捕获温度，即 350～400℃，则其捕获压力 23±6MPa，在 D 脉时期，因流体通常处于静水压力（Gustafson and Hunt，1975），故按静水压力计算（10MPa/km），则其对应深度为 2.3±0.6km。

针对斑岩矿床中金属特别是 Cu 的沉淀机制，前人开展了详细的实验研究工作，研究表明，成矿过程中的诸多因素，如温度降低、压力降低、pH 增加、氧逸度增加均可促进 Cu 的沉淀，其中温度降低可能是金属沉淀的最重要机制（Hezarkhani et al.，1999；Ulrich et al.，2001；Redmond et al.，2004；Landtwing et al.，2005；卢焕章，2011）。

斑岩矿床的一个普遍特征是具有广泛而强烈的围岩蚀变，围岩蚀变的本质就是流体与围岩的化学反应，即通常所说的水岩反应，水岩反应的结果势必改变流体的化学成分，流体化学成分的改变则可能增强成矿元素的溶解度而使它们从围岩中萃取出来（Skinner，1979；卢焕章等，2004；卢焕章，2011）。A 脉中十分发育的各类蚀变晕则是水岩反映最直接的证据。而对成矿有利的水岩反应有：①氢离子交代作用，主要是长石及不含水的镁铁矿物的水化作用（形成云母和黏土矿物等），这种水岩反应导致流体 pH 升高及氯的络合物的稳定性降低，有利于矿物沉淀；②围岩中还原硫加入流体而使硫化物沉淀；③流体与围岩的氧化还原反应使流体中成矿元素的价态发生变化而沉淀（Skinner，1979）。斑岩型矿床围岩蚀变绝大部分属于水化反应，是有利于矿物沉淀的。A 脉阶段大量的黑云母蚀变为其提供了很好的佐证。A 脉阶段主要是水岩反应，尤其是水化反应为矿质沉淀提供了有利条件。

研究表明，不混溶可以破坏成矿流体的相平衡，相态变化导致溶液中金属络合物发生分解并沉淀出金属矿物，是矿质沉淀的重要机制（Roedder，1984；Reed and Palandri，2006）。不混熔分离（或沸腾作用）即原始均匀的流体，在地质演化过程中由于多种原因，导致原始均匀流体发生不混溶分离，分成物理或化学性质不一致的两个相（卢焕章等，2004）。在 B 脉包裹体研究过程中，发现有明显指示流体沸腾（即不混熔作用）的现象，列举如下：①在同一视域下发育了充填度相差很大（LV 和 VL）的一群原生包裹体（图 7-4j、k）；②而在 B 脉阶段这些不同类型的包裹体具有相似的均一温度，但盐度变化较大（图 7-6）；③具有相似均一温度的 LV 相包裹体和 VL 相包裹体分别均一至液相和气相。以上均说明在 B 脉阶段由于压力降低发生了不混熔流体的相分离，从而导致 CO_2 等挥发分的逸出，而这些挥发分的逸出能有效升高流体的 pH，降低矿物溶解度，促使矿物沉淀（Drummond and Ohmoto，1985；张德会，1997；卢焕章，2011）。

D 脉阶段均一温度为 185～390℃，与 B 脉的均一温度（216～548℃）相比，有一个较明显的降温过程，而这一过程可能是由岩浆流体与地下水的混合所引起的，而二者混合除了引起温度降低，还可导致盐度降低、pH 升高（卢焕章等，2004；卢焕章，2011），从而促进矿物沉淀。总的来说，温度降低、压力减小以及 pH 的增加是影响朱诺矿床铜元素沉淀的主要因素。

总的来说，与大多数斑岩矿床类似，朱诺矿床深部存在一个大的岩浆房，形成中新世复式杂岩体（二长花岗斑岩、斑状二长花岗岩、包体、闪长岩、煌斑岩、花岗斑岩等），多期次的岩浆侵入出溶形成超临界中盐度流体→卤水和中低盐度气体→低密度酸性气体，通过水岩反应形成大面积的青磐岩化和绢英岩化蚀变，钾化蚀变不发育，多被晚期的蚀变叠加改造。温度降低、压力减小以及 pH 的增加是影响朱诺矿床铜元素沉淀的主要因素（图 7-9）。

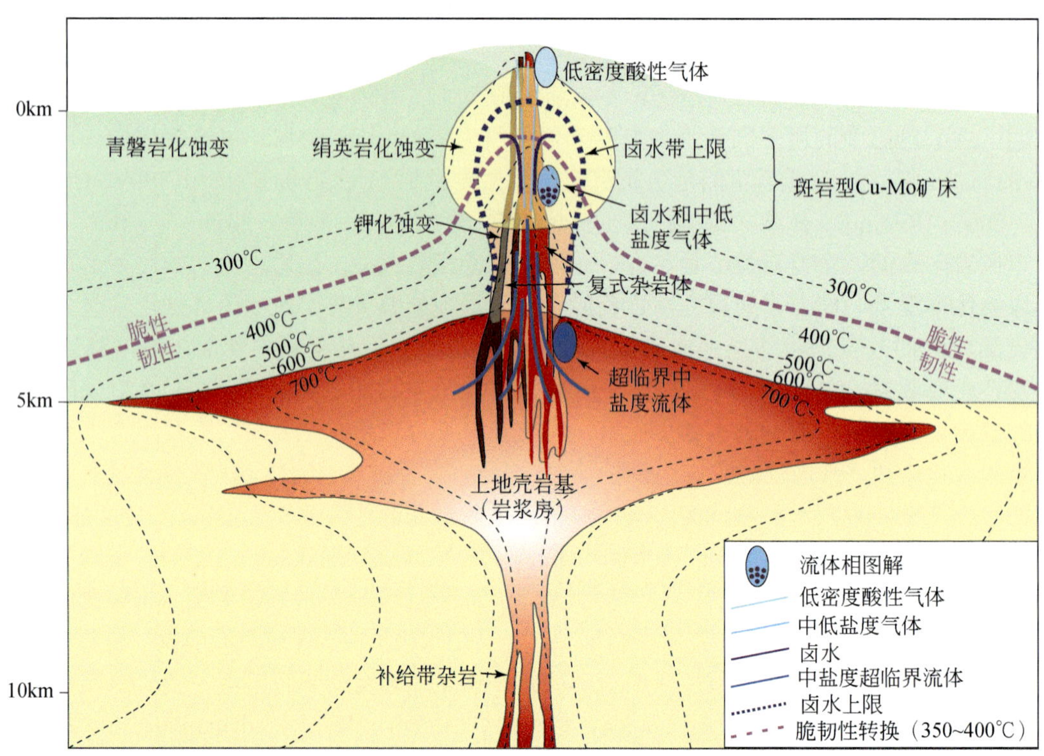

图 7-9　朱诺斑岩铜矿床成矿模式图（修改自 Richards，2011）

第八章 矿床的变化与保存

第一节 裂变径迹约束

朱诺矿区近南北向沟（弄桑沟）实为一断裂，该断裂在矿区范围内构造形迹并不明显，主要表现为冲沟并发育断层三角面。断裂两侧均发育始新世流纹斑岩和石英斑岩，中新世斑状黑云母二长花岗岩、二长花岗斑岩、花岗斑岩。矿区北部发现断裂在地表出露，产状为 74°∠85°，断裂破碎带中见石英斑岩和花岗斑岩，表明断裂活动在花岗斑岩之后，由于花岗斑岩的锆石 U-Pb 年龄为 10.9±0.3Ma，该年龄比朱诺成矿时代晚，因此判断朱诺矿区近南北向断裂为成矿后断裂。根据断裂两侧节理的发育特征判断为正断层。矿区西部 ZK3201 中曾见到破碎带，可能与该断裂活动有关。那么该断裂对朱诺矿床矿体的保存情况是否产生影响？为此，在断裂两侧选择了各期侵入体开展了磷灰石裂变径迹研究。

^{238}U 和 ^{235}U 是自然界最常见的放射性同位素，也是造成裂变径迹的主要元素，其广泛分布在磷灰石、锆石、榍石等副矿物中。其中，磷灰石的裂变径迹分析被广泛应用在矿床保存及剥蚀程度、矿床热液演化过程研究。矿物中的裂变径迹实质上是矿物晶格遭受的辐射损伤，自发裂变径迹数的多少与积累的时间和 ^{238}U 的含量成正比，并且受到温度的影响；诱发裂变径迹数与中子通量和 ^{235}U 的含量成正比。裂变径迹年龄代表矿物自其退火温度退火时的热事件年龄，记录区域内样品隆升过程中经过退火带时的年龄，代表区域岩石剥露去顶的冷却年龄。青藏高原不同部位低温年代学、沉积记录和构造变形记录揭示出存在 60～35Ma、25～17Ma、12～8Ma、约 5Ma 以来四个主要隆升剥露阶段，而冈底斯带 96 个磷灰石裂变径迹年龄结果显示了 22～15Ma、10～7Ma 和 5Ma 以来三个峰值区间（王国灿等，2011）。

本次分析的朱诺地区磷灰石裂变径迹样品分布如图 8-1 所示，数据结果见表 8-1。磷灰石的裂变径迹年龄集中于 33Ma、13～9Ma、4Ma，所有样品 $P(\chi^2)$ 年龄检验值（即单颗粒年龄与所有颗粒的平均年龄）符合的概率量度（Galbraith，1981）均大于 5%，说明属于同组年龄，具有确切的地质意义，即存在一次剥露/冷却事件，这与青藏高原的隆升/剥露时间段基本一致。

一、隆升剥蚀——热史模拟方法

采用 AFTSolve 软件做热史模拟，根据获得的裂变径迹参数和样品所处的地质背景与条件，确定反演模拟的初始条件（袁万明等，2011）。年龄轴的起点一般选择中值年龄的 1.5 倍作为起始点，终点为现今；鉴于磷灰石的部分退火区间（partial annealing zone，PAZ）为 60～120℃（Fitzgerald et al.，1995），模拟温度起始点一般选择高于裂变径迹退火带 120℃，终点为现今地表温度，研究区位于西藏，所以取 15℃。裂变径迹热史模拟参数：年龄拟合度（goodness-of-fit，GOF），表示模拟年龄与测试年龄之间的拟合程度，若年龄拟合度检验值均大于 5%，模拟结果“可以接受”；当它们超过 50%时，模拟结果是“高质量的”。图 8-2 为朱诺地区样品的热史反演模拟 *T-t* 图，模拟图中绿色围限区代表“可以接受的”热史拟合曲线集，粉红色围限区代表“高质量的”热史拟合曲线集。

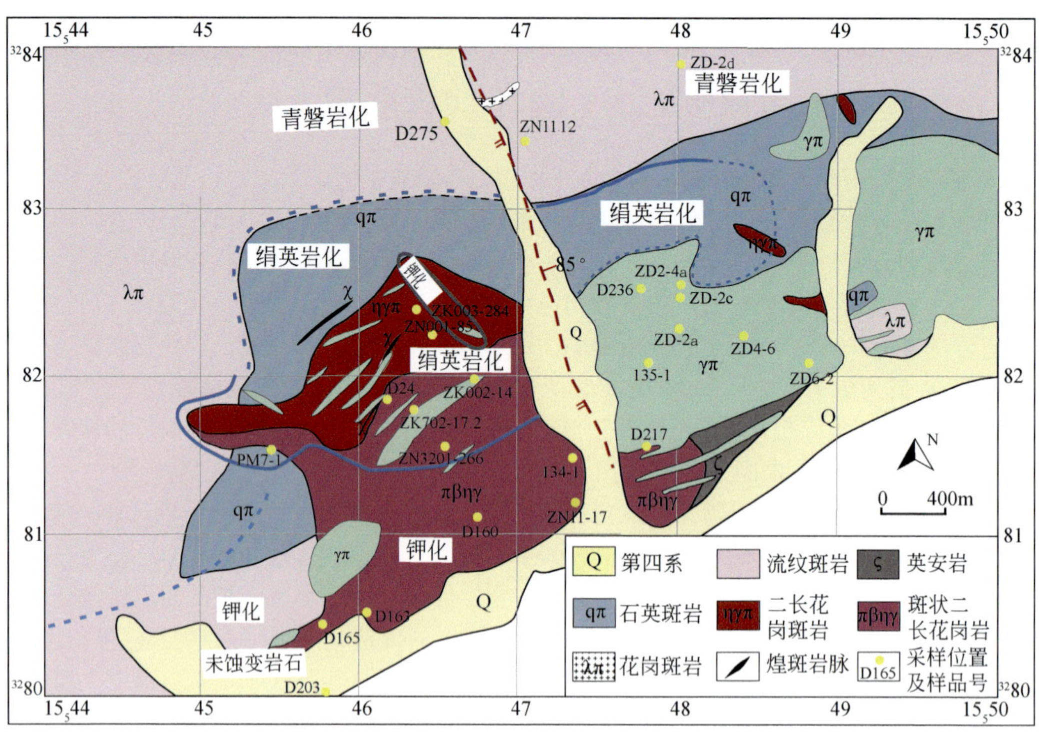

图 8-1　朱诺地区磷灰石裂变径迹样品分布图

表 8-1　朱诺地区磷灰石裂变径迹分析结果

样品号	颗粒数（n）	ρ_s/（10^5/cm^2）（N_s）	ρ_i/（10^5/cm^2）（N_i）	ρ_d/（10^5/cm^2）（N）	$P(\chi^2)$/%	中值年龄/Ma（±1σ）	池年龄/Ma（±1σ）	L/μm（N）
ZN-11-12	31	0.605（74）	5.675（694）	17.373（9117）	76.27	33±4	33±4	11.9±2.4（11）
ZN-11-17	28	1.36（645）	32.1（15225）	16.928（9117）	76.27	13±1	13±1	13.5±2.5（103）
ZD04-6	34	0.771（341）	19.712（8714）	14.16（7978）	94.9	11±1	11±1	13.3±2.3（62）
D135-1	35	0.675（390）	15.327（8850）	10.371（7978）	97.7	9.4±1	9.4±1	12.6±2.3（101）
D160	35	2.243（317）	38.711（5472）	11.082（7978）	94.5	13±1	13±1	12.5±2.3（56）
D165	35	0.75（200）	17.869（4762）	12.029（7978）	93.4	10±1	10±1	12.3±2.4（43）

续表

样品号	颗粒数 (n)	ρ_s/ (10^5/cm^2) (N_s)	ρ_i/ (10^5/cm^2) (N_i)	ρ_d/ (10^5/cm^2) (N)	$P(\chi^2)$ /%	中值年龄 /Ma（±1σ）	池年龄 /Ma（±1σ）	L/μm (N)
D134-1	35	1.104 (349)	26.881 (8498)	12.739 (7978)	94.2	11±1	11±1	13.0±2.2 (100)
D203	35	1.712 (617)	33.266 (11988)	10.608 (7978)	96.2	11±1	11±1	13.4±2.1 (101)
ZK002-14	35	0.218 (90)	16.952 (6997)	13.212 (7978)	18.3	3.6±1	3.5±0.4	未测出
ZK003-284	35	0.286 (54)	19.757 (3727)	13.686 (7978)	17.4	4.1±1	4.1±1	未测出
ZD2d	35	0.183 (77)	16.534 (6974)	13.686 (7978)	59.1	3.1±0.4	3.1±0.4	未测出

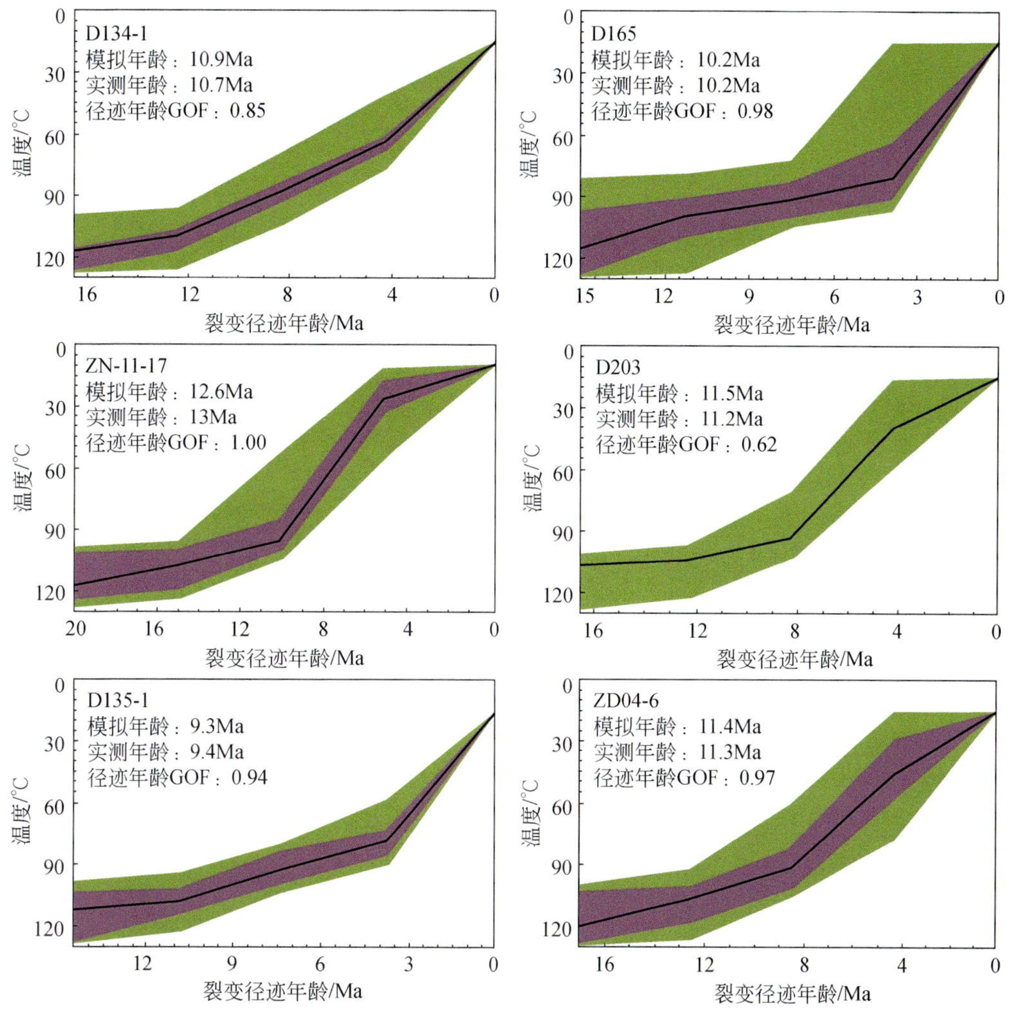

图 8-2　朱诺斑岩铜矿床中新世岩浆岩中磷灰石裂变径迹热史模拟

朱诺主矿区 3 件样品 D134-1、D165、ZN11-17 裂变径迹年龄 GOF 检验分别为 0.85、0.98、0.91，显然热史模拟结果是高质量的。前 2 个样品岩体冷却/剥露总体上分为 3 个阶段，在 12Ma 之前，岩体处于裂变径迹退火带底部附近；12～4Ma 处于相对较快的冷却/剥露阶段，温度由 120～110℃降到 85～70℃，这一阶段的冷却率为 4.38℃/Ma，对应的剥蚀速率为 0.115km/Ma；4Ma 至今处于快速的冷却/剥露阶段，温度由 80℃降到 15℃，这一阶段的冷却率为 16.25℃/Ma，对应的剥蚀速率为 0.427km/Ma；两个阶段总的剥蚀率为 2.63km。样品 ZN-11-17 岩体冷却/剥露总体上分为 2 个阶段，在 12Ma 之前，处于相对缓慢的冷却/剥露阶段，温度由 120℃左右降到 90℃；12Ma 至今处于快速的冷却/剥露阶段，温度由 85℃降到 15℃，这一阶段的冷却率为 5.83℃/Ma，对应的剥蚀速率为 0.154km/Ma；得到样品 ZN11-17 两个阶段的剥蚀量为 2.49km。这些数据表明朱诺主矿区从 12Ma 至今的剥蚀量为 2.49～2.63km。

朱诺矿区东部 2 件样品 D135-1、ZD04-6 裂变径迹年龄 GOF 检验分别为 0.94、0.97，表明热史模拟结果是高质量的。ZD04-6 在 16～8Ma 间处于缓慢冷却/剥露阶段，温度由 120℃降到 90℃，这一阶段的冷却率为 3.75℃/Ma，对应的剥蚀率为 0.099km/Ma；8Ma 至今岩体处于快速冷却/剥露阶段，温度由 90℃降到 15℃，这一阶段的冷却率为 9.38℃/Ma，对应的剥蚀率为 0.247km/Ma，因此从 12Ma 至今其总的剥蚀量为 2.37km。D135-1 在 16～4Ma 间处于缓慢冷却/剥露阶段，温度由 120℃降到 80℃，这一阶段的冷却率为 3.33℃/Ma，对应的剥蚀率为 0.088km/Ma；4Ma 至今岩体处于快速冷却/剥露阶段，温度由 80℃降到 15℃，这一阶段的冷却率为 16.25℃/Ma，对应的剥蚀率为 0.427km/Ma，因此从 12Ma 至今其总的剥蚀量为 2.41km。这些数据表明朱诺矿区东部自 12Ma 以来的剥蚀量约为 2.37～2.41km，即朱诺矿区东部的隆升比主矿区弱。

朱诺矿区南部 1 件样品 D203 裂变径迹年龄 GOF 检验分别为 0.62，表明热史模拟结果是可以接受的。

二、隆升剥蚀——Brown（1991）方法

对于平均剥蚀量，应用 Brown（1991）提出的方法进行计算。Brown 提出的计算公式为：ΔE=（110℃±10℃−T_S）/G+d，公式中 T_S 为古地表温度，G 为古地温梯度，d 为裂变径迹退火带底部高程与现今地表高程之差（d＝裂变径迹退火带底部高程−现今地表高程）。计算过程中，通过收集前人资料，古地表温度根据磷灰石裂变径迹年龄推出约 18.25～20℃，磷灰石封闭温度 105～120℃，古地温梯度 38℃/km，裂变径迹退火带的底部高程为 4000m，古地表高程根据锆石 U-Pb 年龄推出（Ruddiman and Kutzbach，1989）。现在地表高程即样品取样点高程，每个样品对应的裂变径迹年龄以来的平均剥蚀量计算结果列于表 8-2。磷灰石裂变径迹年龄为中新世的样品分析结果显示，朱诺主矿区的剥蚀为 1450～1493m，朱诺矿区西部的剥蚀为 1273～1370m，而朱诺南部的剥蚀为 1524m。虽然该方法计算结果与热史模拟技术方法获得的结果不同，但两者方法均反映朱诺主矿区的隆升剥蚀比矿区东部强。

表 8-2　朱诺地区不同取样点隆升幅度与隆升速率以及剥蚀量

样品号	位置	磷灰石裂变径迹年龄/Ma	$P(\chi^2)$ /%	取样点海拔/m	对应埋深/m	隆升幅度/m	隆升速率/（mm/a）	高程差 d/m	剥蚀量/m
ZN11-17	主矿区	13±1	27.31	4629	2894	6523	0.50	−629	1489
D134-1	主矿区	11±1	94.2	4625	3105	6730	0.61	−625	1493
D165	主矿区	10±1	93.4	4701	3026	6627	0.66	−701	1450
D135-1	朱诺东	9.4±1	97.7	4766	2894	6560	0.70	−766	1385
ZD04-6	朱诺东	11±1	94.9	4781	3157	6838	0.62	−781	1370
ZN11-12	朱诺东	33±1	76.3	4922	2368	6990	0.21	−922	1183
D203	朱诺南	11±1	96.2	4594	2763	6357	0.58	−594	1524

第二节　化探元素分布特征约束

一、1∶5 万水系地球化学异常

1∶5 万水系沉积化探数据显示，朱诺主矿区发育 Cu、Mo、W、Au、Ag 元素异常，显示明显的浓集中心，并有三级浓度分带；Sn、Bi 异常较弱，As、Sb、Hg 在矿区内异常不明显，主要分布在 Cu 异常的外围；Pb、Zn 在矿区内无异常，其异常主要在矿区的西南方向展布。这些特征表明主矿区处于浅-中等剥蚀。矿区东部显示弱的 Cu 异常，W 也有零星的弱小异常，Mo、Au、Ag、Pb、Zn、Sb 异常不明显，而在 ZK3201 的东北角出现大面积的低温元素 As、Hg 异常及高温元素 Bi、Sn 异常，推断可能是由于断裂的活动导致东盘下降，从而使部分元素异常不明显（图 8-3）。

对朱诺矿区各单元素异常特征进一步分析，发现：

（1）Cu 单元素异常范围广、浓度高，各异常中心分带明显，一般呈椭圆状。其中异常最强地带与朱诺矿体套合性较好，呈北西向近椭圆状展布，分带清楚，异常浓集中心相对于矿体向南东偏移，可以看出朱诺矿体范围内 Cu 元素值均大于 200ppm，可以将这一值作为斑岩铜矿地球化学勘查标识。

（2）W、Mo 单元素异常强度相对 Cu 元素低，以三级、二级异常为主，其次为一级异常。其中一、二级异常中心矿体位置套合较好，无元素迁移现象，但一级异常都偏离矿体，两者一级异常空间分布并不一致，分别位于矿体南侧及西南侧，W、Mo 作为高温元素组合形成的异常浓度和面积比 Cu 的小，矿体附近 W 异常浓度在 20～45ppm，Mo 异常浓度在 10～60ppm，两者二级异常套合位置对于铜矿体具有一定的指示意义。据此，可以做 W-Mo 组合异常来凸显两者对铜矿体的指示意义。

（3）Ag、Au 单元素异常面积相对 Cu、W、Mo 异常较为分散，分带性相对较差，以三级分带为主，一、二级分带次之。Au 元素一级异常除位于矿体上方外，在其南西方向亦有一级异常出现。Ag 元素一级异常仅出现在矿体偏南东位置。两者异常都较为分散，主要分布在矿体的南东方向，为凸显两者对铜异常者的指示意义，可做 Ag-Au 组合异常图。

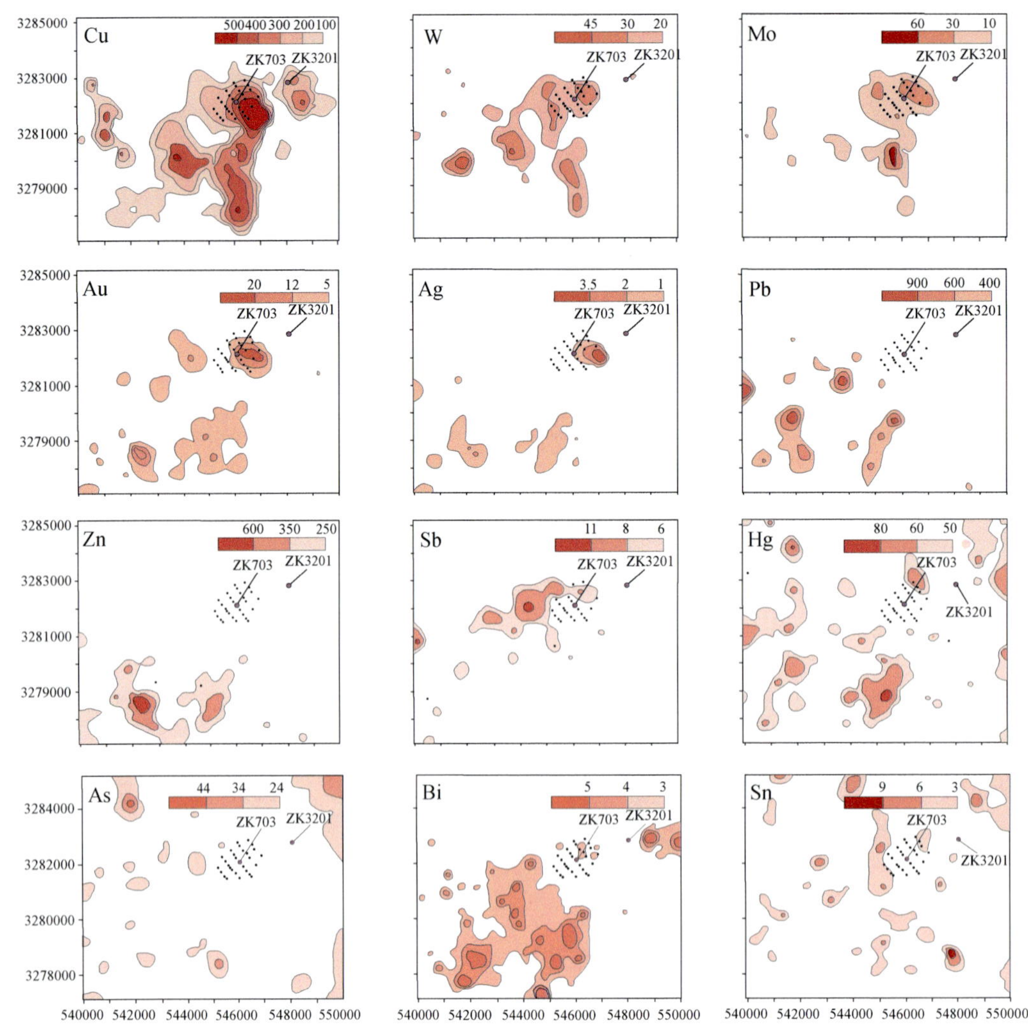

图 8-3 朱诺矿区 1∶5 万单元素异常图

（4）Pb、Zn 单元素异常位于矿体的南西侧，异常分布较为零散，呈孤立带状、近椭圆状分布，具有三级分带，以三级异常为主，次之为二级、一级异常，异常浓度较低。Pb、Zn 异常仅分布在矿体南西侧，其他位置无异常显示，作为常见低温元素组合经常分布在斑岩型铜矿的外围。因此，Pb、Zn 单元素异常可以间接指示斑岩铜矿的存在。

（5）Sb 单元素异常紧邻矿体，位于矿体的北西向，呈北西向不规则半开口环带状分布，以三级异常为主，二级、一级异常次之，异常浓度较低。Sb 异常刚好紧邻矿体边缘。因此，Sb 异常圈闭的内带可能为最有利找矿位置。

（6）Bi 单元素异常面积较大，具有明显的三级分带特征，其中三级分带面积最大，其次为二级、一级异常，异常主要位于矿体的西南侧，其次为矿体近东侧的一个未圈闭的一级异常。Bi 作为高温元素，矿体位置异常范围较小，强度不大，分布零散，在矿体外围的林子宗群流纹斑岩火山岩区出现大面积异常，推测可能与流纹斑岩富集 Bi 元素有关。

（7）As、Hg、Sn 单元素异常具有相似分布特征，异常分布相对零散，异常浓度不高，以三级为主，其次为二级异常，局部出现一级异常。异常都分布于矿体外围，相对于其他元素更加远离矿体，指示这三种元素应该是元素原生晕的最外侧。

综合分析，朱诺矿区 12 种元素的异常形态各异，但又具有一定的规律性，其中成矿元素 Cu 单元素异常浓度最高，范围最大，明显高于其他元素。斑岩铜矿元素钟状分带模式（黄书俊等，1982）指出：若经过水平剥蚀后，原生晕剥蚀到某一分带的底部，该分带元素应该呈环带分布，若未到某一分带的底部（未剥蚀或者部分剥蚀），则该分带元素应该呈实心圆分布。根据这一规律，依照距离矿体（图 8-3 中钻孔位置）相对位置将异常分成两类，第一类是异常浓集中心与矿体位置相吻合的情况，推测该元素分带处于未剥蚀或部分剥蚀，如 Cu、W、Mo、Ag、Au；第二类是异常浓集中心偏离矿体位置，分布于矿体外围，如 Pb、Zn、Sb、As、Hg、Sn。再根据距离矿体偏离距离远近进行细分：

在第一类中，W、Mo 分带相似，应该处在同一分带位置，二者都分布在矿体上及西南侧不远处，考虑这两种元素通常为高温元素，地表元素浓度相对于 Cu 异常范围较小，以三级异常为主，推测 W、Mo 应该位于 Cu 分带之下，其地表显示异常可能为 W、Mo 的前缘晕。Ag、Au 在矿体位置具有一级分带异常，在外围与 W、Mo 相似，在矿体西南侧有三级异常分布且范围较大，但比 W、Mo 相对矿体较远，同时考虑 Ag、Au 为中低温元素，推测分带应该位于 Cu 之上或者同一分带位置。

在第二类中，Pb、Zn 异常分带具有相似性，异常仅在矿体西南侧分布且异常浓度都达到一级分带，考虑到 Pb、Zn 为中低温元素，推断 Pb、Zn 应该位于 Cu、Ag、Au 的更远端，且 Zn 相对 Pb 更外围。Sb 元素紧邻矿体外围，位置推测应该在 Cu、Ag、Au 更远端，相对 Pb、Zn 更靠近顶部。As、Hg 都分布于矿体外围，异常浓度较高，相对于其他元素更加远离矿体，且为常见的低温元素组合，推测 Sb、As、Hg 元素应该是元素原生晕的最外侧。Sn 作为高温元素，矿体位置异常范围较小，强度不大，分布零散，在矿体外围出现大面积异常，平面分带上与远端异常分布相同，分布于矿体南西向。Bi 作为高温元素与 Sn 元素分布极不相同，远离矿体位置，分布于矿体的西南部的林子宗流纹斑岩区，推测原因为流纹斑岩相对富集 Bi。综合前面多数元素都具有向北东侧成带分布的特征，可以推测热液运移方向可能从深部的西南向浅部北东向侵位。

最终可以总结出朱诺铜矿地表次生晕分带模式图（图 8-4），元素分带从内到外依次为 Sn-Wo/Mo-Cu/Ag/Au-（Bi）-Sb-/Pb/Zn-As/Hg。

二、化探元素分布的构造指示意义

利用朱诺矿区 1∶5 万水系沉积物的化探数据，选取斑岩铜矿的典型成矿高温元素钨、锡、钼作为矿尾晕元素，砷、锑、汞作为矿头晕元素，根据（W+Sn+Mo）/（As+Sb+Hg）值大者表示剥蚀大、比值小表示剥蚀小的这一原则，判别朱诺矿区东部的剥蚀相对较浅，而西部相对较深（图 8-5）。

野外地质调查发现，ZK3201 的南东方向（山脚）见大量孔雀石化砖石，且在黑云母二长花岗岩中发现大面积分布的林子宗火山岩残留体，而断裂西部主矿区地表及钻孔深部很少见林子宗火山岩残留体，推测断裂东盘为下降盘。

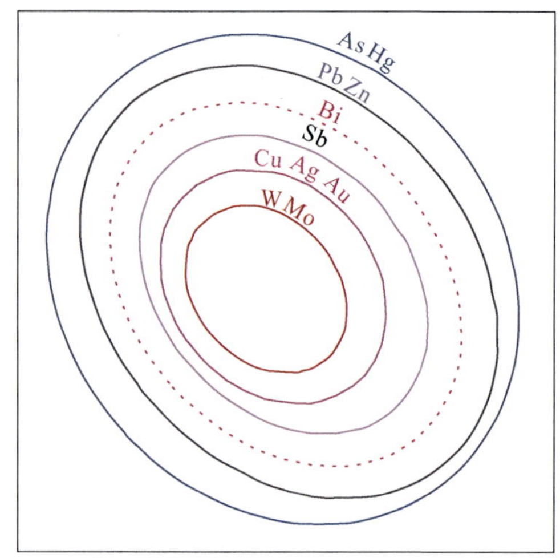

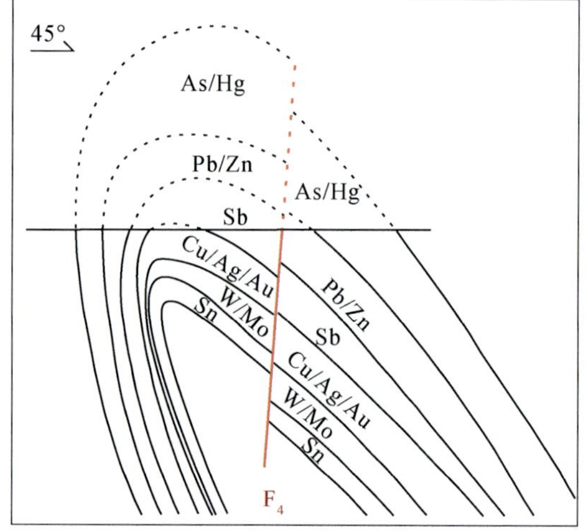

图 8-4　朱诺矿区次生晕分带平面及切面模式图

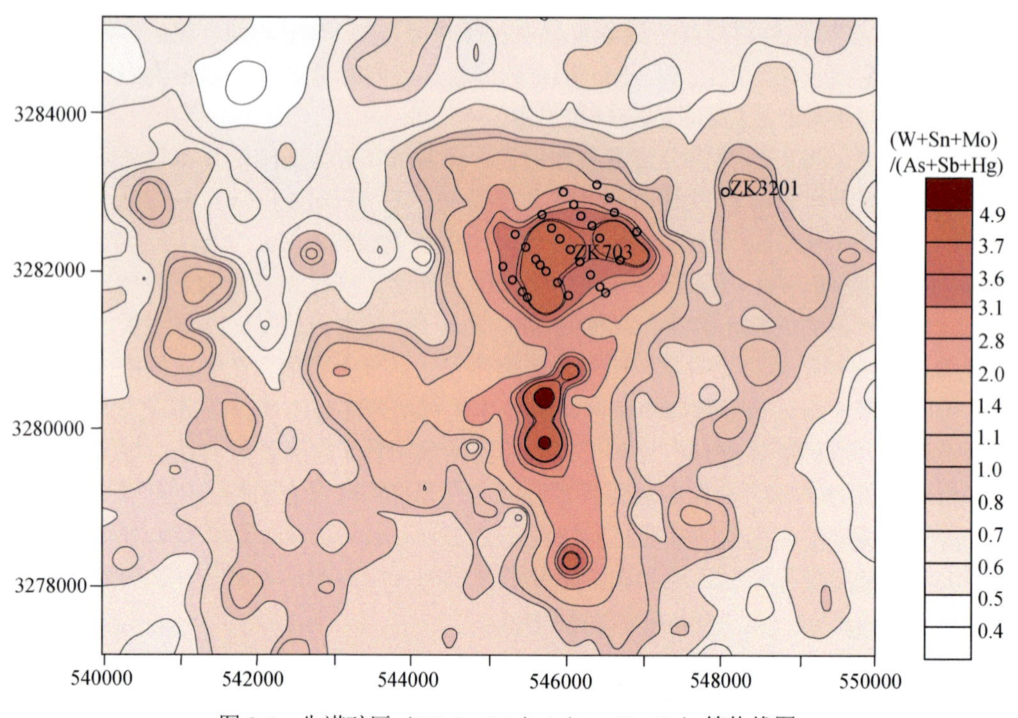

图 8-5　朱诺矿区（W+Sn+Mo）/（As+Sb+Hg）等值线图

综上所述，朱诺矿区近南北断层为成矿后形成的正断层。在断裂活动之前的斑岩成矿期，矿区东西部应该处于统一的热液蚀变活动范围。成矿后断裂的正断层活动，导致主矿体部位相对矿区东部发生了较大的隆升剥蚀，致使西部花岗斑岩大量剥蚀而露出了发生蚀变和矿化的斑状二长花岗岩和二长花岗斑岩，而东部由于剥蚀较少，仍然保留了大面积分布的花岗斑岩及林子宗火山岩。2012 年西藏中胜矿业公司曾在矿区东部施工了一个钻孔 ZK3201，其勘探深度为 318m，没有发现矿体。我们认为朱诺矿区东部仍然具有斑岩型铜矿化潜力，但其成矿深度应该比目前主勘探区深，并且成矿位置应该偏向南部。

第九章　理论方法创新及找矿突破

作者在深入研究前人化探数据处理与评价方法的基础上，发明了基于地质内涵的化探数据处理与评价方法，即“地质内涵法”。力求从另外一个视角，来探讨区域化探数据处理与评价的技术方法问题。

第一节　基于地质内涵的化探异常筛选与评价方法创新

一、化探数据处理的国内外研究现状

勘查地球化学于20世纪30年代诞生于苏联的纳维亚，40年代勘查地球化学方法开始引入美国和加拿大，50年代以后开始传入英国，随后中国、澳大利亚、印度等其他国家开展了地球化学勘查实验（Levinson，1980）。区域化探工作始于1950年，当时在苏联哈萨克斯坦中部地区采集土壤样品；至50年代后期，认识到由于土壤样品代表的局限性，Webb提出了区域水系沉积物测量的思路（Webb et al.，1964），用水系沉积物样品中的元素含量代表整个上游汇水盆地的平均值，随后欧美国家开始区域性水系沉积物测量工作，与此同时谢学锦院士将区域水系沉积物测量方法引入我国，并于1958年在南岭、四川等地区率先开展实验工作（李善芳和吴承烈，1959），60年代，Hawkes和Webb首次提出元素变化图是研究地球的一种方法，将其置于与各种类型地质图同等重要地位，为区域化探研究应用开辟了广阔的发展前景（Hawkes and Webb，1962）。谢学锦先生1978年提出了“区域化探全国扫面计划”，并在其大力倡导下，我国于1979年开始正式实施该项计划，使我国化探工作进入了一个崭新的时代，随着该计划的实施，我国成为全世界区域化探扫面规模最大、完成最好的国家，使我国地球化学勘查工作总体处于国际领先水平。截至目前，区域化探扫面共覆盖了我国近700万km^2的国土面积，提供了巨量的地球化学信息，为众多新矿床尤其是金矿的发现作出了巨大的贡献。在全世界范围，自20世纪60年代以来仅以水系沉积物采样为主的大规模的区域化探项目就多达38项，例如70年代美国开展的“全国铀资源计划”，加拿大开展的“全国地球化学填图计划”等，大规模的区域地球化学调查计划的实施，为全球矿产的发现作出了决定性的贡献。例如自20世纪30年代至70年代苏联金属量测量计划在中亚和中东地区发现了一批斑岩型铜矿，美国及加拿大的资源调查计划发现了一批盆地砂岩型铀矿及我国的区域化探扫面计划发现了数百个金矿（王学求，2013）。

随着我国“区域化探全国扫面计划”的开展，全国共圈定数万处地球化学异常，由于地球科学的复杂性，经过异常查证工作后，绝大部分异常未发现矿床，据统计经过异常检查评价见矿率仅3%。因此，利用化探数据如何圈定异常、筛选评价与定量解释，进一步提高找矿成功率，已成为区域化探工作亟待解决的难题。

化探数据处理伴随着勘查地球化学应运而生。化探数据处理是勘查地球化学的一项重要内容，化探工作的核心内容就是发现异常并对异常进行筛选评价，只有划定矿致异常并由此而发现矿体才能实现找矿突破。地球化学家吴锡生等（1994）认为，化探数据处理工作应该包括 8 个方面的问题：①背景与异常的划分，即异常识别；②元素的共生组合规律；③元素或元素组合在空间的变化规律；④分类问题，包括样品分类、异常分类等；⑤异常的评价，涉及异常的分类、异常的元素组合、异常的规模、异常反映的矿体剥蚀深度，以及根据矿致异常预测矿体的远景储量等；⑥地球化学图件的制作；⑦分析数据的质量评价；⑧计算机的应用。可见在找矿工作中，异常的识别和筛选评价应该是两个关键的环节。异常识别是异常筛选评价的基础，异常筛选评价是对异常认识的结果。不能发现和识别异常，就谈不上筛选评价异常，而对异常的认识恰当和正确与否则关系到每个异常的价值及最终的预测结果。郑有业等（2004c）认为，要搞好勘查评价工作中的化探数据处理分析，最大限度地获取找矿信息，必须理清以下 9 大问题：①“高大全”异常与“弱小”异常的关系；②异常的空间结构；③组成异常的前、中、尾晕元素异常；④负异常；⑤异常元素的分带性；⑥原生晕与次生晕异常模型；⑦不同地球化学景观区化探数据处理；⑧不同地质背景的化探数据处理；⑨化探异常与其他矿化信息的综合应用。

1. 化探异常识别

化探异常的识别是异常评价的基础，其本质是从错综复杂的区域化探数据中识别出背景场及异常，其核心内容是确定异常下限，识别出异常。异常下限的确定是异常信息提取的一项重要内容，也是勘查地球化学的一个基本问题，同样是应用勘查地球化学进行矿产勘查的关键。

1）异常下限的确定

经过几十年的发展，确定异常下限的基本思路可总结为以下三种：

（1）将整个区域地球化学背景作为一个平面来考虑，计算统一的异常下限。这种思路在早期一般用于面积较小、地质情况简单的情况下，在早期普遍使用。

（2）将整个区域地球化学背景作为一个不连续的面来考虑，划分子区，分别计算各个子区的异常下限。这种一般用于研究区面积较大，地质、地球化学背景情况较为复杂的区域，特别是研究区范围跨越了不同的地质构造单元、不同的岩石组合及成矿地质条件的情况下影响更为明显，这种情况下采用统一的异常下限值来圈定异常并不合理。应根据地球化学场的展布采用适当的统计域对区域数据进行适当分区研究（成秋明，2004），所以在区域地球化学分析中应充分考虑统计域，对于子区划分的准则前人进行过一些有益的探索，目前应用较多的有根据地质背景进行分区（郑有业等，2004c；李佑国等，2006；郝立波等，2007）、依据数据特征划分子区（时艳香等，2004；董毅等，2009；王永华等，2010）、利用常量元素进行子区划分（焦保权等，2009）、依据元素异常划分子区（龚晶晶等，2015）。

（3）将整个区域背景作为连续变化曲面考虑，分别根据每个点上的异常下限值确定该点有无异常。为此，人们提出了多种圈定异常下限的方法来降低背景值造成的影响，主要有地质子区划分法、移动平均法、神经网络算法、趋势面法、克里金法等。1966 年，D.G.Krige 提出的普通克里金法，在此基础上又发展了泛克里金法、协同克里金法等；利用地质–构造单元划分子区分别确定各子区的背景值和下限，采用多元回归、因子分析、主成分分析等多种方法对表生因素（pH、Eh 等）和岩性因素进行背景校正，拟合地球化学背景曲面，以突出显示弱异常（Rose et al.，1970；周蒂，1986；周蒂等，1988）；为了充分考虑背景浓度水平的局部变化，Howarth 从物理学引入了空间滤波法，以抑制和防止背景值的干扰，衬值滤波法把地球化学背景面看成是一个连续起伏变化的曲面，不同子区采用不同的异常下限，用窗口代子区，以小窗口为局部异常或噪声，以大窗口为局部背景来拟合地球化学背景的变化趋势，用衬值来圈定异常。史长义等提出子区中位数衬值滤波方法，有效提取弱小异常，取得了非常好的效果（史长义等，1999）。

但是也有人认为化探中目前常用的用平面或曲面来拟合地球化学背景的做法从理论上是有严重缺陷的，地球化学背景应是一个随地质和景观变化而因点而异、崎岖不平的面，借助于稳健多元统计方法可以由观察到的地质、地化及环境变量来估计出这个背景面，即进行背景校正（周蒂，1986；周蒂等，1988）。

20 世纪 30 年代在勘查地球化学萌芽阶段主要利用元素的克拉克值作为衡量地壳中不同地段和岩矿石类型中元素富集、分散的标准。早期的化探数据处理方法基于岩石地球化学数据的处理。20 世纪四五十年代苏联和西方国家的地球化学家对基岩元素含量概率分布型式进行了研究：1941 年，列文生-列信格指出喷出岩中多数常量元素的含量服从正态分布；Ahrens 通过研究提出了基岩中常量元素服从正态分布，微量元素服从对数正态分布的规律（Ahrens，1953，1954a，1954b，1957）；Vestelius（1960）通过研究认为单一地球化学过程形成的地质体元素含量服从正态分布，多个过程叠加形成的地质体元素含量为正偏分布或对数正态分布。Govett 等（1975）通过计算机模拟认为正态分布母体上局部叠加一个正态分布，会导致正偏分布。基于此，20 世纪 50 年代初，索洛沃夫提出了应用概率统计方法确定当地正常场与最低异常（异常下限）的方法，自此经典统计学理论成为化探数据处理的理论基础，该时期几乎所有的化探数据处理工作与统计学有关，常用的异常识别方法以数理统计方法为主，包括直方图法（Hawkes and Webb，1962）、概率图法（Lepeltier，1969；Parslow，1974；Sinclair，1974，1991；Sinclair and Deraisme 1976）、单变量和多变量分析方法（Govett et al.，1975；Miesch，1981；Stanley，1988；Garrett，1990；Stanley and Sinclair，1989）、趋势面分析法（Agterberg，1964；Agterberg and Cabilio，1969）、回归分析法（Chatupa and Fletcher，1972）等，使化探数据处理进入了定量研究阶段，在早期阶段经典统计学理论为化探数据处理方法作出了不可磨灭的贡献。

90 年代以后，西方国家在异常识别方法方面大多仍沿用传统的方法，如 $\overline{a}\pm2\sigma$ 方法（Matschullat et al.，2000；Li et al.，2003；Gatuszka，2007）、稳健统计方法（Reimann and Filzmoser，2000）、Q-Q 图法（Papastergios et al.，2011）等。这一阶段在我国应用最广泛的异常识别方法为数理统计方法（$S\pm2\sigma$），1991 年该方法被列入 1∶50000 化探普查规范（1991）以指导广大生产一线的地质工作者处理化探数据。其他的多元统计方法如概率图法、Q-Q 图法、单变量和多变量分析方法、趋势面分析法、回归分析法等都在中国的找矿实践和科研中得到了应用。

用统计学方法计算异常下限值必须满足参与统计的数据服从正态分布这一前提条件，近年来的研究表明，区域化探数据不一定服从正态分布模式，存在有偏斜现象或呈现一种幂型的拖尾分布（Allegre and Lewin，1995），谢学锦（1979）指出关于元素的地球化学分布型式是否存在对数正态分布是一个尚未完全解决的问题。统计学家很早就注意到当母体中混有离群数据时传统统计方法面临的稳健性问题（胡以铿，1991）。稳健统计学方法弥补了元素含量不服从对数正态分布时异常识别存在的不足。为适应数据的不同特点，学者们曾提出了许多稳健统计方法，被用于对分布的位置和尺度（即数学期望和离散程度）的稳健估计、稳健主分量分析等，除此之外，还有稳健回归、指标间相关性的稳健统计（周蒂和陈汉宗，1991）等方法用于化探数据处理中，来弥补经典统计学方法存在的缺陷。但受稳健统计学理论复杂的限制，稳健统计学理论方法在异常识别方面的应用相对较少，仅在 20 世纪八九十年代初期有少量应用（周蒂和王家华，1984；周蒂等，1988；周蒂和陈汉宗，1991，吴锡生等，1992）。另外 Tukey（1977）基于稳健统计学思想提出了一种新的异常识别技术——勘查数据分析技术（EDA），该技术将各种简单而有效的图示技术引入稳健统计学，据数据本身所固有的模型来识别异常点，从而迅速看出数据的结构和特点，由此来确定背景总体和异常总体（Kürzl，1988；Reimann et al.，1988；史长义，1991，1993）。张丕富（1990）提出的多变量场法，在多维变量或主轴空间，利用超球面把具有相同或相似地球化学性质的样品点分别圈出来。

随着研究深入，人们发现地球化学元素分布并不局限于正态分布或对数正态分布，还具有不确定性、自相似性等特征，即高度的非线性，由此将非线性分析引入化探数据分析之中，并得到了迅猛的发展。包括分形方法、局部奇异性分析、混沌法、数量化理论、模糊分析、小波变换、人工视神经网络等分析方法，其中尤以分形方法应用最为广泛。20 世纪 80 年代分形科学被成功地引入地学领域，至 90 年代，地球化学家将非线性（分形/多重分形）理论应用于化探数据处理之中，Allegre 和 Lewin（1995）通过研究指出元素的地球化学分布存在两种类型四个亚类，分别为正态分布、多模式分布、分形分布和多重分形分布，为分形在区域化探信息提取中的应用奠定了基础。随后众多学者从各个方面对地球化学开展了分形研究，发现地球化学图上等含量线、等含量线封闭区域的周长－面积、浓度－面积之间存在幂率关系，元素含量与距离之间存在多重分形特征（李长江等，1999）等；并探讨了多维分形理论和地球化学元素的分布规律（成秋明，2000）。

自此基于分形、多重分形模型用于研究区域化探空间异常，并在化探数据处理中扮演着非常活跃的角色，学者们提出了一大批用于异常识别的分形、多重分形数学模型或方法，例如浓度-面积法、周长-面积法、含量-距离法、多重分形空间 U 统计方法、面积校正累计频率法、含量-频数法、含量-总量法、分形求和法、分形含量梯度法、局部奇异性方法等等。这些模型被应用于现实生产实践中，基于分形理论所得出的异常下限取得了较好的效果。例如 Cheng 等（1994）首次提出浓度-面积和周长-面积分形方法，并将这两种方法同时应用于加拿大 British Columbia 西北部的 Mitchell-Sulphurets 地区，计算出与斑岩型铜金矿有关的蚀变带区域内 Au、Ag、As、Cu 等元素异常下限；Cheng（1995）在周长-面积分形方法基础上提出了一种新的用于描述具有相似外形的分形几何体周长、面积和体积之间关系的周长-面积法，并将该方法应用于 Mitchell-Sulphurets 地区，圈定出各元素异常；Cheng（1999）分别应用浓度-面积法和空间 U 统计方法圈定了新疆阿尔泰山哈巴河幅 923 个水系沉积物样品中 Au、As、Ag、Cu 和 Pb 元素的异常；成秋明（2000）应用空间 U 统计方法区分加拿大 British Columbia 西北部 Mitchell-Sulphurets 地区 Au 元素背景与异常，结果证实后者结合浓度-面积法能很好地区分背景和异常；李长江等（1999）首次提出含量-距离分形方法，并在 2003 年将该方法应用于浙江诸暨等三个地区水系沉积物和基岩化探数据处理，圈定了 Au、Cu、Pb 和 Zn 元素异常，并通过与传统方法对比认为含量-距离法（C-D）具有显著的优点；龚庆杰等（2001）基于元素含量与频率双对数坐标图特征，提出含量-频数法，并将该方法应用于湖南柿竹园钨多金属矿区及外围水系沉积物数据处理，有效地区分了 Ba、Ni、Hg、Sb、W、Sn、Pb、Zn 元素的背景和异常；Goncalves 等（2001）成功应用浓度-面积多重分形方法分别将葡萄牙 Arouca 地区 Au、As、Sb 元素和 Mombeja、Odivelas 地区 V、Cr、Ni 元素的异常从背景中分离出来；谢淑云和鲍征宇（2002）应用多重分形面积校正累计频率法（ACAF）探讨了粤北、安徽江南江北、塔里木盆地油气地球化学指标值的面积校正累计频率特征；白晓宇等（2008）应用该方法确定了铜陵矿区土壤 Cd 的异常下限，能合理有效地反映污染区域与潜在污染源之间的密切空间相关性；Lima 等（2003）应用反距离插值方法（IDW interpolation），结合分形和多重分形的滤波技术识别了意大利 Campania 地区水系沉积物中元素含量异常，同时重点探讨了土壤中分别代表深源和人为活动信息的 U 和 Pb 元素；韩东昱等于 2004 年应用含量－总量法有效区分了湖南郴州某超大型钨锡多金属矿田 1∶50000 水系沉积物 W、Sn、Pb、Ag、Ni、Ba 六元素的背景和异常；陈永清等（2006）应用多重分形滤波技术在西南、三江南段地区提取了 Cu、Zn 的矿致地球化学异常；申维（2007）应用分形求和法来确定地球化学数据分组界限，有效确定了澳大利亚新南威尔士东北地区水系沉积物中 Cu 元素的异常下限；郭科等（2007）应用分形含量梯度法在西藏恒星错测区进行了有益的探索，结果证实该方法可以有效地圈定地球化学异常浓集中心；谢淑云等（2009）分别用 C-A 分形模型和抛物线分形方法应用于西藏东部某矿区外围水系沉积物地球化学异常的圈定与成矿潜力评价。Afzal 等（2010）将 C-A 多重分形方法应用于伊朗中部 Kahang 斑岩型 Cu-Mo 矿成矿地区，其结果指出 C-A 法在化探与矿产勘查工作中具有好的应用潜力。

除了上述的常规方法或新方法外，还有一些非常规的方法用来识别化探异常，如人工神经网络（Zhang and Bai，2002；刘天佑等，1998）、小波技术（陈建国和夏庆霖，1999）、人工免疫系统（陈聆，2011）等，以及郝立波等（2007）提出的根据样品的成矿元素与氧化物（SiO_2）的相关性，通过线性回归模型，以残差置信带确定元素异常下限的方法。

近年来，随着计算机技术的发展及 GIS 技术的进步，将 GIS 引入区域化探异常提取之后，实现了地、物、化、遥各种资料的综合解译，其应用效果得到了众多地质学者的首肯。同时 GIS 拥有的强大的空间分析功能，在地学数据处理中具有很强的实用性。在此基础上国内外成功研发多种 GIS 处理软件，例如 Mapinfo 公司的 Mapinfo、美国 ESRI 研发的 ArcGIS、Intergraph 公司的 GeoMedia、Surfer 等，国产的主要有 MapGIS、GeoStar、GeoExpl，此外还有中国地质大学与澳大利亚约克大学等联合开发的 GeoDAS 等。

2）子区划分

众所周知，区域地球化学调查涉及的范围很广，可能存在地球化学数据跨越不同的地球化学景观区、不同的地质构造背景和不同的成矿区带等实际情况，为了发现隐匿于高、大、全、异常下的矿致异常信息，特别是隐伏矿信息和弱缓异常信息，对化探数据进行分区处理，凸显地球化学信息的局部变化并提取异常信息，关系到区域地球化学数据二次开发的成败。目前，地球化学数据子区的划分主要是基于影响元素背景含量分布的因素来进行，可能存在以下几种主要方案：

（1）依据地质背景划分子区。该方案目前应用比较广泛，争议相对较小，但一个不容忽视的事实就是地质体的圈定受工作人员水平、知识和所持观点限制。

（2）依据构造界线划分子区。该方案目前应用也比较广泛，但存在争议，主要表现为构造界线划分方案的明确性，即构造背景的分区不能有争议；另外一点是地质构造单元间的界线多为规模较大的断裂（构造带），而断裂带又都是构造薄弱地带，常形成异常集中带，分构造单元求取异常下限，使得同一异常（带）在断裂两侧下限不一致，会造成新的异常失真。

（3）依据地球化学景观划分子区。该方案理论上是可行的，但实际上区域地球化学调查很少跨越两个或多个大的地球化学景观区，即使这种情况存在，一般也是大部分数据位于一种景观区，小部分位于另外一种景观区，对异常信息提取的影响可能较小。另外一个现状是我国目前大多数地区只有一级景观分区，依据一级地球化学景观对数据进行子区划分显得粗糙。随着化探工作的深入，一级地球化学景观区的划分已经不能满足要求，次级景观区对 1∶50000 化探工作的影响越来越大。我国正在进行全国二级景观区的划分工作，各个省也在进行这项工作（分省），局部地区甚至进行三、四级景观区的划分。因此，虽然地球化学景观在区域地球化学勘查中是一个非常重要的影响因素，但目前该方案的应用主要体现在跨地球化学景观区的化探数据处理中，一般的生产项目由于工作区所处的景观区单一而应用相对较少。

（4）依据元素地球化学分布划分子区。由于不同元素的背景含量具有不同的分布特征，数据处理过程中单纯地按不同元素的含量分布进行子区划分，忽略了元素间的相关关系，这种方案欠合理。如果按元素共生组合进行子区划分，受主观因素的影响可能较大。目前该方案的应用主要体现在利用区域地球化学资料研究区域地质问题，较少见到应用于地球化学数据子区划分。

2. 化探异常评价

异常评价是异常识别的终极目标，通过一系列的评价方法区分矿致异常和非矿致异常，并对矿致异常进行分类和评估，指明找矿方向，确定其找矿前景。自 20 世纪开展区域化探工作以来，如何有效地评价地球化学异常就一直是众多勘查地球化学家关注的焦点（王学求，2003）。如何快速、准确、科学地评价异常是化探工作面临的重大课题，也是提高化探找矿效果的关键问题。

从区域化探异常评价的发展历程来看，化探异常评价经历了定性评价、半定量评价到定量综合评价三个阶段。与此相对应，异常评价思路也经历了经验分析法、模型类比法和系统综合评价法三种思路。

在异常评价的初期阶段，化探工作者常常依据异常强度、规模、元素组合等异常本身特征，结合异常所在的地质背景与已知矿异常的相似性等准则，凭经验在元素地球化学图、异常图上直观优选，并辅以简单的异常参数，如异常面积、规模（NAP 值）等。谢学锦针对区域化探异常评价程序及方法提出了九条准则：①区域异常面积；②异常强度；③异常规模（即异常面积与强度的综合）；④元素组合特征；⑤元素分带特征；⑥地球化学省的存在；⑦有利的地质环境；⑧有意义的航空物探异常；⑨与已知有经济价值矿床之间的相似性（谢学锦，1979），也即“高、大、全”的异常评价准则。后期阶段引入了定量的异常评序方法，异常规模为主要依据的评序方法，以成矿元素浓度分带为依据的评序方法和综合信息评序方法包括综合参数体系评序法，这种传统的异常评价思路和方法在寻找地表露头矿的初期取得了不俗的找矿效果，该方法应用简便，西方国家的应用一直延续到20世纪80年代，而我国时至今日仍然有很多化探工作者仍在沿用。

随着勘查程度的不断提高，勘查空白区越来越少，地表露头矿发现殆尽，找矿难度越来越大，矿产勘查向隐伏、半隐伏矿转变。而深埋于地下的隐伏矿在地表往往仅显示出弱小的异常，在这种情况下传统的区域化探评价方法面临着越来越大的困难。在这种形势下，近些年来在原有传统思路、方法的基础上，学者们注意到传统的评价方法仅仅停留在异常本身，对它们的数值的地质含义、景观意义和异常形成机制、制约异常发育的各种因素等研究甚少，自此学者转而注重研究区域化探与区域成矿地球化学环境的关系，研究分析各种控矿因素对成矿的贡献，确立这些因素反映的地球化学元素组合，提出了一些新的区域化探异常评价思路和方法。这种思路萌芽于20世纪60年代的苏联，A.A. 斯梅斯洛夫提出从元素地球化学背景、元素分布的不均匀程度和元素迁移方向性来认识区域地球化学异常的思路；Plant指出应从不同类型矿床成矿作用的地球化学研究入手，查明元素迁移富集规律，总结相应的指示元素组合和找矿标志，为区域异常筛选和局部异常的解释提供依据。张本仁等（1989）提出首先要将成矿的地质因素、环境和条件转化为地球化学因素、环境和条件，然后再将成矿的地球化学因素、环境和条件转化为异常评价的标志和参数，从而使异常评价工作摆脱了单纯就异常评价异常的局限。

一些学者通过建立的地球化学成因模型、地球化学异常模型、地球化学勘查模型等矿床地球化学模型指导异常评价，比较有代表性的为苏联学者在小高加索地区建立的黄铁矿型地球化学勘查模型。我国于20世纪80年代开始也开展了地球化学模型的建立尝试，并取得了较好的效果，如：欧阳宗圻等建立了15个矿床的地球化学异常模式；邹光华等建立了中国主要类型金矿床综合方法找矿模型，指导开展了金矿异常评价工作；吴承烈等研究建立了中国主要类型铜矿勘查地球化学模型，并对我国一些铜成矿带中的地球化学异常评价进行了有益的探索；谢学锦等对区域和全球地球化学模型进行了研究；肖唐付和李泽九（1996）利用地物化遥等综合信息建立区域化探异常递阶层次模型，通过异常最终评序权重筛选异常。

由于区域化探采样介质以次生晕及分散流为主，近年来，人们逐渐认识到表生地质作用对区域地球化学异常评价的重要性，表生地质作用条件下元素的地球化学行为和元素分散富集规律的研究是沟通“原生异常”与“次生异常”的桥梁，国内外均开展了原生异常与次生异常之间相互关系的研究。王瑞廷等（2002）建立了半干旱草原残丘景观区铜元素表生地球化学评价指标体系，朱有光等（2002）提出根据系统分析不同景观区异常反映的地质、矿化、景观表生等主要制约因素建立的区域地球化学异常系统评价量化模型进行评价，在总结以异常本身特征作为主要评价依据的中国传统的评价体系优缺点的基础上，提出以系统论为指导，将成矿过程和表生过程作为一个整体，将原生异常模型和次生异常模型联系起来研究，以异常形成机制分析为基础，找出影响区域异常发育的关键因素，并采用相应的方法进行合理评序的系统评价思路。

在找矿难度日益增大的今天，对各种综合找矿模式的研究、多种地学信息综合技术、物化探异常的综合解译方法已成了人们普遍关注的研究热点和方向。Melliger（1984）提出以地球化学勘查为中心，综合了地球化学空间、地球物理空间和地形空间数据的方案；Lindqvis 等（1987）提出地球化学资料和地球物理资料的计算机图像处理系统；张德存（1997）提出在评价某一地区的地球化学异常时同时引入地质地球物理、遥感等方面的信息以相互印证，从多学科交叉复合的角度对异常进行综合评价。如运用地质地球化学量化综合信息评价化探异常信息量法：以地质、化探、矿产分布等找矿信息为基础，通过统计各找矿标志在异常区的分布情况，计算出各找矿标志所提供的信息量，定量地评价各找矿标志指示找矿作用的大小，定量评价和预测异常（梁世全等，2014）。

王瑞廷等（2005）认为异常评价应该从成岩成矿系统的发展演化上认识异常的本质，并注重表生因素对异常的制约，重视异常形成的机制及异常产生的地质-地球化学环境研究。深入挖掘地球化学数据隐含的成矿信息，强调成矿作用与地球化学信息的关联性、示踪参数的多源性，按原生晕分带理论与次生异常对原生异常的继承原则，重视成矿作用“源”“动”“储”的研究（龚鹏等，2013）。

进入 21 世纪，计算机软件科学的进步，特别是基于 GIS 的成矿预测专业软件的开发促进了化探异常筛选综合评价工作的发展。从多元素数据中提取各种找矿信息，比较有代表性的有 EDA 技术、SCOURSUM 法、权重法、层次分析方法（AHP）（刘超等，1994）、系统核理论（周乐尧和邱郁双，1998）及依据地球化学场筛选成矿远景区的方法等。另外一些方法尚在探索阶段，如地球化学异常模式评价法、神经网络法、模糊数学方法、矿物地球化学方法等，以及史长义等提出的区域化探异常结构模式，以异常结构和地质特征结构来反映成矿的地球化学环境和地质环境，从而指导异常评价。周乐尧等提出运用系统核和核度理论评价化探异常，认为矿化体和矿化引起的异常是一个完整的异常系统，矿化、成矿主元素是异常系统的核，评价异常就是寻找异常系统的核。

近年来，地球化学的视野引向了更为宏观的尺度，基于成矿地质过程与成矿级次建立区域成矿地球化学理论体系，包括成矿地球化学块体理论（谢学锦等，2005）、成矿地球化学区域分带理论、成矿地球化学次级分带理论和成矿地球化学原生分带理论，主要研究成矿省（域）、成矿区带、成矿亚带和矿床等各级次成矿地球化学问题（奚小环等，2015）。

近年郑有业教授提出了一种基于地质内涵法的区域化探数据处理与异常评价方法，是多年在青藏高原化探数据处理实践中摸索和总结出的一种新方法。该方法通过对区域化探数据的二次处理，赋予区域化探数据以客观的地质内涵，采用不同的地球化学图件表达出不同的地质意义，从而筛选出与成矿有关的异常。例如采用特定的表达式表征某种矿床类型，只突出与该类型矿床相关的异常（其他不显示）；再如认为大型-超大型矿床的形成环境是原始不均一地壳与地幔及水圈、大气圈和生物圈相互作用而演化形成的部位，往往处在物质交换作用最强烈的地区，致使其成矿元素复杂而分带性差，因此“元素复杂程度”应是评价区域化探异常的一个重要指标等。

二、区域化探异常的影响因素

区域化探异常的形成是复杂的地质、地球化学等作用的长期演化的结果，受到诸如地质背景、地球化学景观条件、元素表生条件下的迁移规律等诸多因素的影响。传统异常评价主要依据是异常本身的特征，即选择成矿元素含量高，异常规模大，元素组合比较齐全，即“高、大、全”异常。但异常的强度、规模、元素组合等特征受多种因素影响，如物源、表生地球化学作用及地貌景观等诸多因素影响，甚至还与确定异常的背景值有关。在地表矿日益减少，找矿的重点逐渐向寻找隐伏矿、半隐伏矿及难识别矿方向发展的今天，传统的方法也越来越难以取得令人满意的成果。这就给化探数据处理提出了新的要求。而对于这种深埋于地下的隐伏矿床在地表的异常反映往往是比较微弱的，传统数据处理方法对这种微弱的异常信息识别存在困难。

区域化探样品由于采样介质为水系沉积物，代表的不仅是一个汇水盆地内元素的平均值，而且还受到元素表生地球化学复杂的影响，虽然包含丰富的地球化学信息，但也存在错综复杂的组成，给异常识别和筛选评价工作造成困难。

区域上的海量水系沉积物地球化学数据，由于面积大，常常跨越了不同的地质单元，在不同的地质单元（或地质体）之间元素背景值会出现明显的差异，这是因为地质背景的差异是造成水系沉积物地球化学数据差异的主要原因。另外由于区域涉及的面积大，图幅多，地球化学扫面工作是按步骤分批逐步开展的，化探数据形成的时间跨度大，样品采集、分析测试多由不同的单位承担，采样粒级、分析测试方法均有差异，这也人为造成了图幅间的系统差异。另外由于所收集的数据比例尺不统一，采样密度差异也造成了水系沉积物地球化学数据背景值的差异。这些因素均给大范围的化探数据及综合利用带来了诸多问题，下面具体分析影响水系沉积物地球化学元素异常的因素。

1. 地质背景的影响

水系沉积物是上游汇水域物质的天然组合样品，在水系沉积物中仍然继承了相关的成矿元素组合特征和携带了大量的异常信息，水系沉积物中元素含量是汇水域内出露岩石的平均值，可用来反映原生地球化学背景与异常特征。元素在地壳分布的不均匀性决定了地球化学元素背景值的差异，区域地壳的地球化学特征很大程度上决定着区域的成矿专属性（Turchenko，1992；Kutina and Hildenbrand，1987），黎彤等（1999）通过对中国大陆地壳中的元素分布的研究表明不同地壳中的元素背景含量存在差异，不同的地质构造单元的元素丰度存在着明显的差异。李宝强和孙泽坤（2004）通过对青海省主要地质构造单元元素背景丰度研究发现，大多数元素在不同单元的背景丰度存在明显的差异。水系沉积物作为地质体岩石的次生产物，由于不同汇水域内岩石本身元素含量的高低差异影响了水系沉积物样品的元素含量，水系沉积物的元素含量是对汇水域内出露岩石平均值的直观反映。出露岩性本身存在明显的差异，例如在酸性岩出露区，Al_2O_3、K_2O、Na_2O 含量高，超基性岩出露区 MgO、Fe_2O_3 含量高，碳酸盐区则表现为 CaO 含量高，地质背景影响是化探水系沉积物工作的基础，也是化探工作追求的真实反映。

2. 区域地球化学异常下限的影响

由于子区划分不够合理，确定的异常下限不够客观，就可能造成两种情况：一是由于受到高背景的影响，导致相对“弱小”异常被高背景所掩盖。特别是隐伏矿，由于埋深大、剥蚀程度低等原因，在地表仅显示弱的地球化学元素异常，而这部分被掩盖的“弱小”的异常可能是隐伏矿在地表的反映，而传统的“高大全”异常评价方法对弱缓异常评价造成不利影响，目前缺乏有效的识别评价弱缓异常的准则，从而导致漏矿的情况出现。二是由于区域高背景，而异常下限选择过低，造成圈定出大面积无找矿意义的“假异常”，给异常评价带来困难并造成异常检查工作量的浪费。

3. 元素表生地球化学性质的影响

传统区域化探的异常评价方法中建立的异常模型照搬了热液原生异常的评价指标，对元素在表生条件下的迁移富集规律研究不够，导致对表生异常的形成机理不明，不能准确地选择和使用有效的元素组合以圈定异常；水系沉积物作为表生条件下次生产物，受到风化作用、搬运作用、沉积作用、生物地球化学作用等表生作用的影响，不同表生环境下元素的分散富集规律明显不同，元素间由于表生条件下元素性质差异，如酸碱度、氧化还原电位、吸附剂等导致在原生条件下性质相似的元素在表生条件下出现差异。如夕卡岩铅锌矿床中的 Cu、Pb、Zn 等元素由于亲硫特性在热液作用下一般形成黄铜矿、方铅矿、闪锌矿等硫化物共生，但进入表生环境，由于元素间的差异导致出现分离，如碱性环境条件下，方铅矿、黄铜矿等由于性质不稳定，次生形成孔雀石、蓝铜矿、白铅矿等矿物附着在岩石碎屑上而残留原地富集，而 Zn 元素则由于易溶于水而迁移贫化，这就导致了水系沉积物样品中 Cu、Pb 富集升高而 Zn 元素迁移降低。这种元素表生地球化学性质不同造成了次生异常不能真实地反映原生异常，给异常的解释带来了很大的困难，干扰异常的评价。

4. 地球化学景观条件的影响

景观条件对水系沉积物元素含量的影响主要表现在两个方面。一是针对不同的景观条件采样粒级不同。一般来说异常的主要载荷粒段偏向细颗粒段，为了获得混合均匀的水系沉积物样品，一般采集细粒的物质更能真实地反映汇水域内元素含量的高低。但在特殊的景观条件下，为了避免干扰会选择特殊的截取粒级，例如在高寒干旱荒漠区，风蚀作用较强，风成黄土、风成沙发育，为了避免外来风成黄土的干扰，目前一般采用-10～+60 的截取粒级；而在东部河谷森林山地由于化学风化作用较强则宜采用 60 目以下粒级，采样粒级的差异导致样品中元素的含量存在明显的差异，Au 元素一般以自然金的形式存在于水系沉积物中，粒度小，如果采用截取粗粒级则金就会弃掉从而造成样品中 Au 元素含量的偏低。二是元素在不同的景观条件下表现出不同的分散富集性质，例如 Ca 元素，在干旱荒漠碱性环境，碱性地球化学障和强烈的蒸发作用使 Ca 元素在水系沉积物中发生次生富集；而在湿热的岩溶区，由于降雨量高，Ca 元素绝大部分被淋失溶于水而被搬运带走，造成水系沉积物中流失贫化。整个东昆仑成矿带横跨青海省东北，跨越了数个不同的地球化学景观区，不同的景观条件造成了元素含量的差异。

5. 分析测试的影响

化探数据涉及多个图幅，是按照规划在不同时期由不同单位分图幅完成的，化探数据比例尺也不一致，有 1∶25 万数据、1∶50 万数据及 1∶20 万数据，中东部的数据多为 20 世纪八九十年代完成的。由于测试单位及完成时间不同，也可能由于测试分析方法、测试人员素质、仪器误差、标样的选择等原因造成系统误差，造成相邻图幅间元素的背景值不在一个水平上，给数据利用和研究工作带来了困难。这种差异一般通过对数据进行调平处理，以消除不同图幅系统分析误差，再对调平后好的数据进行网格化处理和异常固定。

6. 采样密度的影响

不同比例尺的区域化探采样密度存在差异，这一点在地球化学规范上已有明确的规定，不同的采样密度对应着不同的汇水域。一般来说，样品中元素的含量与汇水域的面积成反比，相应的，比例尺越小，采样密度越稀，样品所代表的汇水域面积越大，样品中的元素含量就越接近于区域背景值，Xie 和 Yin（1993）指出由于采样密度的不同，地球化学异常模式也存在局部、区域、地球化学省以及巨省等不同尺度。所以采样密度也对样品元素含量具有较大的影响，对区域化探元素的背景也产生影响。

7. 元素选择的影响

传统的异常评价主要着眼于成矿元素，对于与成矿作用密切相关的成矿指示元素，特别是环境指示元素在异常评价中涉及不多，未充分挖掘化探数据中蕴含的各类信息。

三、化探数据处理面临的问题

随着我国区域化探全国扫面计划的开展，获得了巨量的地球化学信息，圈定了数万处化探异常，为众多新矿床尤其是金矿的发现作出了巨大贡献，化探异常在其中起到了关键性的导向作用。然而，大家知道对于同一批化探数据、不同人的筛选评价结果一定会是不一样的，原因在于异常评价时，在考虑地质因素对异常的影响方面存在较大的主观性。因此，在找矿难度越来越大的背景下，怎样做到客观评价化探异常，如何在大量异常特别是“弱小、无”异常中筛选出最可能与成矿有关的异常，提高找矿成功率，就成为化探数据处理的难点及国际前沿课题，也是制约找矿快速突破的关键。

化探工作的核心内容就是发现异常并对异常进行筛选评价，只有划定矿致异常并由此而发现矿体才能实现找矿突破。而传统的化探数据处理及异常提取是以数学理论为基础，立足于化探数据的高低或结构特征来识别异常；异常评价方法主要是依据元素含量的相对高低，即异常各种参数，如异常形态、规模、强度、异常套合情况、元素组合特征、元素对的比值和异常分带性等特征，再结合异常所处的地质环境，定性地评价异常，或者利用各种成矿有利因素通过赋值半定量地进行评价，但都是采用先异常识别、后异常评价二者相互独立的工作流程。这些异常的识别和评价在早期寻找地表矿的阶段虽然取得了较好的效果，但通过异常检查，见矿率一直不高。据相关部门统计，经过异常查证后其见矿率不到 3%，造成了地质工作量的浪费。究其原因主要是对异常的形成机制、制约异常发育的各种因素，即数据或异常所蕴含的地质信息研究不够深入，未充分挖掘化探数据中的地质内涵。

同时区域化探数据受内生、表生等各种因素的制约，客观上造成了区域化探数据的复杂性，利用表生条件下的样品取得的异常来真实反映原生矿床或矿化会存在一定的困难，特别是不同的表生条件下元素的分散、富集规律存在很大的差异，很难用一个统一的标准评价表生异常。这就给异常评价提出了更高的要求。怎样消除表生作用对异常的干扰，充分挖掘表生异常与内生成矿作用之间的联系，就成为化探数据处理的努力方向。

另一方面，“高、大、全”异常不一定能成大矿，“弱小”异常不一定就成小矿，“无”异常也不一定就没有矿，因为异常“高低、有无”受所选取的筛选准则控制。任何信息或异常的有利度是相对的，有无异常是受所选取的异常筛选准则控制，不同准则下的异常评序是完全不一样的。换句话说就是强信息不一定与矿床有关，弱信息不一定与矿床无关。有些弱的信息常常是潜在矿床的反映，采用特殊的思路强化与成矿关系密切的微弱信息，捕捉隐蔽信息，有可能发现在通常情况下不易发现的矿床（朱裕生等，2000）。同时具有不同知识基础及对预测区地质情况不同熟悉程度的人对信息或异常的评价也是不同的；即使对同一个信息或异常，具不同知识基础的人也会得出不同的结论。就像歌德所说：“我们见到的只是我们知道的。”在找矿过程中，不单要研究异常本身，而且要将异常与异常周围的环境组成一个系统的整体来研究。例如有一个中等强度的斑岩铜矿致地球化学异常，异常周围的氧化还原环境不同，其代表的地质意义是完全不一样的：假若异常周围是一个强酸环境，那么这个异常就非常具有找矿意义。因为风化淋滤出来的铜被大量带走的情况下，还能达到中等强度，说明铜的源区有充足的物源；相反假若异常周围是一个强还原环境特别是还有大量碳酸盐分布的情况下，风化淋滤出来的铜几乎全部在原地沉淀，其形成的铜异常才达到中等强度，说明铜的源区物源匮乏，该异常找矿意义不大（不考虑埋深）。

对于区域地球化学数据，综合考虑地球化学景观分区、地质构造单元差异及图幅间的系统误差，将数据进行综合分区，利用更加客观的子区矿集系数异常图来反映元素分布特征。通过研究不同成因类型典型的矿床地球化学异常特征，统计典型矿床的成矿直接指示元素、成矿间接指示元素、成矿环境指示元素特征，总结地球化学异常规律，筛选出独特的能够表达该矿床类型的地球化学异常组合，绘制出能够突出与该类矿床相关异常（其他不显示）的“矿床类型异常图”、与多次成矿作用叠加相关的“成矿强度异常图”等，并据异常空间上排列的规律性（空间结构，亦即与深部构造的关系）、周围有无负异常（成矿元素是否发生了活化转移）、元素组合的套合情况等，从地球化学勘查的角度指导找矿靶区的圈定，提高找矿效果。

四、“地质内涵法”的定义

地质内涵法是笔者在多年青藏高原化探数据处理实践中摸索并总结出的一种化探数据处理及异常评价的思路和方法。在我国西部特殊环境与特殊景观条件下，通过对区域化探数据的二次处理，赋予其客观的地质内涵，综合考虑地球化学景观分区、地质构造单元差异及图幅间的系统误差，将数据进行综合分区，利用更加客观的子区矿集系数异常图来反映元素分布特征。通过研究不同成因类型典型的矿床地球化学异常特征，统计典型矿床的成矿直接指示元素、成矿间接指示元素、成矿环境指示元素特征，总结地球化学异常规律，筛选出独特的能够表达该矿床类型的地球化学异常组合，绘制出能够突出与该类矿床相关异常（其他不显示）的“矿床类型异常图”、与多次成矿作用叠加相关的“成矿强度异常图”等，并据异常空间上排列的规律性（空间结构，亦即与深部构造的关系）、周围有无负异常（成矿元素是否发生了活化转移）、元素组合的套合情况等，从地球化学勘查的角度指导找矿靶区的圈定，提高找矿效果。

其精髓就是用地质规律来限定元素组合规律，即将地质、地球化学规律融合于数学规律之中，一步成图，这样没有了异常评价的过程，自然也就能消除多解性。

采用不同的地球化学图件表达不同的地质意义，从而筛选出与成矿有关的异常。例如采用特定的表达式表征某一种成矿类型，只突出与该成矿类型矿床相关异常（其他不显示）；再如在内生条件下，大型、超大型矿床的形成一定经历了多期次各种地质作用的叠加，该地区一定是成矿物质交换与成矿作用叠加改造最强烈的地区，而多种地质作用的叠加改造必然造成多种元素聚集，致使该地区成矿元素复杂，而元素分带性不一定好。因此“元素复杂程度”应是评价区域化探异常的一个重要指标，将元素种类的复杂程度而非异常值的高低作为筛选和评价与矿床有关异常的重要筛选准则来筛选评价异常。因此地质内涵法的定义为：通过对海量区域化探数据进行重新处理，赋予数据以客观的地质内涵，来圈定“成矿类型”异常图、“成矿作用强度”异常图等带有特定地质意义的异常图，从而快速筛选和评价与成矿有关异常的一种新技术方法。一旦圈定了带有特定地质意义的异常图，异常评价就结束了。

五、“地质内涵法”的数学表达及意义

1. 子区矿集系数

衬值在消除各种原因造成的背景值差异和元素间量纲之间的差异上具有不可比拟的作用，同时在综合表达方面具有明显的优势，因此衬值技术一直受到化探工作者的青睐。一般的衬值表达式系采用数据的原始值与总体数据的背景值（均值或中位数）之商来表示。在本书中，我们借用衬值数据处理的思路，提出矿集系数概念：为某个采样点中第 i 种元素含量值与该子区内第 i 种元素的异常下限之商。用矿集系数来表示各种元素含量的相对高低，使其成为一个与量纲无关的值，消除元素含量绝对值由于元素背景值差异的影响，便于存在元素背景值差异的各子区间异常图拼接。这种方法不仅克服了不同子区背景值差异带来的影响，同时保留了元素相对强弱的信息。

合理地分子区处理化探数据，利用矿集系数圈定化探异常可以消除高背景场带来的假异常和凸显低背景场中的低缓异常，更加真实地反映元素异常在不同的地球化学背景场中的分布状态。

2. 矿床类型异常图

矿床类型异常图是我们提出来的一个新概念，其目的是只突出与该类型矿床相关的异常，其他类型的矿床则不显示。通过矿床类型异常图我们很容易地分辨出该类型矿床的空间分布特征，即将地球化学异常图与异常评价有机地结合在一起，消除人为因素对异常评

价的干扰。

同一矿床类型形成于特定的构造地质背景中，由于经历了相似的地质过程，反映在地球化学上就表现为其环境指示元素及成矿指示元素组合具有相似的特征，我们从复杂的异常元素中筛选出与该类型相关的关键特征元素组合，使之能与其他矿床类型所形成的异常相区别，将该异常元素组合通过矿集系数累加的办法，使之只突出该类型矿床相关的异常，而削弱其他类型矿床形成的异常。

选择只与某一成因类型相关的异常元素的矿集系数进行累加（元素的选取原则可细分为 3 类，见图 9-1），这样只突出与某一矿床类型相关的异常（其他类型不显示）；图 9-1 展示了与某矿床类型相关异常的空间分布规律及潜力，进而用于寻找该类型矿床。

矿床类型异常图：为在获得的某矿床类型异常值网格数据的基础上绘制的异常图。其矿床类型异常值：

$$A_d = \sum_{i=1}^{n} C_i,\quad C_i = \frac{x_i}{T_i}$$

式中，A_d 代表某矿床类型异常值；n 代表元素种类的个数，其选取原则可细分三种情况：

①只与该类型矿床相关的指示元素（包括成矿指示元素和环境指示元素）；

②主成矿元素+只与该类型矿床相关的指示元素；

③所有与该类型矿床相关的元素。

对于元素组合的选择，是在充分研究典型矿床的基础上，从环境指示元素、成矿元素、成矿指示元素中通过充分对比研究确定元素组合，优选出相关的、特征的、关键的元素组合，同时注意每种异常元素在整个矿床类型异常值中所占的比重，合理地确定元素组合表达式。

C_i 代表第 i 种元素的矿集系数，x_i 代表某个采样点中第 i 种元素含量值，T_i 代表该子区内第 i 种元素的异常下限。

同时，为了区别含有部分相同造矿元素的不同类型的矿床，C_i 代表某矿床类型中相同造矿元素组合中的第 i 种元素的矿集系数，C_j 代表另一矿床类型中、与相同造矿元素呈正相关的其他元素组合中的第 j 种元素的矿集系数，则某矿床类型异常值 A_d 为

$$A_d = \sum_{i=1}^{n} C_i \Big/ \sum_{j=1}^{n} C_j$$

3. 成矿强度异常图

大型-超大型矿床的形成环境是原始不均一地壳与地幔及水圈、大气圈和生物圈相互作用的部位，往往处在壳幔物质交换作用最强烈的地区，因此它应该具有独特的地球化学异常特征。强烈的物质交换和多期次成岩成矿作用的叠加改造，势必造成多种矿物质在局部地段聚集，从元素来看就表现为多种元素在局部地段富集，致使该地区成矿元素种类繁多，前缘晕、矿中晕、尾晕，高温、中温、低温成矿元素相互交织，致使矿床表现出“元素分带性差”的特点，在矿床产出部位呈现出复杂的异常元素组合，在矿床及其周围会形成复杂的元素地球化学晕。由于剥蚀作用矿体到达地表或近地表，在区域化探异常上就会呈现出独特元素地球化学异常特征。由于不同元素在矿床中的品位及聚集能力的差异，有些元

素虽然在成矿过程中存在富集，但强度不高，在区域化探数据中表现为弱异常，元素矿集系数大小并不能很好地反映该元素的成矿潜力。比如某次成矿作用形成的矿体还未剥蚀出地表，与该期成矿作用相关的成矿元素矿集系数就较小，但成矿潜力较大。矿集系数累加也无法解决这一问题，为了消除异常强度给区域化探异常评价带来的影响，我们提出了“成矿强度”的概念，即在异常评价过程中，不考虑元素异常强度的高低，仅用异常元素的个数来评价异常，据此将“元素种类的复杂程度而非元素异常值的高低”作为筛选和评价与矿床有关异常的重要准则，即成矿强度异常值。某地区异常元素越多，反映该地区经历的物质交换越强烈，成矿作用就越强。

即用每个采样点上矿集系数≥1 的元素个数之和来圈定异常图（元素的选取原则可细分为 4 类，见后）而不考虑异常值的高低，这不同于传统的多元统计方法和分形理论方法等。其意义在于使内生“多期次成矿作用”这一地质内涵很好地与特定的地球化学响应联系在一起，使某种成矿作用或多期次成矿作用强度的异常、在空间上的分布规律一目了然，应用该图可快速进行区域评价与靶区优选，指导找矿突破。

成矿强度异常图：为在所得的成矿强度异常值网格数据的基础上绘制的异常图。其成矿强度异常值：

$$A_m = \sum_{i=1}^{n} f(C_i) \qquad f(x) = \begin{cases} 0 & x < 1 \\ 1 & x \geqslant 1 \end{cases}$$

式中，A_m 代表成矿强度异常值，n 代表某子区内元素个数，其选取原则可细分 4 种情况：

①代表某子区内所有已分析的元素个数；

②代表某子区内成矿元素个数；

③代表某子区内成矿元素+成矿指示元素的个数；

④代表某子区内成矿元素+成矿指示元素+环境指示元素的个数。

C_i 代表第 i 种元素矿集系数（某采样点第 i 种元素含量值与该子区内第 i 种元素异常下限的比值）。

具体的做法简述如下：首先根据计算的元素矿集系数的高低赋值，如果该元素的矿集系数大于或等于 1，则赋值 1；若小于 1 则赋值 0，依次类推，累加计算所选取的元素组中的所有元素矿集系数大于或等于 1 的元素个数，即成矿强度异常值。

4. 异常下限

本方法中应用的异常下限值属于化探异常识别的公知性常识，不是创新，这里作简要介绍。

关于异常下限的确定目前国内外已提出多种方法：传统的均值加标准离差法、直方图解法、概率格纸图解法、分形含量-面积法、均值+2 倍方差法、稳健估计法、85%累计频率法等，但不同的异常下限确定方法应考虑地球化学数据分布是否服从正态分布，并结合实际地质情况相互验证分析，才能得出与地质实际相符的异常信息。本书由于根据元素的背景值特征划分了子区，为简化计算流程，选择基于正态分布理论的均值+2 倍方差的方法，但使用前需要通过多次迭代方法对原始数据集（一般不服从正态分布）处理使之服从正态分布，具体迭代过程如下：

建立研究区内所有样品的某种元素含量值集合 N，根据下列公式计算出平均值 $\overline{a}$ 以及方差σ。

$$\overline{a}=\frac{1}{m}\sum_{i=1}^{m}a_i,\quad \sigma=\sqrt{\frac{1}{m}\sum_{i=1}^{m}(a_i-\overline{a})^2}$$

式中，m 为研究范围内采样点个数；a_i 为第 i 个样品的该元素含量值。

然后将样品集合 N 中不属于 $\overline{a}\pm3\sigma$ 范围内的样品剔除掉，从而得到新的集合 N_2，不断重复上述运算，直至第 k 次，满足 N_k 中所有数据均在 $\overline{a}\pm3\sigma$ 范围内，此时 N_k 的 $\overline{a}\pm2\sigma$（均值+2 倍标准差）作为异常下限。各子区异常下限计算及子区矿集系数等数据处理过程采用获得国家专利的化探数据处理软件 ALPHA1 完成。

六、地质内涵法的创新性

地质内涵法的技术创新性在于：改变了国内外所有化探数据处理均是先异常识别、后异常评价的方法步骤，将异常识别与异常评价融合为一体；创新了前人的单元素异常图、综合异常图、组合异常图、元素剖析图等传统化探成果的表达方式（如：成矿作用强度异常图），避免了以往异常评价时由于个人的知识背景、对研究区的熟悉程度等所造成的人为主观性，不仅解决了前人选择“元素含量”以及用“前晕、中晕、尾晕”元素的强度来判断矿床的风化剥蚀程度等所带来的不确定性问题，以及仅查证“高、大、全”异常所带来的漏矿问题，而且能够将区域内成矿作用最强的矿集区快速优选出来，较好地克服了元素的化学性质、氧化还原环境、地貌景观以及风化剥蚀等诸多因素对异常的影响，凸显出不同类型异常分布的规律性，使异常评价变得高效、客观，部分解决了本领域关键性、共性的技术难题。

例 1：氧化还原环境对异常评价的影响，按常规化探数据处理方法获得某个中等强度的铜异常（比例尺 1∶5 万），若其所在地区为还原环境，那么该异常几乎无找矿意义：因为经数百万年来风化剥蚀出的铜都留在了原地（形成孔雀石、铜蓝等），异常也仅能达到中等强度，说明原岩中的铜含量低，不应是矿体风化引起的，可能仅达到矿化而已。相反若该异常所在地区为氧化环境，那么该异常就有重要的找矿意义：因为经数百万年来风化剥蚀出的铜几乎都被带走（形成硫酸铜等），异常还能达到中等强度，说明原岩中铜的含量很高，是矿床风化引起的。

例 2：风化剥蚀对异常评价的影响，若某个矿床刚刚风化剥蚀一小部分，这时形成的将是一个中等强度的异常，找矿意义中等；而当矿床的热液原生晕（即头部）刚剥蚀出来时，这时形成的虽是一个“低缓”异常，但最有找矿意义；而当矿床风化剥蚀殆尽时，其产生的必然是一个“高、大、全”异常，但找矿意义最差。

而地质内涵法因只关注每个采样点上矿集系数≥1 的元素个数之和，而不考虑异常值的高低，这样就可克服氧化还原环境、风化剥蚀等对异常评价的影响。不一一赘述。

地质内涵法与传统化探数据处理方法相比，具有以下特征：

（1）前人都是以数学为基础，先立足于化探数据的高低或结构特征来提取与识别异常，然后结合成矿地质背景等，对化探异常进行评价；即先异常识别、后异常评价，二者相互独立，但在异常评价时存在主观性；而本方法是以地质认识为基础，通过赋予化探数据以地质内涵，将异常识别与评价融为一体，即只要作出带有特定地质意义的异常图，评价结果就是一定的，不存在主观性。

（2）改变了前人的单元素异常图、综合异常图、组合异常图、元素剖析图等常规化探成果的表达方式，圈定的是“矿床类型”异常图、“成矿强度”异常图等带有特定地质意义的非常规异常图。

（3）用异常元素的成矿强度而非异常值的高低来圈定异常，一定程度上能克服元素化学性质、氧化还原环境、风化剥蚀等因素对异常的影响。

（4）本方法对海量区域化探数据的快速处理，使有重要找矿价值的异常明显凸现出规律性，能明显提高异常评价效率，提高找矿效果，对地质找矿领域影响重大。

七、地质内涵法的局限性

地质内涵法的局限性在于：该方法的使用者最好具备扎实的矿床专业理论基础，并对工作区成矿背景、成矿环境、成矿特征及成矿类型要比较熟悉，这样才能更好地赋予化探数据以客观的地质内涵，从而圈定出各种带有特定地质意义的异常图。因此，使用者的专业素质及对工作区的熟悉程度越高，对地质内涵法的使用效果就越好，就越能取得好的找矿效果。

第二节　朱诺超大型斑岩铜矿床的发现过程

朱诺超大型斑岩铜矿床是在前人没有发现任何有编号的异常或矿化线索的背景下，作者通过化探数据处理方法创新，并将其成功运用于找矿实践（以 Au 找 Cu）的一个范例。

一、找矿认识创新

2003 年 6 月作者在对雅鲁藏布江成矿区东段的化探数据进行重新处理时，发现在昂仁县朱诺地区出现了明显的 Au 元素地球化学异常（图 9-1a），异常面积约 60km^2，呈北东向带状展布，浓集中心明显，为 1990 年开展的 1∶50 万日喀则幅区域化探异常中最强的单 Au 元素异常，但未发现 Cu 元素异常（图 9-1b）。根据雅江北岸发育东西向明显带状分布的 Au-As-Sb 浅成热液矿床组合异常这一事实，这一单 Au 元素异常是否由浅成低温热液型金矿引起呢？通过赋予数据以客观的地质内涵，分别对该区与金/铜矿相关元素的矿集系数进行累加处理后，朱诺地区与金矿相关的 Au-As-Sb 浅成低温热液型金矿异常明显变小（图 9-1c），而 Cu-Mo-Au-Ag 斑岩型铜矿异常增大（图 9-1d），因此认为该单 Au 元素异常不是该类型金矿床引起的，而是斑岩铜矿伴生的金矿化引起的。随后对该幅地球化学图及原始数据进行仔细检查，结果在朱诺地区未发现有任何编号的异常，综合异常图也无反映；但在检查原始数据时发现朱诺地区存在一个高值的单金点（Au 达 160×10^{-9}，估计前人将其作为特高值进行了处理），并伴有微弱的 Cu、Mo、W、Ag、Pb、Bi 异常或高背景。随后对朱诺地区所处的构造背景及成矿环境进行了系统的分析研究，发现该异常位于雅江缝合带的北侧、俯冲带上盘的达多火山岩盆地边缘，距缝合带约 40km，正是斑岩铜矿极易产出的空间部位；且中酸性岩浆发育，大片出露古近系和新近系英安质火山熔岩、凝灰岩及花

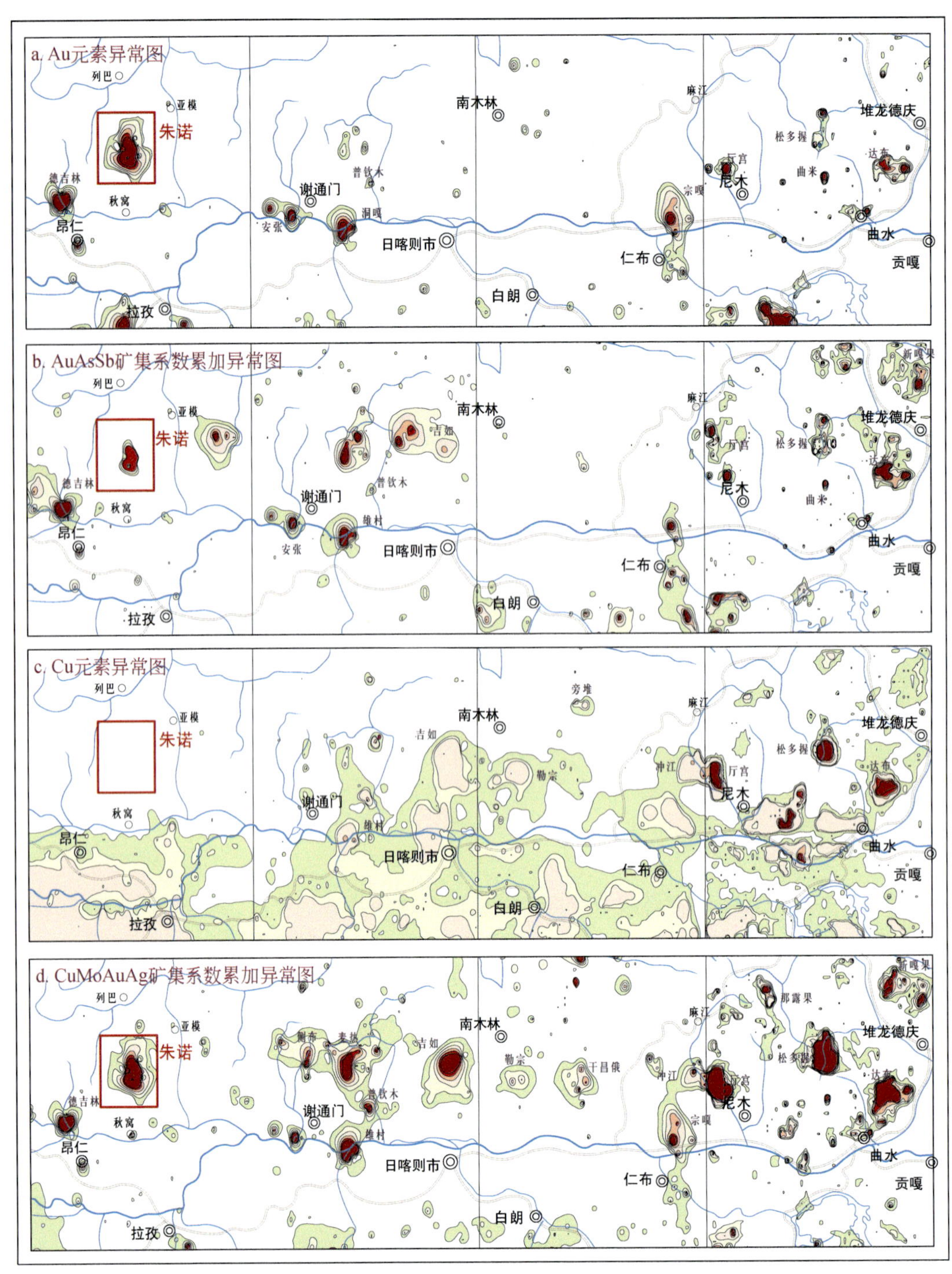

图 9-1　西藏朱诺地区单元素及矿床类型异常图

岗斑岩，南部大面积分布花岗闪长岩，地质条件有利；同时伴有微弱斑岩铜矿异常组合，说明在排除人为因素外、化探数据处理时出现的金异常不一定是假异常，也许是斑岩铜矿化伴生金矿化引起，随即开展的野外查证，证实其为典型的斑岩型铜矿致异常（图 9-2）。

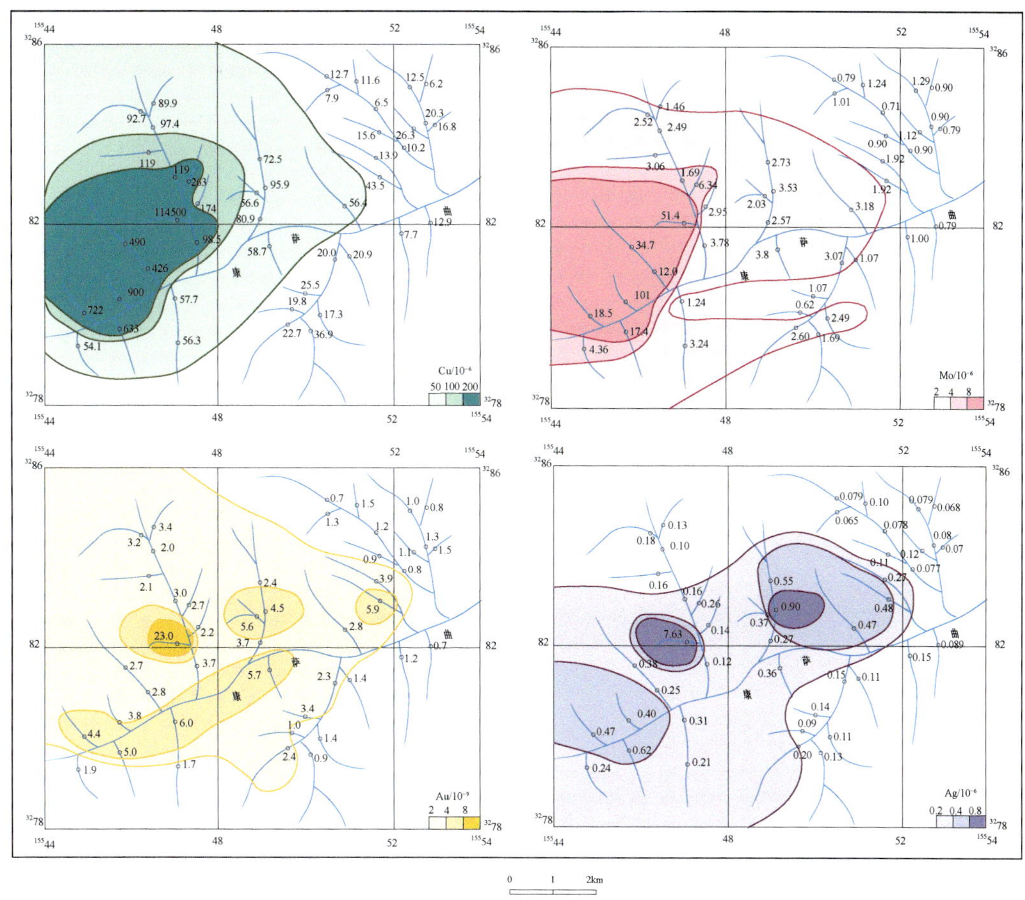

图 9-2　朱诺地区 1∶5 万 Cu、Mo、Au、Ag 地球化学异常图

二、发现过程

2003 年 8 月开始野外加密采样工作，10 月 1∶5 万水系沉积物测量结果出来，异常元素组合为 Cu、Mo、W、Au、Pb、Zn、Ag，异常面积约 80km^2（图 9-2），形态呈椭圆形，浓集中心明显，具三级浓度分带，其中 Cu、Mo、W 异常规模最大，强度最高，异常浓集中心最明显。Au、Pb、Zn、Ag 异常规模相对较小，但均具两个浓集中心，西部浓集部位与 Cu、Mo、W 异常浓集中心套合。异常峰值为：Cu 114500×10^{-6}，Mo 101×10^{-6}，W 29.6×10^{-6}，Pb 467×10^{-6}，Zn 258×10^{-6}，Ag 7.63×10^{-6}，Au 23×10^{-9}。野外踏勘证明该异常为典型的斑岩型铜矿致异常，至此一个新的斑岩铜矿重要找矿线索诞生了。

紧接着完成的 1∶1 万土壤地球化学测量共获 3 个综合异常，其中Ⅰ号异常元素组合以 Cu（Mo）为主，中心叠加 Cu、Au、As 异常，外围叠加 Pb、Zn、Bi、Sb 异常，异常长大于 2km，宽 1.3m，面积大于 2km^2（图 9-3），Cu 异常中心反映 CuⅠ斑岩矿体，Cu 异常向西延伸出图，反映斑岩 Cu 矿化向西仍有一定的延伸，外围尚有望找到新的 Cu 矿体。Ⅱ号异常以 Cu 为主，伴有 Mo、Pb、Zn、Bi，异常长大于 2000m，宽约 500m，面积达 0.8km^2，反映了 Cu5 矿体。Ⅲ号异常以 Pb、Sb、Bi、Au 为主，反映斑岩铜矿的外围蚀变。

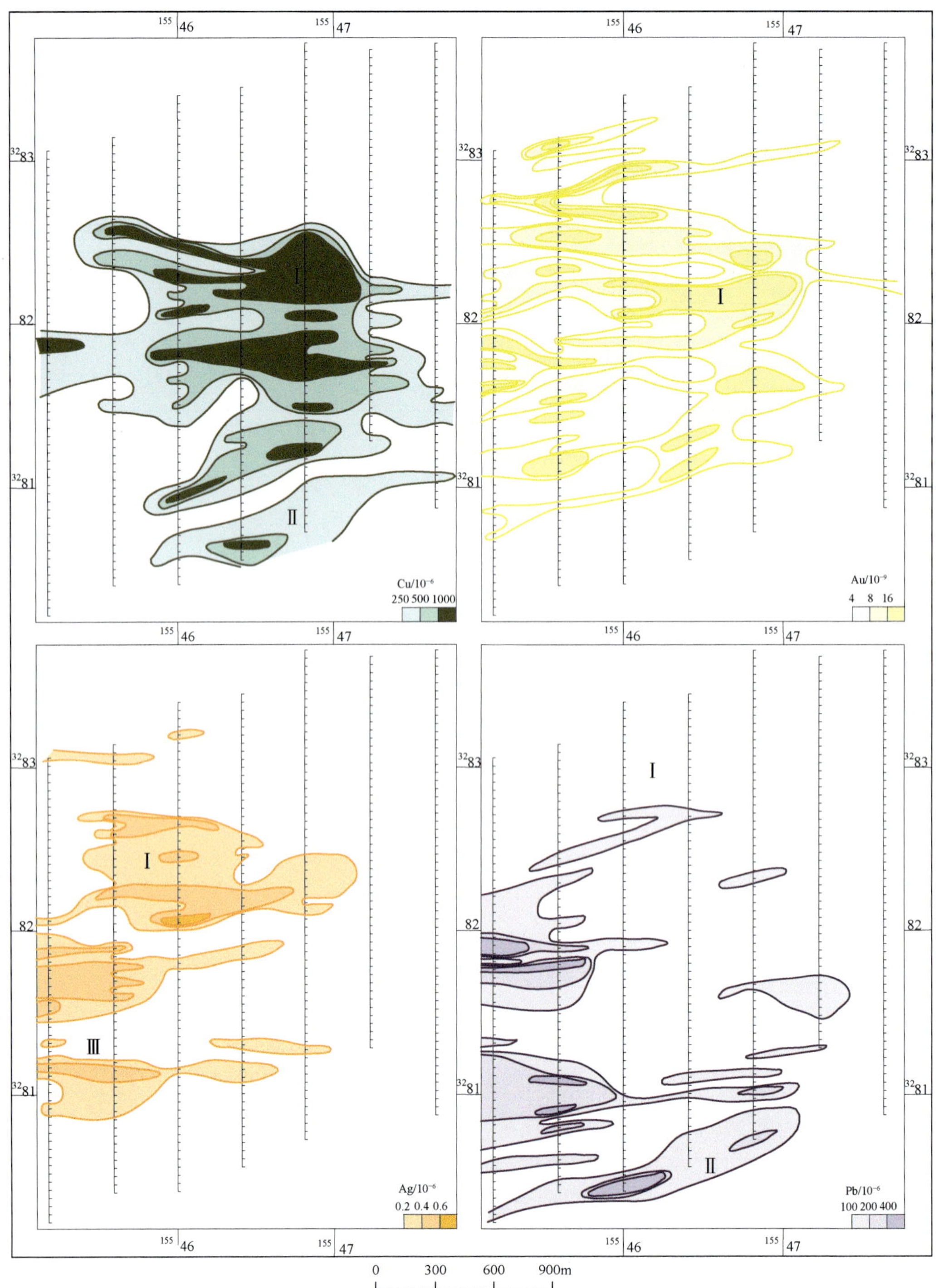

图 9-3 朱诺矿区 1∶1 万土壤地球化学测量平面图

第三节　资源量估算

一、资源量估算的工业指标

根据《铜、铅、锌、银、镍、钼矿地质勘查规范》和《固体矿产推断的内蕴经济资源量和经工程验证的预测资源量估算技术要求》，结合矿区矿石特征，确定矿区采用露采一般工业指标（表 9-1）。

表 9-1　朱诺矿区露采一般工业指标

边界品位	Cu	0.2%
最低工业品位	Cu	0.4%
伴生有用组分品位	Mo	0.01%
	Au	0.1g/t
	Ag	1.0g/t
最小可采厚度		4m
夹石剔除厚度		8m

矿体或块段伴生有用组分平均品位高于或等于评价指标时，估算伴生组分资源量；伴生有用组分平均品位低于评价指标时，不计算对应矿体或块段的伴生组分资源量。

（一）勘查类型的确定

按矿床的地质因素划分勘查类型，是为了合理地确定勘探工程间距，从而有效地查明各级储量的目的，铜矿床的勘查类型是根据主要矿体的规模大小、形态、厚度稳定程度和主要组分分布均匀程度等地质因素来划分的，同时考虑后期构造及岩浆侵入活动对矿体的破坏程度。朱诺矿区 Cu1 铜矿体规模、矿体形态、厚度及品位变化特征与规范要求对比见表 9-2。

表 9-2　朱诺矿区铜矿床勘查类型地质因素与规范要求对比

条件对比	矿体规模	矿体形态	厚度变化	品位变化
勘查类型 Ⅰ类标准	大型，＞1000m	形态简单：主要为巨大透镜体状、层状、似层状，空心筒状，内部无夹石或夹石少，无分支复合，构造影响小	稳定，变化系数＜60%	均匀，变化系数＜60%
Cu1 铜矿体	大型，＞1000m	形态简单：主矿体总体厚板状，内部夹石少，构造影响小，矿体基本无断层破坏	稳定，变化系数 43.73%	均匀，变化系数 29.57%

根据铜矿勘探规范，勘查类型Ⅰ类标准为：矿体规模巨大、形态简单、厚度稳定至较稳定，主要有用组分分布均匀至较均匀。矿区主矿体的规模巨大、形态简单、厚度变化较稳定，主要组分铜分布较均匀，经统计确定勘查类型五个方面地质因素，变化系数总和为 2.7，与上述标准对比确定其勘查类型为Ⅰ类。

（二）资源量估算范围

朱诺资源量估算主要针对矿区 8—23 线范围内的铜资源量，钼、银、金作为伴生有益组分参与估算。

二、资源量估算方法的选择

矿区主矿体CuⅠ矿体平面形态呈椭圆状，剖面形态呈厚板状，矿体长1650m，宽1460m，平均厚 104.06m，产状较稳定，总体倾向南东，倾角 5°～15°。其余 CuⅡ、CuⅢ矿体位于CuⅠ矿体下方（见勘探线剖面图），规模较小，多为表外矿，工业意义不大，但考虑到矿区矿体及资源量的完整性，参与资源量估算，并对其资源量估算结果进行统计。

资源量计算公式：普查采用水平投影地质块段法进行资源量估算，其步骤是先计算出各块段的资源量，后累加即得到矿体总资源量。其计算公式如下：

$$Q = V \cdot D \quad (9\text{-}1)$$

$$P = Q \cdot C \quad (9\text{-}2)$$

$$T = \sum P \quad (9\text{-}3)$$

式中，Q 为块段矿石量，t；V 为块段体积，m^3；D 为矿石平均体重，t/m^3；P 为块段金属量，t；C 为块段矿石平均品位，%；T 为金属量，t。

三、资源量估算参数的确定

1. 平均品位

平均品位（C）：根据单工程样品分别统计矿体中铜、钼、金、银含量。

（1）单工程分层平均品位（C）：本矿床单样采样长度按 2m 进行，采用算术平均法求得单工程分层平均品位。计算公式为

$$\bar{C} = \frac{\bar{C}_1 + \bar{C}_2 + \cdots + \bar{C}_n}{n} \quad (9\text{-}4)$$

式中，$\bar{C}$ 为单工程分层平均品位；$\bar{C}_1 + \bar{C}_2 + \cdots + \bar{C}_n$ 为所有参加单工程平均品位计算的各分层单样品位之和；n 为各单样样品个数之和。

（2）勘探线平均品位（$C_{剖}$）：当剖面上只有一个工程控制时，采用该单工程矿体平均品位。有两个以上工程控制时，采样剖面上各相邻单工程矿体厚度加权平均求得，其公式为

$$C_{剖} = \frac{\sum C \cdot L}{\sum L} \quad (9\text{-}5)$$

式中，$C_{剖}$为剖面平均品位；$\sum C \cdot L$ 为单工程矿体累积厚度平均品位；L 为单工程矿体累积厚度。

（3）块段平均品位（$C_{块}$）：以相邻两条勘探线平均品位见矿厚度加权法求得。其公式为

$$C_{块} = \frac{\sum C \cdot L}{\sum L} \quad (9\text{-}6)$$

式中，$C_{块}$为块段平均品位；$\sum C \cdot L$ 为相邻勘探线矿体累积厚度平均品位；L 为相邻勘探线

矿体累积厚度。

2. 特高品位的处理

朱诺矿床平均品位 0.5726%，单样最高品位 5.49%，按照《铜、铅、锌、银、镍、钼矿地质勘查规范》的规定，单样品位达到平均品位 6～8 倍者定为特高品位，从上述情况看，本矿床仅在 TC42 探槽中有两件样品达到特高品位，按此规范对特高品位进行处理，其替代品位为矿床平均品位，处理结果见表 9-3。

表 9-3　朱诺铜矿特高品位处理表

矿体号	勘探线号	样品号	采样位置/m	原始品位/%	替代品位/%
Cu1	4	TC42H29	38.8～41.8	5.49	0.5726
		TC42H36	52.6～54.6	5.21	0.5726

3. 矿体厚度

（1）单工程矿体厚度：在单工程中，用圈入矿体内的所有样品长度累加求得（矿区施工钻孔均为直孔钻进，终孔孔斜在允许误差范围内，不影响矿体真厚度换算，累加样品长度，可代表矿体真厚度）。

（2）勘探线矿体平均厚度：勘探线上所有单工程矿体厚度算术平均求得。

（3）块段矿体平均厚度：块段内相邻剖面矿体厚度算术平均求得；在矿体边缘，当块段仅由单工程控制时，用单工程矿体厚度代替块段厚度参与体积计算。

4. 面积的确定

在比例尺为 1∶2000 的矿体水平投影图上，采用武汉中地信息工程有限公司所编制的 MapGIS 软件在矿体水平投影图上测量矿体各块段面积，并分别测两次，经过检查，其误差均小于 1%，取其平均值，即为块段面积。

5. 体积的确定

确定的各块段面积（S）乘以该块段矿体厚度（M）之积，即为该块段体积。公式为

$$V = S \times M \tag{9-7}$$

6. 矿石体重（XT）的确定

2011 年矿区共采集 31 件小体重样，均采自 ZK2306、ZK1511、ZK805、ZK804、ZK706 等工程的含矿（斑）岩体内。矿石平均体重值 2.58t/m^3。

四、矿体圈定原则

（一）单工程中矿体圈定原则

单工程矿体边界的圈定根据基本化学分析样分析结果，按边界品位 0.20%圈定，矿体

内大于夹石剔除厚度 8m 时，做夹石剔除。

单工程根据边界品位如能“穿鞋戴帽”则按“穿鞋戴帽”原则圈定，以单工程连续见矿平均品位不低于最低工业品位为原则，合理进行圈定。

由于矿区深部工程有限，氧化带研究程度不够，单独圈定氧化矿、硫化矿存在一定困难；因此，暂不分别进行圈定。

在圈定矿体时，单工程中为厚大且成片分布的低品位矿时，单独圈出。对夹在矿体中厚度不大，且分布零星难以分采的低品位矿，不单独圈出，而一并圈入矿体中参与矿体厚度和平均品位计算，但矿体的平均品位不得低于最低工业品位。

（二）矿体的连接与外推原则

相邻工程均见矿时，按直线法连接对应矿体。

相邻工程中一个见矿，另一个未见矿时，按工程间距的 1/4 平推。

无限外推，按实际工程间距的 1/4 平推。

相邻工程中一个见工业矿，另一个为低品位矿时，按工程间距的 1/2 平推。

五、资源量分类

（一）资源量级别的划分

根据《固体矿产推断的内蕴经济资源量和经工程验证的预测资源量估算技术要求》及《矿产地质勘查规范 铜、铅、锌、银、镍、钼》（DZ/T 0214-2020），将估算资源量范围内的铜划分为 333、334_1 两个资源量级别。原则上以相邻勘探线间均有工程控制划分为 333 资源量，无限外推部分或只有一条勘探线控制，相邻勘探线未见矿，为有限外推部分为 334_1 资源量。

（二）块段的划分

原则以相邻勘探线间同一矿体（种）同一资源量级别为一计算块段，外推部分相邻勘探线间同一矿体（种）同一资源量级别为一计算块段。朱诺资源量估算划分工业矿体 333 级块段 3 个，334_1 级块段 9 个，低品位矿体 333 级块段 8 个，334_1 级块段 21 个。

六、伴生组分估算方法

伴生有益组分为 Mo、Au、Ag；凡主金属块段中平均品位 Mo、Au、Ag 达到评价指标时，均可采用估算主金属的方法估算伴生组分资源量，最后累加得出伴生 Mo、Au、Ag 资源量。

七、资源量估算结果

经计算，朱诺矿区（333+334_1）资源量（包括低品位资源量及少量氧化矿）为：Cu 308.9 万 t、Au 44.4t、Ag 1506.3t、Mo 6.3 万 t，平均品位分别为 Cu 0.57%、Mo 0.017%，Au 0.13g/t，Ag 2.5g/t。

经过2022年和2023年进一步的商业勘探评价工作，采用矿块指标体系的边际品位圈定矿体，估算朱诺（探明+控制+推断）资源量：Cu金属量291.6万t，Cu平均品位0.49%；伴生Mo金属量6.9万t，Mo平均品位0.01%；伴生Ag金属量911.2t，Ag平均品位1.53g/t。尚难利用矿产资源：Cu金属量135.142万t，Cu平均品位0.217%；伴生Mo金属量4.7万t，Mo平均品位0.20%；伴生Ag金属量951.04t，Ag平均品位1.53g/t。

这里要说明的是：我们前期勘查时Au是有资源量的，而后期商业勘查时Au又达不到伴生利用要求。

在这种情况下，我们选择3个样品对朱诺黄铁矿和黄铜矿含Ag、Au性开展了研究。结果显示：Ag在黄铁矿中出现的概率为58.90%，含量范围10～340g/t，平均值为60g/t；Au在黄铁矿中出现的概率为57.53%，含量范围20～870g/t，平均值为170g/t。Ag在黄铜矿中出现的概率为52%，含量范围10～680g/t，平均值为60g/t；Au在黄铜矿中出现的概率为50%，含量范围20～920g/t，平均值为190g/t。

研究结果与2023年翔龙铜业对朱诺铜矿所开展的选矿实验结果——铜精矿中Au品位达到了1.36g/t，可以单独计价的结论是一致的，显示了我们早期勘查评价质量的可靠性。

第四节 勘查评价建议

一、矿床评价

目前的勘查工作并未控制到朱诺矿区的南西部，且其东部应有较好的找矿前景，也不应忽视，应加大评价力度。另目前的勘查工作并未控制到主矿体的边界，因此今后的矿床评价工作应该集中在矿区南西部、深部边界及东部地区。

此外，矿区及其外围开展的水系沉积物和短波红外光谱测量成果显示矿区的南西部仍存在规模较大且具有斑岩铜矿的异常特征，说明朱诺铜矿床的外围也是今后矿床评价的重点地带之一。

二、矿集区找矿评价

通过应用前述一系列成矿找矿理论与新认识、靶区优选的新技术与方法，预测并证实朱诺矿集区存在一个北东向多中心的浅成低温-斑岩-夕卡岩-岩浆热液脉型铜金多金属成矿系统，且找矿潜力巨大，又一新的1000万吨级国家铜矿资源基地已见雏形。

朱诺矿集区中新世花岗岩类在空间上呈北东-南西向等间距串珠状展布，局部呈北西-南东向展布；1∶5万水系沉积物异常也呈北东-南西向、局部呈北西-南东向展布，异常规模大、浓集中心明显，矿床（点）在区域上也基本上呈北东-南西向、局部呈北西-南东向分布，三者在空间上基本套合，显示巨大的找矿潜力。矿集区内矿种复杂，主攻矿种以Cu、Mo为主，同时兼顾Ag、Au、Pb、Zn，矿床类型主要为斑岩型、浅成低温热液型、夕卡岩型-热液脉型等，矿体多产于始新世岩体或始新世林子宗群典中组硅质英安岩中或者中新世侵入岩中，受断层破碎带控制。通过综合研究和找矿新技术方法应用示范，在朱诺地区发现与评价了多个矿床（点）与一批有重要找矿价值的异常或找矿线索，区内斑岩铜矿靶区主要有北姆朗、次玛班硕、懂师布南西、无巴多来、藏马让等；银金铅锌矿靶区主要有罗布真、落布岗木、巴热拉等（图 9-4）。

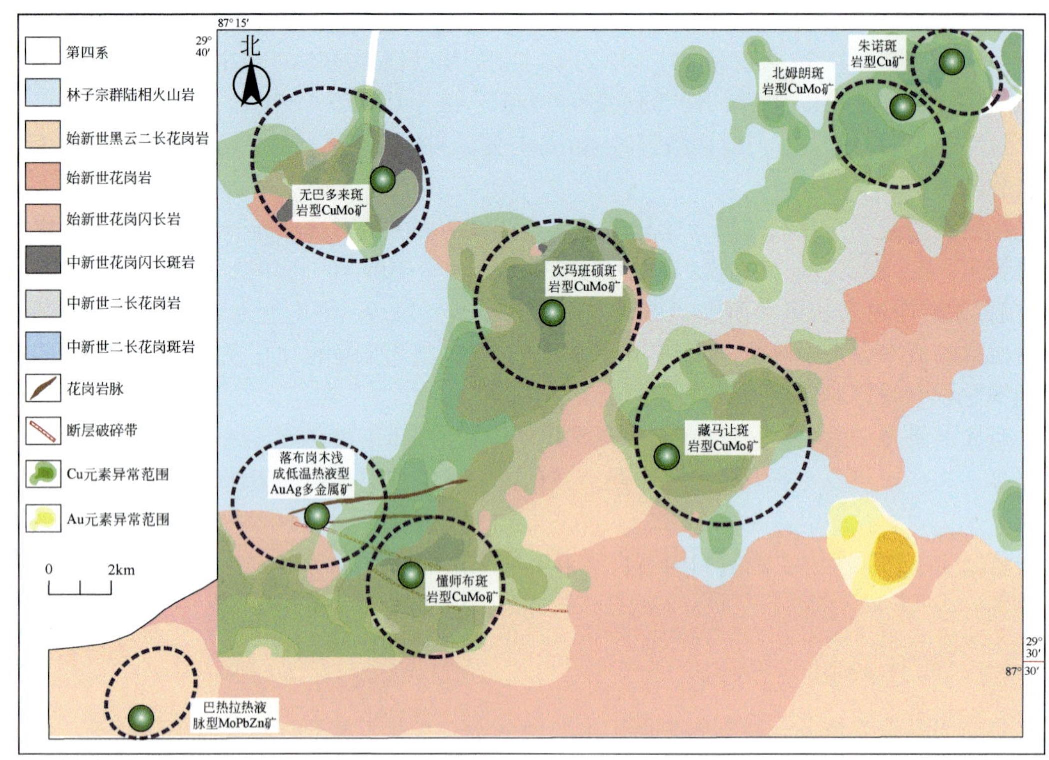

图 9-4　朱诺矿集区找矿靶区圈定

次玛班硕铜矿位于昂仁县卡噶镇德吉林村北东，距离朱诺超大型斑岩铜矿床西南约 10km。该区岩浆、火山作用强烈，发育林子宗群帕那组火山岩，主要出露花岗闪长斑岩（15.8±0.2Ma）、斑状花岗岩，钻孔还发育二长花岗斑岩（50±0.8Ma），总体见矿效果较好，具有大型-超大型的找矿前景。

北姆朗铜矿位于昂仁县亚木乡许如村，距离朱诺铜矿外围西南约 1km。该区大面积出露中新世斑状二长花岗岩（朱诺铜矿成矿岩体），局部出露古新世二长花岗岩。该区 1∶5 万水系和 1∶1 万土壤测量结果显示 Cu 异常分带和浓集中心明显、峰值高（水系 Cu 2100×10^{-6}；土壤 Cu 926×10^{-6}）且规模较大，Cu 异常地段出露的地质体主要为斑状黑云母二长花岗岩，可见大量的孔雀石化，星点状的黄铜矿化、黄铁矿化。经工程验证，该区见厚大的高品位铜矿体，具有大型-超大型的找矿前景。

罗布真矿床位于昂仁县卡噶镇德吉林村，其北东约 18km 处就是朱诺铜矿床，该矿点不仅发育热液脉型 Pb-Zn 矿化，还发育 Ag-Au 矿化，已发现呈脉状、透镜状产于北西西向构造破碎带中的Ⅰ和Ⅲ号矿带以及Ⅱ、Ⅳ、Ⅴ、Ⅵ和Ⅶ号含矿构造蚀变带，控制 6 条银多金属矿体，具有中-大型的找矿前景。

第五节　重要结论或启示

（1）朱诺矿区尽管在2003年开展的1∶5万水系沉积物加密时出现很强的铜异常，但在1990年进行的1∶50万日喀则幅区域化探扫面时还是被漏掉。究其原因是：矿床位于大面积中-酸性火山岩分布区，部分火山岩中还含有许多黄铁矿等硫化物，风化后形成很强的酸性环境，造成铜在水系中很容易被溶解带走，随着远离矿区铜含量会越来越低。而1∶50万区域化探扫面的采样密度为1样/16km^2，这样在矿区中没有样品分布也就不足为奇了。幸好斑岩铜矿成矿系统中的金矿化在风化后被水系搬运到较远距离而被捕捉，遂在资料二次开发时通过金异常找到了超大型斑岩铜矿床。

（2）区域化探的首要目标是矿产勘查。我国自1979年开始用水系沉积物法进行全国区域地球化学扫面，至今取得了数以千万计的39种元素的高质量含量数据，覆盖面积达690万km^2，占到全国计划可做面积的近90%，发现了数万处化探异常，而且几乎对所有的“高、大、全”异常进行了查证，取得了很好的找矿效果。但在目前我国一些重要矿产资源严重短缺、找矿难度越来越大的情况下，如何对原有的化探数据进行重新处理，从大量异常特别是“弱小、无”异常中筛选出最可能与矿化有关的异常，并提高查证异常的见矿比率，思路创新是关键：因为异常“高低、有无”受所选取的异常筛选准则控制。“高、大、全”异常不一定能成大矿，“弱小”异常不一定就成小矿，“无”异常也不一定就没有矿，这一点必须引起足够的重视，并可能在全国产生巨大的经济效益。

（3）朱诺斑岩铜矿床的形成受控于以下四方面耦合：①早期特提斯洋俯冲交代形成高氧化、富金属和挥发分的弧岩浆，强调源区继承性（俯冲作用形成的弧岩浆在中新世再熔）；②成矿期复式岩体发育，复式岩体多期次侵入，多次补充流体、矿质和热能，侵位时间持续越长，越有利于成大矿；③中新世幔源超钾质-钾质岩浆注水补给成矿岩浆，幔源岩浆形成的包体、煌斑岩、高镁闪长岩对朱诺成矿至关重要，因为其富水，补给大量的水及部分金属元素给下地壳；④独特的构造体制，区域上表现为北东向串珠状分布的斑岩铜矿异常带，属构造隐（显）性地球化学边界（急变带），为斑岩体及矿体的就位提供通道，是深部构造在化探异常上的反映，与超大型矿床密切相关。

（4）在高原生态环境脆弱区、覆盖区，传统的勘探方法成本相对巨大，耗时较长，很难快速地提供清晰的勘探方向。如何通过有限的勘查评价技术方法，构建找矿综合信息模型，预测与评价矿集区的资源潜力，有效指导矿床勘查，是国内外矿床勘探学家关注的焦点。通过特定的化探数据处理，大比例尺专项填图，关键地质体综合研究，结合短波红外光谱和背包浅钻的技术方法，实现了勘查评价的经济、快速、高效。

（5）朱诺矿床的找矿重大突破，回答了在冈底斯西段能否形成超大型斑岩铜矿的科学问题，使该带的勘查区域向西部延伸了250km，自此揭开了在冈底斯西段寻找斑岩铜矿的序幕，直接促成了朱诺国家级整装勘查区的设立，支撑了国家找矿突破战略行动，推动了冈底斯西段朱诺铜矿资源基地的形成，对促进西藏西部贫困地区的经济发展和社会稳定具有重要意义。

参 考 文 献

白晓宇，袁峰，周涛发，等，2008. 多重分形方法识别铜陵矿区土壤中Cd的地球化学异常. 矿物岩石地球化学通报，(3)：306-310.

陈建国，夏庆霖，1999. 利用小波分析提取深层次物化探异常信息. 地球科学，(5)：509-512.

陈建林，许继峰，任江波，等，2011. 俯冲型和碰撞型含矿斑岩地球化学组成的差异. 岩石学报，27(9)：2733-2742.

陈聆，2011. 地球化学矿致异常非线性分析方法研究. 成都：成都理工大学.

陈永清，张生元，夏庆霖，等，2006. 应用多重分形滤波技术提取致矿地球化学异常：以西南“三江”南段Cu、Zn致矿异常提取为例. 地球科学，(6)：861-866.

成秋明，2000. 多维分形理论和地球化学元素分布规律. 地球科学，(3)：311-318.

成秋明，2004. 空间模式的广义自相似性分析与矿产资源评价. 地球科学，(6)：733-743.

代西武，杨建民，张成玉，等，2000. 利用矿床原生晕进行深部隐伏矿体预测——以山东埠上金矿为例. 矿床地质，19(3)：245-256.

董毅，范丽琨，段焕春，等，2009. 青海大坂山地区水系沉积物测量元素组合分区. 地质与勘探，1：70-74.

傅金宝，1981. 斑岩铜矿中黑云母的化学组分特征. 地质与勘探，9(1)：16-19.

龚晶晶，李方林，张爽，等，2015. 基于元素组合特征的相似性系数法圈定异常——以南岭地区为例. 地质与勘探，51(2)：312-322.

龚鹏，胡小梅，李娟，等，2013. 建立地质-地球化学找矿模型——以西藏甲玛铜多金属矿床为例. 地质通报，32(10)：1601-1612.

龚庆杰，张德会，韩东昱，2001. 一种确定地球化学异常下限的简便方法. 地质地球化学，(3)：215-220.

管志宁，2005. 地磁场与磁力勘探. 北京：地质出版社.

郭科，陈聆，唐菊兴，等，2007. 分形含量梯度法确定地球化学浓集中心的新探索. 地学前缘，(5)：285-289.

郝立波，李巍，陆继龙，2007. 确定岩性复杂区的地球化学背景与异常的方法. 地质通报，12：1531-1535.

侯增谦，曲晓明，王淑贤，等，2003. 西藏高原冈底斯斑岩铜矿带辉钼矿Re-Os年龄：成矿作用时限与动力学背景应用. 中国科学D辑：地球科学，33(7)：609-618.

侯增谦，高永丰，曲晓明，等，2004. 西藏冈底斯中新世斑岩铜矿带：埃达克质斑岩成因与构造控制. 岩石学报，20(2)：1-10.

侯增谦，由晓明，杨竹森，等，2006. 青藏高原碰撞造山带：III. 后碰撞伸展成矿作用. 矿床地质，25：629-651.

胡以铿，1991. 地球化学中的多元分析. 武汉：中国地质大学出版社.

黄方，何永胜，2010. 干的基性大陆下地壳部分熔融：对C型埃达克岩成因的制约. 科学通报，55(13)：1255-1267.

黄书俊，郦今敖，傅金宝，等，1982. 斑岩铜矿床原生晕分带模式及原生晕分带的控制因素. 矿产与地质，(3)：35-41.

蒋顺德，2007. 个旧高松矿田芦塘坝矿段矿床地球化学及成矿预测. 昆明：昆明理工大学.
焦保权，白荣杰，孙淑梅，等，2009. 地球化学分区标准化方法在区域化探信息提取中的应用. 物探与化探，33(2)：165-169+206.
黎彤，袁怀雨，吴胜昔，等，1999. 中国大陆壳体的区域元素丰度. 大地构造与成矿学，(2)：2-8.
李宝强，孙泽坤，2004. 区域地球化学异常信息提取方法研讨. 西北地质，(1)：102-108.
李长江，麻土华，朱兴盛，等，1999. 分形布朗运动与地球化学测量——地壳中元素含量空间分布的定量表征. 地质论评，(1)：76-84.
李光明，芮宗瑶，2004. 西藏冈底斯成矿带斑岩铜矿的成岩成矿年龄. 大地构造与成矿学，28(2)：165-170.
李光明，秦克章，肖波，等，2011. 西藏驱龙斑岩铜钼矿床研究总结报告. 北京：中国科学院地质与地球物理研究所.
李善芳，吴承烈，1959. 南嶺地区水化学分散流找矿法的初步研究. 地球物理勘探，4：17-25.
李廷栋，2002. 青藏高原地质科学研究的新进展. 地质通报，21(7)：370-376.
李佑国，杨武年，骆耀南，等，2006. 攀西地区水系沉积物铂、钯地球化学异常特征及找矿远景预测. 矿物岩石，4：35-40.
梁世全，问娣，沈位元，等，2014. 找矿信息量法在化探异常评价中的应用——以四川木里-盐源地区地球化学 1∶5 万水系沉积物测量为例. 四川地质学报，34(3)：447-449+455.
刘超，王于天，陈爱菊，1994. 层次分析法在综合信息矿产资源预测中的应用. 长春地质学院学报，(2)：222-228.
刘大文，谢学锦，2005. 基于地球化学块体概念的中国锡资源潜力评价. 中国地质，(1)：25-32.
刘军锋，李超，李贺，等，2015. 四会岩体：一个潜在的含钼铜矿化岩体. 岩石学报，31(3)：791-801.
刘天佑，师学明，潘玉玲，等，1998. 人工神经网络方法与鲁西金伯利岩物化探异常筛选. 现代地质，(4)：143-147.
卢焕章，2011. 地球中的流体. 北京：高等教育出版社：329-330.
卢焕章，范宏瑞，倪培，等，2004. 流体包裹体. 北京：科学出版社：168-169.
孟祥金，2004. 西藏碰撞造山带冈底斯中新世斑岩铜矿成矿作用研究. 北京：中国地质科学院.
孟祥金，侯增谦，高永丰，等，2003. 西藏冈底斯成矿带驱龙铜矿 Re-Os 年龄及成矿学意义. 地质论评，49(6)：660-666.
孟祥金，侯增谦，李振清，2006. 西藏驱龙斑岩铜矿 S、Pb 同位素组成：对含矿斑岩与成矿物质来源的指示. 地质学报，(4)：84-90.
莫宣学，赵志丹，邓晋福，等. 2003. 印度-亚洲大陆主碰撞过程的火山作用响应. 地学前缘，10(3)：135-148.
莫宣学，董国臣，赵志丹，等，2005. 西藏冈底斯带花岗岩的时空分布特征及地壳生长演化信息. 高校地质学报，11(3)：281-290.
潘桂棠，莫宣学，侯增谦，等，2006. 冈底斯造山带的时空结构及演化. 岩石学报，22(3)：521-533.
潘桂棠，王立全，李荣社，等，2012. 多岛弧盆系构造模式：认识大陆地质的关键. 沉积与特提斯地质，32(3)：1-20.
普传杰，刘春学，薛传东，等，2004. 个旧锡矿高松矿田原生晕研究. 矿物学报，24：176-180.
秦克章，李光明，赵俊兴，等，2008. 西藏首例独立钼矿——冈底斯沙让大型斑岩钼矿的发现及其意义. 中国地质，35(6)：1101-1112.

曲晓明，侯增谦，国连杰，等，2004. 冈底斯铜矿带埃达克质含矿斑岩的源区组成与地壳混染：Nd、Sr、Pb、O 同位素约束. 地质学报，78(6)：813-821.

芮宗瑶，黄崇轲，齐国明，1984. 中国斑岩铜(钼)矿床. 北京：地质出版社.

芮宗瑶，侯增谦，李光明，等，2006. 冈底斯斑岩铜矿成矿模式. 地质论评，52(4)：459-466.

邵跃，1997. 热液矿床岩石测量(原生晕法)找矿. 北京：地质出版社.

申维，2007. 分形求和法及其在地球化学数据分组中的应用. 物探化探计算技术，(2)：134-137+88.

时艳香，纪宏金，陆继龙，等，2004. 水系沉积物地球化学分区的因子分析方法与应用. 地质与勘探，5：73-76.

史长义，1991. 化探数据解释推断的新方法——EDA 技术. 国外地质勘探技术，(1)：38-41.

史长义，1993. 勘查数据分析(EDA)技术的应用. 地质与勘探，(11)：52-58.

史长义，张金华，黄笑梅，1999. 子区中位数衬值滤波法及弱小异常识别. 物探与化探，4：11-18.

孙卫东，凌明星，杨晓勇，等，2010. 洋脊俯冲与斑岩铜金矿成矿. 中国科学 D 辑：地球科学，40(2)：127-137.

孙祥，郑有业，吴松，等，2013. 冈底斯明则-程巴斑岩-夕卡岩型 Mo-Cu 矿床成矿时代与含矿岩石成因. 岩石学报，29(4)：1392-1406.

王保弟，许继峰，陈建林，等，2010. 冈底斯东段汤不拉斑岩 Mo-Cu 矿床成岩成矿时代与成因研究. 岩石学报，26(6)：1820-1832.

王成善，李祥辉，胡修棉，2003. 再论印度-亚洲大陆碰撞的启动时间. 地质学报，77(1)：16-24.

王蝶，毕献武，周汀，等，2013. 金沙江-红河富碱侵入岩磷灰石挥发分组成特征及其地质意义. 矿物学报，33(2)：231-238.

王国灿，曹凯，张克信，等，2011. 青藏高原新生代构造隆升阶段的时空格局. 中国科学 D 辑：地球科学，41(3)：332-349.

王建新，臧兴运，郭秀峰，等，2007. 格里戈良分带指数法的改良. 吉林大学学报(地球科学版)，37：884-888.

王亮亮，莫宣学，李冰，等，2006. 西藏驱龙斑岩铜矿含矿斑岩的年代学与地球化学. 岩石学报，(4)：243-250.

王瑞廷，欧阳建平，蒋敬业，2002. 表生介质中铜的赋存相态研究——以敖格道仁诺尔铜多金属矿(化)区为例. 矿物学报，(1)：30-34.

王瑞廷，毛景文，任小华，等，2005. 区域地球化学异常评价的现状及其存在的问题. 中国地质，(1)：168-175.

王学求，2003. 矿产勘查地球化学：过去的成就与未来的挑战. 地学前缘，(1)：239-248.

王学求，2013. 勘查地球化学 80 年来重大事件回顾. 中国地质，40(1)：322-330.

王永华，龚鹏，龚敏，等，2010. 成矿带 1∶20 万水系沉积物地球化学分区的方法及地质意义：以西藏冈底斯铜多金属成矿带为例. 现代地质，24(4)：801-806.

吴锡生，刘淑文，陈明，1992. 稳健统计学方法在化探数据处理中的应用. 物探化探计算技术，(3)：189-193

吴锡生，纪宏金，陈明，1994. 化探数据处理的发展、现状与趋势. 物探化探计算技术，1：84-88+92.

奚小环，李敏，刘荣梅，等，2015. 区域成矿地球化学理论体系问题研究：兼论沱沱河区域化探异常集群. 地学前缘，22(5)：196-214.

肖唐付，李泽九，1996. 层次分析法在区域化探异常评价筛选中的应用. 地质科技情报，15(1)：86-94.

谢淑云，鲍征宇，2002. 地球化学场的连续多重分形模式. 地球化学，(2)：191-200.

谢淑云，成秋明，鲍征宇，等，2009. 不同级次水系沉积物中地球化学元素的多重分形分散模式研究//2009 全国数学地球科学与地学信息学术会议论文集：197.

谢学锦，1979. 区域化探. 北京：地质出版社.

谢学锦，刘大文，向运川，等，2005. 地球化学块体——概念和方法学的发展. 中国地质，29(3)：225-233.

胥磊落，毕献武，陈佑纬，等，2012. 云南金平铜厂斑岩铜钼矿区岩体锆石 Ce^{4+}/Ce^{3+} 比值及其对成矿的指示意义. 矿物学报，1：74-82.

杨永飞，李诺，王莉娟，2011. 河南省东沟超大型钼矿床流体包裹体研究. 岩石学报，27(5)：1453-1466.

杨志明，2008. 西藏驱龙超大型斑岩铜矿床——岩浆作用与矿床成因. 北京：中国地质科学院.

叶天竺，2017. 勘查区找矿预测理论与方法：各论. 北京：地质出版社.

殷秀华，黎益仕，冯华，1998. 青藏高原重力场特征和地壳构造. 物探与化探，22(6)：440-445.

袁果田，张勇军，1997. 青藏高原均衡重力异常研究. 地壳形变与地震，17(1)：76-80.

袁万明，杨志强，张招崇，等，2011. 安徽省黄山山体的隆升与剥露. 中国科学 D 辑：地球科学，41(10)：1435-1443.

张本仁，谷晓明，蒋敬业，1989. 应用成矿环境标志于地球化学找矿的研究. 物探与化探，(2)：108-115.

张德存，1997. 运用地质地球化学量化综合信息评价南秦岭东段区域化探异常方法及效果. 湖北物化探，39(6)：14.

张德会，1997. 流体的沸腾和混合在热液成矿中的意义. 地球科学进展，12(6)：546-552.

张立雪，王青，朱弟成，等，2013. 拉萨地体锆石 Hf 同位素填图：对地壳性质和成矿潜力的约束. 岩石学报，29(11)：3681-3688.

张丕富，1990. 一种化探异常评价方法——多变量场. 地质与勘探，(2)：47-50.

张省举，董义国，2007. 青藏高原中东部 1∶100 万区域重力调查及成果. 物探与化探，31(5)：399-403.

张文兰，邵济安，王汝成，等，2010. 荡子山白榴霓霞岩包体中富 Sr 磷灰石的发现及其成因矿物学研究. 科学通报，33(55)：3214-3225.

赵鹏大，2004. 定量地学方法及应用. 北京：高等教育出版社.

赵文津，2007. 大型斑岩铜矿成矿的深部构造岩浆活动背景. 中国地质，34(2)：179-205.

赵元艺，刘妍，王瑞江，等，2010. 西藏班公湖-怒江成矿带及邻区铋矿化带的发现与意义. 地球学报，31(2)：183-193.

郑有业，薛迎喜，程力军，等，2004a. 西藏驱龙超大型斑岩铜(钼)矿床：发现、特征及意义. 地球科学，29：103-108.

郑有业，高顺宝，程力军，等，2004b. 西藏冲江大型斑岩铜(钼金)矿床的发现及意义. 地球科学，29：333-339.

郑有业，樊子珲，高顺宝，2004c. 化探数据处理的思路、方法及进展——以雅江东段铜-多金属矿带为例//第二届全国成矿理论与找矿方法学术研讨会论文集.

郑有业，高顺宝，张大全，等，2006. 西藏朱诺斑岩铜矿床发现的重大意义及启示. 地学前缘，13(4)：233-239.

郑有业，多吉，王瑞江，等，2007a. 西藏冈底斯巨型斑岩铜矿带勘查研究最新进展. 中国地质，34：324-334.

郑有业，张刚阳，许荣科，等，2007b. 西藏冈底斯朱诺斑岩铜矿床成岩成矿时代约束. 科学通报，52(21)：2542-2548.

周蒂，1986. 分区背景校正法及其对化探异常圈定的意义. 物探与化探，4：263-273.

周蒂，陈汉宗，1991. 稳健统计学与地球化学数据的统计分析. 地球科学，(3)：273-279.

周蒂，王家华，1984. 稳健统计学简介(上). 数理统计与管理，(5)：44-48.

周蒂，邓国瑛，余平，1988. 稳健多元统计在地球化学背景校正中的应用. 国外地质勘探技术，12：32-38.

周乐尧，邱郁双，1998. 一种新的化探异常评价方法. 地质与勘探，(6)：42-45.

朱弟成，赵志丹，牛耀龄，等，2012. 拉萨地体的起源和古生代构造演化. 高校地质学报，18(1)：1-15.

朱有光，蒋敬业，李泽九，等，2002. 试论中国重要景观区区域地球化学异常系统评价的量化模型. 物探与化探，(1)：17-22.

朱裕生，肖克炎，宋国耀，等，2000. 强化成矿规律研究提高"调查评价"效益. 中国地质，6：38-41.

左群超，杨东来，宋越，等，2013. 中国矿产资源潜力评价成果数据质量控制及方法技术. 中国地质，40(4)：1314-1328.

Afzal P，Khakzad A，Moarefvand P，et al.，2010. Geochemical anomaly separation by multifractal modeling in Kahang (Gor Gor) porphyry system，Central Iran. Journal of Geochemical Exploration，104(1-2)：34-46.

Agterberg F P，1964. Statistical techniques for geological data. Tectonophysics，1(3)：233-255.

Agterberg F P，Cabilio P，1969. Two-stage least-squares model for the relationship between mappable geological variables. Journal of the International Association for Mathematical Geology，1(2)：137-153.

Ahrens L H，1953. A fundamental law of geochemistry. Nature，172(4390)：1148.

Ahrens L H，1954a. The lognormal distribution of the elements(A fundamental law of geochemistry and its subsidiary). Geochimica et Cosmochimica acta，5(2)：49-73.

Ahrens L H，1954b. The lognormal distribution of the elements(2). Geochimica et Cosmochimica Acta，6(2-3)：121-131.

Ahrens L H，1957. Lognormal-type distributions—III. Geochimica et Cosmochimica Acta，11(4)：205-212.

Aitchison J C，Davis A M，Liu J，et al.，2000. Remnants of a Cretaceous intra-oceanic subduction system within the Yarlung–Zangbo suture(southern Tibet). Earth and Planetary Science Letters，183(1-2)：231-244.

Aitchison J C，McDermid I R C，Ali J R，et al.，2007a. Shoshonites in southern Tibet record Late Jurassic rifting of a Tethyan intraoceanic island arc. The Journal of Geology，115(2)：197-213.

Aitchison J C，Ali J R，Davis A M，2007b. When and where did India and Asia collide? Journal of Geophysical Research：Solid Earth，112(B5)：1-19.

Allegre C J，Lewin E，1995. Scaling laws and geochemical distributions. Earth and Planetary Science Letters，132(1-4)：1-13.

Aoki K，Ishiwaka K，Kanisawa S，1981. Fluorine geochemistry of basaltic rocks from continental and oceanic regions and petrogenetic application. Contributions to Mineralogy and Petrology，76(1)：53-59.

Ballard J R，Palin M J，Campbell I H，2002. Relative oxidation states of magmas inferred from Ce(Ⅳ)/Ce(Ⅲ)in zircon：application to porphyry copper deposits of northern Chile. Contributions to Mineralogy and Petrology，144(3)：347-364.

Batanova V G，Pertsev A N，Kamenetsky V S，et al.，2005. Crustal evolution of island-arc ultramafic magma：Galmoenan pyroxenite-dunite plutonic complex，Koryak Highland(Far East Russia). Journal of Petrology，46(7)：1345-1366.

Bath A B，Walshe J L，Cloutier J，et al.，2013. Biotite and apatite as tools for tracking pathways of oxidized fluids in the Archean East Repulse gold deposit，Australia. Economic Geology，108(4)：667-690.

Bédard É，Hébert R，Guilmette C，et al.，2009. Petrology and geochemistry of the Saga and Sangsang ophiolitic massifs，Yarlung Zangbo Suture Zone，Southern Tibet：evidence for an arc–back-arc origin. Lithos，113(1-2)：

48-67.

Behrens H，Misiti V，Freda C，et al.，2009. Solubility of H_2O and CO_2 in ultrapotassic melts at 1200 and 1250℃ and pressure from 50 to 500 MPa. American Mineralogist，94(1)：105-120.

Berry A J，Harris A C，Kamenetsky V S，et al.，2009. The speciation of copper in natural fluid inclusions at temperatures up to 700 ℃. Chemical Geology，259(1-2)：2-7.

Beus A A，Grigorian S V，1977. Geochemical exploration methods for mineral deposits. Applied Publishing Ltd.，Wilmette Illinois，U. S. A，287.

Bischoff J L，1991. Densities of liquids and vapors in boiling NaCl-H_2O solutions：a PVTX summary from 300 to 500 ℃. American Journal of Science，291(4)：309-338.

Bischoff J L，Fitzpatrick J A，1991. U-series dating of impure carbonates：an isochron technique using total-sample dissolution. Geochimica et Cosmochimica Acta，55(2)：543-554.

Blisniuk P M，Hacker B R，Glodny J，et al.，2001. Normal faulting in central Tibet since at least 13.5 Myr ago. Nature，412(6847)：628-632.

Blundy J，Wood B，1994. Prediction of crystal–melt partition coefficients from elastic moduli. Nature，372(6505)：452.

Bodnar R J，1994. Synthetic fluid inclusions：XII. The system H_2O-NaCl. Experimental determination of the halite liquidus and isochore for a 40 wt% NaCl solution. Geochimica et Cosmochimica Acta，58(3)：1053-1063.

Bodnar R J，Burnham C W，Sterner S M，1985. Synthetic fluid inclusions in natural quartz. II. Determination of phase equilibrium properties in the system H_2O-NaCl to 1000°C and 1500 bars. Geochimica et Cosmochimica Acta，49(9)：1861-1873.

Bølviken B，1971. A statistical approach to the problem of interpretation in geochemical prospecting. Geochemical Exploration Proceedings，Third International Geochemical Exploration Symposium，Special，11：564-567.

Bølviken B，Stokke P R，Feder J，et al.，1992. The fractal nature of geochemical landscapes. Journal of Geochemical Exploration，43(2)：91-109.

Bouilhol P，Jagoutz O，Hanchar J M，et al.，2013. Dating the India–Eurasia collision through arc magmatic records. Earth and Planetary Science Letters，366：163-175.

Bouzari F，Clark A H，2006. Program evolution and geotherminal affinities of a major porphyry copper deposit：the Cerro Colorado hypogene protore，I Region，Northern Chile. Economic Geology，101(1)：95-134.

Brown R W，1991. Backstacking apatite fission-track “stratigraphy”：a method for resolving the erosional and isostatic rebound components of tectonic uplift histories. Geology，19(1)：74-77.

Burnham C W，1979. Magmas and hydrothermal fluids. Geochemistry of Hydrothermal Ore Deposits：71-136.

Candela P A，1997. A review of shallow，ore-related granites：textures，volatiles，and ore metals. Journal of Petrology，38(12)：1619-1633.

Candela P A，Holland H D，1984. The partitioning of copper and molybdenum between silicate melts and aqueous fluids. Geochimica et Cosmochimica Acta，48(2)：373-380.

Canil D，1997. Vanadium partitioning and the oxidation state of Archaean komatiite magmas. Nature，389(6653)：

842.

Carmichael I S E，1991. The redox states of basic and silicic magmas：a reflection of their source regions? Contributions to Mineralogy and Petrology，106(2)：129-141.

Carmichael I S E，Turner F J，Verhoogen J，1974. Igneous petrology. New York：McGraw-Hill Book Company.

Castillo P R，2006. An overview of adakite petrogenesis. Chinese Science Bulletin，51(3)：257-268.

Castillo P R，2012. Adakite petrogenesis. Lithos，134：304-316.

Chatupa J，Fletcher K，1972. Application of regression analysis to the study of background variations in trace metal content of stream sediments. Economic Geology，67(7)：978-980.

Cheng Q，1995. The perimeter-area fractal model and its application to geology. Mathematical Geology，27：69-82.

Cheng Q，1999. Spatial and scaling modelling for geochemical anomaly separation. Journal of Geochemical Exploration，65(3)：175-194.

Cheng Q，Agterberg F P，Ballantyne S B，1994. The separation of geochemical anomalies from background by fractal methods. Journal of Geochemical exploration，51(2)：109-130.

Chiaradia M，2014. Copper enrichment in arc magmas controlled by overriding plate thickness. Nature Geoscience，7(1)：43-46.

Chiaradia M，Ulianov A，Kouzmanov K，et al.，2012. Why large porphyry Cu deposits like high Sr/Y magmas? Scientific Reports，2：685.

Chu M F，Chung S L，Song B，et al.，2006. Zircon U-Pb and Hf isotope constraints on the Mesozoic tectonics and crustal evolution of southern Tibet. Geology，34(9)：745-748.

Chung S L，Liu D，Ji J，et al.，2003. Adakites from continental collision zones：melting of thickened lower crust beneath southern Tibet. Geology，31(11)：1021-1024.

Chung S L，Chu M F，Ji J，et al.，2009. The nature and timing of crustal thickening in Southern Tibet：geochemical and zircon Hf isotopic constraints from postcollisional adakites. Tectonophysics，477(1-2)：36-48.

Cline J S，Bodnar R J，1991. Can economic porphyry copper mineralization be generated by a typical calc-alkaline melt? Journal of Geophysical Research：Solid Earth，96(B5)：8113-8126.

Clode C，1999. Relationships of intrusion，wall-rock alteration and mineralisation in the Batu Hijau copper-gold porphyry deposit. Proceedings Pacrim Congress，10-13 October 1999，Bali，Indonesia. Australasian Institute of Mining and Metallurgy，485-498.

Collins P L F，1979. Gas hydrates in CO_2-bearing fluid inclusions and the use of freezing data for estimation of salinity. Economic Geology，74(6)：1435-1444.

Cooke D R，Hollings P，Walshe J L，2005.Giant porphyry deposits：characteristics，distribution，and tectonic controls. Economic Geology，100(5)：801-818.

Cooke D R，Deyell C L，Waters P J，et al.，2011. Evidence for magmatic-hydrothermal fluids and ore-forming processes in epithermal and porphyry deposits of the Baguio district，Philippines. Economic Geology，106(8)：1399-1424.

Cooke D R，Hollings P，Wilkinson J J，et al.，2014. Geochemistry of porphyry deposits//Turekian K K，Holland H D. Treatise on Geochemistry：Second Edition. Elsevier：357-381. DOI：10.1016/B978-0-08-095975-7.

01116-5.

Dai J G，Wang C S，Hébert R，et al.，2011. Petrology and geochemistry of peridotites in the Zhongba ophiolite，Yarlung Zangbo Suture Zone：implications for the Early Cretaceous intra-oceanic subduction zone within the Neo-Tethys. Chemical Geology，288(3-4)：133-148.

DeCelles P G，Robinson D M，Zandt G，2002. Implications of shortening in the Himalayan fold-thrust belt for uplift of the Tibetan Plateau. Tectonics，21(6)：1-25.

Defant M J，Drummond M S，1990. Derivation of some modern arc magmas by melting of young subducted lithosphere. Nature，347(6294)：662-665.

Ding L，Kapp P，Zhong D，et al.，2003. Cenozoic volcanism in Tibet：evidence for a transition from oceanic to continental subduction. Journal of Petrology，44(10)：1833-1865.

Ding L，Kapp P，Wan X，2005. Paleocene–Eocene record of ophiolite obduction and initial India-Asia collision，south central Tibet. Tectonics，24(TC3001)：1-18.

Dong X，Zhang Z，Santosh M，2010. Zircon U-Pb chronology of the Nyingtri group，southern Lhasa terrane，Tibetan Plateau：implications for Grenvillian and Pan-African provenance and Mesozoic-Cenozoic metamorphism. The Journal of Geology，118(6)：677-690.

Driesner T，Heinrich C A，2007. The system H_2O-NaCl. Part I：Correlation formulae for phase relations in temperature-P-pressure-composition space from 0 to 1000 degrees C，0 to 5000 bar，and 0 to 1 X-NaCl. Geochimica et Cosmochimica Acta，71(20)：4880.

Drummond S E，Ohmoto H，1985. Chemical evolution and mineral systems. Economic Geology，80(1)：126-147.

Dubois-Côté V，Hébert R，Dupuis C，et al.，2005. Petrological and geochemical evidence for the origin of the Yarlung Zangbo ophiolites，southern Tibet. Chemical Geology，214(3-4)：265-286.

Ewart A，Griffin W L，1994. Application of proton-microprobe data to trace-element partitioning in volcanic rocks. Chemical Geology，117(1-4)：251-284.

Ewart A，Bryan W B，Gill J B，1973. Mineralogy and geochemistry of the younger volcanic islands of Tonga，SW Pacific. Journal of Petrology，14(3)：429-465.

Feig S T，Koepke J，Snow J E，2006. Effect of water on tholeiitic basalt phase equilibria：an experimental study under oxidizing conditions. Contributions to Mineralogy and Petrology，152(5)：611-638.

Ferry J M，Watson E B，2007. New thermodynamic models and revised calibrations for the Ti-in-zircon and Zr-in-rutile thermometers. Contributions to Mineralogy and Petrology，154(4)：429-437.

Fiedrich A M，Martin L H J，Storck J C，et al.，2018. The influence of water in silicate melt on aluminium excess in plagioclase as a potential hygrometer. Scientific Reports，8(1)：1-8.

Fiorentini M L，Garwin S L，2010. Evidence of a mantle contribution in the genesis of magmatic rocks from the Neogene Batu Hijau district in the Sunda Arc，South Western Sumbawa，Indonesia. Contributions to Mineralogy and Petrology，159(6)：819-837.

Fitzgerald P G，Sorkhabi R B，Redfield T F，et al.，1995. Uplift and denudation of the central Alaska Range：a case study in the use of apatite fission track thermochronology to determine absolute uplift parameters. Journal of Geophysical Research：Solid Earth，100(B10)：20175-20191.

Foley S，Venturelli G，Green D H，et al.，1987. The ultrapotassic rocks：characteristics，classification，and constraints for petrogenetic models. Earth-Science Reviews，24(2)：81-134.

Foster M D，1960. Layer charge relations in the dioctahedral and trioctahedral micas. American Mineralogist：Journal of Earth and Planetary Materials，45(3-4)：383-398.

Galbraith R F，1981. On statistical models for fission track counts. Journal of the International Association for Mathematical Geology，13(6)：471-478.

Gao J，Long L L，Klemd R，et al.，2009. Tectonic evolution of the South Tianshan orogeny and adjacent regions，NW China：geochemical and age constraints of granitoid rocks. International Journal of Earth Sciences，98：1221-1238.

Gao Y F，Hou Z Q，Wei R H，et al，2003. Post-collisional adakitic porphyries in Tibet：geochemical and Sr-Nd-Pb isotopic constraints on partial melting of oceanic lithosphere and crust-mantle interaction. Acta Geologica Sinica-English Edition，77(2)：194-203.

Garrett R G，Banville R M P，Adcock S W，1990. Regional geochemical data compilation and map preparation，Labrador，Canada. Journal of Geochemical Exploration，39(1-2)：91-116.

Garwin S，2002. The geologic setting of intrusion-related hydrothermal systems near the Batu Hijau porphyry copper-gold deposit，Sumbawa，Indonesia. Society of Economic Geologists，333-366.

Garwin S，Hall R，Watanabe Y，2005.Tectonic setting，geology，and gold and copper mineralization in Cenozoic magmatic arcs of Southeast Asia and the West Pacific. Economic Geology 100th Anniversary Volume，891-930.

Garzione C N，Dettman D L，Quade J，et al.，2000. High times on the Tibetan Plateau：paleoelevation of the Thakkhola graben，Nepal. Geology，28(4)：339-342.

Gatuszka A，2007. A review of geochemical background concepts and an example using data from Poland. Environmental Geology，52：861-870.

Goncalves M A，Mateus A，Oliveira V，2001. Geochemical anomaly separation by multifractal modelling. Journal of Geochemical Exploration，72(2)：91-114.

Gonzalez-Partida E，Levresse G，2003. Fluid inclusion evolution at the La Verde porphyry copper deposit，Michoacan，Mexico. Journal of Geochemical Exploration，78(1)：623-626.

Govett G J S，Goodfellow W D，Chapman R P，et al.，1975. Exploration geochemistry—distribution of elements and recognition of anomalies. Journal of the International Association for Mathematical Geology，7：415-446.

Guo Z，Wilson M，Zhang M，et al.，2013. Post-collisional，K-rich mafic magmatism in south Tibet constraints on Indian slab-to-wedge transport processes and plateau uplift. Contributions to Mineralogy and Petrology，165：1311-1340.

Guo Z，Wilson M，Zhang M，et al.，2015. Post-collisional ultrapotassic mafic magmatism in south Tibet：products of partial melting of pyroxenite in the mantle wedge induced by roll-back and delamination of the subducted indian continental lithosphere slab. Journal of Petrology，56(7)：1365-1406.

Gustafson L B，Hunt J P，1975. The porphyry copper deposit at El Salvador，Chile. Economic Geology，70(5)：857-912.

Han Y，Zhang S，Pirajno F，et al.，2013. U-Pb and Re-Os isotopic systematics and zircon Ce^{4+}/Ce^{3+} ratios in the Shiyaogou Mo deposit in eastern Qinling，central China：insights into the oxidation state of granitoids and

Mo(Au) mineralization. Ore Geology Reviews，55：29-47.

Harris A C，Allen C M，Bryan S E，et al.，2004. ELA-ICP-MS U-Pb zircon geochronology of regional volcanism hosting the Bajo de la Alumbrera Cu-Au deposit：implications for porphyry-related mineralization. Mineralium Deposita，39(1)：46-67.

Harris A C，Bryan S E，Holcombe R J，2006. Volcanic setting of the Bajo de la Alumbrera porphyry Cu-Au deposit，Farallón Negro volcanics，northwest Argentina. Economic Geology，101(1)：71-94.

Harris N B W，Inger S，Ronghua X，1990. Cretaceous plutonism in central Tibet：an example of post-collision magmatism? Journal of Volcanology and Geothermal Research，44(1-2)：21-32.

Hawkes H E，Webb J S，1962. Geochemistry in mineral exploration. New York：Harper & Row.

Heald P，Foley N K，Hayba D O，1987. Comparative anatomy of volcanic-hosted epithermal deposits，acid-sulfate and adularia-sericite types. Economic Geology，82(1)：1-26.

Hedenquist J W，Arribas A，Reynolds T J，1998. Evolution of an intrusion-centered hydrothermal system; Far Southeast-Lepanto porphyry and epithermal Cu-Au deposits，Philippines. Economic Geology，93(4)：373-404.

Heinrich C A，2005. The physical and chemical evolution of low-salinity magmatic fluids at the porphyry to epithermal transition：a thermodynamic study. Mineralium Deposita，39(8)：864-889.

Heinrich C A，Gunther D，Audétat A，et al.，1999. Metal fractionation between magmatic brine and vapor，determined by microanalysis of fluid inclusions. Geology，27(8)：755-758.

Henry D J，Guidotti C V，Thomson J A，2005. The Ti-saturation surface for low-to-medium pressure metapelitic biotites：implications for geothermometry and Ti-substitution mechanisms. American Mineralogist，90(2-3)：316-328.

Hezarkhani A，Williams-Jones A E，Gammons C H，1999. Factors controlling copper solubility and chalcopyrite deposition in the Sungun porphyry copper deposit，Iran. Mineralium Deposita，34(8)：770-783.

Hildreth W，Moorbath S，1988. Crustal contributions to arc magmatism in the Andes of central Chile. Contributions to Mineralogy and Petrology，98(4)：455-489.

Hofmann A W，Jochum K P，Seufert M，et al.，1986. Nb and Pb in oceanic basalts：new constraints on mantle evolution. Earth and Planetary Science Letters，79(1-2)：33-45.

Hollings P，Cooke D R，Clark A，2005. Regional geochemistry of Tertiary volcanic rocks in central Chile：implications for tectonic setting and ore deposit genesis. Economic Geology，100：887-904.

Hollings P，Wolfe R，Cooke D R，et al.，2011. Geochemistry of Tertiary igneous rocks of northern Luzon，Philippines：evidence for a back-arc setting for alkalic porphyry copper-gold deposits and a case for slab roll-back? Economic Geology，106(8)：1257-1277.

Holzheid A，Lodders K，2001. Solubility of copper in silicate melts as function of oxygen and sulfur fugacities，temperature，and silicate composition. Geochimica et Cosmochimica Acta，65(12)：1933-1951.

Hou Z Q，Ma H W，Zaw K，et al.，2003. The Himalayan Yulong porphyry copper belt：product of large-scale strike-slip faulting in eastern Tibet. Economic Geology，98(1)：125-145.

Hou Z Q，Yang Z M，Qu X M，et al.，2009. The Miocene Gangdese porphyry copper belt generated during post-collisional extension in the Tibetan Orogen. Ore Geology Reviews，36(1-3)：25-51.

Hou Z Q，Zhang H R，Pan X F，et al.，2011. Porphyry Cu(-Mo-Au) deposits related to melting of thickened mafic lower crust：examples from the eastern Tethyan metallogenic domain. Ore Geology Reviews，39(1-2)：21-45.

Hou Z Q，Yang Z M，Lu Y J，et al.，2015a. A genetic linkage between subduction-and collision-related porphyry Cu deposits in continental collision zones. Geology，43(3)：247-250.

Hou Z Q，Duan L F，Lu Y J，et al.，2015b. Lithospheric architecture of the Lhasa terrane and its control on ore deposits in the Himalayan-Tibetan orogen. Economic Geology，110(6)：1541-1575.

Hou Z Q，Li Q Y，Gao Y F，et al.，2015c. Lower-crustal magmatic hornblendite in North China Craton：insight into the genesis of porphyry Cu deposits. Economic Geology，110(7)：1879-1904.

Hu S X，Zhao Y Y，Sun J G，et al.，2002. Fluids and their sources for gold mineralization in the North China platform. Journal of Nanjing University (Natural Sciences)，38(3)：381-391.

Hu Y B，Liu J Q，Ling M X，et al.，2015. The formation of Qulong adakites and their relationship with porphyry copper deposit：geochemical constraints. Lithos，220：60-80.

Huang F，Chen J L，Xu J F，et al.，2015. Os-Nd-Sr isotopes in Miocene ultrapotassic rocks of southern Tibet：partial melting of a pyroxenite-bearing lithospheric mantle? Geochimica et Cosmochimica Acta，163：279-298.

Hurtig N C，Williams-Jones A E，2015. Porphyry-epithermal Au-Ag-Mo ore formation by vapor-like fluids：new insights from geochemical modeling. Geology，43(7)：587-590.

Icenhower J P，London D，1997. Partitioning of fluorine and chlorine between biotite and granitic melt：experimental calibration at 200 MPa H_2O. Contributions to Mineralogy and Petrology，127(1-2)：17-29.

Imai A，2002. Metallogenesis of porphyry Cu deposits of the western Luzon arc，Philippines：K-Ar ages，SO_3 contents of microphenocrystic apatite and significance of intrusive rocks. Resource Geology，52(2)：147-161.

Imai A，2004. Variation of Cl and SO_3 contents of microphenocrystic apatite in intermediate to silicic igneous rocks of Cenozoic Japanese island arcs：implications for porphyry Cu metallogenesis in the Western Pacific Island arcs. Resource Geology，54(3)：357-372.

Inger S，Harris N，1993. Geochemical constraints on leucogranite magmatism in the Langtang Valley，Nepal Himalaya. Journal of Petrology，34：345-368.

Jagoutz O，Royden L，Holt A F，et al.，2015. Anomalously fast convergence of India and Eurasia caused by double subduction. Nature Geoscience，8(6)：475-478.

Jamali H，Mehrabi B，2015. Relationships between arc maturity and Cu-Mo-Au porphyry and related epithermal mineralization at the Cenozoic Arasbaran magmatic belt. Ore Geology Reviews，65：487-501.

Jenner F E，O'Neill H S T C，Arculus R J，et al.，2010. The magnetite crisis in the evolution of arc-related magmas and the initial concentration of Au，Ag and Cu. Journal of Petrology，51(12)：2445-2464.

Ji W Q，Wu F Y，Chung S L，et al.，2009. Zircon U-Pb geochronology and Hf isotopic constraints on petrogenesis of the Gangdese batholith，southern Tibet. Chemical Geology，262(3-4)：229-245.

Ji W Q，Wu F Y，Liu C Z，et al.，2012a. Early Eocene crustal thickening in southern Tibet：new age and geochemical constraints from the Gangdese batholith. Journal of Asian Earth Sciences，53：82-95.

Ji W Q，Wu F Y，Chung S L，et al.，2012b. Identification of early Carboniferous granitoids from southern Tibet and implications for terrane assembly related to the Paleo-Tethyan evolution. The Journal of Geology，120(5)：531-541.

Johnston W D，Chelko A，1966. Oxidation-reduction equilibria in molten $Na_2O \cdot 2SiO_2$ glass in contact with metallic copper and silver. Journal of the American Ceramic Society，49(10)：562-564.

Kay S M，Mpodozis C，2001. The geochemistry of a dying continental arc：the Incapillo Caldera and Dome Complex of the southernmost Central Andean Volcanic Zone(-28°S). Contributions to Mineralogy and Petrology，161：101-128.

Kay S M，Ramos V A，Marquez M，1993. Evidence in Cerro Pampa volcanic rocks for slab-melting prior to ridge-trench collision in southern South America. The Journal of Geology，101(6)：703-714.

Kelley K A，Cottrell E，2009. Water and the oxidation state of subduction zone magmas. Science，325(5940)：605-607.

Kerrich R，Goldfarb R，Groves D I，et al.，2000. The geodynamics of world class gold deposits：characteristics，space-time distribution，and origins. Reviews in Economic Geology，13：501-544.

Kesler S E，1973. Copper，molybdenum and gold abundances in porphyry copper deposits. Economic Geology，68(1)：106-112.

Kesler S E，Issigonis M J，Brownlow A H，et al.，1975. Geochemistry of biotites from mineralized and barren intrusive systems. Economic Geology，70(3)：559-567.

Kesler S E，Chryssoulis S L，Simon G，2002. Gold in porphyry copper deposits：its abundance and fate. Ore Geology Reviews，21(1-2)：103-124.

Klootwijk C T，Gee J S，Peirce J W，et al.，1992. An early India-Asia contact：paleomagnetic constraints from Ninetyeast ridge，ODP Leg 121. Geology，20(5)：395-398.

Kohn M J，Parkinson C D，2002. Petrologic case for Eocene slab breakoff during the Indo-Asian collision. Geology，30(7)：591-594.

Kürzl H，1988. Exploratory data analysis：recent advances for the interpretation of geochemical data. Journal of Geochemical Exploration，30(1-3)：309-322.

Kutina J，Hildenbrand T G，1987. Ore deposits of the Western united states in relation to mass distribution in the crust and mantle. Bulletin of the Geological Society of America，99：30-41.

Landtwing M R，Pettke T，Halter W E，et al.，2005. Copper deposition during quartz dissolution by cooling magmatic-hydrothermal fluids：the Bingham porphyry. Earth and Planetary Science Letters，235(1-2)：229-243.

Lang J R，Gregory M J，Rebagliati C M，et al.，2013. Geology and magmatic-hydrothermal evolution of the giant Pebble porphyry copper-gold-molybdenum deposit，southwest Alaska. Economic Geology，108(3)：437-462.

Lang X，Tang J，Li Z，et al.，2014. U-Pb and Re-Os geochronological evidence for the Jurassic porphyry metallogenic event of the Xiongcun district in the Gangdese porphyry copper belt，southern Tibet，PRC. Journal of Asian Earth Sciences，79：608-622.

Lange R A，Frey H M，Hector J，2009. A thermodynamic model for the plagioclase-liquid hygrometer/thermometer. American Mineralogist，94(4)：494-506.

Lattard D，Sauerzapf U，Käsemann M，2005. New calibration data for the Fe-Ti oxide thermo-oxybarometers from experiments in the Fe-Ti-O system at 1 bar，1,000–1,300 ℃ and a large range of oxygen fugacities. Contributions to Mineralogy and Petrology，149(6)：735-754.

Lee C T A，2014. Economic geology：copper conundrums. Nature Geoscience，7(1)：10-11.

Lee C T A，Luffi P，Chin E J，et al.，2012. Copper systematics in arc magmas and implications for crust-mantle differentiation. Science，336(6077)：64-68.

Lee H Y，Chung S L，Ji J，et al.，2012. Geochemical and Sr-Nd isotopic constraints on the genesis of the Cenozoic Linzizong volcanic successions，southern Tibet. Journal of Asian Earth Sciences，53：96-114.

Leng C B，Zhang X C，Zhong H，et al. 2013. Re-Os molybdenite ages and zircon Hf isotopes of the Gangjiang porphyry Cu-Mo deposit in the Tibetan Orogen. Mineralium Deposita，48(5)：585-602.

Lepage L D，2003. ILMAT：an excel worksheet for ilmenite-magnetite geothermometry and geobarometry. Computers & Geosciences，29(5)：673-678.

Lepeltier C，1969. A simplified statistical treatment of geochemical data by graphical representation. Economic Geology，64 (5)：538-550.

Levinson A A，1980. Introduction to Exploration Geochemistry. 2nd ed. Calgary：Applied Publishing Ltd.

Li C，Ma T，Shi J，2003. Application of a fractal method relating concentrations and distances for separation of geochemical anomalies from background. Journal of Geochemical Exploration，77(2-3)：167-175.

Li C，Ripley E M，Thakurta J，et al.，2013. Variations of olivine Fo-Ni contents and highly chalcophile element abundances in arc ultramafic cumulates，southern Alaska. Chemical Geology，351：15-28.

Li G，Li J，Qin K，et al.，2012. Geology and hydrothermal al.teration of the Duobuza gold-rich porphyry copper district in the Bangongco metallogenetic belt，northwestern Tibet. Resource Geology，62(1)：99-118.

Li J X，Qin K Z，Li G M，et al.，2011. Post-collisional ore-bearing adakitic porphyries from Gangdese porphyry copper belt，southern Tibet：melting of thickened juvenile arc lower crust. Lithos，126(3-4)：265-277.

Li J X，Qin K Z，Li G M，et al.，2013. Petrogenesis of ore-bearing porphyries from the Duolong porphyry Cu-Au deposit，central Tibet：evidence from U-Pb geochronology，petrochemistry and Sr-Nd-Hf-O isotope characteristics. Lithos，160：216-227.

Li Y，2014. Chalcophile element partitioning between sulfide phases and hydrous mantle melt：applications to mantle melting and the formation of ore deposits. Journal of Asian Earth Sciences，94：77-93.

Li Y，Li X H，Selby D，et al.，2017. Pulsed magmatic fluid release for the formation of porphyry deposits：tracing fluid evolution in absolute time from the Tibetan Qulong Cu-Mo deposit. Geology，46：7-10.

Li Z X A，Lee C T A，2004. The constancy of upper mantle fO_2 through time inferred from V/Sc ratios in basalts. Earth and Planetary Science Letters，228(3-4)：483-493.

Liang H Y，Campbell I H，Allen C，et al.，2006. Zircon Ce^{4+}/Ce^{3+} ratios and ages for Yulong ore-bearing porphyries in eastern Tibet. Mineralium Deposita，41(2)：152-159.

Lima A，De Vivo B，Cicchella D，et al.，2003. Multifractal IDW interpolation and fractal filtering method in environmental studies：an application on regional stream sediments of (Italy)，Campania region. Applied Geochemistry，18(12)：1853-1865.

Lindqvist L，Lundholm I，Nisca D，et al.，1987. Multivariate geochemical modelling and integration with petrophysical data. Journal of Geochemical Exploration，29(1-3)：279-294.

Liu D，Zhao Z，Zhu D C，et al.，2014. Postcollisional potassic and ultrapotassic rocks in southern Tibet：mantle and crustal origins in response to India-Asia collision and convergence. Geochimica et Cosmochimica Acta，143：207-231.

Loucks R R，2012. Chemical characteristics，geodynamic settings，and petrogenesis of copper ore-forming arc magmas. CET Quarterly News，19：1-10.

Loucks R R，2014. Distinctive composition of copper-ore-forming arcmagmas. Australian Journal of Earth Sciences，61(1)：5-16.

Lu Y J，Loucks R R，Fiorentini M L，et al.，2015. Fluid flux melting generated postcollisional high Sr/Y copper ore-forming water-rich magmas in Tibet. Geology，43(7)：583-586.

Luo C，Zhang Z Y，Du Y S，et al.，2014. Origin and evolution of ore-forming fluids in the Hemushan magnetite-apatite deposit，Anhui Province，eastern China，and their metallogenic significance. Journal of Asian Earth Sciences，113：1100-1116.

Lynton S J，Candela P A，Piccoli P M，1993. An experimental study of the partitioning of copper between pyrrhotite and a high silica rhyolitic melt. Economic Geology，88(4)：901-915.

Ma X，Chen B，Yang M，2013. Magma mixing origin for the Aolunhua porphyry related to Mo-Cu mineralization，eastern Central Asian Orogenic Belt. Gondwana Research，24(3-4)：1152-1171.

Ma Y，Yang T，Bian W，et al.，2016. Early Cretaceous paleomagnetic and geochronologic results from the Tethyan Himalaya：insights into the Neotethyan paleogeography and the India-Asia collision. Scientific Reports，6：1-11.

Malpas J，Zhou M F，Robinson P T，et al.，2003. Geochemical and geochronological constraints on the origin and emplacement of the Yarlung Zangbo ophiolites，Southern Tibet. Geological Society，London，Special Publications，218(1)：191-206.

Mao J，Pirajno F，Lehmann B，et al.，2014. Distribution of porphyry deposits in the Eurasian continent and their corresponding tectonic settings. Journal of Asian Earth Sciences，79：576-584.

Martin H，Smithies R H，Rapp R，et al.，2005. An overview of adakite，tonalite-trondhjemite-granodiorite(TTG)，and sanukitoid：relationships and some implications for crustal evolution. Lithos，79(1-2)：1-24.

Matschullat J，Ottenstein R，Reimann C，2000. Geochemical background—can we calculate it? Environmental Geology，39：990-1000.

Matsuoka A，Yang Q，Kobayashi K，et al.，2002. Jurassic–Cretaceous radiolarian biostratigraphy and sedimentary environments of the Ceno-Tethys：records from the Xialu Chert in the Yarlung-Zangbo Suture Zone，southern Tibet. Journal of Asian Earth Sciences，20(3)：277-287.

McDermid I R C，Aitchison J C，Davis A M，et al.，2002. The Zedong terrane：a Late Jurassic intra-oceanic magmatic arc within the Yarlung-Tsangpo suture zone，southeastern Tibet. Chemical Geology，187(3-4)：267-277.

McKay G，Le L，Wagstaff J，et al.，1994. Experimental partitioning of rare earth elements and strontium：constraints on petrogenesis and redox conditions during crystallization of Antarctic angrite Lewis Cliff 86010. Geochimica et Cosmochimica Acta，58(13)：2911-2919.

Mellinger M，1984. Correspondence analysis in the study of lithogeochemical data：general strategy and the usefulness of various data-coding schemes. Journal of Geochemical Exploration，21(1-3)：455-469.

Meng J，Wang C，Zhao X，et al.，2012. India-Asia collision was at 24°N and 50 Ma：palaeomagnetic proof from southernmost Asia. Scientific Reports，2(1)：925-935.

Middleton C，Buenavista A，Rohrlach B，et al.，2004. A geological review of the Tampakan copper-gold deposit，

Southern Mindanao，Philippines. Proceedings PACRIM 2004 Congress：173-187.

Miesch A T，1981. Estimation of the geochemical threshold and its statistical significance. Journal of Geochemical Exploration，16(1)：49-76.

Miller C H，Schuster R，Klötzli U，et al.，1999. Post-collisional potassic and ultrapotassic magmatism in SW Tibet：geochemical and Sr-Nd-Pb-O isotopic constraints for mantle source characteristics and petrogenesis. Journal of Petrology，40(9)：1399-1424.

Mo X，Hou Z，Niu Y，et al.，2007. Mantle contributions to crustal thickening during continental collision：evidence from Cenozoic igneous rocks in southern Tibet. Lithos，96(1-2)：225-242.

Mo X，Niu Y，Dong G，et al.，2008. Contribution of syncollisional felsic magmatism to continental crust growth：a case study of the Paleogene Linzizong volcanic succession in southern Tibet. Chemical Geology，250(1-4)：49-67.

Mountain B W，Seward T M，1999. The hydrosulphide/sulphide complexes of copper(I)：experimental determination of stoichiometry and stability at 22℃ and reassessment of high temperature data. Geochimica et Cosmochimica Acta，63(1)：11-29.

Mountain B W，Seward T M，2003. Hydrosulfide/sulfide complexes of copper(I)：experimental confirmation of the stoichiometry and stability of $Cu(HS)_2^-$ to elevated temperatures. Geochimica et Cosmochimica Acta，67(16)：3005-3014.

Moyen J F，2009. High Sr/Y and La/Yb ratios：the meaning of the "adakitic signature". Lithos，112(3-4)：556-574.

Müller D，Groves D I，Heithersay P S，1994. The shoshonite porphyry Cu-Au association in the Goonumbla district，NSW，Australia. Mineralogy and Petrology，51(2-4)：299-321.

Mungall J E，2002. Roasting the mantle：slab melting and the genesis of major Au and Au-rich Cu deposits. Geology，30(10)：915-918.

Munoz J L，1990. F and Cl contents of hydrothermal biotites：a reevalution. Geological Society of America Abstracts with Programs，22.

Murakami H，Seo J H，Heinrich C A，2010. The relation between Cu/Au ratio and formation depth of porphyry-style Cu-Au±Mo deposits. Mineralium Deposita，45(1)：11-21.

Nachit H，Ibhi A，Abia E H，et al.，2005. Discrimination between primary magmatic biotites，reequilibrated biotites and neoformed biotites. Comptes Rendus Geoscience，337(16)：1415-1420.

Nelson P H，Van Voorhis G D，1983. Estimation of sulfide content from induced polarization data. Geophysics，48(1)：62-75.

Norton D，Knight J，1977. Transport phenomena in hydrothermal systems：cooling plutons. American Journal of Science，277(8)：937-981.

Pan G，Wang L，Li R，et al.，2012. Tectonic evolution of the Qinghai-Tibet plateau. Journal of Asian Earth Sciences，53：3-14.

Pan Y，Kidd W S F，1992. Nyainqentanglha shear zone：a late Miocene extensional detachment in the southern Tibetan Plateau. Geology，20(9)：775-778.

Papastergios G，Fernandez-Turiel J L，Filippidis A，et al.，2011. Determination of geochemical background for environmental studies of soils via the use of HNO_3 extraction and Q–Q plots. Environmental Earth Sciences，64：743-751.

Parslow G R，1974. Determination of background and threshold in exploration geochemistry. Journal of Geochemical Exploration，3(4)：319-336.

Patriat P，Achache J，1984. India–Eurasia collision chronology has implications for crustal shortening and driving mechanism of plates. Nature，311(5987)：615-621.

Pettke T，Oberli F，Heinrich C A，2010. The magma and metal source of giant porphyry-type ore deposits，based on lead isotope microanalysis of individual fluid inclusions. Earth and Planetary Science Letters，296(3-4)：267-277.

Pokrovski G S，Borisova A Y，Harrichoury J C，2008. The effect of sulfur on vapor-liquid fractionation of metals in hydrothermal systems. Earth and Planetary Science Letters，266(3-4)：345-362.

Potter II R W，1977. Pressure corrections for fluid-inclusion homogenization temperatures based on the volumetric properties of the system NaCl-H_2O. Journal of Research of the US Geological Survey，5(5)：603-607.

Potter R W，Clynne M A，Brown D L，1978. Freezing point depression of aqueous sodium chloride solutions. Economic Geology，73(2)：284-285.

Qin K，2012. Thematic articles “Porphyry Cu-Au-Mo deposits in Tibet and Kazakhstan” . Resource Geology，62(1)：1-3.

Qiu J T，Yu X Q，Santosh M，et al.，2013. Geochronology and magmatic oxygen fugacity of the Tongcun molybdenum deposit，northwest Zhejiang，SE China. Mineralium Deposita，48(5)：545-556.

Qu X，Hou Z，Khin Z，et al.，2007. Characteristics and genesis of Gangdese porphyry copper deposits in the southern Tibetan Plateau：preliminary geochemical and geochronological results. Ore Geology Reviews，31(1-4)：205-223.

Redmond P B，Einaudi M T，Inan E E，et al.，2004. Copper deposition by fluid cooling in intrusion-centered systems：new insights from the Bingham porphyry ore deposit，Utah. Geology，32(3)：217-220.

Reed M H，Palandri J，2006. Sulfide mineral precipitation from hydrothermal fluids. Reviews in Mineralogy and Geochemistry，61(1)：609-631.

Reich M，Parada M A，Palacios C，et al.，2003. Adakite-like signature of Late Miocene intrusions at the Los Pelambres giant porphyry copper deposit in the Andes of central Chile：metallogenic implications. Mineralium Deposita，38(7)：876-885.

Reimann C，Filzmoser P，2000. Normal and lognormal data distribution in geochemistry：death of a myth. Consequences for the statistical treatment of geochemical and environmental data. Environmental Geology，39：1001-1014.

Reimann C T，Brown W L，Johnson R E，1988. Electronically stimulated sputtering and luminescence from solid argon. Physical Review B，37(4)：1455.

Richards A，Argles T，Harris N，et al.，2005. Himalayan architecture constrained by isotopic tracers from clastic sediments. Earth and Planetary Science Letters，236(3-4)：773-796.

Richards J P，1995. Alkalic-type epithermal gold deposits：a review. Mineralogical Association of Canada Short

Course Series，23：367-400.

Richards J P，2003. Tectono-magmatic precursors for porphyry Cu-(Mo-Au) deposit formation. Economic Geology，98(8)：1515-1533.

Richards J P，2009. Postsubduction porphyry Cu-Au and epithermal Au deposits：products of remelting of subduction-modified lithosphere. Geology，37(3)：247-250.

Richards J P，2011. Magmatic to hydrothermal metal fluxes in convergent and collided margins. Ore Geology Reviews，40(1)：1-26.

Richards J P，2011a. Magmatic to hydrothermal metal fluxes in convergent and collided margins. Ore Geology Reviews，40(1)：1-26.

Richards J P，2011b. High Sr/Y arc magmas and porphyry Cu±Mo±Au deposits：just add water. Economic Geology，106(7)：1075-1081.

Richards J P，2013. Giant ore deposits formed by optimal alignments and combinations of geological processes. Nature Geoscience，6(11)：911-916.

Richards J P，2015. Tectonic，magmatic，and metallogenic evolution of the Tethyan orogen：from subduction to collision. Ore Geology Reviews，70：323-345.

Richards J P，Kerrich R，2007. Special paper：adakite-like rocks：their diverse origins and questionable role in metallogenesis. Economic Geology，102(4)：537-576.

Richards J P，Spell T，Rameh E，et al.，2012. High Sr/Y magmas reflect arc maturity，high magmatic water content，and porphyry Cu±Mo±Au potential：examples from the Tethyan arcs of central and eastern Iran and western Pakistan. Economic Geology，107(2)：295-332.

Ridolfi F，Renzulli A，Puerini M，2010. Stability and chemical equilibrium of amphibole in calc-alkaline magmas：an overview，new thermobarometric formulations and application to subduction-related volcanoes. Contributions to Mineralogy and Petrology，160(1)：45-66.

RodrÍguez C，Sellés D，Dungan M，et al.，2007. Adakitic dacites formed by intracrustal crystal fractionation of water-rich parent magmas at Nevado de Longaví volcano(36.2° S；Andean Southern Volcanic Zone，Central Chile). Journal of Petrology，48(11)：2033-2061.

Roedder E，1984. Fluid inclusions. Reviews in Mineralogy，12：644.

Rooney T O，Franceschi P，Hall C M，2011. Water-saturated magmas in the Panama Canal region：a precursor to adakite-like magma generation? Contributions to Mineralogy and Petrology，161(3)：373-388.

Rose A W，Dahlberg E C，Keith M L，1970. A multiple regression technique for adjusting background values in stream sediment geochemistry. Economic Geology，65(2)：156-165.

Ruddiman W F，Kutzbach J E，1989. Forcing of late Cenozoic northern hemisphere climate by plateau uplift in southern Asia and the American West. Journal of Geophysical Research：Atmospheres，94(D15)：18409-18427.

Rusk B G，Reed M H，Dilles J H，2008. Fluid inclusion evidence for magmatic-hydrothermal fluid evolution in the porphyry copper-molybdenum deposit at Butte，Montana. Economic Geology，103(2)：307-334.

Sajona F G，Maury R C，1998. Association of adakites with gold and copper mineralization in the Philippines. Comptes Rendus de l'Académie des Sciences-Series IIA-Earth and Planetary Science，326(1)：27-34.

Sauerzapf U，Lattard D，Burchard M，et al.，2008. The titanomagnetite–ilmenite equilibrium：new experimental data and thermo-oxybarometric application to the crystallization of basic to intermediate rocks. Journal of Petrology，49(6)：1161-1185.

Seedorf E，2005. Porphyry deposits：characteristics and origin of hypogene features. Economic Geology，100：251-298.

Seedorff E，Dilles J，Proffett J，et al.，2005. Porphyry deposits：characteristics and origin of hypogene features. Economic Geology 100th Anniversary Volume：251-298.

Seo J H，Guillong M，Heinrich C A，2009. The role of sulfur in the formation of magmatic-hydrothermal copper-gold deposits. Earth and Planetary Science Letters，282(1-4)：323-328.

Seo J H，Guillong M，Heinrich C A，2012. Separation of molybdenum and copper in porphyry deposits：the roles of sulfur，redox，and pH in ore mineral deposition at Bingham Canyon. Economic Geology，107(2)：333-356.

Shabani A A T，2010. An investigation on the composition of biotite from Mashhad Granitoids，NE Iran. Journal of Sciences，Islamic Republic of Iran，21(4)：321-331.

Shafiei B，Haschke M，Shahabpour J，2009. Recycling of orogenic arc crust triggers porphyry Cu mineralization in Kerman Cenozoic arc rocks，southeastern Iran. Mineralium Deposita，44(3)：265-283.

Shen P，Hattori K，Pan H，et al.，2015. Oxidation condition and metal fertility of granitic magmas：zircon trace-element data from porphyry Cu deposits in the Central Asian Orogenic Belt. Economic Geology，110(7)：1861-1878.

Sigvaldason G E，Óskarsson N，1986. Fluorine in basalts from Iceland. Contributions to Mineralogy and Petrology，94(3)：263-271.

Sillitoe R H，1972. A plate tectonic model for the origin of porphyry copper deposits. Economic Geology，67(2)：184-197.

Sillitoe R H，1997. Characteristics and controls of the largest porphyry copper-gold and epithermal gold deposits in the circum-Pacific region. Australian Journal of Earth Sciences，44(3)：373-388.

Sillitoe R H，2002. Some metallogenic features of gold and copper deposits related to alkaline rocks and consequences for exploration. Mineralium Deposita，37(1)：4-13.

Sillitoe R H，2010. Porphyry copper systems. Economic Geology，105(1)：3-41.

Simon A C，Pettke T，Candela P A，et al.，2006. Copper partitioning in a melt–vapor–brine–magnetite–pyrrhotite assemblage. Geochimica et Cosmochimica Acta，70(22)：5583-5600.

Simon G，Kesler S E，Essene E J，et al.，2000. Gold in porphyry copper deposits：experimental determination of the distribution of gold in the Cu-Fe-S system at 400 to 700 ℃. Economic Geology，95(2)：259-270.

Sinclair A J，1974. Selection of threshold values in geochemical data using probability graphs. Journal of Geochemical Exploration，3(2)：129-149.

Sinclair A J，1991. A fundamental approach to threshold estimation in exploration geochemistry：probability plots revisited. Journal of Geochemical Exploration，41(1-2)：1-22.

Sinclair A J，Deraisme J R，1976. A2-dimensional geostatistical study of a skarn deposit，Yukon Territory，Canada. Dordrecht：Springer Netherlands：369-379.

Singer D A，Berger V I，Moring B C，2005. Porphyry copper deposits of the world：database，maps，grade and tonnage models. VA，USA：US Department of the Interior，US Geological Survey.

Skewes M A，Stern C R，1994. Tectonic trigger for the formation of late Miocene Cu-rich breccia pipes in the Andes of central Chile. Geology，22(6)：551-554.

Skewes M A，Stern C R，1995. Genesis of the giant late Miocene to Pliocene copper deposits of central Chile in the context of Andean magmatic and tectonic evolution. International Geology Review，37(10)：893-909.

Skewes M A，Stern C R，1996. Late Miocene mineralized breccias in the Andes of central Chile：Sr and Nd isotopic evidence for multiple magmatic sources. Society of Economic Geologists，Special Publication，5：33-42.

Skinner B J，1979. The many origins of hydrothermal mineral deposits//Barnes H L ed. Geochemistry of Hydrothermal Ore Deposits. New York：John Wiley & Sons：1-12.

Smith J V，Delaney J S，Hervig R L，et al.，1981. Storage of F and Cl in the upper mantle：geochemical implications. Lithos，14(2)：133-147.

Solomon M，1990. Subduction，arc reversal，and the origin of porphyry copper-gold deposits in island arcs. Geology，18(7)：630-633.

Sourirajan S，Kennedy G C，1962. The system H_2O-NaCl at elevated temperatures and pressures. American Journal of Science，260(2)：115-141.

Spencer E T，Wilkinson J J，Creaser R A，et al.，2015. The distribution and timing of molybdenite mineralization at the El Teniente Cu-Mo porphyry deposit，Chile. Economic Geology，110(2)：387-421.

Stanley C R，1988. Comparison of data classification procedures in applied geochemistry using Monte Carlo simulation. Doctoral dissertation，University of British Columbia.

Stanley C R，Sinclair A J，1989. Comparison of probability plots and the gap statistic in the selection of thresholds for exploration geochemistry data. Journal of Geochemical Exploration，32(1-3)：355-357.

Stern C R，Kilian R，1996. Role of the subducted slab，mantle wedge and continental crust in the generation of adakites from the Andean Austral Volcanic Zone. Contributions to Mineralogy and Petrology，123(3)：263-281.

Sun S S，McDonough W F，1989. Chemical and isotopic systematics of oceanic basalts：implications for mantle composition and processes. Geological Society，London，Special Publications，42：313-345.

Sun W D，Ling M X，Chung S L，et al.，2012. Geochemical constraints on adakites of different origins and copper mineralization. The Journal of Geology，120(1)：105-120.

Sun W D，Liang H Y，Ling M X，et al.，2013. The link between reduced porphyry copper deposits and oxidized magmas. Geochimica et Cosmochimica Acta，103：263-275.

Sun W D，Huang R F，Li H，et al.，2015. Porphyry deposits and oxidized magmas. Ore Geology Reviews，65：97-131.

Sun X，Zheng Y Y，Wu S，et al.，2013. Mafic enclaves at Jiru porphyry Cu deposit，southern Tibet：implication for the Eocene magmatic-hydrothermal Cu mineralization. Acta Geologica Sinica(English Edition)，87：778-782.

Sun X，Hollings P，Lu Y J，2021. Geology and origin of the Zhunuo porphyry copper deposit，Gangdese belt，southern Tibet. Mineralium Deposita，56：457-480.

Szabó C，Falus G，Zajacz Z，et al.，2004. Composition and evolution of lithosphere beneath the Carpathian–Pannonian Region：a review. Tectonophysics，393(1-4)：119-137.

Tian S H, Yang Z S, Hou Z Q, et al., 2017. Subduction of the Indian lower crust beneath southern Tibet revealed by the post-collisional potassic and ultrapotassic rocks in SW Tibet. Gondwana Research, 41: 29-50.

Trail D, Watson E B, Tailby N D, 2012. Ce and Eu anomalies in zircon as proxies for the oxidation state of magmas. Geochimica et Cosmochimica Acta, 97: 70-87.

Tukey J W, 1977. Exploratory data analysis. Reading, MA: Addison-Wesley.

Turchenko S I, 1992. Precambrian metallogeny related to tectonics in the eastern part of the Baltic Shield. Precambrian Research, 58(1-4): 121-141.

Turner S, Arnaud N, Liu J, et al., 1996. Post-collision, shoshonitic volcanism on the Tibetan Plateau: implications for convective thinning of the lithosphere and the source of ocean island basalts. Journal of Petrology, 37(1): 45-71.

Uchida E, Endo S, Makino M, 2007. Relationship between solidification depth of granitic rocks and formation of hydrothermal ore deposits. Resource Geology, 57(1): 47-56.

Ulrich T, Mavrogenes J, 2008. An experimental study of the solubility of molybdenum in H_2O and KCl-H_2O solutions from 500℃ to 800℃, and 150 to 300 MPa. Geochimica et Cosmochimica Acta, 72(9): 2316-2330.

Ulrich T, Gunther D, Heinrich C A, 2001. The evolution of a porphyry Cu-Au deposit, based on LA-ICP-MS analysis of fluid inclusions: Bajo de la Alumbrera, Argentina. Economic Geology, 96(8): 1743-1774.

Van der Voo R, Spakman W, Bijwaard H, 1999. Tethyan subducted slabs under India. Earth and Planetary Sciences Letters, 171: 7-20.

Van Hinsbergen D J J, Lippert P C, Dupont-Nivet G, et al., 2012. Greater India Basin hypothesis and a two-stage Cenozoic collision between India and Asia. Proceedings of the National Academy of Sciences, 109(20): 7659-7664.

Vestelius A B, 1960. The skew frequency distributions and the fundamental law of the geochemical processes. The Journal of Geology, 68(1): 1-22.

Vinogradov A P, 1962. The origin of the Earth's shells. National Aeronautics and Space Administration.

Vry V H, Wilkinson J J, Seguel J, et al., 2010. Multistage intrusion, brecciation, and veining at El Teniente, Chile: evolution of a nested porphyry system. Economic Geology, 105(1): 119-153.

Walker J A, Roggensack K, Patino L C, et al., 2003. The water and trace element contents of melt inclusions across an active subduction zone. Contributions to Mineralogy and Petrology, 146(1): 62-77.

Wallace P J, Edmonds M, 2011. The sulfur budget in magmas: evidence from melt inclusions, submarine glasses, and volcanic gas emissions. Reviews in Mineralogy and Geochemistry, 73(1): 215-246.

Wang Q, McDermott F, Xu J, et al., 2005. Cenozoic K-rich adakitic volcanic rocks in the Hohxil area, northern Tibet: lower-crustal melting in an intracontinental setting. Geology, 33(6): 465-468.

Wang R, Richards J P, Hou Z, et al., 2014a. Increasing magmatic oxidation state from paleocene to miocene in the eastern Gangdese Belt, Tibet: implication for collision-related porphyry Cu-Mo±Au mineralization. Economic Geology, 109(7): 1943-1965.

Wang R, Richards J P, Hou Z, et al., 2014b. Increased magmatic water content—the key to Oligo-Miocene porphyry Cu-Mo±Au formation in the eastern Gangdese belt, Tibet. Economic Geology, 109(5): 1315-1339.

Wang R, Richards J P, Hou Z, et al., 2014c. Extent of underthrusting of the Indian plate beneath Tibet controlled the distribution of Miocene porphyry Cu-Mo±Au deposits. Mineralium Deposita，49(2)：165-173.

Wang R，Richards J P，Zhou L，et al.，2015. The role of Indian and Tibetan lithosphere in spatial distribution of Cenozoic magmatism and porphyry Cu-Mo deposits in the Gangdese belt，southern Tibet. Earth-Science Reviews，150：68-94.

Waters P J，Cooke D R，Gonzales R I，et al.，2011. Porphyry and epithermal deposits and $^{40}Ar/^{39}Ar$ geochronology of the Baguio district，Philippines. Economic Geology，106(8)：1335-1363.

Watson J V，1980. Metallogenesis in relation to mantle heterogeneity. Philosophical Transactions of the Royal Society of London. Series A，Mathematical and Physical Sciences，297(1431)：347-352.

Webb J S，Fortescue J，Nichol I，et al.，1964. Regional geochemical maps of the Namwala Concession area，Zambia based on a Reconnaissance Stream Sediment Survey. Geological Survey of Zambia，Lusaka，11.

Wen D R，2007. The Gangdese batholith，southern Tibet：ages，geochemical characteristics and petrogenesis. Taipei：Taiwan University.

Wen D R，Chung S L，Song B，et al.，2008. Late Cretaceous Gangdese intrusions of adakitic geochemical characteristics，SE Tibet：petrogenesis and tectonic implications. Lithos，105(1-2)：1-11.

Wilkinson J J，2013. Triggers for the formation of porphyry ore deposits in magmatic arcs. Nature Geoscience，6(11)：917-925.

Wilkinson J J，Chang Z，Cooke D R，et al.，2015. The chlorite proximitor：a new tool for detecting porphyry ore deposits. Journal of Geochemical Exploration，152：10-26.

Williams H，Turner S，Kelley S，et al.，2001. Age and composition of dikes in Southern Tibet：new constraints on the timing of east-west extension and its relationship to postcollisional volcanism. Geology，29(4)：339-342.

Williams-Jones A E，Heinrich C A，2005. 100th Anniversary special paper：vapor transport of metals and the formation of magmatic-hydrothermal ore deposits. Economic Geology，100(7)：1287-1312.

Williamson B J，Herrington R J，Morris A，2016. Porphyry copper enrichment linked to excess aluminium in plagioclase. Nature Geoscience，9(3)：237-241.

Wones D R，1989. Significance of the assemblage titanite+magnetite+quartz in granitic rocks. American Mineralogist，74(7-8)：744-749.

Wones D R，Eugster H P，1965. Stability of bibite：experimental，theory and application. American Mineralogist，50：1228-1272.

Wu F Y，Ji W Q，Wang J G，et al.，2014. Zircon U-Pb and Hf isotopic constraints on the onset time of India-Asia collision. American Journal of Science，314(2)：548-579.

Wu S，Zheng Y Y，Sun X，et al.，2014. Origin of the Miocene porphyries and their mafic microgranular enclaves from Dabu porphyry Cu-Mo deposit，southern Tibet：implications for magma mixing/mingling and mineralization. International Geology Review，56(5)：571-595.

Wu S，Zheng Y Y，Sun X.，2016. Subduction metasomatism and collision-related metamorphic dehydration controls on the fertility of porphyry copper ore-forming high Sr/Y magma in Tibet. Ore Geology Reviews，73：83-103.

Wu S，Zheng Y，Sun X，2016. Subduction metasomatism and collision-related metamorphic dehydration controls on the fertility of porphyry copper ore-forming high Sr/Y magma in Tibet. Ore Geology Reviews，73：83-103.

Xia L，Li X，Ma Z，et al.，2011. Cenozoic volcanism and tectonic evolution of the Tibetan plateau. Gondwana Research，19(4)：850-866.

Xia Q K，Yang X Z，Deloule E，et al.，2006. Water in the lower crustal granulite xenoliths from Nushan，eastern China. Journal of Geophysical Research：Solid Earth，111(B11).10.1029/2006JB004296.

Xie S Y，Cheng X M，Ke X Z，et al.，2008. Identification of geochemical anomaly by multifractal analysis. Journal of China University of Geosciences，19(4)：334-342.

Xie X J，Yin B C，1993. Geochemical patterns from local to global. Journal of Geochemical Exploration，47(1)：109-129.

Yang T S，Ma Y M，Bian W W，et al.，2015a. Paleomagnetic results from the Early Cretaceous Lakang Formation lavas：constraints on the paleolatitude of the Tethyan Himalaya and the India-Asia collision. Earth and Planetary Science Letters，428：120-133.

Yang T S，Ma Y M，Zhang S H，et al.，2015b. New insights into the India-Asia collision process from Cretaceous paleomagnetic and geochronologic results in the Lhasa terrane. Gondwana Research，28(2)：625-641.

Yang X M，2012. Sulphur solubility in felsic magmas：implications for genesis of intrusion-related gold mineralization. Geoscience Canada，39(1)：17-32.

Yang X M，Lentz D R，Sylvester P J，2006. Gold contents of sulfide minerals in granitoids from southwestern New Brunswick，Canada. Mineralium Deposita，41(4)：369-386.

Yang X Z，Xia Q K，Deloule E，et al.，2008. Water in minerals of the continental lithospheric mantle and overlying lower crust：a comparative study of peridotite and granulite xenoliths from the North China Craton. Chemical Geology，256(1-2)：33-45.

Yang Z M，Lu Y J，Hou Z Q，et al.，2015. High-Mg diorite from Qulong in southern Tibet：implications for the genesis of adakite-like intrusions and associated porphyry Cu deposits in collisional orogens. Journal of Petrology，56(2)：227-254.

Yang Z M，Hou Z Q，Chang Z S，et al.，2016. Cospatial Eocene and Miocene granitoids from the Jiru Cu deposit in Tibet：petrogenesis and implications for the formation of collisional and postcollisional porphyry Cu systems in continental collision zones. Lithos，245：243-257.

Yin A，Harrison T M，2000. Geologic evolution of the Himalayan-Tibetan orogen. Annual Review of Earth and Planetary Sciences，28(1)：211-280.

Zajacz Z，Candela P A，Piccoli P M，et al.，2012. The partitioning of sulfur and chlorine between andesite melts and magmatic volatiles and the exchange coefficients of major cations. Geochimica et Cosmochimica Acta，89：81-101.

Zartman R E，Doe B R，1981. Plumbotectonics—the model. Tectonophysics，75(1-2)：135-162.

Zellmer G F，Iizuka Y，Miyoshi M，et al.，2012. Lower crustal H_2O controls on the formation of adakitic melts. Geology，40(6)：487-490.

Zhang H，Ling M X，Liu Y L，et al.，2013. High oxygen fugacity and slab melting linked to Cu mineralization：evidence from Dexing porphyry copper deposits，southeastern China. The Journal of Geology，121(3)：289-305.

Zhang L，Bai G，2002. Application of the artificial neural network to multivariate anomaly recognition in geochemical exploration for hydrocarbons. Geochemistry：Exploration，Environment，Analysis，2(1)：75-81.

Zhang L L，Liu C Z，Wu F Y，et al.，2014. Zedong terrane revisited：an intra-oceanic arc within Neo-Tethys or a part of the Asian active continental margin? Journal of Asian Earth Sciences，80：34-55.

Zhang Z M，Dong X，Santosh M，et al.，2014. Metamorphism and tectonic evolution of the Lhasa terrane，central Tibet. Gondwana Research，25(1)：170-189.

Zhao J，Qin K，Li G，et al.，2014. Collision-related genesis of the Sharang porphyry molybdenum deposit，Tibet：evidence from zircon U-Pb ages，Re-Os ages and Lu-Hf isotopes. Ore Geology Reviews，56：312-326.

Zhao Z，Mo X，Dilek Y，et al.，2009. Geochemical and Sr-Nd-Pb-O isotopic compositions of the post-collisional ultrapotassic magmatism in SW Tibet：petrogenesis and implications for India intra-continental subduction beneath southern Tibet. Lithos，113(1-2)：190-212.

Zheng Y C，Hou Z Q，Li Q Y，et al.，2012a. Origin of Late Oligocene adakitic intrusives in the southeastern Lhasa terrane：evidence from in situ zircon U-Pb dating，Hf-O isotopes，and whole-rock geochemistry. Lithos，148：296-311.

Zheng Y C，Hou Z Q，Li W，et al.，2012b. Petrogenesis and geological implications of the Oligocene Chongmuda-Mingze adakite-like intrusions and their mafic enclaves，southern Tibet. The Journal of Geology，120(6)：647-669.

Zheng Y C，Fu Q，Hou Z Q，et al.，2015. Metallogeny of the northeastern Gangdese Pb-Zn-Ag-Fe-Mo-W polymetallic belt in the Lhasa terrane，southern Tibet. Ore Geology Reviews，70：510-532.

Zheng Y Y，Sun X，Gao S B，et al.，2014a. Multiple mineralization events at the Jiru porphyry copper deposit，southern Tibet：implications for Eocene and Miocene magma sources and resource potential. Journal of Asian Earth Sciences，79：842-857.

Zheng Y Y，Sun X，Gao S B，et al.，2014b. Analysis of stream sediment data for exploring the Zhunuo porphyry Cu deposit，southern Tibet. Journal of Geochemical Exploration，143：19-30.

Zheng Y Y，Sun X，Gao S B，et al.，2015. Metallogenesis and the minerogenetic series in the Gangdese polymetallic copper belt. Journal of Asian Earth Sciences，103：23-39.

Zhu D C，Zhao Z D，Niu Y，et al.，2011a. The Lhasa Terrane：record of a microcontinent and its histories of drift and growth. Earth and Planetary Science Letters，301(1-2)：241-255.

Zhu D C，Zhao Z D，Niu Y，et al.，2011b. Lhasa terrane in southern Tibet came from Australia. Geology，39(8)：727-730.

Zhu D C，Zhao Z D，Niu Y，et al.，2013. The origin and pre-Cenozoic evolution of the Tibetan Plateau. Gondwana Research，23(4)：1429-1454.